砌体结构的材料、检测、鉴定与评估

林文修 著

中国建筑工业出版社

图书在版编目（CIP）数据

砌体结构的材料、检测、鉴定与评估/林文修著. —北京：中国
建筑工业出版社，2018.5
ISBN 978-7-112-22088-5

Ⅰ.①砌…　Ⅱ.①林…　Ⅲ.①砌体结构-研究　Ⅳ.①TU209

中国版本图书馆 CIP 数据核字（2018）第 076806 号

　　本书从论述砌体材料的生产工艺、力学和物理性能入手，基于对砌体耐久性的研究成果及砌体与材料的强度检测，砌体结构现场检测技术，全面、系统地论述了砌体结构建筑物的可靠性鉴定与评估的理论与方法。并论述了历史建筑的评估与修复。本书包括：第一篇　砌体材料及结构，第二篇　砌体和材料强度的检测方法，第三篇　砌体耐久性研究与评估，第四篇　结构构件现场检测，第五篇　建筑物的鉴定与评估五篇内容。

　　本书构思合理，体系完整，内容丰富，论点清晰，在砌体结构领域是一部不可多得的著作。

责任编辑：王华月　范业庶
责任校对：李美娜

砌体结构的材料、检测、鉴定与评估

林文修　著

*

中国建筑工业出版社出版、发行（北京海淀三里河路9号）

各地新华书店、建筑书店经销

北京科地亚盟排版公司制版

北京京华铭诚工贸有限公司印刷

*

开本：787×1092毫米　1/16　印张：26¾　字数：645千字

2018年5月第一版　　2018年5月第一次印刷

定价：**68.00** 元

ISBN 978-7-112-22088-5

（31982）

序

两个月前我收到林文修先生寄来的本书稿，打算趁遐余好好学习，但读着读着，便被书中内容深深吸引，不得不坚持数日研读，深受启发，深感受益匪浅。

作者从论述砌体材料的生产工艺、力学和物理性能入手，基于对砌体耐久性的研究成果及砌体与材料的强度检测，砌体结构现场检测技术，全面、系统论述了砌体结构建筑物的可靠性鉴定与评估的理论与方法（包括砌体结构中常有的混凝土结构和木结构）。并论述了历史建筑的评估与修复。本书构思合理，体系完整，内容丰富，论点清晰，在砌体结构领域是一部不可多得的著作。

林文修先生专业功底扎实，善于钻研，穷于创新，尤其对砌体材料及结构的耐久性能进行了较为系统的试验和研究，对历史建筑的评估与修复作了探讨。本著作为砌体结构的耐久性及历史建筑的评估与修复奠定了扎实的基础，提供了重要依据。

作者数十年来深入工程实际，广泛而细致的调查研究，其丰富的实践经验在本书中得到了很好的体现，并对结构可靠性检测、鉴定与评估中常见疑难和关键问题作了阐述和解答，提升了本书的实用价值。

本书内容翔实，作者将自己在试验研究和调研中获得的许多宝贵资料制成图片，列举典型案例，版面生动，并将自己的感悟融入文字中，也是本著作的一大亮点。

《砌体结构的材料、检测、鉴定与评估》构思新颖，论述深入浅出，特色鲜明，对砌体结构学科的发展及应用有重要理论指导作用和实用价值。本著作定将受到读者的厚爱。

我作为一个老砌体人，亲身参与了我国首部砌体结构设计规范及至现行规范的制、修订工作，对砌体结构有着特殊的感情。在此再次感谢林文修先生孜孜不倦，数十年来深入细致的调查研究，勇于探索、勇于开拓，将积累的丰富的专业知识和实践经验提供给我们。

2017 年 12 月于岳麓书院

前　　言

　　砌体结构用于建筑已有数千年的历史，凝结着人类的智慧和创造力，承载着丰富的艺术作品、人文故事和民族文化。由于它具有优越的耐久性，很多陵墓建筑、城堡建筑、宗教建筑、宫殿建筑以及民居建筑保留至今。因此，世界上的文化遗产以砌体结构建筑最多。

　　近年来，我国的不少地区，为记住乡愁、为开发旅游资源，正在打造历史文化街区、古镇、古村落，只要涉及"历史"，涉及"古"，真正的大量的老旧建筑是必须具备的条件，如祠堂、庙宇、戏台、名人故居、小桥、牌坊、城墙等。而现存的这些建筑主要是砖木结构、砌体结构，由于修建时间久远，如何检查评估是面临的一个问题。

　　在近现代建筑中，砌体结构仍然广泛应用于工业和民用建筑中。这些建筑在修建过程中由于施工造成的质量问题，因使用不当造成的安全问题，或需要改造、加固的可行性问题，因灾害后建筑及环境受到损伤的评价问题等等。现在，建筑的舒适和安全是最基本的要求，随着建筑业的发展，用检测数据说话更有说服力，因此，每个问题都需要检测鉴定给出结论。

　　虽然分别介绍砌体材料、检测方法、结构安全的书不少，但把它们归纳在一起系统讨论的书却没有。为了有利于同行对砌体结构深入的了解，有利于在理解的基础上使所做的工作更有深度。我把45年来在这个领域所做的部分研究工作，处理工程事故受到的心得体会，以及参加相关检测鉴定规范编制的认识做个总结，写成书，希望对读者能有所帮助。

　　现在的人读书都希望简单易懂，内容有活力，不希望用太多的脑筋，但乐于视觉冲击，我尽量通过照片、图表、案例和背景故事来达到这一要求，这样也给读者带来一个好处。这本书不需从头到尾一次读完，当遇到问题需要了解时，可拿来看看，得以启发。

　　一幢建筑往往包含有多种结构形式，这样也更有利于它的表现和使用。为了建筑检测和鉴定的完整性和读者使用的方便，书中也包含了木结构和钢筋混凝土结构的内容，但不是全部，若需更深入地了解，请查阅相关书籍。

　　我能写出这本书，与国内砌体结构学术界的前辈一直对我的指教和关心是分不开的，与我所在单位（重庆市建筑科学研究院）对我工作的信任和支持是分不开的，与我原在的结构所和现在的专家工作室同事对我工作帮助也是分不开的，在这里一并表示衷心地感谢。

林文修

2017 年 12 月 16 日

目　　录

第一篇　砌体材料及结构

第二篇 砌体和材料强度的检测方法

第三篇 砌体耐久性研究与评估

第四篇　结构构件现场检测

第五篇　建筑物的鉴定与评估

砌 体 材 料 及 结 构

建筑是人类居住和生活的场所，是人类进入文明社会的重要标志之一。砌体结构是人类最早使用的建筑形式，至今已有数千年的时间，它给我们留下了不少瑰丽的文化遗产，让我们自豪不已。砌体建筑现在仍在广泛使用，依然是人类建筑中不可缺少的元素之一。

　　为保证建筑的安全性、适用性和可靠性，按照现在的规定需要对结构进行检测鉴定。这项工作，包括了材料科学，物理、化学，现代检测技术，数理统计和建筑结构领域的知识，是一门综合性的技术。为对这门技术有一深入的理解，以便工作中应用和学习参考，首先对砌体材料产品的由来，生产技术，性能特点，以及编制的相应标准、规范的情况有所了解是很有必要的，是笔者写本篇的目的。

第一章 土筑建筑

第一节 土 坑 屋

穴居是人类住居的起点。从北京周口店龙骨山的天然石洞中发现 50 万年前的"北京人"骨骼和生活遗迹可以确认,我们的祖先最初是生活在天然的洞室之中。虽然洞穴能躲避野兽的袭击和遮风避雨,但是活动范围受到了限制。为了获得更广阔的生存空间,以及自然灾害等原因,我们的祖先必须走出穴居生活,去与大自然争斗。没有了庇护之所,人类为防御猛兽的攻击,在树上筑巢,白天下地狩猎和采集食物,晚上在树上居住,即"巢居"。关于最初的居所,也有"南巢北穴"之说。北方气候干燥,适宜在洞穴中居住,南方气候潮湿,穴居具有显而易见的优点,这些都是结合我们生活的经验去猜测。当然,不管怎么说,"巢穴"是人类最初居住的地方。

建筑是农耕时代的产物。在母系氏族公社进入农耕为主的经济时代,我们的祖先需要照料那里的土地和牛羊,自然有了定居的需求,从此,建筑开始伴随人类踏入历史的长河。最初,人们摸索出采用土、树叶和树枝搭建"蜗居",以遮风避雨和野兽的侵袭,由此,形成了最原始的建筑形式——土坑屋。图 1-1 (a) 是河南洛阳和孙旗屯遗址复原图[1],为我国仰韶文化时期人修建的穴居建筑。他们的建造方式是从地面挖下一个坑,做成半地下室的形式,反映出它离其洞穴的根源仍不算遥远。上部利用木头做架,盖上树皮或草。这种地坪有深、有浅的房屋,四周为土墙。当时的人把墙壁和地面砸实进行焙烤,使之干硬光滑,起到提高强度、不易软化和防潮的作用,这应是最原始的生土建筑形式。用我们现在的观点来看:这种建筑在室内空间不变的情况下,通过室内的地面挖坑,降低了上部简易木构架的高度,使其刚度和强度得到提高,也就是说,增大了木构架抵御强风和外部荷载的能力。按现在的观点分析,室内处于半地下室的状态,在冬期具有保温、节能的效果,在夏季使人感到更凉爽、舒适,这是最原生态的绿色建筑。我翻阅的资料表明,这种原始住居形式在世界各地都有发现,只是随着生产力的进步、气候环境的差异和民族特性的不同,逐步演变成了不同的建筑形式。在非洲西南角的纳米比亚共和国内至今仍保持原始生态、半游牧部族——辛巴族(Himba)的居所(图 1-1b)。房屋用树枝、泥土和掺有牛粪的泥土搭建,土屋通常成圆锥或圆形,屋内面积一般 3~4m²。虽然在热带,屋内不需要烤火取暖,但与我们祖先数千年的房屋和生活形式基本是一样的。这表明,从远古到现在,从非洲到亚洲,同住一个"地球村",原始的建筑形态是没有多大变化。

为了完善本书的内容,追述其源头,时隔 20 多年,笔者再次到西安半坡村考察。快到西安半坡村时发现,西安半坡村可能是世界上现代人类与他们的祖先住得最近,最拥挤的地方。我从出租车上走下,是宽广的柏油马路。汽车、摩托车在上面奔跑。半坡遗址周边高楼林立,恍惚要步入混凝土森林(图 1-2a)。笔者才意识到,必须穿越时空隧道,去见祖先当年生活的情景。

(a)　　　　　　　　　(b)

图 1-1　原始部族聚落的比较

(a) 河南洛阳孙旗屯遗址复原图；(b) 现今纳米比亚辛巴族聚落

西安半坡遗址是距今六千多年的新石器时代仰韶文化聚落遗址，包含四个阶段人们生活遗留的沉积物。遗址分居住区、制陶区和墓葬区三部分，从中发掘出的大量生活、劳作、宗教遗迹，上万件生产工具、生活用具、装饰品等遗物，展现了黄河流域发达的史前文明。居住区中，半地穴圆形房屋的房基是凹入地下的圆形浅穴。在坑穴的周围紧密地排列着 0.6m 的木板，木板内外敷有草拌泥，曾形成了地面上的墙体。屋内有一个瓢形灶坑（图 1-2b）。图 1-2（c）是第二次、第三次建造的房屋遗址，形式更复杂，四周有柱洞，显

(a)　　　　　　　　　(b)

(c)　　　　　　　　　(d)

图 1-2　西安半坡遗址

(a) 入口外成排高楼及街景；(b) 半地穴圆形房屋；(c) 第二次、第三次建造房屋；(d) 半地穴式方形房屋

然建造技术更进了一步。图 1-2（d）半地穴式方形房屋，是遗址中保护最好的一座方形房屋基础，房基是一个深 0.7m 的土坑，坑壁就作墙壁，在坑的边缘架起屋顶。从这里不难看到，它的建造技术、房屋形式的发展，比河南洛阳和孙旗屯遗址建筑有了很大进步，室内面积也大了许多。这表明我们的祖先，随着对自然界认识的进步，在努力建造更加舒适的居住环境，这种属性一直传承到今天。

第二节　生土建筑

随着农耕定居生活，人们对生土的属性越来越了解，除了用于种植农作物，也开始挖沟筑渠、修筑田埂，这种技术以至尝试在建筑中的应用。夯筑技术出现于距今约 5000 年的仰韶文化晚期，到公元前 16 世纪至公元前 11 世纪的殷商时代夯土技术已经比较成熟。在商汤时期的都城豪（河南偃师），发掘出 10000m² 的夯土台基，上部是红夯土，下部是花夯土，是经过两次筑成。在当时，应是一项巨大的夯土工程。夯土是通过使用石块或木棒将具备一定湿度和黏性的生土捶打，捣实，改变其原状结构，使密度加大，板结坚固，并采取逐层堆土，逐层夯实的步骤，直至所需高度，从而形成了最初的夯筑结构。这种夯土形式只是将堆起的湿土分层捣实到一定高度后，用简陋的石制铲削器修整两侧后便形成坚实的土体。这些土体，根据修建祭坛、城墙、宫殿和房屋的重要性，其土体的大小，添加材料和形制是不一样的。现在的考古发掘，往往依据夯土台的位置、形制、使用材料、柱距等参数来确定原有建筑的规模和重要程度。到春秋时期，随着社会的发展，筑城工程日益增多，其中有规模庞大的城，城墙很高，城体非常宽厚。当时城墙工程全部采用夯土、版筑的方法。河北省易县燕下都西城墙就是其中一例。夯层甚厚，至今仍层次分明（图 1-3a）。在齐国的临淄故城中，西南角皇城全部是用夯土筑成，夯窝非常明显，遗留至今（图 1-3b）[1]。

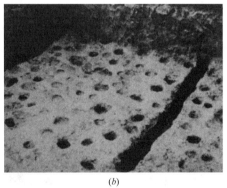

(a)　　　　　　　　　　　　　　　　　(b)

图 1-3　夯土技术遗存

(a) 河北易县南下都墙夯层；(b) 山东齐临淄城墙夯窝

夯土建筑给了我们时空对比，笔者 2013 年到河西走廊考察，拍摄的汉长城遗址，见图 1-4a。该段长城已有 2000 年历史，在没有防护的条件下，任凭风吹雨打，能坚持至今，说明夯土结构还是有相当的耐久性能。当然，地区干燥也是一有利因素。图 1-4（b）是重庆涪陵区大顺镇附近农村的一幢碉楼。据说这一地区原来有很多类似的碉楼，是修筑起来防匪的，过去几十年为改善良田，捣毁不少。近几年听说有旅游开发价值，又禁止拆除，准备进行保护。该幢碉楼约有 15m 高，距今已有 100 多年历史。从这件事情可以联想到，我国的农村肯定还藏有不被当地人认同的，在他们看来习以为常的建筑，却是宝贵的历史遗迹。

(a)　　　　　　　　　　　　　　(b)

图 1-4　夯土建筑的防御功能

(a) 汉长城遗址；(b) 高耸的碉楼

笔者借到厦门开会之机，到南靖参观土楼。怀远楼建于清代（1905～1909 年），为双环圆土楼。外环土楼为土木结构，内通廊式，楼高 4 层（13.5m），每层 34 间（图 1-5a）。内环楼为砖木结构（图 1-5a），"面阔三间"为抬梁式五凤楼的"诗礼堂"。圆形土楼给人的感觉是，虽然最初修建是为了防范土匪的袭扰，但它的内涵不止这点。远远望去，它的稳定感比其他楼形都强。在楼内，圆形给人一个自然的向心力，房间的均匀分隔，使每家平等，没有等级之分，通廊就像纽带，增强了相互间的联系。院中的"诗礼堂"应是家族祠堂、传承教育的地方。这份遗产，使笔者感受到了我们祖先理想中的大同世界。夯土建筑中的福建土楼，不愧为我国现存夯土建筑的瑰宝。它的建筑形式体现了中华民族的智慧、夯土结构的合理性和创造的亲情环境。

(a)　　　　　　　　　　　　　　(b)

图 1-5　福建土楼的人居环境

(a) 南靖怀远楼内景；(b) 土楼群依山傍水

回厦门的路上，途经田中村，土楼群依山傍水，一幅田园画卷。福建土楼散布在闽西的永定、武平、上杭及闽西南的南靖、平和、华安、漳浦，最为著名的就是武夷山的土楼。永定县和南靖县的数量最多，其中永定土楼有2300（方、园）多座，绝大多数土楼保留完好并依然住人。现存于永定县客家土楼群中的馥馨楼建于公元769年，至今已有一千二百多年历史。建于元代的南靖县下坂村裕昌楼已有700多年。最晚建造的也有30多年历史，可见生土建筑保护得当也会有很好的耐久性。

据报道，现在世界上有1/3的人居住在生土建筑中。纵观历史，生土建筑，是人类使用历史最为悠久，分布地域最为广阔的建筑类型。生土建筑的结构形式和建筑风格表现出明显的地域特性，其中不乏艺术的巅峰之作。

西非马里的杰内古城1987年被联合国教科文组织列入《世界文化遗产名录》。杰内古城的大清真寺是世界上最大的生土建筑，也是非洲著名的地标建筑之一。清真寺主体重建于1907年，其中一处曾建于13世纪。杰内古城的大清真寺在建造时没有用一砖一石，而是与当地普通民居一样采用棕榈树枝为骨架，与黏土泥结合的结构方式。该寺院占地面积6375m²，建筑面积3025m²，最高处达20m，它完美体现出撒哈拉建筑艺术风格（图1-6a）。美国西部新墨西哥州的陶斯镇，它以印第安人土著部落纯正的传统文化遗存而著名，是美国西部最古老、土著部落文化样态保护最为完整的聚落，见图1-6（b）。印第安人的这种集合式住宅，由前向后逐层垒高和退进，从而形成一层层高低起伏相互转换的平台，生土建筑的错落融入山地起伏之中。现存最早的房屋约建于14世纪中期前后。

(a)　　　　　　　　　　　　　　　　(b)

图1-6　世界著名的生土建筑
(a) 马里杰内大清真寺；(b) 印第安人的集合式住宅

第三节　抗震问题

生土建筑是当之无愧的原始生态型绿色建筑。生土建筑就地取材，与大地同色，具有非常优异的原生态风格，它秉存了土壤的优良热工性能，使室内空间冬暖夏凉，是理想的"节能"建筑，当它衰老不能满足使用要求，它又悄悄地回归大地。它以最原始的形态全面体现了人们今天所追求绿色建筑的"最新理念与最高境界"。在法国、美国、西班亚、巴西等国家，自1980年以来采用新型的土坯建造了大量别墅。

在我国，影响生土建筑发展的原因之一，是一般的人都认为土墙房屋不抗震。但农村的生土墙房屋也有经受住强烈地震考验的案例。在福建，建于公元1693年的永定湖坑镇的"环极楼"，300年来经历了数次地震。据史料记载，1918年农历四月初六的一次震级测定为七级的地震，使环极楼仅在其正门右上方 3 楼到 4 楼之间裂一条 20cm 宽（也有说是 50cm）的裂缝，由于圆楼墙结构下面厚 1.2m，向上延伸时略向内斜，呈梯形状，向心力强。70 多年来竟神奇地自然弥合，现仅留下一道 1～2cm 宽的裂缝。分析房屋的结构，在夯筑土楼墙体过程中，每夯实 10cm 厚度的土，便放置三五根长约 2m 的竹片或杉木条作"墙筋"，以增加墙体的抗拉力。在土木结构的结合方面，他们选择穿斗式与抬梁式混合运用的方法，巧妙地发挥出这两种结构方式在力学上的各自优势，以求得更强的抗震性能。可见生土建筑利用现代的科学技术，采用适于本地夯土材料的优选配合比和合理的结构形式是能够做出抗震建筑的。

进入 21 世纪，随着人们对环境保护意识理念的提高，生土建筑的优越性凸显出来。我国一些学者也开始注意对生土建筑的研究。由沈阳建筑大学和西安建筑科技大学联合申报的国家十一五科技支撑计划"生土及节能砌块住宅施工与验收标准研究"早已完成。目前，生土建筑的抗震性能研究也开始引起重视。图 1-7 是在西安建筑科技大学结构动力实验室进行完震动台试验的土坯房屋模型和夯土房屋模型，是笔者两次去参观学习时，拍到的照片。

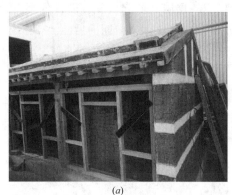

(a)　　　　　　　　　　　　　　(b)

图 1-7　生土房屋震动台试验模型

（a）土坯房屋试验模型；（b）夯土房屋试验模型

西安建筑科技大学的穆钧教授在甘肃会宁马岔村采用现代夯筑技术对岳家老宅夯土墙房屋进行了改建。仍使用当地的黄土作为夯土的基本原料，但首先对土的流塑限指标、颗粒级配进行了试验分析。根据土质情况，在夯土中参加了一定量的砂子、石子和水，然后采用蛙式打夯机进行强烈夯击，使其夯土墙体耐久性和力学性能都得到很大提高，建筑造价约为砖混结构的一半左右。据穆教授介绍，按他这种结构体系建造的房屋能够经受 8.5 度的强烈地震。

2014 年云南昭通鲁甸地震后，光明村大部分传统夯土建筑严重损毁。在灾后重建过程中，当大多数人选择看起来似乎更好更安全的房屋结构形式时，两位老人仍选择了土坯房。土坯房是香港中文大学和昆明理工大学的建造师们共同设计完成的。重建的新房是两层楼的小独栋，附带的花园可以种植蔬菜，一条石板路连接了马路与房子的正门（图 1-8a）。室内宽敞明亮，完全没有了传统土屋阴暗潮湿的味道。为了测试房子的抗震性能，进行了 1：1 的振动台试验。振动台抗震试验结果显示，两层新型抗震夯土建筑完全满足 8 级抗震设防要求。

(a) (b)

图 1-8　现代的夯土农居

(a) 房屋及周边环境；(b) 具有现代气息的室内环境

2017 年第 10 届世界建筑节在德国柏林落幕，在 11 月 7 日的颁奖仪式上，光明村夯土小屋获得"最佳世界建筑奖"。WAF 项目负责人 Paul Finch 评论称，"这个建筑可以很好地阐述建筑无论是在贫穷或富裕的社区中都可以同样与居民密不可分。"由此可见，随着对生土材料更加深度理解与合理熟练运用，加上创新技术与设计理念的转变，生土建筑不抗震的问题很快会得到解决。

第四节　成型技术

据统计[2]，全世界共有二十多种生土建筑的传统建造方法。我国建造原生土墙或生土墙的制作方式，主要有夯土墙（版筑土墙）、土坯墙和夯土土坯混合墙三种形式。夯土建筑相对土坯建筑更牢固，更耐久，在我国古代重要建筑中使用最多。

夯土墙采用版筑法施工，可拆装的施工模具见图 1-9 (a)。墙卡和挡板的宽度决定墙厚，一个侧板的长度称为一版，一版的高度称为一层。当模板支撑好后，将添加有掺和料，并经充分晾晒发酵，含有一定湿度的土填入后夯实，采取逐层提升，逐层填土后夯实

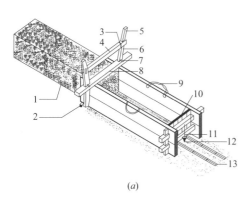

(a) (b)

图 1-9　夯土墙夯筑模板及筑墙体

(a) 夯土墙夯筑模板示意图；(b) 施工前的试夯试验

1—已夯土墙；2—竹墙钉；3—扎铁丝；4—撑棍；5—墙卡；6—狗臂；7—竹销；

8—狗颈；9—提手；10—挡板；11—垂线标志；12—小铅锤；13—竹筋

的方法形成墙体。整个过程与现代混凝土模板浇筑的原理几乎如出一辙。夹在夯土层间的"竹筋"，起到整体连接，减少墙体开裂的作用，相当于现在砌体中的拉接筋。图1-9（b）是为了修复已破损的夯土建筑，正在进行试夯检验效果。

在氏族公社时代土坯的使用就开始了。我们的祖先把土制成小块土坯，待土坯干燥后用于砌墙，由于土坯块小施工可以运用自如，因此得到广泛使用。由土打墙到砌筑土坯墙，是一项重大的技术进步，也是墙体材料的一大革新，它为砖的出现奠定了基础。土坯墙的土坯是在黏土中，掺入植物纤维（如稻草）、人或动物的毛发、竹筋等，拌入一定量的水，制成坯体后切割成块材，经太阳晒干成型，经过一定时间的干燥收缩后堆砌成墙体。土坯的排列方式多为一层立置，一层平砌，如此循环砌筑。

从土坯砖的出土实物证明，一万五千年前在埃及的尼罗河流域就出现了。在西亚也于一万年前后出现土坯砖。掺有稻草并经太阳晒干的土砖最早出现在8000年以前的美索不达米亚。美索不达米亚所处的两河流域缺少石料，最主要的建筑材料是芦苇和黏土。在也门，处于鲁卜哈利沙漠数道季节河交汇地的希巴姆城，工匠用黏土和椰枣树的根茎制作土坯泥砖，修建出20、30m高楼。如今古城内还耸立着500余座5～10层的土坯房屋。这些建筑大部分是16世纪建造的。人们在1～2层饲养牲畜、储存粮食，不辟窗户，居住则多在三层以上。

我国目前发现的最早的土坯砖建筑为湖北应城的门板湾遗址，已有五千五百年历史。在新疆地区高昌等地汉唐时代还用土坯砌出拱顶，这种实物一直保持到今天。土拱跨度可达2.8～3.2m，一般采用三心圆拱。土坯墙的建筑一直使用至今，图1-10（a）是笔者2010年在内蒙古草原上拍到的正在建造的土坯墙建筑，可见它的生命力与广泛性。至今，在云南边寨的一些乡村，用牛工踩泥，范模成型，自然干燥的土坯房，也仍然大量存在。

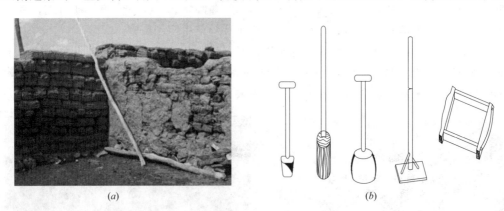

图1-10　土坯墙体及制作工具
(a) 正在修建的土坯房墙体；(b) 木模夯筑土坯模具

土坯砖还可采用原土在木模中夯制或熟泥制坯两种方式制作，土坯的尺寸，因各地的传统习惯差别各异。木模夯制土坯所用土料与夯土墙所用土料类似，为黏土，成形本质是夯实成块，只是夯制的土坯尺寸较小，便于施工搬运，适应小体量和造型较复杂的构筑物。熟泥制坯的工艺流程为：选土、和泥、熟泥、拌料、脱坯、晾晒、成坯。

土坯的制作工具见图1-10（b），土坯的制作工艺如下：

（1）土坯质量好坏与选土有很大关系。选取的土中切忌夹杂腐化物与有机物。应选取土质纯的黄土、黄黏土、黑黏土，并参入少量细砂。为了使土坯抗压力强，经过细筛，将土中杂质去掉，把符合要求的制坯土以土堆存放；

（2）在土堆中挖一浅坑，在浅坑中加一定量水浸泡。待水渗入土堆中用镐或锹将土翻一遍，使土堆成为泥堆；

（3）泥堆晾晒发酵后，再用镐或锹将土翻一遍，如此反复 2～3 遍，直到泥堆黏性达到熟泥程度，方可用于制坯。现场检验熟泥黏性的方法是：用力甩才出手；

（4）制坯前，首先在模具中均匀撒一层细砂或草木灰，然后取适量的熟泥用力甩进模具，并将模具中的边角用熟泥填实，刮平，最后将模具移去；

（5）把脱模的土坯晾晒，待土坯完全晾干，可用于砌筑墙体。

从整个熟泥制作土坯的工艺来看，它与人工制作烧结黏土砖的成型工艺是一样的，仅差烧制环节。因此可以说，黏土砖是土坯烧制而成，砖砌体建筑是土坯建筑的进一步发展。从表 1-1 土坯尺寸举例[1]可以看到，我国大江南北的土坯砖尺寸与现在的烧结砖或空心砖的尺寸大致相当，表明我们的祖先根据生理特点，为便于生产、运输和砌筑而考虑的。

土坯尺寸举例   表 1-1

地点	土坯尺寸（mm）	加料筋	备注
吉林	240×180×50	加羊角	吉林筏子块 400×220×150
辽宁	260×180×50	加羊角	
北京	300×190×70	加草	
湖南	300×240×75	加草根	
云南	395×280×100	加草	可砌三层土墙
四川	380×260×90	干打	
河南	360×180×60	加草	
山西	380×180×80	纯土	
陕西	350×200×50	纯土	干制坯
陕西	380×250×60	纯土	干制坯
陕西	350×250×130	干打	湿制坯
陕西	240×260×150	干打	湿制坯
新疆	390×250×180	纯土、干打	可砌土楼及拱

第二章 烧 结 砖

第一节 古代砖的规制

我们又回到上万年的"土坑屋"时期，在房屋狭小的空间内，地面烧的柴火容易使接近火的土层变得坚硬而不易被水软化。原住民发现，这种变硬的凹形物片可以盛放食物，比用树叶、木片等方便。时间一长，试用泥土手工制作成形，放在火上烧使其变硬。器物形状也开始逐渐多样化，做成瓢形可以盛水，然后做成罐，经过不断地摸索，进化成制陶技术。在解决了盛水盛物的吃喝问题后，制陶技术生产的产品开始用于建筑、道路的铺筑。

按湛轩业、傅善忠、梁嘉琪在《中华砖瓦史话》中考证[3]，中国烧结砖瓦断代分为七千三百年前的具有文化意义的"砖"，到六千四百年前大溪文化时期砖的雏形出现，到公元前 5000 年左右具有文明意义的烧结正方形砖（良渚文化时期）问世；瓦的萌发出现在距今四千五百年前黄帝时代的颛顼时期，由其后裔昆吾氏延续发展，文明意义的屋面瓦定位三千九百年前的齐家文化时期。"还原法"烧青砖青瓦，从出土实物分析，始于四千一百年前的陶寺文化（夏早期）。图 2-1（a）是距今 5500 年历史的安徽含山凌家滩遗址发掘出的用于铺成广场、古井井壁的红陶块。图 2-1（b）是 5000 多年前浙江良渚文化庙前遗址出土的"红烧土坯"。

(a)　　　　　　　　　　　　　(b)

图 2-1　烧结砖的雏形
(a) 凌家滩遗址红陶块；(b) 庙前遗址"红烧土坯"

据实物考证，砖真正大量的使用还是从战国时期开始的。近年来，从秦始皇陵出土的砖包括：空心砖、条形砖、五棱砖、曲尺砖、方形砖、花纹砖等多个品种，并且大都根据不同位置，使用不同规格的砖，这种情况表明，秦朝对砖的应用已比较规范。从砖的实物可以看到，无论是哪种规格的砖，都制作精细，外观棱角严整，光滑规矩，内部质地细密，火候高，而且较同体积砖重得多，确是"敲之有声，断之无孔"。虽说秦始皇用砖要求质量最高，但也表明当时的制作工艺已达到相当高的技术水平。根据以上事实，"秦砖汉瓦"之说，只是表明秦朝时期的制砖技术已经从制陶技术中分离出来。

古代，我国的制砖技术水平是最高的。目前，国内发现最大尺寸的砖长约3000mm，宽600mm，厚150mm；最大的空心砖长2020mm，高300mm，宽330mm，壁厚60mm，据考证是汉代的砖。在2000年前能做出如此大尺寸的烧结砖（图2-2），则代表着烧结砖制造过程的高水准，其成型、干燥、焙烧过程的难度也令我们现代人很难想象。但遗憾的是，现在还没有证据表明，这些砖是如何烧制的。笔者认为：制作大型空心砖是陶器烧制技术的成熟，空心砖的制作工艺是陶器制作技术的发展。如此大尺寸的砖，采用空心才容易烧结，因其空心重量较轻才便于搬运和使用。每一块砖上还有精细的纹饰图案，即使是采取压印，也是很讲技术、费工、费时的工艺。其中不少的图案，我们现在都在模仿使用。确切地说，画砖和瓦当应是那个时代的艺术品，因此留有制作工匠的名字，以便区分。按当时的生产水平，空心砖的产量应该是很低的，因此，也只有极少数权贵能够使用，工匠在砖和瓦上留名做得不好是杀头的依据。

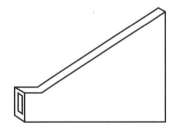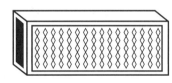

图2-2 战国、秦汉空心砖的形式

西汉前期，出现了"小型砖"，其特点是小型、实心、长方形或正方形，长度从200mm到300mm不等。"小型砖"显然便于成型、烧制、运输、砌筑，推动了砖的使用和发展。汉代小条砖尺寸逐渐规范，进入模数化制式，长、宽、厚的比例约为4∶2∶1，表明我们的祖先已开始有了标准化的初始理念。这也许是一个创举。在秦代，砖主要用来铺砌地面、踏步、台阶、台基，秦汉时期包括宫殿建筑内，屋墙绝大多数仍是土墙，砖的模数化促使东汉时期的建筑形态发生了变革，出现砖拱卷墓室建筑类型，砌体结构出现了。

在宋代，对砖的规格尺寸作了规定，对不同的建构筑物的砌筑方法作出了要求。李诫撰写的《营造法式》一书，是集我国古代建筑科学与艺术之大成，它详细记录整理料宋代及以前建筑方面的制度、做法、用工、图样等资料。在书中，规定了砖的类型共十三种，常用的有：方砖、条砖、压栏砖、砖碇方、牛头砖，走趄砖等品种。使用最多的两种条砖尺寸为：356mm×178mm×68.5mm和328.8mm×164.4mm×54.8mm。在《营造法式》卷三"壕寨制度"中要求，"筑墙之制：每墙厚三尺，则高九尺；其上斜收，比厚减半。若高增三尺，则厚加一尺，减亦如之"。现今，砖石结构砌筑的重力式挡墙仍然采用这一型制。砖的制造标准统一，砌筑规范化，砌体质量得到了保证。

第二节 手工砖的生产

1. 砖的成型

在明代，制砖水平达到一个新的高度，《天工开物》对砖的烧结方法的论述就是一个证明。《天工开物》一书，是明代科学家宋应星（1587～1666年）编著的有关当时农业和手工业生产技术的百科全书，其中"陶埏"一章是专门记载明代造砖工艺的。文中记述："凡延泥造砖亦掘地验辨土色，或蓝、或白、或红、或黄，皆以粘而不散、粉而不沙者为上。汲水滋土，人逐数牛，错趾踏成稠泥。然后填满木框之中，铁线弓戛平其面，而成坯形"（图2-3a）。这一制坯过程按现在的话来表述是：第一步，选土。烧砖土质以粘而不散，粉而不沙者为上。将土堆至场地中央，经日晒雨淋，使其颗粒分解无硬块。第二步，练泥。驱逐牛反复践踏软化的泥，或者由人用脚在泥中踩踏，使其稠而均匀。第三步，制坯。从练好的泥中取一块泥料，用力填满木框之中，铁线弓戛平表面，去掉木框，将砖坯风干。这一过程，与前面土坯砖的制作工艺基本相同，是传承的佐证。第四步，风干。使砖坯逐渐脱水，形成强度，减少收缩量和烧制中的过大变形。第五步，入窑烧制。

2. 红砖烧制

关于砖的烧制《天工开物》记载："凡砖成坯之后，装入窑中，所装百钧，则火力一昼夜，二百钧则倍时而足。凡烧砖，有柴薪窑、有煤炭窑。用薪者出火成青色，用煤者出火成白色。凡柴薪窑，巅上偏侧凿三孔以出烟，火足止薪之候，泥固塞其孔，然后使水转锈。凡火候少一两，则锈色不光。少三两，则名"嫩火砖"，本色杂现。他日经霜冒雪，则立成解散，仍还土质。火候多一两，则砖面有裂纹；多三两，则砖形缩小折裂，屈曲不伸，击之如碎铁然，不适于用。巧用者以之埋藏于土内，为墙脚，则亦有砖之用也。凡观火候，从窑门透视内壁，土受火精，形神摇荡，若金银熔化之极然，陶长辨之"。文中不但描述了砖的烧结工艺和使用的材料，也对欠烧砖可能造成的危害和过烧砖的使用进行了介绍。图2-3（b）是砖风干和烧制的过程，砖是在密闭的半球状"土窑"中烧制。这一过程烧制出的就是红砖。在古代，我国多数地方喜欢使用青砖，因此还有一个继续烧制的过程，这在后面会讲到。

在国外，我们可以看到，很多建筑都是使用的红砖，一个原因是他们更喜爱红色，而不太喜欢青色。另一个原因是，他们烧砖的窑形，无法满足烧制青砖的工艺要求。

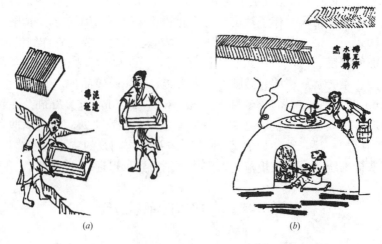

图2-3 《天工开物》中的制泥砖工艺图
（a）泥造砖坯；（b）砖瓦浇水转锈窑

3. 砖强度的形成

按现代科学的研究成果，砖的烧结硬化是黏土坯体在 900～1200℃下焙烧形成的。烧结过程可以分为以下几个步骤：脱水，氧化，玻璃化以及溶结。其中脱水，氧化和玻璃化都伴随着窑内温度的升高。与金属不同，黏土的溶化过程需要的时间很长，可以分为三步：垂溶，玻璃化以及粘溶。经过这三个步骤，黏土成为坚硬而吸水率低的固体。焙烧发生的这一系列物理、化学变化，从形成强度机制的矿物学表征分析，一种以二氧化硅（一般质量分数为 55%～65%）和氧化铝（一般质量分数为 10%～25%）为主，并与多达 25% 的其他成分结合而组成的陶瓷体，其中含有微晶态的莫来石、玻璃态物质和石英。使烧出的砖既有一定的强度，又有一定的孔隙率，可以取得承重和保温的良好效果。黏土砖坯随温度产生的物理化学变化过程见表 2-1，此时烧制出的是红砖。

黏土砖坯焙烧时的物理化学性能的变化　　　　　　　　　　　　　表 2-1

焙烧温度	物理化学变化	现象
20～110℃	自由水蒸发，吸附水开始蒸发	变干
430℃以上	高岭土逐渐失去结构水	不再有可塑性
750℃	结构水完全失去，形成偏高岭石（$Al_2O_3 \cdot SiO_2$）	有机物烧掉
800～900℃	碳酸盐分解放出 CO_2 $4FeS_2 + 11O_2 \rightarrow 8SO_2 + 2Fe_2O_3$ 生成 CaO，MgO 及 Fe_2O_3	孔隙 4 率大、色渐红
900～1050℃	偏高岭土分解为游离 Al_2O_3、游离 SiO_2	开始出现液相
>1050℃	CaO，MgO，Fe_2O_3，Al_2O_3，SiO_2 反应生成易熔硅酸盐，将其他固相粘结起来	液相增加，烧缩（烧结）、孔隙率下降
温度更高	结晶生成 $Al_2O_3 \cdot SiO_2$ 及 $3Al_2O_3 \cdot 2SiO_2$ 两种新的硅铝酸盐	强度提高、耐热性提高、化学稳定性提高

4. 青砖烧制

如果砖坯烧成后再加水闷窑，由于窑内水蒸气的生成造成缺氧，可促使砖内红色高价氧化铁（Fe_2O_3）还原成低价氧化铁（FeO），消失红色；此时窑内处于空气缺乏状态，由燃烧所产生的碳氢化合物气体不能燃烧，而在高温中分解，生成炭黑，在制品颗粒表面形成碳素薄膜（渗碳）。由于碳素薄膜的存在，对水化作用的抗蚀性强，提高了青砖的耐久性。数千年来，我国烧青砖都在土窑（马蹄窑）中进行，《天工开物》对砖烧结变青称为"转锈"："凡转锈之法，窑巅作一平填样，四周稍炫起，灌水其上。砖瓦百钧，用水四十石。水神透入土膜之下，与火意相感而成。水火既济，其质千秋矣"。土窑虽易于密封，但由于它间歇作业，余热和烟热不能利用（在焙烧后期外排烟气的温度高达 900℃左右），加之烧一块普通砖需在窑内饮 1kg 水。这些水蒸气又要吸热 2500～3000kJ/块。这种窑型烧青砖的热耗为隧道窑烧红砖热耗的 3 倍以上。采用隧道窑烧青砖，目前在我国还处于探索阶段。而土窑在我国属淘汰窑型，从建筑节能的角度看，青砖已成了"奢侈品"。因此，在我国除了景观建筑外，我们看到的青砖建筑，一般应已有 50 年以上的历史。

第三节 机制砖

1. 生产砖机

我国采用机器制砖的最早记录，是在 1886 年，清政府从德国购进了以蒸汽机为动力的制砖机器设备，在大连的旅顺生产。1906 年及以后几年，从国外购进制砖机械设备达到一个高潮，到 1920 年左右，全国很多大、中城市有了机制砖瓦厂。1930 年 6 月建成了我国第一家用机器生产空心砖的上海大中砖瓦厂[4]，产品先后用于百老汇大厦、国际饭店、永安公司等著名建筑。我国砖瓦的大规模机械化生产是从 20 世纪 50 年代开始，相继建设起一大批具有年产千万块标准砖产能的机制砖厂。20 世纪最后 20 年，我国烧结砖飞速发展，先后从意大利、西班牙、德国、波兰、法国、美国、荷兰等国家引进了数十条先进的烧结砖生产线，通过对设备技术的引进、消化、吸收和再创新，积累了较为丰富的经验，促进了我国砖瓦行业的技术水平的快速提升。进入 21 世纪以来，我国砖瓦装备产品不断翻新，不仅生产出了 JKB 70/70—2.5（每小时生产能力 25000～30600 块）、JKY 75/65—4.0 型大型挤出机和配套设备，同时还研制生产了切、码、运和上（下）架多转向的自动化系统；码坯机器人已成功应用于码坯工艺，标志着中国砖瓦机械向智能化迈出了一大步，部分企业已着手研发大型挤出保温隔热砌块生产设备，并取得了阶段性成果。

2. 窑形

轮窑又称环形窑，在国外也叫霍夫曼窑，由德国人霍夫曼于 1867 年首创。1898 年德国人占领青岛后，建立了机械制坯，轮窑烧成的砖厂。轮窑的焙烧空间是长的环形隧道，隧道的外侧等距离地开有窑门，砖坯和产品从这里运进、运出，通常从窑门数来表征轮窑的规模。国内目前最大的有 80 门窑，图 2-4 是一个 16 门窑。砖坯码放在环形隧道中，成固定不动的坯垛，通过后面燃烧的空气预热升温后，煤从窑顶的投煤孔投入燃烧，烧成制品后逐渐降温，然后出窑。整个生产过程反复轮流循环，所以轮窑是一种连续式焙烧窑炉。隧道窑是目前我国砖瓦生产中使用较普遍的窑型之一。由于隧道窑耗能高、难于实现机械堆码，工人的生产环境较恶劣，现在新建窑炉以隧道窑居多。

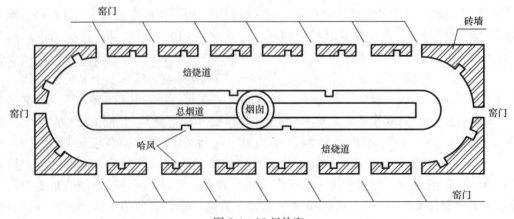

图 2-4　16 门轮窑

隧道窑的发明最终引起了砖烧结生产工艺的一场革命。隧道窑最先由法国人在1751年发明,但是流行于19世纪的英格兰。隧道窑的名字来源于它的形状。在隧道窑中,热源布置在窑长的中间段,热量按铃形传播,使砖体逐渐的加热到最高温度进行烧结,然后冷却。现代的生产厂家一般把隧道窑中烧砖余热引出对未烧砖坯进行干燥(图2-5)。隧道窑属于非固定式的连续通风窑,整个过程现在都是电脑控制。这种生产方式与轮窑比,机械化程度高,节省人力和能源。在西方,从1960年开始几乎取代了所有的其他形式的砖窑。

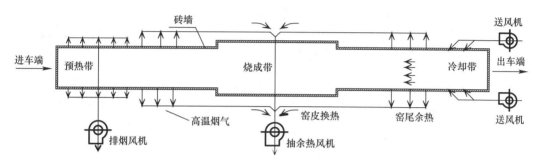

图 2-5　隧道焙烧窑

我国第一条隧道窑由中国西北工业建筑设计院设计,上海振苏砖瓦厂承建,1959年投产。进入21世纪,我国隧道窑烧砖的发展很迅速,新建的生产线产能普遍达到年产5000万标准砖以上,而且有了单产生产能力1.2亿标准砖生产线。图2-6(a)是重庆市建科院的建材设计院,最近设计的一年产6000万块页岩空心砖厂生产线流程示意图。原料经加工处理后的工艺流程:真空挤出机→切条机→加速胶带机→自动切坯机→输送机→编组机编组→机器人码坯→(经定位后的)窑车→步进机→电托车→液压顶车机→干燥窑→牵引机→电托车→液压顶车机→焙烧窑→电托车→牵引机→机器人卸砖→板式输送机→机器人拆垛、分拣、编组→托盘→捆扎机和包装机。全厂劳动定员仅需40~50人。

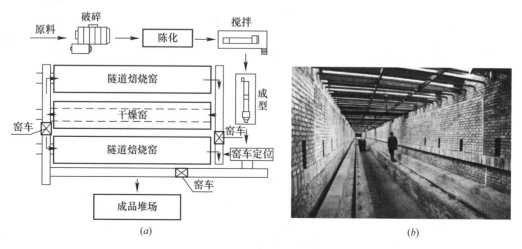

(a)　　　　　　　　　　　　　　　　(b)

图 2-6　隧道窑烧结砖生产流程和窑内部

(a) 隧道窑烧结砖生产流程;(b) 新建隧道焙烧窑内部

3. 砖的生产

在我国，砖瓦制造是一个劳动密集型的行业，不少工序长期都是由人工操作，如放炮采石、码干燥车、码窑车、出窑、分拣、运成品到堆场等过程都是劳动强度大的工作，全厂劳动定员至少为220～230人。进入21世纪，随着人们生活水平的提高，愿意从事这项工作的人越来越少，现在国家又把绿色环保作为基本国策之一，因此迫使我国烧结砖工艺发展的趋势是：由体力型向技能型、由高强度劳动向低强度劳动转化，努力提高机械化和自动化水平，在生产线中采用机器人代替人的作业，无粉尘化生产已是一个必然趋势。近几年建设的大型生产线，均装备了计算机测控系统。用人工上、下车码砖的情况，很快就会消失。图2-7 (a) 这张照片将成为一个历史见证，取而代之的是图2-7 (b) 采用码坯机器人作业，厂房内也基本清洁明亮，能够保证工人的健康。

(a)　　　　　　　　　　　(b)

图 2-7　砖的人工与机器堆码比较

(a) 工人正在搬砖上车；(b) 机器人正在将砖坯装上窑车

图2-8是我国从1952年到2002年50年间烧结砖的年产量情况[3]。柱状图表明，我国烧结砖产量发展最快的时间还是改革开放到20世纪末。进入21世纪，砖瓦行业制砖用原料已从原来单一的黏土向资源综合利用方向发展，页岩、江河湖淤泥、煤矸石、粉煤灰、各种工业废弃物都成了制砖的材料。产品呈现出多品种、多规格，从单一的黏土实心砖发展成烧结类实心砖、多孔砖、空心砖、空心砌块、墙地砖、路面砖、墙体装饰挂板等品种。近10年来，烧结砖产量仍在增加，砖产品已着重研发和生产节能效果显著、使用功

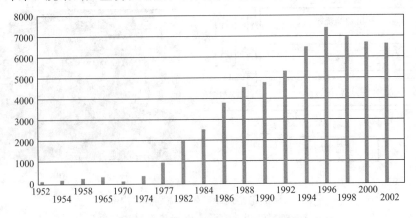

图 2-8　我国50年烧结砖产量示意图（单位：亿块）

能优异、具有良好生态特性的新型烧结砖。随着墙材产品的多样化和使用范围的扩大，2011 年我国的墙体材料折合标砖仍约 8000 亿块，最高时达到近 1 万亿块。由于国家治理环境污染力度和限制黏土砖生产的力度进一步加大，其他各种新型墙体材料得以快速推广应用，建筑业的下滑，因此产量有所降低，目前，年产量约 5000 亿～6000 亿块。

4. 砖的强度

我国的砖厂，目前还不能按用户要求生产规定强度等级的砖。在编制重庆地方标准《烧结页岩多孔砖和空心砖砌体结构技术规程》DBJ 50/T—037—2004 时，为生产试验用砖，在两个砖厂进行了强度抽检试验。

烧制多孔砖外形尺寸为：240mm×115mm×90mm，孔形为矩形，孔洞率为 27%。为了解在同一个窑车上砖的强度分布规律，以其中一辆窑车为主抽单位，在 9 个不同部位各抽取 10 匹砖，取样部位见图 2-9（a）；为了解各窑车之间砖强度的关系，在另外两辆窑车随机各抽取 10 匹砖。主窑车上砖抗压试验编号为 K1-1～K1-9，窑车上各部位的强度平均值见图 2-9（b）。另外两辆窑车砖编号为 K2、K3。砖的抗压强度试验数据统计见表 2-2。

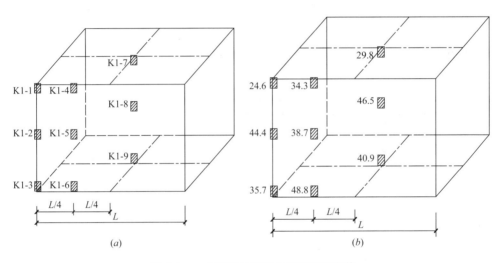

图 2-9 一个窑车抽样部位和平均强度值
（a）抽样部位编号；（b）强度平均值

多孔砖抗压强度试验数据统计 表 2-2

组号	数量（块）	平均值（MPa）	标准差（MPa）	离散率（%）	组号	数量（块）	平均值（MPa）	标准差（MPa）	离散率（%）
K1-1	10	24.6	7.59	30.8	K1-7	10	29.8	3.50	11.8
K1-2	10	44.4	9.12	20.6	K1-8	10	46.5	6.52	14.0
K1-3	10	35.7	10.77	30.2	K1-9	10	40.9	11.18	27.3
K1-4	10	34.3	6.56	19.1	K2	10	28.3	7.57	26.7
K1-5	10	38.7	7.00	18.1	K3	10	33.2	10.91	32.8
K1-6	10	48.8	10.23	21.0					

从表 2-2 中数据可以看到：

（1）窑车不同区域的砖强度不同。对同一窑车的砖，顶部表面的砖相对于中部、底部位置的砖强度值分别低 31.6% 和 21.3%。不同部位强度相差大的主要原因窑内温度不均。

这给窑是矩形截面、风口布置、加料不均等多种因素有关。

（2）K1、K2、K3 三个窑车上砖的平均强度分别为：38.1MPa、28.3MPa、33.2MPa；强度离散率分别为：30.0％、26.7％、32.8％，可见窑车之间的差异并不显著，情况相当。

在同一窑中三个不同窑车上各抽取了一组采用生产多孔砖的同种原料生产的标准砖进行抗压强度试验。试验结果见表 2-3。

标准砖抗压强度试验数据统计   表 2-3

组号	试验数量（块）	强度平均值（MPa）	标准差（MPa）	离散率（％）
S1	10	35.6	7.46	20.9
S2	10	31.4	14.92	47.6
S3	10	39.4	11.78	29.9

表 2-3 中 30 块标准砖的平均抗压强度为 35.5MPa，抗压强度的离散率为 33.4％；表 2-4 中 110 匹多孔砖的平均抗压强度为 36.8MPa，抗压强度的离散率为 30.0％。这组数据表明，在制砖的原材料和工艺条件相同的情况下，标准砖和多孔砖的强度相差不大。

在另一家工厂，分别在窑车的内部及外侧随机抽取的砖样，共 50 块，随机分成 5 组，强度等级评定见表 2-4。

砖抗压强度试验数据统计   表 2-4

组号	数量（块）	强度平均值（MPa）	单块最小强度（MPa）	标准差（MPa）	离散率（％）	强度评定
S1	10	35.4	27.6	6.02	17	MU30
S2	10	33.7	28.9	3.21	10	MU30
S3	10	36.2	27.0	7.18	20	MU30
S4	10	38.9	23.0	8.28	21	MU30
S5	10	33.0	17.6	6.47	20	MU25

表 2-4 中第二家砖厂生产的砖的强度离散率与表 2-2 和表 2-3 中第一家砖厂生产的砖的强度离散率相比要小。说明第二家厂的制砖原材料、砖的堆码、窑火控制等方面比第一家砖厂要好。砖强度离散率的大小是了解砖质量的一个重要指标。

第四节　砖的应用

1. 墓室

英国作家比尔·里斯贝罗（Bill Riseboro）在所著的《西方建筑》（The Story Of Western Architecture）一书中写道"古时代人类最伟大的建筑居然是陵墓，这到底意味着什么呢？真是让人匪夷所思。"中国也不例外，据考古发掘表明，我国最早的砌体结构也发现于墓室建筑，也就是说，我们的祖先在汉代以前并没有把砖用于地面建筑，至少现在是这样。古汉墓中使用的空心画像砖，是根据墓室结构的要求而专门加工制造的，完全是"预制构件"，根据空心砖的形状就可以知道墓室的结构。所用空心砖大体可分为：墓门砖、壁砖、墓顶砖、铺地砖等。战国晚期出现的空心砖墓顶的板梁结构（图 2-10a），沿袭了木椁的墓顶形式，采用空心砖跨越墓顶，使空心砖成为受弯构件，因砖的长度一般不会超过 1.5m，因此形成的墓室空间狭小。双棺葬制出现后，空心砖顶盖构造方式也改进为由两块空心砖构成两面坡的"尖拱"，此后又有"折拱"出现，使墓室宽度有所改善（图 2-10b、c、d）。至西汉中叶砌筑技术的进步而产生的条砖砌筑筒拱顶。初始阶段是用条砖并列拱的构造方式，后有结构更为合理的纵联拱构造（图 2-10e、f）。西汉末期出现的拱壳顶结构更为合理，顶盖的跨度进一步增加，于是墓室有了模仿"厅堂"式的空间。砖拱结构的产生，是建筑形式的需求。砖拱分两种体系，一种是以拱券为基础的筒拱结构，另一种是空间形态，即拱壳结构，如穹隆顶（图 2-10g），其结构特点为周边支承。由此可见，砖砌体结构最初是在修建墓室中发展的。

2009 年我国考古学术界最轰动的一个发现，就是汉代的曹操墓。考古专家初步判定是东汉末期的大墓，三条理由中的第二条理由就是墓砖的规格厚重，是定制的。这个墓结构特殊，规模很大，采用了四种特制的砖石建造（见图 2-10h）。

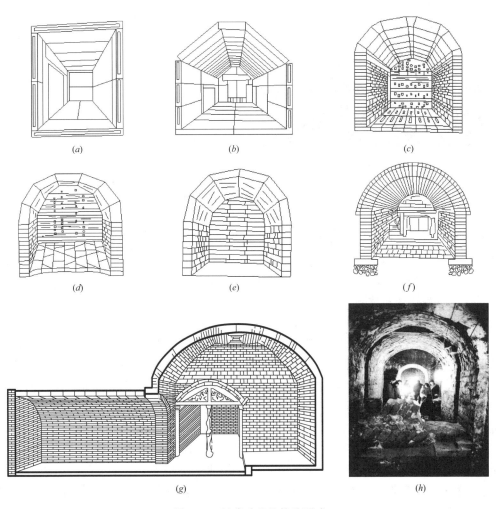

图 2-10 汉代砖墓的构造形式

（a）板梁式空心砖墓；（b）斜撑板梁式空心砖墓；（c）嵌楔形空心拱线墓；（d）楔形空心砖折拱墓；
（e）楔形企口空心砖折拱墓；（f）半圆弧形条砖筒拱墓；（g）穹隆顶[3]；（h）曹操墓内砖砌体

2. 寺庙及教堂

汉代以后，砖逐步开始用于地面建筑和构筑物，因数量少、质量要求高，造价应较木结构贵，因此主要还是用于皇家建筑、宗教建筑以及公共建筑。因砖石外观具有厚重、华贵的特质，自然是宗教建筑最理想的材料之一。佛教圣地五台山的显通寺七处九会殿（图2-11）是砌体结构在佛教建筑中的一个经典之作。它建于明朝34年（公元1606年），外表巍峨敦厚，庄重肃穆，形制奇特，笔者去参观了三次。殿内由三个拱洞构成，一大二小，大殿横向筒拱跨度9.5m。拱壁即为山墙，墙上开有拱门，串通三洞，完全用磨砖卷成，没有一根木梁柱，俗称"无梁殿"。南京钟山南坡灵谷寺无梁殿，也为明代建造，殿高22m，进深三间，宽38.75米，由三跨纵向长筒拱组成，前后两跨跨距较小，中间一跨最大，净跨距达11.25m，券高14m。重檐歇山顶，正面设有券洞式三门两窗，券洞门边缘以水磨砖砌成壶门形。脊上除吻兽外，正脊上立三个喇嘛塔，属我国著名的砖石殿宇。

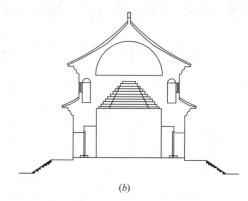

(a)　　　　　　　　　　　　　　　　(b)

图2-11　五台山显通寺七处九会殿

(a) 外观（背面）；(b) 横剖面图

我国自古以来是以木结构建筑为主，在那些年代，砖砌体建筑应用不如木结构普遍。因此，我国的砌体建筑不像西方国家，几百年上千年的留存下来的不多。我国大量使用砌体结构建筑，还是1860年第一次鸦片战争以后。西方列强进入中国，开辟通商口岸、开设租界，其近现代建筑体系，随之带入我国。哈尔滨市圣·索菲亚教堂（图2-12a）始建于1907年3月，1923年9月在旧址第二次重建，1932年11月落成，距今已有70余年的历史。该教堂通高53.35m，落地面积721m²。教堂深受拜占庭式建筑风格的影响，帆拱与俄罗斯帐篷顶相结合，再罩以东正教惯用的"洋葱头"式穹隆顶罩。教堂平面为典型的希腊十字式布局，结构形式为砖混结构，上部造型由巨大饱满的"洋葱头"式穹顶，统帅着四个大小不同的帐篷顶，主从有致，气势恢宏。现为国家重点文物保护单位，已成为哈尔滨市的重要标志性建筑和旅游景观。

荣昌天主堂（图2-12b）由法国人设计并修建，主体为哥特式建筑，钟楼高80m。教堂于1913年开工，1915年建成，由圣堂主体楼、神父楼和教会学校三部分组成。现在虽然只有2000多平方米，不及建成时的四分之一，但依然是重庆和西南地区保存最完好的天主教堂。修建该教堂还有一个故事。1890年（清光绪十六年），中国近代史上著名的"余栋臣教案"，清政府为此赔付5万两白银。法国天主教会决定，用这笔钱在荣昌修建新教堂，就是现在的荣昌天主教堂。

(a)　　　　　　　　　　　　　　　　　(b)

图 2-12　砖结构的教堂

(a) 哈尔滨索菲亚教堂；(b) 重庆荣昌天主教堂

3. 塔

"塔"是砖石结构中的高层建筑，最初是佛教建筑的一部分。在东汉永平七年，由汉明帝从遥远的天竺请入东土大汉。它本是埋藏、存放佛祖释迦牟尼舍利子的纪念性建筑，称窣堵坡（波），是一个半球形的覆钵上立着一根刹。它进入中国后，在结合中国的文化地域特点，以及把中国原有的亭台楼阁等建筑元素，巧妙地运用在"塔"的建筑中，塔的功能也悄然发生了一些变化，融入我们的社会之中。按其功能，塔有佛塔、风水塔、字库塔以及现在的景观塔等。我们不难发现，各种类型的塔遍布全国各地，它在中国人的文化生活中占有重要的地位。据张驭寰和陶世安调查，"根据文献记述及实地考察推测，约有 3 万座"，可见数量之大，应用之广。

古塔建筑的材料，主要是土、木、砖、石、金属。早期多为木结构，由于木构梁架容易焚毁，能够保留至今最古老的一座木楼阁塔，就是建于辽代的山西应县佛宫寺塔。唐以后，由于砖石具有强度高，便施工，不易燃烧，以及较好的耐久性等优点，这时砖石砌筑技术水准已经很高，完全可以建造各种体形复杂的砖塔，因此渐渐成为主要建塔材料。建造砖塔时塔壁表面的砌砖方式主要有两种：一种是在表皮部位用"长身砌"，即"层层错缝长身砌法"；第二种为"长身、丁头法"，即"层层一长一顺错缝砌法"。而塔壁的内侧没有固定砌法。建造塔的砖的尺寸不尽相同，有的塔用砖薄而小，有的则厚而大。产生这种情况，既有时代原因，也有地区差异。唐代砖塔全部用黄土泥砌筑。宋、辽、金三个时期，砌筑砖塔仍然沿用唐代的方式，但在泥浆内开始加以少量的石灰，有的加以少量的米壳（大米壳）。明、清两代砌建塔时，则全部改用石灰浆，黄土泥浆已绝迹。明代不少砖塔能保存至今，这与砌砖用的浆的改良是分不开的。砖石塔的截面由方形演变为六角形、八角形乃至圆形等多种形式。塔身外观用砖砌出仿制门、窗、柱、仿、斗拱和屋檐的造型。

从塔的尺寸比例关系来看，多数应属"高耸建筑"。我国现存最高的古塔是河北定县建于宋代的开元寺塔，号称"中华第一塔"，从塔底到塔刹尖部高度为 85.6m，全部用砖砌筑，有 28 层楼高。陕西泾阳县城明建崇文塔高 88m，山西汾阳文峰塔高 84.8m，按

《建筑抗震鉴定标准》GB 50023—2009 规定，A类砌体房屋在6度区，大于240mm厚普通砖实心墙的最大高度不超过24m，这些塔在数百年前就已大大超过此高度。

我国现存最早的砖塔是河南登封市嵩岳寺塔，建于北魏孝明帝正光年间（公元520年～524年），距今已近1500年，塔总高约40m，除基座是石砌外，其余全部为砖砌，平面呈十二边形截面。塔的第一层塔檐做十四重叠涩砖层，以上十四层每层做密檐，此塔外观收分甚锐，几乎逐渐成为圆形，而且塔檐也越往上越密，加强了上部整体的刚度（图2-13a）。顶端的塔刹，在小基座之上有受花一层，再上为七重相轮，最上端安设以宝珠。整座塔身呈抛物线形，流畅优美，如同一枚玉米耸立在田野间，这朴实端庄的形制，也许是至今保持完好的原因之一。

旬邑泰塔，在陕西旬邑县城内。2013年8月笔者和西安建筑科技大学的王庆霖教授、西安建筑科技大学建筑工程质检站董振平站长一道考察古代的砌体结构，曾到过这里。泰塔是楼阁式砖塔，八角七层，高56m，直径12m。据塔身第六层北面东侧槛窗上的一块砖刻题记，起塔的时间为嘉祐四年正月中，即公元1059年。2001年6月25日被公布为全国重点文物保护单位。泰塔经历千年的风雨沧桑，地基下陷，2013年11月25日测量，泰塔已经向北偏东方向偏离中心线2.296m，这一数字还在继续增长。因此，人称该塔为"中国的比萨斜塔"。该砖塔仿木建造，各层门两侧砌有窗子，并刻有菱花格子和曲尺栏杆，整个建筑远视古朴壮观，雄伟挺拔，近观做工精细、灵巧雅致，给人一种美的享受（图2-13b）。

(a)　　　　　　　　　　　　　　　　(b)

图2-13　嵩岳寺塔和泰塔外观

(a) 河南嵩岳寺塔；(b) "中国的比萨斜塔"

4. 城墙

古代长城能保留至今，显现出它雄伟壮丽的身姿，作为中华民族的骄傲，砖有不可磨灭的功劳。在明代，砖的产量快速增长，重要的城墙不再采用夯土墙体，而是采用砖石砌筑，一些已有的重要墙体，外面也用烧结砖砌筑维护，如北京城、南京城以及各地州府县城，绝大部分都是明代重建或包砖的。全国的城池土墙外包砖，有如下原因：（1）火药的使用,火炮对城墙更具破坏力和毁坏作用;(2)砖城墙比夯土城墙更坚固,比石砌墙体施工更容易;(3)砖墙比夯土墙更耐水、抗冻;(4)砖的生产技术更加成熟,砖的产量和规格能满足使用需求。明城墙自1366年至1393年,历时28年,曾下令5省、20州、118县烧制城墙砖,其总数约为3.5亿块。兴建始成,城墙全长35.267km。图2-14是2016年笔者到南京考察城墙构造时拍摄的照片。图2-14(a)是城墙博物馆入口,图2-14(b)是墙砖上留有生产"厂家"信息,可见管理之严格。

(a)　　　　　　　　　　　　　　　　　(b)

图 2-14　南京明代城墙
(a)城内城墙及参观入口;(b)砖上刻注的产地

现在城墙失去了原有的功能,化干戈为玉帛,西安城墙已成了旅游热点,咖啡店开到了城楼通道上(2-15(a)),走累了喝杯咖啡,符合现代人的理念。山西平遥古城城楼很有艺术造型(2-15(b)),显然不是战时修建的,作为装饰可以,打仗是首先摧毁的目标。

(a)　　　　　　　　　　　　　　　　　(b)

图 2-15　西安、平遥城墙及城楼
(a)西安城楼道及咖啡馆;(b)山西平遥古城城楼

5.民居

从我国封建社会严格的礼制规定和从砖的生产制度和使用分析,砖逐步用于民居还是从明朝开始的。当然,目前还没有发现明朝以前留存下来的砖结构民居也是一条理由。砖在民居中的应用是由于以下条件的成熟:(1)砖的产量和规格能满足当时建筑的需求,对砖砌体的使用没有了严格的规定;(2)由于生产水平的提高,造价降低了;(3)砖砌体不燃烧、较木建筑更坚固耐久;(4)砖块大小适度,操作方便、运用灵活,大小、宽窄可以随意，可高可低，易于砌出需要的效果。

砖作为民居的一种建筑材料很少单独使用，一般会与其他材料混合建筑。在20世纪50年代前，主要是砖木结构建筑。这时，砖主要作承重结构和外围护结构，它增加了墙体和屋面的形式。图2-16（a）中的安徽西递村社外墙立面凹凸变化丰富、有雕塑感，风火墙顶出头像一群大雁向空中飞翔。在20世纪50年代后，因国家木材短缺、昂贵，砖混结构成为民居的主要建筑材料。图2-16（b）是2015年夏天北京和平里大街街景，街边的住宅为五层砖混结构，在经受唐山地震后虽经加固，在夕阳下，给人以安静明快的感觉。

(a)　　　　　　　　　　　　　　　　(b)

图2-16　砖木、砖混民居建筑
（a）安徽西递民居；（b）北京和平里大街

砖砌体结构住宅已延续了数百年时间，因为是人居住和工作的地方，不少建筑承载着很多历史事件或人文故事，因而，砌体结构建筑是受到保护最多的建筑。遵义会议会址是国民党（黔军）25军二师师长柏辉章私邸。因著名的遵义会议在这幢楼内召开，而成为国家重点文物保护单位。这幢建筑是中西元素的结合（图2-17a）。广东开平的民居建筑是由在外华侨出资修建。这种特殊的外形体现了房主，既想光宗耀祖、又防盗抢的担心，既杂糅了西方的风情、又还保留了东方的元素，建筑表现出矛盾的心理特征，见图2-17（b）。这些建筑已被列入世界文化遗产。

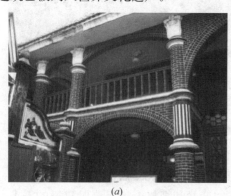 

(a)　　　　　　　　　　　　　　　　(b)

图2-17　中西结合砌体民居建筑
（a）遵义会议会址；（b）广东开平民居

6. 砖的艺术

在明、清时代，砖建筑主要还是有一定经济实力的人家使用。这些人为了光宗耀祖，对建筑规格和艺术性的追求也就越来越高。砖的使用满足了他们的要求，因砖的耐久性和可塑性很高，砖不只是起建筑的承重结构和围护结构的作用，通过它的造型，同样能够增加建筑的艺术性。为满足建筑要求，砖要砌出各式各样柱子的形状，木梁的形象，砌出斗拱、挑檐、各种平座、线角、门窗，还可以做出各式各样的纹样。门是宅内外沟通的必经之地，因此门楼就成了宅院的脸面。在古徽州有"千斤门楼四两屋"的说法，表明古人建房时的理念。房主为了显示身份、地位和富有，室内简陋点别人看不见，没有关系，门面是不能不用重金建造的。图2-18（a）是安徽歙县西院门楣砖雕，非常精致气派。北京大栅栏瑞蚨祥修建于1903年，门脸平面内凹，中部为入口，左右两边各有四块广告板，上面中文隶书及英文，周围饰满花草纹样砖雕，见图2-19（b）。比较这两个门面不难发现，后者的是"仿洋风"时期，中西方建筑的融合与经销理念的结合。

（a）　　　　　　　　　　　　　　　　（b）

图 2-18　砖砌体门面的造型

（a）歙县西院门楣砖雕；（b）北京瑞蚨祥门面

在我国古代建筑中，常用木雕、砖雕和石雕来做装饰构件，其雕刻内容表现人们的文化故事、生活情趣和对理想的追求。砖、木、石作为雕塑的载体，砖与木材相比：收缩小、耐水性强、不怕风雨、不怕虫蛀；与石材相比：易取材、重量轻、可塑性强、易组合拼装。因此，砖雕常用在建筑的屋面、门窗和外墙上，作为装饰、承重、防水等多种用途。

砖雕和画像砖的加工工艺是有着本质的区别。画像砖是先在砖坯上模印花纹再烧制成型，而砖雕是先烧制砖坯，再进行雕刻的加工工艺。魏晋以后，砖雕工艺逐渐发展起来，开始应用于各式建筑，仿木构件的砖雕装饰也逐渐兴起。至两宋时期，直接在砖上雕刻的工艺已经成为相对独立的手艺。在宋代《营造法式》中就有关砖雕的记载，"事造剜凿"即指砖雕。当时砖雕大多只在建筑基座部位中使用，还没有成为广泛应用的装饰形式。到了元代，砖雕开始应用于整体建筑的多个装饰部位。

砖雕的选材十分严格[7]。一般说来，制作砖雕的原材料是水磨青砖，既不能太硬也不能太软。砖太硬，雕刻时容易破碎，雕琢的形象粗糙不堪；砖太软，不利于深入雕刻，雕刻的形象不易成型。所以普通砌筑墙体的黏土砖一般不能用来雕刻。砖雕使用的砖大都是经过特别加工的。其原料是经过精选的几乎没有砂砾的泥土，加清水搅拌成糊状稀泥，稍后待泥渣子沉淀，把上面的泥浆糊移入到另一个泥池过滤，经过再次沉淀后，排掉泥浆上面的清水。一两天之后，泥浆略干，再反复踩压，直到踩成柔韧适度的泥筋，才可以做成砖坯。待砖坯晾干后，入窑烧制。烧制的过程中要注意观察砖色，以青色为最佳。砖烧制成型以后，在进行正式雕刻以前，还要对砖面进行仔细的打磨，将青灰砖磨成表面平整光洁的水磨砖。磨平后的砖要质地细腻纯净，软硬适度，色泽一致，砂眼少，敲击声音清脆，没有劈裂之声，才能用来雕刻。图 2-19（a）是陕西旬邑唐家大院山墙上的砖雕，图 2-19（b）是乔家大院女儿墙砖雕，其间内容各有情趣。

(a)　　　　　　　　　　　　　　　　(b)

图 2-19　砖雕艺术在建筑上的体现

(a) 山墙上的砖雕；(b) 女儿墙上的砖雕

弗朗西斯卡·普利纳［意］著的《建筑鉴赏方法》一书中提到"在巴洛克时期，由于砖被看作一种粗陋的建筑材料，因此很少暴露于建筑物的外表。"这表明外国人对砖的认识、理解和应用不如我们的先辈，从他们对砖在建筑上的使用和装饰情况也说明了这一点。因此有理由说，我国的木结构建筑在世界上做到了极致，我国的砖砌体结构建筑也做到了极致，在世界上是领先的，应该好好宣传，发扬光大。

第五节　烧结多孔、空心砖及砌块

1. 近代应用

在近代，我国第一家用机器生产空心砖的砖厂是上海大中砖厂，它创建于 1930 年 6 月，厂址位于南汇区下沙乡。1930 年建成轮窑一座，制砖机一部。1931 年又增建 34 门轮窑一座，制砖机一部。于 1931 年试制成功空心砖，生产 20 余种产品。远销沪宁一带及北京、郑州、西安等地，据说曾一度销往南洋、新加坡等地。20 世纪 50 年代，该厂生产的空心砖曾用于上海中苏友好大厦，生产的三孔承重空心砖用于上海海运局卫生学校的三、四层教学楼，工业师范，南汇仓库等建筑。

我国承重黏土多孔砖是从 1958 年提出墙体改革后开始研究。当时为了节约钢材和混凝土用量，空心砖有不少的发明创造，按用途分：承重空心砖，KP_1 型、KM_1 型；非承重空心砖，空洞率在 40% 以上；拱壳空心砖，砌筑薄壳和拱壳结构的异型空心砖；楼板空心砖，制作楼板用；空心砖梁，用空心砖和钢筋、水泥砂浆组合制作的受力构件；配筋空心砖，在空心砖或空心砌块的孔内，放置水平或垂直钢筋，然后浇灌混凝土而成为受力构件等等，但产量不大。

进入 20 世纪 80 年代，特别是 90 年代，黏土多孔砖和空心砖的推广应用有了较快发展。当时推广使用的主规格多孔砖是 KP$_1$ 型烧结黏土多孔砖。K 代表空心，KP$_1$ 型砖的外形尺寸为 240mm×115mm×90mm，孔径为 18～22mm，孔洞率一般不大于 25%。1990 年颁布了由中国建筑科学研究院主编的国家行业标准《多孔砖（KP$_1$ 型）建筑抗震设计与施工规程》JGJ 68—1990。时隔 11 年，2001 年颁布了国家行业标准《多孔砖砌体结构技术规范》JGJ 137—2001。该规范在非抗震设防区和抗震设防烈度为 6～9 度的地区，以 P 型多孔砖（即 KP$_1$ 型多孔砖）和 M 型模数多孔砖（即 KM1 型多孔砖）为墙体材料的砌体结构设计、施工及验收。M 型多孔砖的外形尺寸为 190mm×190mm×90mm。它的特点是：由主砖及少量配砖构成，砌墙不砍砖，基本墙厚为 190mm。墙厚可根据结构，抗震和热工要求按半模级差变化。图 2-20 是当时推广应用的 KM1 型、KP1 型、KP2 型多孔砖，其中 KP2 型用得很少。关于 P 型多孔砖和 M 型多孔砖的性能，在下面还会讨论。

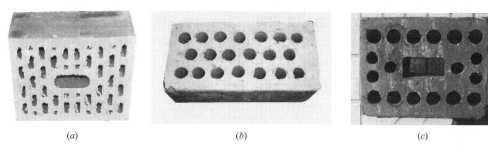

图 2-20　20 世纪末、21 世纪初推广使用的多孔砖砖型
(a) KM1 型；(b) KP1 型；(c) KP2 型

2. 砖的特点

虽然，在两千多年前，我们的祖先就烧制出了空心砖，但与我们现在推广烧结多孔砖、空心砖制造工艺和使用目的是完全不一样的。现在认为，普通黏土砖没有多孔砖、空心砖节约耕地、烧制过程节省能耗；应用于建筑工程中，因重量减轻，相应地降低了结构的重量和造价；砌筑的墙体，因孔洞的存在改善了保温隔热效果，有利于结构抗震性能的提高；在居住时，提高了室内环境的舒适性，减少了能源的消耗和日常开支。因此有必要推广烧结多孔砖、空心砖和多孔砌块的使用。

因为黏土烧砖破坏良田太多，进入 21 世纪国家逐渐限制烧结实心黏土砖的生产和使用，特别是限制其在大中型城市的使用。为了节约耕地，从可循环持续发展的理念出发，砖的生产原材料已部分被页岩、煤矸石、粉煤灰、淤泥（江、河、湖等淤泥）、建筑渣土及其他固体废弃物替代。现在烧结砖的原材料已经与传统制砖使用的原材料有了很大的不同，传统的方法已制不出现在的砖。

2011 年颁布的《烧结多孔砖和多孔砌块》GB 13544—2011 取代了《烧结多孔砖》GB 13544—2000。标准增加多孔砌块的内容，这主要是为改善墙体保温隔热性能新加的品种。砌块厚度大于普通砖，也就是说，增加了墙体的厚度，孔型可以更加灵活变化，大大提高了保温隔热的效果。此外，砌块块大砌筑时减少了墙体灰缝，灰缝中的普通水泥砂浆的导热系数约为 1.1W/(m.k)，明显高于块体的导热系数，减少灰缝可以提高墙体的隔热保温性能。

2014 年颁布的《烧结空心砖和空心砌块》GB/T 13545—2014 取代了《烧结空心砖和空心砌块》GB 13545—2003。标准中，砖的规格尺寸和孔洞率的要求没有变化；主要取消了 MU2.5 的强度等级；将抗压强度标准值 f_k 的接收常数 $K=1.8$ 调整到 $K=1.83$，以推进和提高产品强度的均匀性；此外增加了孔型和壁孔的要求。

把《烧结多孔砖和多孔砌块》GB 13544—2011 和《烧结空心砖和空心砌块》GB/T 13545—2014 的基本性能数据列于表 2-5 中是为了便于比较两种类型砖的差别。在工程应用中，就是一般的工程技术人员往往也忽略了"多孔砖"和"空心砖"是完全不同品种的砖，经常混说、混用。从表中的各项指标对比不难发现它们的差别。多孔砖的孔洞率低于空心砖，强度等级比空心砖高，密度比空心砖大。在使用功能上，多孔砖主要用于建筑物的承重部位，空心砖用于建筑物的自承重部位。

多孔砖、空心砖、多孔砌块和空心砌块性能的比较　　　　　　　表 2-5

规格		孔洞率（%）	规格尺寸（mm）	强度等级	密度等级（kg/m³）
多孔	砖	≥28	290、240、190、180、140、115、90	MU30、MU25、MU20、MU15、MU10	1000、1100、1200、1300
	砌块	≥33	490、440、390、340、290、240、190、180、140、115、90		900、1000、1100、1200
空心	砖	≥40	390、290、240、190、180（175）、140、115、90	MU10、MU7.5、MU5、MU3.5	800、900、1000、1100
	砌块				

注：规格尺寸是指块材的长、宽、高，应符合表中尺寸要求；其他规格尺寸由供需双方协商确定。

烧结实心砖的密度一般在 1500kg/m³ 左右，从实心砖到多孔砖再到空心砖和空心砌块的发展变化过程中，烧结砖的孔洞率不断提高、密度不断降低，表 2-5 中的密度等级规定就是根据这一原则制定的。欧洲国家空心砖的发展较国内快速，其生产的空心砖孔洞率可达到 60% 以上，密度低至 550kg/m³ 左右。图 2-21 展示了砖和砌块的孔洞率变化情况。

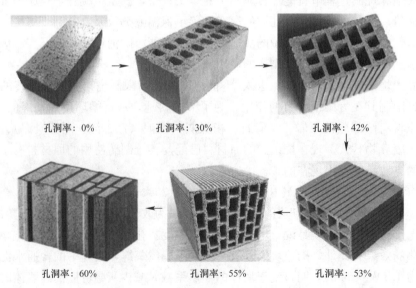

孔洞率：0%　　　　　孔洞率：30%　　　　　孔洞率：42%

孔洞率：60%　　　　　孔洞率：55%　　　　　孔洞率：53%

图 2-21　砖和砌块的孔洞率和尺寸变化

早期烧结砖的孔洞有圆形、椭圆形、方形、菱形、三角形、矩形孔和异形孔，孔洞的排列也主要是对孔排列，其中圆形孔的生产量最大，其主要原因是其烧成率最高，方形、菱形和矩形孔因其夹角位置为应力集中点，烧制过程中容易出现开裂和破损，废品率较高。直至进入 21 世纪，随着建筑节能的提倡和推动，烧结砖开始朝着节能利废的方向发展，此时，孔型和孔洞排列方式作为影响烧结砖节能性能的重要因素开始重新被研究。研究成果显示，相同孔洞率情况下，矩形孔的导热系数最低，且错孔排列较对孔排列的导热系数低，抗折强度高，在现行国家标准《烧结多孔砖和多空砌块》GB 13544—2011 和《烧结空心砖和空心砌块》GB/T 13545—2014 中均要求烧结多孔砖和空心砖的孔洞采用矩形孔按错孔排列的方式布设。

3. 力学性能

笔者为编制重庆地区的《多孔砖砌体设计及施工规程》，首先对砖型进行了对比、分析研究。在相同条件下，外形尺寸为 190mm×190mm×90mm 的 M 型砖砌体的承载力（以 1m 宽墙段计算）比普通砖墙约低 30%，这是由于砖间的搭接较短，相互间传力差的缘故。此外，M 型砖砌体的墙厚也不能满足建筑节能的要求，必然会被淘汰。根据对国内和重庆市生产厂家的调查，我们选出四种生产和使用反映较好的，外形尺寸为 240mm×115mm×90mm 的 P 型砖。这四种砖的孔洞尺寸、孔洞排列及孔洞率均符合《烧结多孔砖》GB 13544 规定的要求（图 2-22）。在对这四种砖型进行有限元力学性能计算和热工性能分析后，认为 3 号砖的综合性能最好，因此确定采用这种砖型进行砌体力学性能试验。

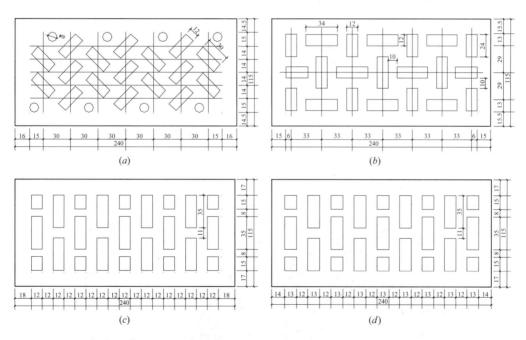

图 2-22　四种不同的孔型比较

（a）1 号砖的孔型布置情况；（b）2 号砖的孔型布置情况；（c）3 号砖的孔型布置情况；（d）4 号砖的孔型布置情况

在进行多孔砖砌体的抗压强度试验时，裂缝开展规律与普通烧结砖是一样的，但砌体的破坏为脆性崩塌，具有突然性。分析原因，与普通实心砖整块受力不同，多孔砖是由外壁和肋承受和传递荷载，由于肋壁薄，在成形烧结时就存在缺陷，砌体在受压荷载较大时，首先是肋壁失稳压碎，来得比普通砖砌体更突然，属典型的脆性破坏（图 2-23）。因此在使用时，根据这一现象应考虑加强局部结点构造措施。

图 2-23　多孔砖砌体抗压破坏情况

多孔砖和实心砖砌体的抗剪对比试验，采用了五个砂浆强度等级，每个强度等级各 9 个试件，试验结果见表 2-6。从表中可以看出，多孔砖砌体的抗剪强度比普通实心砖砌体抗剪强度高。多孔砖的孔形对砌体的抗剪强度有较大影响，条形孔或矩形孔砖砌体的抗剪强度比圆形孔砖砌体的抗剪强度高。因多孔砖的孔洞较窄，砂浆嵌入孔洞很浅（10～20mm），呈月牙形，增加了砖与砂浆间的剪切力，即砂浆与孔洞的嵌合销键作用，提高了砌体的抗剪强度（图 2-24）。

多孔砖和实心砖砌体抗剪强度试验统计值比较　　　　　　　　　　表 2-6

强度等级	多孔砖				实心砖				f'_{VD}/f'_{VS}
	个数	平均值 f'_{VD}（MPa）	标准差 δ_D（MPa）	变异系数	个数	平均值 f'_{VS}（MPa）	标准差 δ_S（MPa）	变异系数	
M2.5	9	0.45	0.10	0.19	9	0.37	0.07	0.19	1.36
M5	8	0.75	0.12	0.16	7	0.49	0.06	0.13	1.52
M7.5	9	0.62	0.06	0.10	9	0.55	0.15	0.27	1.13
M10	9	0.84	0.12	0.15	8	0.67	0.09	0.14	1.25
M15	9	1.21	0.26	0.22	7	0.58	0.15	0.25	2.08

(a)　　　　　　　　　　　(b)

图 2-24　多孔砖和实心砖砌体抗剪破坏面情况

(a) 多孔砖砌体抗剪破坏；(b) 实心砖砌体抗剪破坏

4. 孔型对热工性能的影响

在20世纪90年代以前，建筑设计过程中较少对建筑材料的热工性能提出具体要求。随着《民用建筑热工设计要求》GB/T 50176—1993的颁布，首次规范建筑的热工设计，相应建筑材料的热工性能开始得到关注。1995年《民用建筑节能设计标准》JGJ 26—1995颁布实施，建筑材料热工性能的改善和提高已成为材料发展和改进的重要方向。进入21世纪，国家建筑节能50%和65%要求的提出，建筑材料热工性能更是成为影响材料市场占有率的重要因素。对于墙体材料，导热系数是评价其热工性能的关键参数。

为了适应不断提高的建筑节能要求，烧结砖作为一种重要的墙体材料在热工性能方面不断改善。烧结砖导热系数的改善可以分为以下三个方面：

第一步，孔洞的出现和孔洞率的提高。这一措施使烧结砖的导热系数从最初的$0.87W/(m \cdot K)$降低至$0.60W/(m \cdot K)$左右；

第二步，孔型的变化和孔洞排列的优化。对比试验发现，在空心墙体材料外壁和肋同一厚度的条件下，不同孔型对材料的导热系数也有较大影响。边壁为20mm厚的200mm×115mm单孔砖不同孔型的平均导热系数的实测值：矩形孔，$0.207W/(m \cdot K)$；菱形孔，$0.360W/(m \cdot K)$；方形孔，$0.404W/(m \cdot K)$；圆形孔，$0.425W/(m \cdot K)$。相同边壁和孔壁的黏土空心砖，矩形孔的导热系数最小，菱形次之，圆形最大，圆形孔的导热系数不矩形孔大1.3倍。从理论上分析，矩形孔和圆形孔保持同等的有效面积时，热流绕过圆孔的路线要比矩形孔路线短，因而圆形孔的导热系数比矩形孔的导热系数要大。由此可见，采用矩形孔烧结砖的导热系数最低，错孔排列更是较对孔排列的导热系数降低15%左右；

第三步，孔洞大小和孔排数的变化。根据理论分析，空气对流及辐射导热系数与孔洞的宽度有关。宽度越大，则导热系数越大；宽度越小，则导热系数愈小。对流换热的强度随空气层的厚度增大而增加。当空气层的厚度小于10mm时，对流、辐射传热可以忽略不计，这时的导热系数仅为空气分子传导。因此，减少空心制品的空气厚度可以有效地减少孔洞内的对流传热。根据德国埃森砖瓦研究所对烧结砖热辐射的研究成果，隔热性能最好的孔洞形式是长条形矩形孔，多排孔的导热系数的导热系数要小于单排或双排大孔，长条形矩形孔的最佳尺寸是宽8mm，长40mm，该研究成果最终将烧结空心砖的导热系数降低至$0.3W/(m \cdot K)$左右。

图2-25列出了烧结砖随孔洞率、孔型、孔数和孔排数变化对导热系数的影响。

5. 发展方向

为了达到保温隔热效果采用填充烧结砌块可能是今后发展的方向之一。2006年德国首先试制成功在烧结空心砌块的孔洞中填充膨胀珍珠岩颗粒。通过合理的孔洞设计，在孔洞内填充无机保温隔热材料的砌块，使其当量导热系数达到了$0.08 \sim 0.09W/mK$，可获得更低传热系数的外墙体结构。而且产品的密度仅为$550 \sim 740kg/m^3$。到2013年底，包括俄罗斯在内的欧洲市场上，大量的无机保温隔热材料填充的砌块用于建筑物上。

目前，空心砖砌体也在走装配式发展的道路。图2-26是德国空心砖厂在生产线上成型空心砖墙片，然后运到现场进行组装的情况。这一技术，不远的将来，在我国也会变为现实。

K:0.78~0.87W/(m·K) K:0.58~0.65W/(m·K) K:0.40~0.45W/(m·K)

K:0.16~0.20W/(m·K) K:0.20~0.25W/(m·K) K:0.26~0.30W/(m·K)

图 2-25　烧结砖导热系数的变化

(a)　　　　　　　　(b)

图 2-26　德国的空心砖墙板
(a) 墙板生产线；(b) 在现场拼装

　　总结：（1）统一使用规格为 240mm×115mm×53mm 标准普通砖的时期已经过去，砖的规格正在向多元化的方向发展；（2）砖的使命已从建筑的承重材料地位，越来越多的用作自承重结构和填充隔断；（3）砖的强度已不是制造考虑的主要因素，其保温隔热效果越来越受到重视，也就是说，今后主要是研究具有优异物理力学性能的砖；（4）装配式的构件成为发展的方向之一。

第三章　蒸压及蒸养制品

蒸压制品形成强度的过程与烧结制品是完全不一样的。蒸压制品是通过水化反应来形成强度，而蒸压制品的水化反应条件是高温高压。要形成高温高压的环境，至少需要大型的蒸压设备，以及成形的压力机。由此可见，建筑使用的蒸压制品材料是工业革命的产物，也就是说，它给土、木、烧结砖比晚了几千年的时间，我国开始大规模的生产和推广应用是 20 世纪 70、80 年代的事，当时称为新型建筑材料。

第一节　灰　砂　砖

1. 砖的优点

蒸压灰砂砖（以下称"灰砂砖"）是 1880 年由德国人威廉·米哈伊尔博士发明，生产至今已有 130 多年历史。1908 年，德国颁布了第一个灰砂砖工业标准《灰砂砖的生产及其性能》，接着又出版了《小型灰砂砖手册》和《灰砂砖的生产》两本书。1909 年，在柏林和汉堡等地成立了灰砂砖销售公司。灰砂砖能得到较快的发展，得益于它有如下优点：(1) 主要原料—砂和石灰，适于就地取材，一般取自现代河流的沉积砂，也有的取河流古道的冲积砂，至于中东或非洲国家，则多取沙漠的堆积砂。(2) 灰砂砖的生产不占耕地，有利于河道的疏通，改造和环境治理。(3) 灰砂砖产品色泽均一淡雅，放射性很低，综合以上优点，灰砂砖称得上是"环保型"产品。(4) 砖坯采用压制成型工艺，外观尺寸规整。通过高压高温生成水化硅酸钙形成强度，因此生产耗能低，也是"节能"型产品。(5) 灰砂砖在生产时加入颜料，可使砖的颜色五彩缤纷，增加墙体的装饰性。在西方国家，乐于使用彩色墙面，在国内，生产时都没有加颜料，蒸压出来的砖一般呈灰白色。

灰砂砖不仅在德国，而且越过国界，在英国、法国、波兰、俄罗斯、乌克兰等国发展起来，并逐步扩展到亚洲和美洲。国外灰砂实心砖产量不大，目前朝空心化和大型化方向发展。产品的种类很多，从小型砖到大型砌块，最大块材尺寸达 490mm×300mm×238mm。每个生产企业产品规格达十几种，除了用于外墙和内隔墙承重与自承重的灰砂空心砖和砌块外，还有异型砖，装饰砖，楼板砖和地砖等产品。21 世纪初笔者在俄罗斯访问时，看到 1951 年修建的已经有 50 多年的厂房；在乌克兰，看到正在修建的 16 层高的公寓楼（图 3-1）。

2. 我国的应用

原国家建材局蒸压处处长吴正直在他的《灰砂砖的生产与应用》一书中介绍，我国应用灰砂砖已有近 100 年的历史。第一幢灰砂砖建筑是清朝末年建于现在的北京动物园，灰砂砖是从英国进口的，该建筑至今完好无损。我国灰砂砖工业最早起源于 1913 年，当时一留美工程师回国在广州创办了国内第一家灰砂砖生产企业—裕益灰砂砖厂。但由于历史的原因，该厂在生产一段时间后便转产，此后我国的灰砂砖生产一直是空白。

 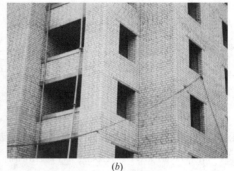

(a)　　　　　　　　　　　　　　　(b)

图 3-1　正在施工的灰砂砖墙体
(a) 施工中的墙体构造柱；(b) 乌克兰 16 层施工细部

直到 1960 年，北京市硅酸盐厂（即现在的北京市加气混凝土厂）开始生产灰砂砖。20 世纪 60 年代，我国建立了第一批灰砂砖生产企业。随后 20 年，灰砂砖工业的发展较缓慢，但这些企业多年的生产积累了许多经验，为进入 20 世纪 80 年代，我国的灰砂砖工业出现的一个飞跃发展局面奠定了基础。

1986 年我国灰砂砖的产量达到 35.34 亿块。在世界上，我国灰砂砖的产量仅次于苏联和德国，居世界第三位。到 1987 年，年产灰砂砖 65 亿～75 亿块。当时，灰砂砖推广应用得比较好的重庆市和长沙市先后编制了灰砂砖应用的地方规定或规程。1986 年，重庆引进德国制造空心灰砂砖的生产设备，生产的砖的基本数据见表 3-1，这些砖是按德国规格生产的。这四种砖的尺寸大小相当于我国 2 匹标准砖和 3 匹标准砖。重庆建科院在对生产出的空心灰砂砖进行了系统砖的性能试验和砌体的抗压、抗剪、抗弯和偏心受压试验后，编制完成了四川省地方规程《蒸压空心灰砂砖砌体结构设计与施工规程》DB51/95—1992。需要说明一下的是，这些砖按我国现行标准应该称为"多孔砖"，但当时重庆建材局取名的是"蒸压空心灰砂砖"。

"蒸压空心灰砂砖"的基本参数　　　　　　　　　　　　　　　　　　　表 3-1

名称				
砖代码	hs2z	hsk2z	hs3z	hsk3z
尺寸（mm）	240×115×115	240×115×115	240×175×115	240×175×115
孔数	3	14	5	15
孔洞率	8	25	9	20

20 世纪 80 年代，由于灰砂砖的迅猛发展，引起了国家建材工业局的高度重视。为了使灰砂砖在建筑中得到合理地应用与推广，国家建材工业局给"全国砌体结构标准技术委员会"（挂靠"中国建筑东北设计研究院"）下达了编制灰砂砖应用技术规程的任务。主编单位为东北设计研究院，参编单位有在灰砂砖试验和研究方面做了大量工作的同济大学、湖南大学、重庆建科院、长沙城建科研所等单位。1985 年在西安召开了第一次灰砂砖规

程编制可行性讨论会。1989 年 6 月规程完成编写工作，1990 年在深圳，规程通过专家审查，经中国工程建设标准化协会批准《蒸压灰砂砖砌体结构设计与施工规程》CECS 20—1990 颁布实施。2001 年修订的国家《砌体结构设计规范》GB 50003—2001，把蒸压灰砂砖砌体的计算指标及设计正式纳入其中。

3. 砖的性能

人们在使用灰砂砖过程中，常常会对砖的耐水性、抗冻性和耐热性问题提出质疑，这些问题实质是灰砂砖和灰砂砖砌体的耐久性问题。其实，对这些问题，国内外已有不少研究和工程实践的证明。

（1）强度生成

灰砂砖生产的主要原料是砂子和石灰，把磨细的生石灰粉和砂子经过计量、搅拌、消化后，加压成型。在蒸压养护过程中，$Ca(OH)_2$ 与砂子中的 SO_2 发生反应生成水化硅酸钙形成强度，但是，参与化学反应的并不是砂子中全部的 SO_2，而只是砂子表面上的一层 SO_2。也就是说，$Ca(OH)_2$ 在砂子周围与砂子表面上的 SO_2 发生反应生成水化硅酸钙，从而把砂子胶结起来形成强度。从灰砂砖的强度形成原理不难看出，砖的强度高低与砂粒的强度和良好的颗粒集配；较高的成型压力；石灰有效氧化钙含量；合理的蒸压制度有关，能控制好以上因素，灰砂砖的抗压强度可达 50MPa 以上。

（2）耐水性

灰砂砖开始在我国大量使用时，就有人认为灰砂砖不耐水，理由是灰砂砖是用砂和石灰做成的。其实，灰砂砖蒸压过程生成的产物是水化硅酸钙而形成强度，在软水中，灰砂砖的稳定性和混凝土应该没有区别。原苏联将一批灰砂砖砌入墙体后 10 年再取出与新生产的试件的微观结构进行对比，结果证明，在一般情况下，由于水化硅酸的碳化结果，一部分新生成物的鳞片 10 年后被次生方解石所取代。此外，他们还对全部埋入或半埋入土中，以及放入装有水的水槽中的灰砂砖进行了长期观察和试验。他们发现，完全埋入渗水土中和非渗水土中，30 年的外观变化很小，只是其表面软化；部分埋入土中的砖，外露部分并未损坏，只是在有些场合下表面覆盖有一层青苔。理论和试验都说明灰砂砖具有良好的耐水性。

（3）抗冻性

灰砂砖的抗冻性主要取决于胶凝物质的抗冻性，而胶凝物质的抗冻性则由其密度、新生成物的微观结构和矿物组成所决定。根据苏联资料，由蒸压处理的压制石灰硅砂胶结料生成的水泥石抗冻系数，经 100 次冻融循环后，介于 0.86～0.94 之间。在对长期使用于住宅建筑和民用建筑外表面的灰砂砖的状况进行研究，他们得出的结论是，促使灰砂砖表面破坏的主要因素是大气中的水分和工业城市中所含的 SO_2 共同作用的结果，这种作用造成硫酸盐腐蚀和外层强度破坏（使用 55 年后，外层强度破坏深度达 2mm），以致外层易受污染，甚至引起外皮剥落。这一结果显然能够满足建筑物 50 年的基准使用期。在 20 世纪 80 年代，新疆为探索采用沙漠的砂做灰砂砖的可能性，运砂到重庆生产了一批灰砂砖，在重庆建科院进行了抗冻融试验，试验结果满足抗冻性能指标要求。目前，灰砂砖在全世界 60 多个国家的使用也说明它有良好的抗风化性。

（4）耐热性

灰砂砖有较好的耐热性能，可以从图 3-2 中，灰砂砖中可溶性 SO_2 与温度、强度之间的关系看出。砖在200℃以下，可溶性SO_2含量不断增加，说明石灰和SO_2之间的反应继续进行，温度达到500～550℃时，灰砂砖仍保持原有的强度，可见灰砂砖的耐热性是良好的。由于灰砂砖具有较优良的耐热性，荷兰规定灰砂砖可以用于构筑工业建筑、住宅建筑和公用建筑的基础和烟囱。德国的建筑设计施工规程对它在这方面的使用和黏土砖同等对待。苏联有一些50多年前建造的工业锅炉烟囱，使用状况仍然良好。

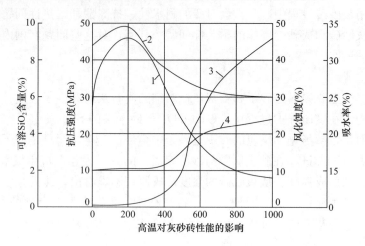

图 3-2　高温对灰砂砖性能的影响
1—强度；2—可溶性 SiO_2 含量；3—风化蚀度；4—吸水率

4. 使用中问题

虽然灰砂砖如上面介绍有不少优点，20世纪80～90年代在重庆、长沙、四川等地红火了一阵子，但进入21世纪后，这些地方灰砂砖的生产和使用范围在逐渐减少，甚至消亡了。总结其原因，为我们推广应用新型建筑材料有一定的参考价值。

（1）生产灰砂砖的主要原材料是砂，当砂没有了，砖也就无法生产了。重庆因三峡大坝的修建，长江、嘉陵江水位提高，岸边的砂源浸入江底，取砂成本增大，甚至无法提取，是其中停产的一个主要原因。在后面一节谈到的粉煤灰砖，是因利用电厂排出的粉煤灰而兴建，当电厂停产，砖厂自然也就停产，这种情况我已遇到好多起。

（2）灰砂砖虽然外观尺寸标准、表面光洁、密实，给人的感官效果好，但相应的问题是吸水量小、吸水慢，与传统的石灰砂浆，水泥砂浆粘结性能差，造成砌体的抗剪强度低，抗震性能比烧结砖差。从材料的性能分析，灰砂砖不适于采用传统砂浆砌筑，用相适合的有机复合砂浆，成本高，给推广应用带来困难。

（3）灰砂砖属蒸压制品。蒸压制品和蒸养制品强度的形成原理与烧结制品不相同，其中收缩量相对要大一些。再加之这些砖在生产和施工过程中，往往不按规定的要求去做，导致墙体的收缩量更大，以致房屋墙体裂缝较多，业主反应强烈，不敢使用。

第二节　粉　煤　灰　砖

1. 砖的生产

以石灰、消石灰（如电石渣）或水泥等钙质材料与粉煤灰等硅质材料及集料（砂等）

为主要原料，掺加适量石膏，经搅拌混合、多次排气压制成型、在饱和蒸气压力（蒸气温度在176℃以上，工作压力在0.8MPa以上）的高压釜中养护，使砖中的活性组分充分水热反应，产生强度而制成的砖。

粉煤灰砖与灰砂砖相比，生产工艺基本一样，强度形成原理接近，因此，两种砖的性能相近。由于在前一节对灰砂砖的性能已做了介绍，这里就不再重复。

蒸压粉煤灰砖是20世纪60年代我国开始发展起来的，具有中国特色和自主知识产权的一种新型墙体材料和生产技术。砖的主要原料粉煤灰是电厂排出的废渣，利用废渣生产砖，使粉煤灰不需要了堆放场地，可以减少环境污染，与烧结砖相比节省能源。粉煤灰砖是一种有潜在活性的水硬性材料，在潮湿环境中能够继续产生水化反应使砖的内部结构更加密实，有利于强度的提高。根据试验和实际工程的调查发现，把用于勒脚、基础、排水沟等处的粉煤灰砖进行抗压试验，经过一、二十年的冻融和干湿双重作用，有的砖已完全碳化，但强度并未降低，而均有所提高。由于它利废、节能等优点，全国相继开发出了蒸压粉煤灰砖、蒸养粉煤灰砖、蒸养煤渣砖、蒸养煤矸石空心砌块、煤粉煤灰小型空心砌块等多种墙体材料产品。

进入21世纪以来，蒸压制品的生产工艺、机械装备均有了较大改进与创新，蒸压釜的外形尺寸达（$L \times W \times H$）40.4m×3.59m×4.5m，工作压力1.5MPa，工作温度205℃，相应的产品质量及其应用技术也得到发展。图3-3是我国进入21世纪以来，建设的具有一定规模粉煤灰砖生产厂。图3-3中的砖机和蒸压釜可用于灰砂砖的生产，蒸压釜也可用于加气混凝土的生产。

| (a) | (b) |

图3-3　粉煤灰砖生产厂

(a)粉煤灰砖成型；(b)蒸压釜生产线

2. 标准变化

为了满足生产的需要，1991年国家颁布了《粉煤灰砖》JC 239—1991的行业标准，2000年《粉煤灰小型空心砌块》JC 862—2000的产品标准。蒸压粉煤灰砖出釜后三天内收缩较大，平均每天收缩0.019mm/m；3天至10天内，平均每天收缩0.005mm/m；30天后收缩逐渐趋于稳定，平均每天收缩0.003mm/m。《粉煤灰砖》JC 239—1991规定：蒸压粉煤灰砖的干燥收缩值：优等品应不大于0.60mm/m；一等品应不大于0.75mm/m；合格品应不大于0.85mm/m。蒸压粉煤灰砖有四个强度等级：MU20、MU15、MU10、MU7.5。

为适应我国工程建设对墙体材料的新要求，更合理地推广与应用蒸压粉煤灰砖，中国建筑东北设计研究院、长沙理工大学、沈阳建筑大学、重庆大学、陕西省建科院和重庆建科院等单位进行了系统的试验研究工作，并于 2008 年完成了《蒸压粉煤灰砖建筑技术规范》CECS 256—2009 的编制工作，自 2009 年 8 月 1 日起施行。《蒸压粉煤灰砖建筑技术规范》CECS 256—2009 中的一些指标较《粉煤灰砖》JC 239—1991 中的规定有了较大提高。砖的强度等级分为：MU25、MU20、MU15、MU10，即淘汰了 MU7.5 强度等级的砖，增加了 MU25 强度等级的砖。砖出厂时的干燥收缩值要求不应大于 0.4mm/m，比《粉煤灰砖》JC 239—1991 标准中的优等品应不大于 0.60mm/m，降低了 50%。这不但表明了生产技术的提高，也减少了墙体开裂的可能性。

第三节　蒸压加气混凝土

1. 生产原理

蒸压加气混凝土（以下简称加气混凝土）是以硅质材料（砂、粉煤灰及含硅矿等）和钙质材料（石灰、水泥）为主要原料，参加发气剂（铝粉），经加水搅拌，由化学反应形成小孔，通过浇筑成型，预养切割、蒸压养护等工艺过程制成的制品。从宏观物理组成看，它的大量的细小均匀的气孔结构说明它属于多孔混凝土一类；从它的基本组成材料和这些材料之间的水化反应及生成物来看，它应归属于硅酸盐混凝土之列；从它获得强度要靠蒸压养护这一必不可少的条件来看，它是蒸压制品中的一种。可以说，加气混凝土是一种采用特殊化学发气方法的蒸压多孔硅酸盐混凝土。图 3-4（a）是加气混凝土宏观孔貌，图 3-4（b）加气混凝土块材墙体。

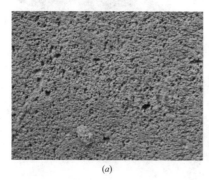

(a)　　　　　　　　　　　　　　*(b)*

图 3-4　加气混凝土砌块
（a）加气混凝土宏观孔貌；（b）加气混凝土块材墙体

加气混凝土最早于 1889 年由捷克人 Hofmanm 取得了用盐酸和碳酸钠制造加气混凝土的专利。1919 年柏林人 Grosahe 用金属粉末作发气剂制造出了加气混凝土。1923 年瑞典人 K. A. Eriksson 掌握了以铝粉为发气剂的生产技术并取得了专利权。用铝粉发气产气量大，所产生的氢气在水中溶解量小，故发气效率高，发气过程也比较容易控制。铝粉来源广，从而为加气混凝土的大规模工业化生产提供了必要条件。此后，随着对工艺技术和设备的不断改进，工业化生产时机成熟，在 1929 年首先在瑞典建成了世界第一座加气混凝土工厂。为了激发加气混凝土生产者的兴趣以及促进各国之间的协作和交流，欧洲加气混凝土协会于 1988 年成立，协会成员共在 18 个国家拥有上百个生产基地，年生产量约为

1500 万 m²，足够用来建造 30 万户住宅。目前世界上已有 60 多个国家和地区在生产和应用加气混凝土制品，分布范围包括寒带、温带、热带地区，其制品主要应用于墙体、屋面。图 3-5 是 ACL 加气混凝土板材生产流程示意图。

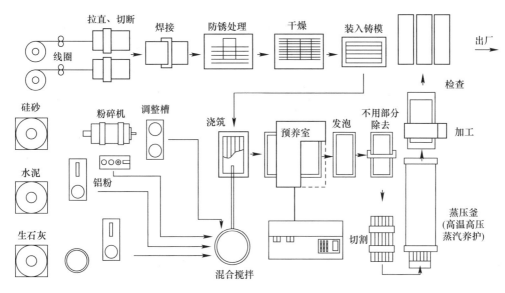

图 3-5　ACL 加气混凝土板材生产流程示意图

2. 特点及应用

加气混凝土是一种多孔材料，孔由宏观孔和微观孔组成。宏观孔是由发气剂发气后气体溢出形成，微观孔则存在于宏观孔孔壁。由水分蒸发后所产生的毛细孔形成的气孔约占 20%～40%，由碱溶液与铝粉进行反应后产生的气孔约占 40%～50%。绝大多数孔的孔径约为 0.5～2.0mm，平均孔径约 1mm。块材的孔隙率达到 70%～80%。由于加气混凝土的多孔性，使它具有如下特性：

（1）轻质

加气混凝土质量轻，其容重一般为 400～700kg/m³，相当于黏土砖的 1/3，也低于一般的轻骨料混凝土。由于质轻，采用加气混凝土作墙体材料可以大大减轻自重，从而减小建筑物的基础、梁、柱的尺寸，进而节约建筑材料和工程费用。

（2）保温

由于块体中存在大量的孔隙，因而具有良好的保温性能。容重为 400～700kg/m³ 的加气混凝土导热系数通常为 0.07～0.12W/(m·K)，保温效果为黏土砖的 3～4 倍，普通混凝土的 4～8 倍。我国北方地区用 20cm 厚加气混凝土外墙，其保温效果与 49cm 砖墙相当。

（3）抗震

按现在住宅建筑的自重计算，砖混房屋自重达 1.3～1.5t/m²，混凝土砌块建筑自重 1.0～1.5t/m²，加气混凝土房屋自重 0.75～0.8t/m²（天津异型柱框轻体系）。在同样的地震烈度作用下，建筑物的自重轻 1/2，则水平地震作用标准值也小 1/2。

（4）耐火

加气混凝土是不燃材料。加气混凝土在受热至 80～100℃ 以上时会出现收缩和裂缝，但在 700℃以下不会损失强度。

(5) 可加工性

加气混凝土不仅可以在工厂内生产出多种规格，由于它的构造特点和较低的强度可以像木材一样进行锯、刨、钻，因此，可以在使用现场根据需要进行再加工。

我国 20 世纪 30 年代，就有生产和使用加气混凝土的记录，建成一座小型加气混凝土工厂，其产品曾用于上海大厦、国际饭店、锦江饭店和新城大厦等高层建筑的内隔墙，并一直保存至今。1958 年国内开始进行加气混凝土研究，1963 年进行工业性试验和应用。1965 年引进瑞典专利技术和全套设备，在北京建成第一家年产 10 万 m³ 的加气混凝土厂，标志我国开始大量使用加气混凝土制品。经过 40 多年的实践，我国加气混凝土技术有了较大的发展，生产的原材料种类包含：水泥—石灰—砂，水泥—石灰—粉煤灰，水泥—矿渣—砂三大系列，其制品有：砌块、板材和保温隔热材料。40 多年来，在我国，加气混凝土主要应用于建筑的框架填充墙，自承重墙，屋面保温，房屋加层，自承重墙房屋目前还修建很少，但最高的达 5～7 层。20 世纪 80 年代初，在重庆完全用加气混凝土砌块作承重结构建造的第一幢 6 层楼的住宅（图 3-6 (a)），是由重庆市设计院设计，重庆建科院提供的试验数据。该住宅使用 30 年后，笔者到现场进行调查，居民反映舒适度比较好，相对周边房屋冬暖夏凉，墙体没有裂缝和因使用时间长而产生的耐久性问题。

图 3-6　用加气混凝土砌块做承重墙的楼
(a) 30 年前建的加气块住宅楼；(b) 南方的加气块住宅楼

3. 产品性能

以下讨论所引用的是《蒸压加气混凝土砌块》GB 11968—2006 的产品标准，新的标准还未见到。加气混凝土砌块的规格尺寸比我们常用的墙体块材尺寸大，其长 600mm，宽 100～300mm，高 200、240、250、300mm。这一规格利用加气混凝土轻质，块大并不很重，工人便于施工操作，而块体较大也解决了强度低，易破损的弱点，同时减少了砌体灰缝数量，保证墙体保温、隔热、隔声优点的充分发挥。

加气混凝土按抗压强度和体积密度分级。抗压强度是采用 100m×100mm×100mm 立方体试件，含水率为 25%～45% 时测定的抗压强度，按强度分为七个级别，见表 3-2。按干密度分为六个级别，见表 3-3。加气混凝土的强度级别不但与试件的抗压强度级别有关，同时还给干体积密度级别有关，砌块的强度级别是用这两个指标进行评定，这与一般墙体材料评定强度等级是不相同的，见表 3-4。

加气混凝土砌块的抗压强度（MPa）　　　　表 3-2

强度级别		A1.0	A2.0	A2.5	A3.5	A5.0	A7.5	A10.0
立方体抗压强度	平均值不小于	1.0	2.0	2.5	3.5	5.0	7.5	10.0
	单块最小值不小于	0.8	1.6	2.0	2.8	4.0	6.0	8.0

加气混凝土砌块的干密度（kg/m³）　　　　表 3-3

干密度级别		B03	B04	B05	B06	B07	B08
体积密度	优等品（A）	300	400	500	600	700	800
	合格品（B）	325	425	525	625	725	825

加气混凝土砌块的强度级别　　　　表 3-4

干密度级别		B03	B04	B05	B06	B07	B08
强度级别	优等品（A）	A1.0	A2.0	A3.5	A5.0	A7.5	A10.0
	合格品（B）			A2.5	A3.5	A5.0	A7.5

加气混凝土使用中的基本性能数据及其规律，列于表 3-5 中。加气混凝土砌块的干燥收缩值与体积密度无关，但密度越大，强度越高，重量越大，保温、隔热、隔声效果就越差，导热系数就越大。

加气混凝土干燥收缩、抗冻性和导热系数　　　　表 3-5

干密度级别				B03	B04	B05	B06	B07	B08
干燥收缩值	标准法≤	mm/m		0.50					
	快速法≤			0.80					
抗冻性	质量损失（%）≤			5.0					
	冻后强度（MPa）≥	优等品		0.8	1.6	2.8	4.0	6.0	8.0
		合格品				2.0	2.8	4.0	6.0
导热系数（干态）[W/(m·K)]≤				0.10	0.12	0.14	0.16	0.18	0.20

注：采用标准法、快速法测定干燥收缩值，若测定结果矛盾不能判定时，则以标准法测定结果为准。

2008 年国家颁布了《蒸压加气混凝土板》GB 15762—2008 的产品标准，需要了解板的有关性能，可以去查阅。

4. 应用规范

为了有利于加气混凝土的推广应用，我国于 1984 年颁布了由北京市建筑设计院和哈尔滨市建筑设计院为主编单位的《蒸压加气混凝土应用技术规范》JGJ 17—1984。规程适用于水泥矿渣砂加气混凝土、水泥石灰砂加气混凝土和水泥石灰粉煤灰加气混凝土制成的干容重为 500kg/m³（B05）标号为 30 号（A3.5），及干容重为 700kg/m³（B07）标号为 50 号（A5.0）的砌块和配筋板材蒸压加气混凝土制品。该规程从材料、结构构件计算、围护热工设计、建筑构造、装修和施工作了规定。规程根据加气混凝土强度低、孔隙多、透气性大的特点，对钢筋防腐处理提出要有严格的、可靠的保证，这是配筋构件的关键性技术要求，但是，加气混凝土配筋板材在我国一直没有得到很好地推广应用。在 20 世纪 90 年代和 2005 年，规程两次由北京市建筑设计院组织相关单位进行了修订，并分别在南京和北京召开了审查会，现行的《蒸压加气混凝土建筑应用技术规程》JGJ/T 17—2008 是在 2008 年颁布实施的。

为推广蒸压加气混凝土砌块砌体结构在多层房屋中的应用由中国建筑东北设计研究院有限公司和沈阳建筑大学主编了《蒸压加气混凝土砌块砌体结构技术规程》，并于2010年12月通过审查，编号为CECS 289—2011，自2011年8月1日起施行。该规程从砌体的结构设计角度，其内容包括：材料和砌体的计算指标，结构设计，墙体裂缝控制，结构抗震设计和施工与质量验收。

因蒸压加气混凝土制品的抗拉强度远小于抗压强度，当拉应力超过其抗拉强度时，制品必然开裂。较低的抗拉强度使得制品在二轴或三轴应力状态下发生劈裂或压酥剥落并导致破坏。也就是说制品的抗拉强度等级是一项非常重要的性能指标，其指标的大小将直接影响墙体能否容易开裂。然而制品的抗拉强度往往很难检测，即使检测也不准确，为了方便，工程中用比较简便的劈裂法测试出制品的劈裂强度并用劈压比来表征其抗裂能力的强弱。据悉，日本等国蒸压加气混凝土的劈压比指标为1/5，我国目前的块材大多为1/8～1/10，本规范出于应用的需要，以1/7.5～1/8为目标。因此企业应将提高制品的劈裂强度作为产品质量的攻关目标，将单纯用制品的抗压强度指标衡量其质量优劣改成用抗压强度和劈压比两项指标来判断。而要达到理想的劈压比指标，就一定要有原材料的选择、材料的配比、工艺养护等各环节的技术保障。

第四节　蒸养制品

1. 蒸养与蒸压的区别

蒸养砖与前面介绍的蒸压砖相比，生产制造的工艺主要是养护制度不同。蒸养砖的养护压力一般是常压，即大气压力下养护，因此养护的最高温度不会超过100℃。由于蒸养砖的养护温度和压力比蒸压砖低，水化反应不充分，因此其物理力学性能，尤其是强度和耐久性比蒸压砖差很多。但采用常温养护，不需要高压釜这种比较贵的设备，而只需要把砖坯放入简易的养护池中蒸养。这种养护池可以在地上挖坑，四壁进行处理密实后上面盖上盖板，或砌一排四周密闭的房间，放入成型好的制品，然后通入蒸汽蒸养，由此可节省大量建厂费用。

在我国，20世纪70、80年代，由于经济原因，利用这种技术生产砖的地方比较普遍。蒸养砖有：灰砂砖、煤渣砖、粉煤灰砖、煤矸石砖和生产中的废渣作原材料制砖等品种。因产品不稳定，产量低，竞争力差，目前的生产和使用正逐年在迅速减少。但使用这种砖建造的房屋在使用的还不少，因此，在检测鉴定中还会遇到。

2. 蒸养煤矸石制品

煤矸石是煤矿在掘进坑道和采煤时排除的废渣。这些矸石不但与农业争地，而且因空气氧化自燃产生的气体和流经矸石的浸水，影响植物的生长，危害农业。由于煤矸石中含有少量可燃性煤，因此，从20世纪70年代开始就有人研究用来做建筑制品的原材料。重庆建科院从20世纪70年代初开始研究用煤矸石制作蒸养制品。

为了使井下排出的煤矸石产生活性，利用它本身所含的可燃物进行人工燃烧，窑内最高温度约为1200℃左右。烧制好的矸石根据化学成分的变化，加入一定量的石灰，石膏、矿渣和水，进行轮碾。在轮碾中同时进行破碎，混合和活化作用，成为一种混合均匀的硅酸盐混合料。通过振动成型制成制品，放入养护室进行干热养护。然后以每小时10℃升温，达到100℃后，恒温15～20h停止通蒸汽，产品出池。

重庆建科院用这种材料生产了煤矸石空心砌块和预应力楼板，于 1974 年建成了一幢五层 2300m² 的实验办公楼（图 3-7a）。重庆市当时共建了两幢，这样的"试验"楼。笔者参加了煤矸石烧制，产品生产，裂缝检测全过程，在这栋楼内工作了近 40 年时间。因是蒸养制品修建，楼内墙体裂缝较多。使用 10 年后的 1984 年进行检查，多数裂缝都有加大，一般增加了 0.1～0.2mm，并且出现了新的裂缝，最大裂缝宽度 6.1mm，其实这栋楼的长宽尺寸并不大（图 3-7b）。40 年后的 2014 年进行检查，墙面抹灰没有发现因收缩引起的裂缝，这表明 1984 年检查到的收缩裂缝，在建筑修建好 10 年内已稳定。蒸养煤矸石混凝土预应力楼板的表面没有裂缝，凿开保护层检查，钢筋有轻微锈蚀。

(a)

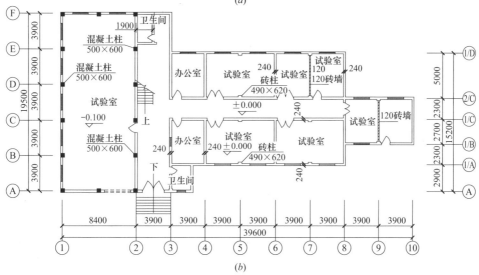

(b)

图 3-7　重庆建科院试验楼

（a）试验大楼外景；（b）大楼的平面布置

第五节　砌体收缩裂缝及线胀系数研究

砌体线胀系数和干燥收缩率（以下简称收缩率）的测定，国家并没有一个统一的试验标准和方法。目前砌体结构设计规范中所采用的砌体线胀系数多数都是根据国外有关规范确定的。国外文献上虽有一些这方面的数据记载，但都未看见介绍测试的具体方法。并且各国取值各不相同，有些数据差异还很大。笔者结合"灰砂砖墙体开裂原因和防止措施"这一研究课题进行了砌体线胀系数和收缩率测试装置的研制并开展了测定工作。虽然这个试验是20世纪80年代做的，但试验装置的研究与实施得到前来参观的国内同行专家认可。根据试验撰写的论文在第11届国际砌体会议上发表后，被同行多次引用。测得的试验数据对分析收缩裂缝的成因有较大的实用价值，但这种费力不讨好、劳民伤财的事，估计今后也不会有人做了，写在这里留作参考。

1. 试验装置

（1）试验环境

试验在混凝土徐变室内进行，室内地坪、墙面、顶棚经过保温隔热处理。室内温度保持在20±1.0℃，空气相对湿度控制在60±10%的范围内。

（2）测砌体收缩率装置

砌体收缩率测试装置，见图3-8。砌体支撑在两根并列的10号轻型钢轨上，钢梁支撑在砖墩上，砖礅互不相连接。各砖礅砌在混凝土地坪上与加气混凝土隔热台座之间留有缝隙，缝隙内填入松散的膨胀珍珠岩。砌体与钢梁之间，钢梁与砖礅之间均设有圆柱滚动铰。为防止砌体砌筑时的变形，每匹砖下放有两个圆柱滚动铰。砌体底部的砖上事先涂有一层薄薄的环氧树脂，光滑而坚硬。减少了砌体和铰之间的摩擦阻力。铰、钢梁和砖礅面上的钢板均涂有一层防锈润滑油。

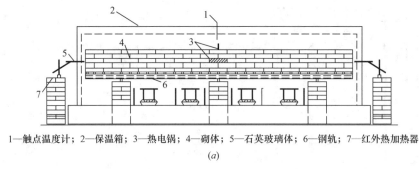

1—触点温度计；2—保温箱；3—热电锅；4—砌体；5—石英玻璃体；6—钢轨；7—红外热加热器

(a)

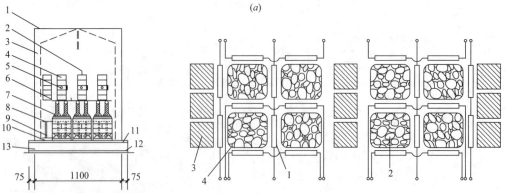

1—外罩；2—热点偶；3—珍珠岩；4—墙片；　　　　1—红外加热器；2—生石灰；3—砖支座；4—瓷盘
5—石英玻璃；6—钢棒；7—钢轨；
8—红外加热器；9—生石灰；10—瓷盘
11—石棉垫层；12—沙子垫层；13—加热混凝土隔热层

(b)　　　　　　　　　　　　　　　　　　　(c)

图3-8　砌体干燥收缩率与线胀系数测试装置

（a）装置的纵向示意图；（b）装置的横截面图；（c）加热除湿装置布置

（3）测砌体线胀系数装置

测定砌体线胀系数时，在砌体干燥收缩试验完成后，在测试砌体外罩上一个特制的组合式保温隔热箱。箱内层用对红外线的反射率高达95％以上的铝皮衬里，外层是导热值较低的纤维板。中间夹层填充膨胀珍珠岩。为增加箱内温度的均匀性和改善保温性，箱内顶盖中间高，两侧低，放了一个坡度。加热量大小和箱温度梯度变化由电源分配箱调整，温度高低由水银点温度计控制。为了掌握砌体内外温度的分布情况，在每个砌体的中部和两端分别埋置了康铜热电偶，在水银触点温度计旁边设有一个康铜热电偶作对照。热量传到地面将造成地层膨胀，引起测试仪表的误差，因此我们把保温箱放置在隔热台座上。

2. 试件制作及测试

测试砌体试件的长度为3000mm，高为300mm，即五皮砖，含四条水平灰缝，若是砌块砌体必须保证有两条水平灰缝。为了避免温差的影响，所有砌体的砌筑材料在砌筑前24h运进恒温室。所有砌体试件的水平灰缝砂浆饱满度控制在80％左右。试件是由专业砖瓦工砌筑，正式砌筑前要试砌，以保证灰缝饱满度的要求。从砌筑第一块砖开始，8h内装上百分表测试，由于测试砌体变形的石英玻璃棒砌筑前已固定在砖上，因此不会影响砌筑不久的砌体。

在砌筑测试砌体的同时砌筑三个1/6试验砌体长，高、宽与试验砌体相同的"湿度参考"试件，便于随时用称重法了解砌体湿度的变化（取三个试件含湿率的平均值）。最后测出"湿度参考"试件的绝干容重、推算出各阶段砌体的含湿率。

墙片试件砌筑好后，首先进行收缩率测试。砌体收缩稳定是根据以下两个条件综合判断；"湿度参考试件的重量不再变化，即砌体基本达到平衡含湿率"；绘出的"变形—时间曲线"基本趋于给时间轴平行。当墙片收缩稳定后，装入干燥剂和红外线加热器，盖上保温箱测定线胀系数。在整个循环过程中分级加温和降温。根据记录的平均数据绘出"温度—变形曲线"。考虑砌体在常温下的工作状态和设备的测试条件，取20～65℃之间升温变形曲线，计算砌体的线胀系数。最后，撤除保温箱，观测在一定温度、湿度环境中砌体由绝干到一定含湿率时的湿胀值。

3. 试验结果

根据工程经验和一些单砖测试结果，原估计砌体收缩稳定的两个条件；"湿度参考试件的重量不再变化，即砌体基本达到平衡含湿率"；绘出的"变形—时间曲线"基本趋于给时间轴平行，约需30d左右。结果一测就是4个多月，灰砂砖砌体还没有完全满足第二个条件，在其间曲线因湿度变化还有小的锯齿状起伏。第一组（J1）收缩率和线胀系数的测试工作共用了9个多月时间；第二组（J2）用了9个月时间；第三组（J3）没有测试砌体的线胀系数，用了4个多月时间，三组试验共历时两年半（表3-6），加上筹备工作和资料整理共花了约3年半的时间。因数据太多，图也较多或较长，这里只能列出主要的测试结果和进行相关的分析讨论。

试验砌体基本数据和测试结果一览表 表3-6

组别	砌体编号	砖的种类	上墙含湿率（％）	砂浆稠度（cm）	试验周期（月）	收缩率	线胀系数（1/℃）
1	J1-H-1	灰砂砖	12.11	9.4	>9	4.2×10^{-4}	0.824×10^{-5}
	J1-H-2	灰砂砖	12.11			4.1×10^{-4}	0.808×10^{-5}
	J1-H-3	灰砂砖	12.11			3.8×10^{-4}	0.825×10^{-5}

组别	砌体编号	砖的种类	上墙含湿率（%）	砂浆稠度（cm）	试验周期（月）	收缩率	线胀系数（1/℃）
2	J2-Z-1	黏土砖	6.3			2.3×10^{-4}	0.70×10^{-5}
	J2-H-2	灰砂砖	6.7	9.9	9	2.7×10^{-4}	0.841×10^{-5}
	J2-J-3	加气混凝土	11.9			0.7×10^{-4}	0.93×10^{-5}
3	J3-Z-1	黏土砖	13.1			1.7×10^{-4}	/
	J3-H-2	灰砂砖	7.5	8	>4	3.3×10^{-4}	/
	J3-J-3	加气混凝土	25.7			2.4×10^{-4}	/

第一组（J1）三个 120mm 厚灰砂砖砌体，根据标准收缩测了四个月才基本完成。整个测试情况表明，它是一个非常缓慢的失水变形过程，同时跟环境湿度有较大关系。三个灰砂砖砌体的变形完全同步。三个砌体变形量与平均值的比，除前十天相差较大外，以后都未超过 7%。因此灰砂砖砌体收缩变形曲线是由平均值来描述的。测得的三个砌体的干燥收缩值分别为 -1.257mm，-1.230mm、-1.128mm；平均值为 -1.205mm，三个砌体实测值与平均值之差的百分比分别为 4.81%；2.07% 和 -6.39%。第二组（J2）是灰砂砖，普通黏土砖，加气混凝土砌块之间砌体的对比试验。三个砌体试件的含湿率都低于施工时的上墙含湿率。尤其是加气体混凝土砌块的上墙含湿率一般在 40% 左右。J2-J-3 试件的加气混凝土砌块放置了三年以上，自然状态平衡含水率已在 5%～6% 之间，上墙含湿率 11.9%，水仅浸湿了砌块的外表面。J3-J-3 试件的加气混凝土砌块为刚出釜一个月，含水率较高。从表 3-6 中的三组砌体收缩率试验数据可以看出：不同材质的砌体收缩率不同，黏土砖的收缩率比灰砂砖小；同一材质上墙含湿率高的砌体收缩值大，含湿率低的砌体收缩值小。

从图 3-9 "J1 灰砂砖线胀系数测试曲线" 可以看到，在最初的循环过程中。随着温度的升高，伸长变形越来越小，在 60℃ 以上砌体反而收缩。在以后的循环过程中，回程曲线反映出砌体膨胀的情况。这一现象用毛细管张力说能得到很好解释。根据相对湿度与毛细管张力的关系（图 3-10），砌体随着温度升高，湿度减小，空隙水产生的负压立刻增加，较大空隙中的水就会蒸发掉。使毛细管张力变大，干燥收缩量急剧增加，甚至超过了受热膨胀的长度，两者叠加，砌体出现收缩。随着进一步的干燥，一部分含有水分的毛细管已接近分子大小，失去了表面张力作用。回程的变形小于升温的变形量，以致出现膨胀现象。随着砌体越来越干燥，升温和降温曲线逐渐靠拢。同时曲线的斜率也越来越小。当砌体含湿率达到稳定时升温和降温曲线基本是一条可逆的直线。此时斜率最小，可按此线计算砌体的线胀系数值。最初一、二次循环，三个砌体的变形值相差较大，随着循环次数的增加，三个砌体变形值越来越接近，在最后一次（第八次）循环中，它们与平均值的比小于 5%，求得灰砂砖砌体的线胀系数为 0.815×10^{-5}。黏土砖砌体的线胀系数为 0.70×10^{-5}，加气混凝土砌块砌体的线胀系数为 0.93×10^{-5}。

4. 砌体收缩裂缝原因分析

从表 3-6 中第二、第三组灰砂砖、黏土砖和加气混凝土三个砌体试验收缩值比较可知，不同材质的砌体收缩率不同。在测试过程中，我们也发现，不同砌体材料的收缩规律也不相同。黏土砖早期收缩快，后期收缩慢；灰砂砖整个收缩速率比较均匀；加气混凝土

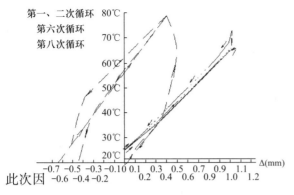

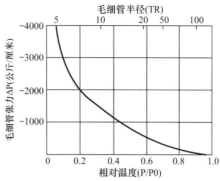

图 3-9　JCTE 灰砂砖线胀系数曲线　　　　图 3-10　相对湿度和毛细管张力的关系

含湿率低收缩比较缓慢。从表 3-7 中可以看到，砌体砌筑完第十天，黏土砖砌体的收缩量已接近整个收缩量的一半；而灰砂砖砌体的收缩几乎才开始，加气混凝土则还处于"膨胀"阶段。也就是说，在施工过程中，黏土砖（或页岩砖）墙体收缩在受到砌体砂浆固结和楼层间相互约束的情况时，收缩量已经完成了大部分，墙体因收缩造成的内应力低，砌体性能也相对较好，因此不易开裂。而灰砂砖此时的收缩才刚刚开始，其最后的收缩值又比黏土砖大。在一般情况下，灰砂砖砌体的收缩量相当于 50～70℃ 温差产生的变形。我们使用的又是砌筑黏土砖用的"传统"砂浆，与灰砂砖的粘结力低，即抗剪强度差，因此墙体容易开裂。这就提示了为什么黏土砖房屋的收缩裂缝比较少。灰砂砖房屋收缩裂缝较多的原因。

第二组（J2）砌体变形值比较　　　　　　　　　　　表 3-7

砖体编号	砌体材料	前十天收缩值（mm）	最后收缩值（mm）	差值（mm）	百分比（%）
JCTE2-1	灰砂砖	−0.033	−0.812	−0.779	4
JCTE2-2	黏土砖	−0.295	−0.674	−0.379	44
JCTE2-3	加气混凝土	0.107	−0.205	−0.312	

　　从生产角度和砖的密实性分析。在国外，灰砂砖的生产用砂有级配要求，使用的石灰有效氧化钙含量在 85% 以上，蒸压的蒸汽压力和时间都有严格规定。而我国的灰砂砖生产基本没有满足这些要求，使水化反应进行得不够完全，造成砖的早期收缩较大。灰砂砖自身的密实度高，孔隙较烧结砖小很多，失水时微孔壁表面张力的作用强，刚砌筑的灰砂砖砌体因化学收缩和物理作用，加之砖砌筑上墙后失水较烧结砖慢，砌体收缩主要发生在墙体砂浆开始硬化之后，这增大了墙体内的应力，造成应力较集中的门窗洞口和墙体中部容易开裂。加之设计措施不力，施工不当，灰砂砖砌体易开裂的问题没有得到有效解决，影响了灰砂砖的推广应用。

　　在砌体建筑中，除烧结砖房屋墙体裂缝较少外，其余墙体开裂都较普遍。根据试验结果，结合工程经验分析其原因和对策。

　　（1）从前面烧结砖的生产看到，它的收缩在烧结前和烧结过程中就已经完成，仅是上墙砌筑前浇的水分蒸发引起的短暂收缩。我们再看表 3-6，同种材料上墙含水率高，砌体收缩就大。因此控制块材的上墙含水率是一个重要措施。由此可见，传统的石灰砂浆并不能匹配所有的墙材，上墙前浇水也不是一个好办法，现今的经济条件已经具备，因此改革砂浆是必然的趋势。

（2）墙体材料在砌筑上墙后的一段时间，其失水的速度并不一样，失水慢施工速度快易使墙体产生裂缝，是干缩裂缝的又一原因，这一原因以前不被重视。因此根据材料的性能如何控制建造速度，是减少墙体裂缝的一项措施。

（3）利用水化反应来获得强度的墙体材料，在使用的初期，因大气中水分的存在，水化反应还会非常缓慢地进行，因此收缩还在发生。上一节重庆建科院蒸养煤矸石空心砌块墙体，十年内收缩才停止，也就说明了这一事实。在工程中也遇到住户反应，已修建4、5年的房屋，墙体还有收缩裂缝出现的案例。目前规范中最主要的措施是，产品生产一月后再上墙，虽然避免了前期收缩量大的规律，但从生产的原材料和工艺上还应采取措施，设计中要加强防裂的构造措施，否则，推广使用始终是一个问题。

（4）墙体收缩裂缝有一部分是沿砌体灰缝发展，因此，改善砂浆与块材的粘结性能，提高砂浆对减少砌体的收缩裂缝是有利的。当然，在墙体易出裂缝处增设水平钢筋、在门窗洞口处采取构造措施更是有效的办法。

5. 砌体线膨胀系数的近似算法

砌体线胀系数的测定是一个耗资费时的工作，目前，新型墙体材料又不断地在涌现，在一般情况下，如何用较简便的方法来近似地确定砌体的线胀系数是一个值得研究的问题。

砌体是由砌块和砂浆两种材料叠合粘结而成，为了分析方便，取砌块中长为 L 的一线砌块和一条水平灰缝作计算单元（图 3-11）。忽略竖向灰缝的影响，并认为它们各自是匀质连续体。若砌块的线胀系数 α_1 小于砂浆的线胀系数 α_2。当砌体由初始温度 t_0 升到温度 t 时，由于两者线胀系数的不同，砌体的变形包括本身的自由膨胀 $\alpha_1 L(t-t_0)$ 和受砂浆拉伸变形 $\delta_1 L/E_1$（δ_1 砌块应力，E_1 砌块弹性模量）两部分。见式（3-1）。

$$\Delta L_1 = \alpha_1 L(t-t_0) + \delta_1 L/E_1 \qquad (3-1)$$

砂浆的变形包括本身自由膨胀 $\alpha_2 L(t-t_0)$ 和受砌块压缩变形 $\delta_2 L/E_2$（δ_2 砂浆应力，E_2 砂浆弹性模量）两部分。见式（3-2）。

$$\Delta L_2 = \alpha_2 L(t-t_0) + \delta_2 L/E_2 \qquad (3-2)$$

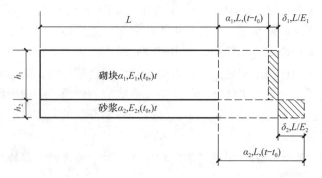

图 3-11　砌体计算简图

在砌块和砂浆的接触面上由剪应力来传递它们之间的相互约束，使之变形协调一致。因此，式（3-1）或（3-2）的变形量相等。见式（3-3）。

$$\alpha_1 L(t-t_0) + \delta_1 L/E_1 = \alpha_2 L(t-t_0) + \delta_2 L/E_2 \qquad (3-3)$$

根据静力平衡条件，由于无外力作用，砌块所受拉力应与灰缝中砂浆所受压力相等。见式（3-4）。

$$\delta_2 h_1 b + \delta_2 h_2 b = 0 \tag{3-4}$$

式中 b 为砌体厚度。h_2、h_2 分别为砌块和砂浆厚度。解式（3-3）和式（3-4）的联立方程得，整理后得出在已知砌块膨胀系数和砂浆线胀系数情况下求砌块线胀系数公式，见式（3-5）。

$$\alpha = \alpha_1 + \frac{h_2 E_2}{h_1 E_1 + h_2 E_2}(\alpha_2 - \alpha_1) \tag{3-5}$$

收缩或膨胀变形过程中，参加作用的砌块垂直截面面积是砂浆的 5 倍以上，而砂浆的弹性模量约为砌块的 1/2。从式（3-5）可知，砂浆对砌体的变形贡献仅为它与砌块变形之差的十几分之一，甚至更小。由此可见，砂浆标号不同所反映出线胀系数的微小差异，以及灰缝饱满度的区别，都不会对砌体线胀系数取值产生很大影响。砌体温度变形主要由砌块来决定。

算例： 实测灰砂砖线胀系数 $\alpha_1 = 0.802 \times 10^{-5}/℃$，MU15 灰砂砖弹性模量 $E_1 = 1.23 \times 10^3 MPa$；M2.5 砂浆线胀系数 $\alpha_2 = 1.008 \times 10^{-5}/℃$，弹性模量 $E_2 = 5.261 \times 10^2 MPa$；$h_1 = 5.3cm$，$h_2 = 1cm$。代入公式（3-5）求得灰砂砖砌体线胀系数 $\alpha = 0.817 \times 10^{-5}/℃$。这个值与表 3-6 中实测的灰砂砖砌体线胀系数都非常接近，式（3-5）的实用性得到证实。

第四章　混凝土空心砌块及其他制品

第一节　混凝土空心砌块

1. 砌块产品

混凝土作为近代广泛使用的一种建筑材料，做成小型空心砌块用于墙体起源于美国。1890年帕尔墨（H. S. Palmar）最先以商业方式生产混凝土砌块，并于1897年用30cm×8cm×10cm的空心砌块建成了一幢房屋。1938年左右，砌块生产开始应用自动振实成型机成型，生产与应用规模逐渐扩大。第二次世界大战后，美国兴起的建筑高潮对砌块产品和建筑的普及起了重要的推动作用。混凝土砌块的生产及应用技术传至欧洲和世界各地，逐渐发展成为世界范围内流行的一种建筑材料。

我国从20世纪60年代开始对混凝土砌块的生产和应用进行探索。到20世纪70年代后期，已有广西、贵州、广东、四川、安徽、河南、辽宁、湖南、浙江、江西、江苏等省先后生产。

20世纪80年代以后，随着水泥产量和建筑规模的迅速扩大和增长为混凝土砌块的发展提供了必要的物资条件。砌块的生产也从木模装料、简易振动台成型生产，发展到用砌块移动成型机生产，当时俗称"生蛋机"。这一时期，形成了统一的规尺寸格，其主规格尺寸为390mm×190mm×190mm，这与西欧、日本等国的小型砌块尺寸基本一致。

（1）普通空心小砌块

20世纪80年代我国颁布了第一本混凝土空心砌块产品标准《混凝土小型空心砌块》GB 8239—1987和《混凝土小型空心砌块检验方法》GB 4111—1983。进入21世纪，因我国实施可持续发展战略，墙体改革的力度逐步加强，以及提倡建筑节能和绿色建筑的需求，混凝土小型空心砌块产品也发生了较大变化。2014年《混凝土小型空心砌块》GB 8239—1997被《普通混凝土小型砌块》GB/T 8239—2014代替，并于2014年12月1日起实施。从表4-1中可以看到，除了砌块的长度作了规定为390mm外，宽度和高度种类增多了，也就是说，砌块的尺寸规格更丰富，使用更方便灵活。砌块的强度等级也分别根据承重砌块、非承重砌块、空心砌块和实心砌块作了规定（表4-2）。标准取消了MU3.5级，增加了MU25、MU30、MU35和MU40级。

砌块的规格尺寸（mm）

表 4-1

长度	宽度	高度
390	90、120、140、190、240、290	90、140、190

注：其他规格尺寸可由供需双方协商确定。采用薄灰缝砌筑的块型，相关尺寸可作相应调整。

砌块种类	承重砌块（L）	非承重砌块（N）
空心砌块（H）	7.5、10.0、15.0、20.0、25.0	5.0、7.5、10.0
实心砌块（S）	15.0、20.0、25.0、30.0、35.0、40.0	10.0、15.0、20.0

（2）轻集料砌块

轻集料混凝土小型空心砌块是用轻粗集料、轻砂（或普通砂）、水泥和水等原材料配制而成的干表观密度不大于 1950kg/m² 的砌块。轻集料一般为，浮石、火山渣、煤渣、自燃煤矸石、陶粒等材料，砌块的主规格尺寸为 390mm×190mm×190mm。

2011 年发布的《轻集料混凝土小型空心砌块》GB/T 15229—2011 代替了《轻集料混凝土小型空心砌块》GB/T 15229—2002，最初版是《轻集料混凝土小型空心砌块》GB 15229—1994。新标准把砌块密度等级分为八级：700、800、900、1000、1100、1200、1300、1400kg/m²。砌块强度等级分为五级：MU2.5、MU3.5、MU5、MU7.5 和 MU10。同一强度等级砌块的抗压强度和密度等级范围应同时满足表 4-3 的要求。

强度等级和密度范围 表 4-3

强度等级	抗压强度（MPa）		表观密度范围（kg/m³）
	平均值≥	最小值≥	
MU2.5	2.5	2.0	≤800
MU3.5	3.5	2.8	≤1000
MU5.0	5.0	4.0	≤1200
MU7.5	7.5	6.0	≤1200[a] ≤1300[b]
MU10.0	10.0	8.0	≤1200[a] ≤1400[b]

注：[a] 除自燃煤矸石掺量不小于砌块质量 35% 以外的其他砌块；
[b] 自燃煤矸石掺量不小于砌块质量 35% 的砌块。

GB/T 15229—2011 为了进一步的保证产品质量，对如下指标作了更严格的要求：

1）为了有利于控制原材料质量，有利于合理采用工业废料，最终全面提高砌块性能和保证产品质量，考虑到控制吸水率可操作性强，因此吸水率从不大于 20% 调整为 18%；

2）近年来，掺入轻集料混凝土砌块的各种再生固体和粉体材料现象经常发生，由于对原材料控制的可操作性有限，在产品检测时，软化系数从 0.75 提高到 0.8；

3）增加了砌块应在厂内养护 28d 龄期方可出厂的要求。砌块成型后在厂内养护 28d 龄期，可保证砌块性能得到充分发展，尤其是可以完成大部分的收缩量，同时也有利于相对含水率的控制，这一措施减少了砌块墙体开裂的情况，有利于砌块的推广使用。轻集料混凝土小型空心砌块的干燥收缩率要求不大于 0.065%。

轻集料混凝土小型空心砌块没有专门的应用技术标准，《混凝土小型空心砌块建筑技术规程》JGJ/T 14—2011 包括了轻集料混凝土小型空心砌块的应用技术要求。但从表 4-4 可以看到，产品标准和技术规程设置的砌块强度等级是不一致的，当设计人员因设计要求采用 MU15 强度等级的轻集料混凝土小型空心砌块，确没有相应的产品。正如《〈砌体结构工程施工质量验收规范〉GB 50203—2011 实施手册》的主编张昌叙，在书中所说："长期以来，我国建筑领域在建材产品标准制定与工程标准之间存在脱节的问题，产品标准不能完全适应工程标准的要求，对保证工程构成影响"，是使用人员应注意的问题。

轻集料混凝土小型空心砌块强度等级的比较 表 4-4

标准编号	砌块强度等级的设置					
GB15229—2011	MU2.5	MU3.5	MU5	MU7.5	MU10	—
JGJ/T 14—2011	—	MU3.5	MU5	MU7.5	MU10	MU15

（3）自保温混凝土复合砌块

通过在骨料中复合轻质骨料和（或）在孔洞中填插保温材料等工艺生产的，其所砌筑墙体具有保温功能的混凝土小型空心砌块，简称自保温砌块。

自保温砌块是建筑节能的需求催生出的产品，2013 年《自保温混凝土复合砌块》JG/T 407—2013 发布实施。自保温砌块复合类型可分为Ⅰ、Ⅱ、Ⅲ三类：Ⅰ类是在骨料中复合轻质骨料制成的自保温砌块；Ⅱ类是在孔洞中填插保温材料制成的自保温砌块；Ⅲ类是在骨料中复合轻质骨料且在孔洞中填插保温材料制成的自保温砌块。产品标准规定了砌块的密度、强度、当量导热系数和当量蓄热系数的等级，见表 4-5，对砌块的热工性能进行分级还是首次。

等级的划分 表 4-5

项目	级数	等级
密度	九级	500、600、700、800、900、1000、1100、1200、1300
强度	五级	MU3.5、MU5.0、MU7.5、MU10.0、MU15.0
当量导热系数	七级	EC10、EC15、EC20、EC25、EC30、EC35、EC40
当量蓄热系数	七级	ES1、ES2、ES3、ES4、ES5、ES6、ES7

自保温砌块墙体由具有良好热工性能的自保温砌块砌筑而成，其构成的墙体主体两侧不附加其他保温措施，墙体的传热系数能满足建筑节能设计标准规定的墙体平均传热系数限值。图 4-1 是目前自保温砌块和墙的形式，其中图 4-1（d）是天津工业大学设计的 190 轻质砌块填充墙＋空气层＋100 厚装饰混凝土砖夹芯复合墙体。

（a） （b）

图 4-1 自保温砌块及墙体（一）

（a）夹芯复合保温砌块；（b）墙体插入保温材料

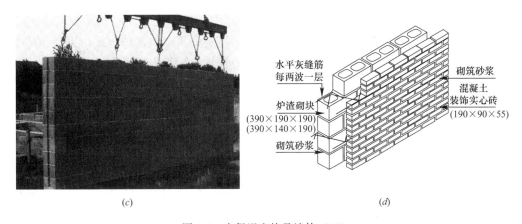

图 4-1 自保温砌块及墙体（二）

(c) 保温砌块墙片；(d) 夹芯复合墙体

2. 砌块发展与技术规程

20 世纪 50～60 年代，国家提出利用粉煤灰，当时除把粉煤灰代替少量水泥配制混凝土外，进行了粉煤灰和煤渣按一定量配量蒸汽养护生产粉煤灰砌块的试验研究工作。原建工部建科院（即现中国建科院）负责"粉煤灰砌块硬化理论的研究"，当时孙氰萍先生接受了这个课题，他后来调到四川建科院，一直致力于混凝土砌块的推广应用。上海建科院负责《蒸养粉煤灰泥混凝土砌块生产应用规程》BJG 13—1964 编制，并于 1964 年 4 月由原建工部批准颁布。

为了大量生产应用中型砌块，原建工部在 1977 年下达上海市建工局、浙江省基本建设委员会负责《中型砌块建筑设计与施工规程》JGJ 5—1980 的编制。规程适用于以块高为 380～940mm 的粉煤灰硅酸盐密实中型砌块和混凝土空心中型砌块为主要墙体材料的一般民用和工业建筑。约在 20 世纪 80 年代中期停止了使用。

我国混凝土小型空心砌块生产应用是在 20 世纪 70 年代，贵州富顺地区和广西河池地区，这些地区都是山区土地少，采用石材、山砂和水泥配制混凝土。到 70 年代后期，这种混凝土小型空心砌块从上述两地发展到四川、河南、江西和安徽、广州等省市。

1982 年第一版《混凝土小型空心砌块建筑设计与施工规程》JGJ 14—1982 发布，编制说明"由于小型砌块建筑的发展历史不长，尚有一些问题需要在今后通过进一步试验研究和工程实践加以解决。因此，希望在试用过程中，注意积累资料，总结经验"。

1995 年重新修订发布了《混凝土小型空心砌块建筑技术规程》JGJ/T 14—1995。规程的修改是依据 10 多年间，有关单位对小砌块墙体静力和动力性能进行了深入研究和设计、施工单位实践经验的积累，主要增补了：（1）轻骨料混凝土小砌块建筑的静力和抗震设计及施工；（2）多层砌块房屋的总高度和层数，及其构造措施；（3）施工部分作了较大调整，补充了近十年来积累的行之有效的经验。

2004 年第三版《混凝土小型空心砌块建筑技术规程》JGJ/T 14—2004 发布。此后，配筋砌体的应用日渐成熟，黑龙江大庆地区已推广配筋砌块砌体建筑 100 多万平方米，2008 年 5.12 汶川地震的发生，也积累了大量的震害经验，对这些震害经验进行总结，并提出相应的抗震加强构造措施引入规程中非常有必要，因此于 2009 年成立编制组进行修编。四川建科院教授级高级工程师孙氰萍任主编，笔者也参加了编制工作。

2011 年《混凝土小型空心砌块建筑技术规程》JGJ/T 14—2011，于 2012 年 4 月 1 日实施。规程修订的主要内容有：（1）增加了多层、高层配筋砌块砌体建筑的设计与施工要求；（2）修订了砌块建筑的抗震措施；（3）增加了轻骨料混凝土自承重砌块墙体的设计内容；（4）调整了部分构件承载力计算参数及计算公式；（5）调整了建筑节能设计的部分计算参数及计算公式；（6）增加了复合保温砌块墙体结构设计与施工要求。

2014 年《自保温混凝土复合砌块墙体应用技术规程》JGJ/T 323—2014 颁布，于 2014 年 10 月 1 日实施。其中的"建筑结构设计"条文如下：

（1）自保温砌块墙体系统的建筑结构设计，应符合现行国家标准《砌体结构设计规范》GB 50003 及行业标准《混凝土小型空心砌块建筑技术规程》JGJ/T 14 中有关设计指标、结构计算原则和设计方法的规定。

（2）在抗震设防地区采用自保温砌块墙体系统的建筑，抗震设计应符合现行国家标准《建筑抗震设计规范》GB 50011 和《混凝土小型空心砌块建筑技术规程》JGJ/T 14 中的相关规定。

（3）自保温砌块的选型和厚度应根据本规程第 5.4 节（注：5.4 建筑热工设计）的规定，按设计建筑所在气候区国家现行建筑节能设计标准规定的外墙平均传热系数限值确定，厚度不应小于 190mm。砌体外挑出钢筋混凝土梁的尺寸不宜大于 50mm；当砌体外挑出钢筋混凝土梁的尺寸大于 50mm 时，应通过结构设计计算确认。

从上面的条文可以看到，热工性能的计算已出现在砌体结构设计中。此外，砌体结构因块型或构造的变化（图 4-1）是否其计算取值或计算假定需要调整，是一个需要研究的问题。

3. 砌块的应用

我国发现最早的混凝土砌块建筑是上海延安中路铜仁路口的 25 幢砌块房屋。这批房屋建于 1923 年，建筑面积约 16000m²。砌块的主规格为 15.625cm×7.625cm×7.625cm，砌块用普通混凝土加工成型。这些砌块是在国内生产，还是从国外运来，无从考证。

1983 年广西建筑科研院在南宁建成我国一幢 10 层的砌块住宅和一幢 11 层办公楼，这两幢建筑的修建，给混凝土小型空心砌块在全国的推广应用，产生了较大影响。该住宅楼共四个单元，三个单元为六层，采用空洞率为 48% 的混凝土砌块，一个单元为十层，采用空洞率为 38% 的混凝土砌块，建筑面积为 3520m²。图 4-2（a）是广西建科院教授级高工李杰成在 2017 年 4 月给我照来的建筑现在的外貌，他近期才去检查了，没有发现墙体裂缝，使用正常。

1998 年在上海园南新村建成了一幢 18 层混凝土小型砌块配筋砌体住宅楼。该楼地下 1 层为自行车车库和设备用房，地上 18 层标准层为住宅楼，局部为 20 层，地下层高 2.9m，住宅层高为 2.8m，总高 51.4m。建筑物上部承重墙体除局部楼、电梯间核心筒及个别截面高厚比小于 4 的独立小墙肢采用现浇混凝土之外，其余墙体均采用 190 厚配筋混凝土小型空心砌块墙体，直到 2011 年顶层砌体纵横墙两端未见常见的八字形温差裂缝。在我国该建筑为混凝土小型空心砌块在高层建筑中的广泛应用起到了先锋作用。

目前在国内，黑龙江省的砌块建筑发展得最好，有很多方面的创新。在哈尔滨，新近建成的配筋砌块砌体结构体系办公楼（图 4-2b）就突破了超限禁区。该建筑地上 28 层，

(a)　　　　　　　　　　　　　　(b)

图 4-2　国内具有引领作用的砌块建筑
(a) 广西建科院砌块住宅；(b) 哈尔滨 100m 办公楼

地下室 1 层，28 层顶高度 99.4m。因有扎实的科研成果和工程实例支撑，在超限评审时，工程院谢礼立院士、住房和城乡建设部杨榕主任、长江学者李宏男教授等评审专家，一致同意该试点工程建设是可行的。据该课题组项目负责人哈尔滨工业大学王凤来教授介绍，施工节省用钢量 15.7%；全楼节省模板 53.4%；节省墙体抹灰 60%；提高施工速度 25%；节省 70.9 元/m^2 工程造价；降低碳排放量：39.39kg/m^2。图 4-3 (a) 是配筋砌块砌体建筑群，大庆奥林国际公寓小区。

　　为了建筑节能的需要，近年来在全国各地出现了不少形式的保温砌块建筑。图 4-3 (b) 是承重砌块夹芯墙建筑，其墙体构造为：190 承重砌块＋60mmEPS＋10mm 空气层＋90 劈裂块，刷憎水剂，这种形式的墙体，在黑龙江、北京、辽宁都建有。

(a)　　　　　　　　　　　　　　(b)

图 4-3　混凝土砌块配筋砌体建筑
(a) 大庆的砌块建筑群；(b) 砌块复合墙体建筑

　　现在，我国混凝土砌块生产已从单一建筑墙体用混凝土小型空心砌块，拓展到护坡、档墙的使用，这也是砌体结构的一部分，图 4-4 是全国砌块协会秘书长杜建东先生提供的照片。

(a)   (b)

图 4-4   砌块用于护坡挡墙
(a) 中小河道的护坡；(b) 景观围（挡）墙花盆砌块

第二节　混凝土砖

混凝土砖是以水泥为胶结材料，以砂、石等为主要集料，加水搅拌、成型、养护制成的一种多排孔的混凝土盲孔、半盲孔砖或实心砖。

近十年来，混凝土砖的生产发展非常迅速，是让人始料未及的。因为它与混凝土小型空心砌块相比：从混凝土制造材料的节约、砌筑工程量的大小、配筋砌体的应用，以及整体的结构抗震性能都要差得多。但是，它得益于我国政府为了保护环境、节约土地资源相继出台的"禁粘"、"禁实"政策。同时，它所具有的优点是：生产具有机动灵活性；生产场地要求也不高；投资也不大；生产成本低，这些条件正适合我国当前农村的国情。我相信，从长远看，它应属于一种过渡的墙材产品。

2004 年国家建材行业标准《混凝土多孔砖》JC 943—2004 颁布实施。产品标准要求混凝土多孔砖的外形为直角六面体，其长度、宽度、高度应符合下列要求（mm）：290，240，190，180；240，190，115，90；115，90。砖的孔洞结构：孔长（L）与孔宽（b）之比 $L/b \geqslant 3$ 为矩形条孔；矩形孔或矩形条孔的 4 个角应为半径（r）大于 8mm 的圆角；铺浆面应为半盲孔。承重墙体的混凝土多孔砖的孔洞应垂直于铺浆面，孔洞率不应大于 35%。当孔的长度与宽度比不小于 2 时，外壁的厚度不应小于 18mm；当孔的长度与宽度比小于 2 时，壁的厚度不应小于 15mm。当有中肋时，垂直于块材长边方向的中肋厚度不宜小于 19mm，其余肋厚度不应小于 14mm。

实心砖的主规格尺寸为 240mm×115mm×53mm、240mm×115mm×90mm 等，与普通烧结砖和多孔砖的外观尺寸相一致。

混凝土多孔砖的强度等级：MU25、MU20、MU15；混凝土实心砖的强度等级：MU30、MU25、MU20。

2008 年以东北设计研究院、长沙理工大学为主编单位的编制组，通过近两年的努力完成了《混凝土砖建筑技术规范》CECS 257—2009 的编制工作，并通过专家审定，自 2009 年 8 月 1 日起施行。大量的试验数据和试点工程证明，混凝土多孔砖的各项物理力学性能和墙体性能均具备了取代黏土烧结多孔砖的条件，其使用范围、设计方法和和施工验收方法与黏土烧结多孔砖基本相同。东北设计研究院、沈阳建筑大学和长沙理工大学的试验研究还表明，在孔洞率相同的条件下，孔型和孔布置的不同，其抗折强度差异较大。块材的抗折强度低，砌体在荷载作用下开裂较早，也直接影响砌体的受力性能。因此规范用"折压比"对砖的抗折强度作出了要求。折压比是砖的抗折强度试验平均值与抗压强度等级的比值。规范规定不小于表4-6中的限值。

表 4-6

混凝土多孔砖折压比的最低限值

砖高度（mm）	砖强度等级			
	MU25	MU20	MU15	MU10
	折压比限值			
90	0.23	0.24	0.27	0.32

由于混凝土砖的外型及尺寸规格与普通烧结砖一样，因此在《混凝土砖建筑技术规范》CECS 257—2009 中，砌体的抗压强度取值和沿砌体灰缝破坏时的轴心抗拉强度、弯曲抗拉强度、抗剪强度取值与《砌体结构设计规范》GB 50003—2011 的取值是一样的。因此，设计计算规定也基本相同。而混凝土砖的收缩较大，相应的防止墙体开裂的构造措施与蒸压制品的墙体材料，如灰砂砖基本相同。混凝土砖的弹性模量、砌体的摩擦系数与混凝土小型空心砌块砌体的指标相同。规范中规定"混凝土砖墙体的耐火极限应按表4-7采用。有防火要求的混凝土多孔砖墙体的厚度不得小于 190mm。对防火要求高的混凝土多孔砖建筑或其局部，应采取有效防火措施。"

表 4-7

混凝土砖墙体的燃烧性能和耐火极限

墙体厚度（mm）	耐火极限（h）	燃烧性能
120（多孔砖）	1.5	非燃烧体
190（多孔砖）	2.0	非燃烧体
240（多孔砖）	2.5	非燃烧体
240 实心墙或预灌孔多孔砖	3.0	非燃烧体

第三节　其他砖制品

1. 免烧砖

"免烧砖"从字面意义理解，是相对于烧结砖而言的其他种类的所有砖。其实它并不包括蒸压砖、蒸养砖和混凝土砖等产品。在《非烧结普通黏土砖》JC/T 422—1991 中，关于免烧砖的定义是"非烧结普通黏土砖'简称免烧砖'是以黏土为主要原料，掺入少量胶凝材料，经粉碎、搅拌、压制成型、自然养护而成的一种非烧结普通黏土砖"。标准规定了免烧砖的规格、等级、技术要求、试验方法、检验规则、堆放和运输等。目前一般生产的免烧砖是达不到这一要求的，尤其是砖的收缩和耐久性。本标准已颁布 20 多年，但是并没有相应的设计规范与之配套，也反映了对其使用性的担忧。

由于我国黏土资源紧张，国家又严禁用黏土制砖的规定，多数地方的免烧砖是利用粉煤灰、煤矸石、各种炉渣或其他一些黏土、页岩等原材料，掺加胶结材料、增强剂等，经搅拌、压制成型后，不经烧结、蒸压和常压养护，自然养护形成的砖，因此，免烧砖的概念有所扩展。免烧砖的生产特点是：工艺很简单，一般情况下，原材料经人工搅拌，送入料仓，再经压砖机快压（或振动加压）成型，人工搬运到坯场，经自然养护就成产品了，因此，操作技术易掌握，投资少，"入行"门槛低。这种砖 20 世纪在大城市的房屋建设中出现过，但存在时间短，很快就消失了。在我国经济较贫困的农村和偏远地区，对这种砖的性能认识不足，为改善和提高自己的居住质量，轻信混淆视听的宣传，图便宜，因此有一定的市场。据中国砖瓦工业协会不完全统计，仅在2004～2005年的两年间，我国共上马"免烧砖"生产线近万条，年总产量折标砖约40亿～50亿块。因此本书也不能不提及一下这种砖。

免烧砖的主要原料是就地取材，多数没有品质控制。在生产过程中，添加有机或无机的粘结剂、增强剂时，由于多数是作房式生产；生产过程中无严格计量；工人技术水平低、又没有经过正规培训，生产随意；企业为了降低成本，最直接的措施就是减少添加量，使产品的质量稳定性差、强度很低、收缩大。采用这种砖修建的房屋极易开裂，砌体局压、耐久性往往不能满足使用要求。20世纪90年代，笔者曾在重庆检查一幢多层建筑的墙体裂缝时，也发现该楼房的部分墙体使用了这种砖，当时就要求处理。这种砖若不努力地提高其产品质量，随着我国经济的发展对建筑的要求越来越高，必将会淡出建筑市场。

2. 草砖

草砖是以稻（麦）草等谷类作物的茎秆为主要原料，经草砖机打压成型的一种墙体材料，草砖建房已经有上百年的历史。19世纪中期，居住在美国内布拉斯加州西部沙丘地区的人们，因缺少木材，便因地制宜，开始利用草砖建造房屋。草砖建筑技术引入我国，是从1999年中国21世纪议程管理中心与安泽国际救援协会/中国（ADRA/China-Aevelopment and Relief Agenecy）合作开始的。在我国北方地区选择了4省8地，分别开展了节能草砖建筑示范项目。

草砖通常是长方形，且密实均匀，通常一块干草砖的密度不小于$1.12kN/m^3$。有灰泥抹面的草砖承载力允许应力值为$488kN/m^2$。草砖建筑的基本结构类型有三种：

（1）承重墙：草砖作为承重墙直接承受屋面荷载，将荷载传递至基础。该类建筑通常比较小，只有一层。

（2）填充墙：在框架建筑中，草砖只作为填充墙，只承担自重。通常可用来建造体量比较大，体形较复杂的房屋。

（3）混合型：在混合型建筑中，荷载由框架和部分草砖共同承担，因此，这类建筑兼顾两者的建造技术要点。

从图4-5可以看到，草砖的尺寸较一般砖和砌块大，因重量轻，砌筑并不困难。草砖作填充墙时，承重构架可以是砖、木、钢、或混凝土，构造简单，施工速度快。

（a）   （b）

图4-5　草砖屋的结构
（a）砖柱草砖屋填充构造；（b）木构架草砖房屋

草砖的优点是显而易见的，它利用农村丰富的稻麦草资源，就地取材，净化环境，保护耕地，造价低廉。草砖房屋保温、保湿、隔音效果好，它的使用完全符合、环保、节能、可重复使用的理念，应该说是一种与自然融合的很好的建筑，因此在本书中必须提及。

3. 稻草砖-混凝土复合砌块

西南大学基于墙体的自保温，正在研发一种稻草砖-混凝土复合砌块，有一定的新意，为墙体材料的研发提供了一种思路，因此在这里作个介绍。这种砌块利用稻草砖生态环保、热阻值高的优点，填充在混凝土砌块中，形成回字形的复合砌块，见图4-6。稻草砖包裹在混凝土内部，受到混凝土保护，不易长霉和燃烧。外部混凝土有普通混凝土和轻集料混凝土，如应用于承重墙，外部混凝土采用普通混凝土，如应用于非承重墙，外部混凝土采用轻集料混凝土。目前已完成从稻草软化处理，稻草砖压制成型，防腐性能研究，到复合砌块的导热系数、耐火性能的系统试验工作。但从图4-6可以看出，砌块的规格及孔型还应进一步改进和完善。

图 4-6　稻草砖及混凝土复合砌块成品

第五章 石 砌 体

第一节 岩石的性质

从人类进入石器时代起，岩石就一直是人类生产和生活的重要材料和工具。目前最通用的是按照不同的成岩过程对岩石进行地质学上的分类，即：岩浆岩、沉积岩和变质岩三类。

岩浆岩一般是指岩浆在地下或喷出地表冷凝后形成的岩石。它占据了地壳总体积的95%。沉积岩是由岩浆岩、变质岩和早已形成的沉积岩，在地表经风化剥蚀而产生的物质，通过搬运、沉积和硬结成岩作用而形成的岩石。它覆盖了大陆面积的75%（平均厚度为2km）和几乎全部的海洋地壳（平均厚度为1km）面积。变质岩是在地球内部高温或高压的情况下，先已存在的岩石发生各种物理、化学变化使其中的矿物重结晶或发生交互作用，进而形成新的矿物组合。例如在保持固态情况下，石灰岩通过热力变质作用，发生了矿物的重结晶，使矿物颗粒度不断加大，形成了大理石。表5-1列出了各类常见岩石的主要物理性质。

各类常见岩石的主要物理性质   表 5-1

岩石类型		密度（g/cm³）	孔隙率（%）	抗压强度（MPa）	抗拉强度（MPa）
岩浆岩	花岗岩	2.6~2.7	1	200~200	4~7
	闪长岩	2.7~2.9	0.5	230~270	
	玄武岩	2.7~2.8	1	150~200	
沉积岩	砂岩	2.1~2.5	5~30	35~100	1~2
	页岩	1.9~2.4	7~25	35~70	
	石灰岩	2.2~2.5	2~20	15~140	
变质岩	大理石	2.5~2.8	0.5~2	70~200	4~7
	石英岩	2.5~2.6	1~2	100~270	
	板岩	2.6~2.6	0.5~5	100~200	

从表5-1中可以看出，在这三类岩石中，沉积岩的抗压强度相对最小，便于加工成型，密度相对最轻便于搬运，而在地球表面分布又最广，因此在建筑上使用得最多。沉积岩的孔隙率相对较高，而孔隙中的水对岩石中矿物的风化、软化、泥化、膨胀以及溶蚀作用，因此与那两类岩石相比，耐久性要差一些。

沉积岩分为砂岩、页岩和石灰岩三种。砂岩包含的矿物颗粒的大小范围约为1/16mm至2mm，在沉积岩总量中，砂岩约占25%。页岩由直径不超过1/16mm的细颗粒矿物组成的，它占沉积岩总量的50%。石灰岩以方解石和白云石为主要造岩矿物，石英和长石的含量不足10%，它占沉积岩总量的20%。

岩石暴露在空气中，引起片状剥落、水化、崩解、溶解、氯化、磨蚀和其他过程对岩石性质的影响称为风化作用。岩石的抗风化特性通常用软化系数、耐崩解性指数和岩石的膨胀性来表征。在工程中，一般情况下，主要是了解岩石的软化系数。

　　软化系数 η 是指材料干燥状态下的单轴抗压强度 R_c 和饱和单轴抗压强度 R_b 的比值。岩石的软化系数是表征在岩石中不同的含水量影响单轴抗压强度的一个具体反映。软化系数是一个小于或等于1的系数，该值越小，则表示岩石受水的影响越大。几种常用的沉积岩软化系数见表5-2。

沉积岩干湿单向压缩强度及软化系数　　　　　　　表5-2

岩石名称	抗压强度（MPa）		软化系数 η
	干抗压强度 R_c	饱和抗压强度 R_b	
砂岩	17.5～250.8	5.7～245.5	0.44～0.97
页岩	57.0～136.0	13.7～75.1	0.24～0.55
石灰岩	13.4～206.7	7.8～189.2	0.58～0.94
黏土岩	20.7～59.0	2.4～31.8	0.08～0.87

　　这里需要说明的是：表5-1摘录的是北京大学出版社2001年9月由陈颙、黄庭芳著的《岩石物理学》；表5-2摘录的是同济大学出版社2000年7月由沈明荣主编的《岩体力学》。比较两表，不难发现，其抗压强度数据有差别，估计是测试状态不同或试件尺寸不同的缘故，但规律是一样的，不影响我们的分析。通过这个对比也说明，在工程中，最好以实际检测数据作依据进行分析最可靠。

第二节　石砌体及构件

　　在我国，采石因破坏环境，切割、放炮产生噪声，人工凿打太劳累，现在愿干的人很少，工具也简单化，这就造成了石砌体建筑建造的成本高，因此，石砌体结构用于一般建筑越来越少。相应的，对石结构了解的人也就越来越少。但是，留存下来的石质文物建筑，以及前些年修的石建筑，如：条石基础，挡土墙等，需要检测、鉴定和维护，为了便于该项检测工作的开展，有必要对石结构砌体做一个简单的介绍。

　　1. 石材分类

　　石材按加工后外形的规整程度，分为料石和毛石。料石又分为细料石、粗料石和毛料石（即块石）。毛石分为乱毛石和河卵石。

　　（1）料石

　　细料石：经过细加工，外形规则，表面凹凸深度不大于2mm；截面的宽度、高度不小于200mm，且不小于长度的1/3；

　　粗料石：规格尺寸同细料石，但表面凹凸深度不大于20mm；

　　毛料石（即块石）外形大致方正，一般不加工或仅稍加修整，高度不小于200mm。

　　（2）毛石

　　乱毛石：形状不规整，高度不小于150mm，一般指由打眼放炮采得的石料；

　　河卵石：河岸或堆积层中，表面圆滑，坚硬的石头。

　　石料有砂浆砌筑和不用砂浆，仅用石块叠垒和干砌二种。浆砌料石砌体，按施工方法不同又分为：灰缝无石垫片和灰缝中有石垫片二种，后者多用于粗料石砌体。砌筑成的砌体根据采用的石料规格不同，分别称，料石砌体和毛石砌体。

2. 基础砌筑

石砌体的砌筑技术与砖砌体有共同之处，也有不同的特点。石砌体的组砌搭接（排石法）形式决定于石材的种类和规格。常见的组砌形式有丁顺叠砌、丁顺组砌、顺叠组砌和交错组砌。丁顺叠砌适于大型料石砌筑，丁顺组砌适合于料石或料石和毛石混合砌筑，顺叠组砌适合于条石，方整石、块石砌筑墙体；交错组砌主要适用于毛石和卵石或与一部分料石混合砌筑。

料石基础有墙下的条形基础和柱下独立基础等。依其断面形式有矩形、阶梯形等。阶梯形基础每阶挑出宽度不大于 200mm，每阶为一匹或二匹料石。料石基础砌筑形式有丁顺叠砌和丁顺组砌。丁顺叠砌是一皮顺石与一皮顶石相隔砌成上下皮竖缝相互错开 1/2 石宽；丁顺组砌是同皮内 1~3 块顺石与一块顶石相隔砌成，顶石中距不大于 2m，上皮顶石坐中于下皮顺石，上下皮竖缝相互错开至少 1/2 石宽，见图 5-1。

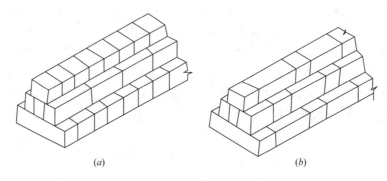

图 5-1　料石基础砌筑形式

（a）丁顺叠砌；（b）丁顺组砌

毛石基础按其断面形状有矩形、梯形和阶梯形等。基础顶面宽度应比墙基宽度大200mm；基础底面宽度依设计计算而定。梯形基础坡角应大于 60°。阶梯形基础每阶高不小于 300mm，每阶挑出宽度不大于 200mm，见图 5-2。

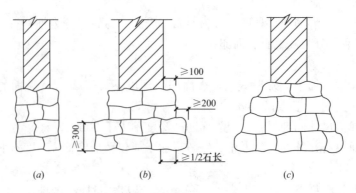

图 5-2　毛石基础砌筑形式

（a）矩形；（b）阶梯形；（c）梯形

3. 墙体砌筑

（1）料石砌体

1）砌筑前应按石料及灰缝厚度，预先计算层数，使其符合砌体竖向尺寸。

2）料石砌体上下皮石块应错缝搭砌，错缝宽度不应小于石料宽度的1/2；

3）丁石和顺石的厚度均不小于200mm，长度不大于厚度的3～4倍；

4）灰缝厚度应按料石种类确定，细料石墙不宜大于5mm，半料石墙不宜大于10mm，粗料石墙不宜大于20mm，灰缝中砂浆应饱满。

（2）毛石砌体

1）毛石的石块尺寸不宜小于墙厚度三分之一，亦不大于墙厚度三分之二；

2）砌体应用铺浆法砌筑；

3）砌筑时，石块宜分层卧砌，上下错缝、内外搭砌。

4）在墙体水平方向和垂直方向一定距离以及纵横墙交接处，均应设置与墙厚相等的拉结石，拉结石的位置应相互错开（图5-3）。

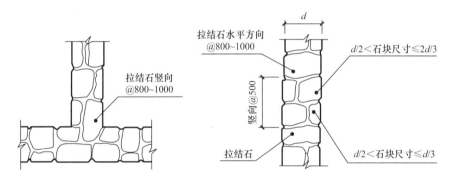

图5-3　毛石墙体石块布置

图5-4（a）为一粮食仓库的毛石墙体，下部是用煤渣、石灰混合的二合灰砌筑，上部采用泥中加稻草砌筑。该粮库20世纪60年代建造，距今已有50年左右时间，除了墙面抹灰严重脱落，下部二合灰有脱落外，墙体基本完好。图5-4（b）是20世纪60年代末建造的"干打垒"房屋，使用功能是礼堂兼饭堂，距今有40多年时间。其墙体现在称为毛石砌体，观察外观砌筑方法，砌得相当规范。对现在没有见过毛石砌体的人，通过这两栋建筑的墙体，可以有一个了解。

4. 拱的砌筑

（1）平拱的拱脚处坡度以60°为宜，拱脚高度为二皮料高。平拱的石块应为单数，石块厚度与墙厚相等，石块高度为二皮料石高。

（2）石圆拱所用料石应进行细加工，使其接触面吻合严密，形状及尺寸均应符合设计要求。

（3）砌筑时应先在洞口顶部支设模板，从两边拱脚处开始对称向中间砌筑，中间一块锁石（拱冠石）要对中挤紧，见图5-5。

（4）砂浆强度等级应不低于M10，灰缝厚度为5mm，砂浆强度达到设计强度70%时可以拆模。

(a)

(b)

图 5-4　毛石砌体建筑

(a) 泥夹毛石墙体 (b) 毛石墙体及构造

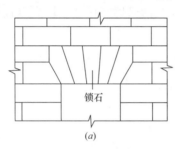
(a)

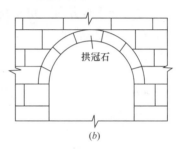
(b)

图 5-5　石拱的砌筑方法

(a) 石平拱；(b) 石圆拱

5. 石构件

石板、条石可作受弯构件的板、梁和轴心或偏心受压构件的柱。梁、板、柱的石材构件一般需要加工，表面凹凸深度以不大于 10mm 为宜。石板规格一般为 $100 \sim 180mm \times 250 \sim 400mm \times 1800 \sim 3600mm$（厚×宽×长），条石规格一般为 $250 \sim 500mm \times 200 \sim 400mm \times 2000 \sim 4000mm$。

图 5-6（a）是河边的一座石板桥，远远望去，它给裸露的岩体连在一起，显得如此自然和谐，是用其他任何材料不可替代的。石构件用作门窗过梁，雨篷板及挑梁，它与石砌体墙和谐自然，共同随时间和部位有层次的变化，见图 5-6（b）。

(a)

(b)

图 5-6　石构件工程案例

(a) 小河中的石板桥；(b) 门窗过梁及挑梁

第三节　石砌体建筑

岩石具有抗压强度高、可雕塑性好、吸水率低、耐久性能好、装饰美感强等优点。自古以来，石材常用于房屋墙体、楼面板、基础、水池、挡墙、桥和塔的建造。

1. 城池

由于岩石的坚固性和耐久性，在冷兵器时代，世界各地都喜欢用石头来垒筑城墙或城堡，来阻止敌人的入侵。我国用石头筑城的不多，重庆是用石头筑城。重庆通远门城墙修建于明代洪武四年（1371年），是在宋代旧城基础上修筑而成，砌筑在山岩体上，距今已有600多年历史，2013年成为国家重点文物保护单位，它才是真正的"石头城"（图5-7）。英国苏格兰首府爱丁堡，意指"斜坡上的城塞"，全是用石砌体修建，其中爱丁城堡是历代苏格兰国王的居所，它矗立于峭壁的死火山岩顶上，显得与自然既融入而又挺拔，好像是从火上口生长出的，图5-8是笔者到苏格兰开建筑加固会拍的照片。

图5-7　岩石上的城墙　　　　　　　　　　图5-8　山岩上的城堡

2. 桥与塔

我国的石桥比任何其他种类的桥都多，即便是现在也是如此。石材本身取自于自然，它的色泽与环境融洽，造型在很多时候增添了田园风光的美丽。图5-9是一座清代的五跨石拱桥，给周边的比例关系非常协调，也就更增加了美感。美榔双塔（图5-10）始建于宋朝，是国家一级重点文物保护单位。该塔分姐妹两塔，姐塔为六角七层、高13.6m，妹塔

图5-9　清代石拱桥　　　　　　　　　　图5-10　海南美榔双塔

四角七层、高 12.55m，塔身造型美观，匠工精巧，周围林木苍翠，景致优雅。双塔用玄武岩建造，质地非常坚硬，虽然已有 800 多年的时间，我走近观察，几乎没有风化，塔的整体变形，错位也很小。在这样坚硬的石头上雕刻，按当时的制作条件应是很困难的事。

3. 民用建筑

我原认为陕北属黄土高原地区没有什么石头，结果到延安杨家岭参观，才发现中共中央办公厅旧址是一栋石砌体建筑，体量还不算小（图 5-11），继续向里走，看见了岩石边坡，当时延安修得有这样好的石砌体建筑出乎我的意料。图 5-12 是五层石砌体住宅建筑，在国内用石头建多层住宅的情况还很少。现在全国各地，石砌体房屋还很多，据福建省泉州地区统计就有约 1.6 亿 m² 的石砌体结构房屋。这些石砌体结构房屋多为居民自建房，结构体系不合理，多采用石梁、石板等石结构楼面，抗震性能差。近年来，福建省各级部门提出了石结构房屋加固改造目标。但由于石结构房屋的特殊性，我国现行规范体系中关于石结构房屋的加固缺少具体的规定，使得石结构房屋的加固设计及施工缺乏可靠的依据。福建省住房和城乡建设厅于 2016 年批准福建省建科院和泉州市住房和城乡建设局会同有关单位编制地方标准《石砌体结构加固技术规范》DBJT 13—264—2017。

图 5-11　延安中央办公厅旧址　　　　　　图 5-12　福建五层民居

4. 构筑物

北京颐和园自 1750 年（清乾隆十五年）开工，于 1764 年竣工。我们都知道，园中的万寿山是挖昆明湖的土堆积而成，山前半部的佛香阁是座八角三层四重檐琉璃瓦顶的楼阁，高 36.48m，建于高 21m 的石台上，石台外观见图 5-13。1860 年八国联军火烧颐和园后，1888 年慈禧重建时，包括了佛香阁。石台距今已有近 300 年历史，重建佛香阁自今也有 130 年时间，石台还是这样壮观，表面平整、没有大的变形和裂缝，仅有少许维修和轻微风化的痕迹，真不简单。到颐和园游玩，只看到万寿山，昆明湖的美景，却很少注意到佛香阁是由石台托起。

在 20 世纪 70 年代前，钢筋混凝土结构还没有普遍使用，人们利用石头的重度和不透水性来修建挡墙和水池，图 5-14 是一条石拦水坝，坝壳为浆砌条石砌筑，坝心为毛石和三合灰浆砌筑，坝顶长约 39m，坝高约 12m，总库容约 20 万 m³，这是放水后的背立面情况。

图 5-13　颐和园佛香阁台基　　　　　　　图 5-14　条石拦水坝

第六章 建筑砂浆

第一节 砂浆的历史

砖没有砂浆的帮助结构形式是很简单的，有了砂浆的粘结才使其砖成为整体，以至能演变成各种结构形式。砌筑砌体砂浆的功能是把块材结合成整体，使其成为建筑构件，因此，砂浆是砌体结构中重要的组成部分。在远古时期，人们为了防范野兽的袭击，以至遮挡风雨，将石块垒高筑成墙体，形成了最早的砌体结构。为使垒砌的石块保持稳定，将土填在石块的缝隙之间，这应该是原始的砂浆，这种做法在战国冶铁遗址通气井壁已有应用。现代的所谓建筑功能砂浆的成分中也不一定有砂。从这层意义上讲，砂浆比烧结砖的使用更早。图 6-1 是作者于 2010 年夏天，在山西和内蒙古拍到的建筑中使用黏土砂浆的例子表明，这种以黏土为主要成分的砂浆，由于它可以就地取材，成本低廉，一直有人在使用。当然，这种砂浆的组成也有改进，在砂浆中添加了如草筋一类的材料，以改善砂浆的性能。

(a)   (b)

图 6-1 泥土砂浆的现代应用

(a) 砖缝中的泥草砂浆；(b) 土坯墙体中的泥草砂浆

除了土和泥浆，人类所知的早期砂浆还有古埃及人用的矿物石膏。埃及历史建筑遗址中砂浆的应用包括金字塔和狮身人面像[5]。Kerisel（1988）提出石膏质砂浆的使用代表了金字塔内部建筑的一个重大变化。根据他的理论，在基奥普斯金字塔之前，使用黏土砂浆建造的金字塔不能够支撑金字塔 52°角产生的向外的推力。早期的金字塔的建造其实是利用内部设置一系列的倾角为 74°，相对稳固的墙体。快速固化的石膏砂浆可以抵抗这种外向推力。因此，大金字塔以及它以后的那些金字塔都是利用了石膏砂浆的这一优良性能。不过 Kerisel 并没有给出具体的结构分析来支持他的这一理论。

在我国新石器时代的建筑遗址中，就出现了用碳酸钙一类的物质粉面，它们较多的将天然的含碳酸钙丰富的礓石粉碎，然后调水使用。这种以礓石为原料的"白灰面"，未经煅烧过。据《左传》所述，"成公二年（公元前635年）八月，宋文公卒，始厚葬，用蜃炭。"这里所说的"蜃炭"，《左传注疏》里指明"烧蛤为炭，亦灰之类"。说明用贝壳煅烧成的石灰，在我国春秋战国之时已被人们所认识，并利用灰类极易吸收水分的特性，将其用于防潮。石灰浆作粘结料，在东汉时也已采用。如河南密县打虎亭及河北望都一、二号汉墓等就用石灰浆胶结与灌浆，不过为数极少，到宋代才较普遍用石灰，明代才更广泛用石灰浆砌墙，清代则于重要工程如宫殿建筑用纯灰浆，次者用石灰砂浆，再次者用灰砂黄土的混合灰泥。

石灰砂浆的最早使用可以追溯到大约公元前4000年的古埃及。在随后世界各地的砌体建筑中广泛应用，这其中也包括非洲和欧洲罗马帝国时期的建筑，一直到大约1900年。石灰砂浆的制造过程一般为在炉窑中煅烧石灰石产生块状石灰（氧化钙）；块状石灰与水混合生成熟化石灰（氢氧化钙）组成的石灰膏或者熟石灰粉；熟化石灰再与沙土和水混合制成砂浆。

石灰浆掺糯米粥作胶结料以加强墙体的整体性，则为较高级的做法，早期所见如江苏淮安一号北宋墓及南宋和州城城门与城垛皆用石灰浆加糯米粥粘砌；以后，明代较普遍地用于城垣、陵墓的砖砌工程。这种有机-无机混合砂浆包含无机成分碳酸钙和有机成分直链淀粉[5]。后者来自于往砂浆中添加糯米汤。研究表明，砂浆中的直链淀粉作为一种抗化剂能够阻止碳酸钙晶体的生成，使得砂浆的微细构造更紧实，性能更优化。通过模拟试验，虽然糯米石灰的早期强度不如纯石灰，但在潮湿条件下，其后期强度的生成，比普通石灰来得快，同时掺入明矾的糯米石灰与不掺明矾的糯米石灰相比，在水中养护45d的强度，前者比后者高2.6倍。试验也证明，糯米石灰砂浆的物理性能更稳定，力学强度更高。糯米石灰砂浆在很多结构中都有应用，包括前面提到的长城、贮水池、需要防潮的工程，这是我们祖先对砂浆的一个创新。

第二节　砂浆的用途

砂浆按使用功能划分为：砌筑砂浆、抹灰砂浆、地坪砂浆、保温砂浆、防水砂浆、特殊功能砂浆等，使用最广泛的是前三种。虽然，保温隔热降低能耗是墙体材料在新形势下追寻的目标，但保温砂浆要单独达到国家要求的指标，看来还有很长的时间，现在还是配合保温复合墙体使用，功能也就不是起保温作用。

1. 砌筑砂浆

砌筑砂浆首先是在砌筑过程中，调整砌筑块材的高度，使其保持水平一致，达到外观线条规整的要求。灰缝中的砂浆固化后，能把砌块粘结成一个集合体，使它们作为一个具有所需功能特点的整体构件。砌体在承受荷载的时候，砌块和砂浆之间的粘结和摩擦保证了水平力的传递，并将竖向荷载均匀分布在整个区域上，由于灰缝砂浆填补了砌块的尺寸偏差，提高了砌块弯压的能力，延缓了砌体开裂的时间。由此可见，砌体的承载力不仅取决于砖、石、砌块等块体材料的力学性能，而且与砌筑砂浆的强度和粘结力有密切关系。砌体作为墙体，砌筑砂浆起到密封缝隙，防止空气和水分直接渗入，使砌体具有保温隔热的功能，创造室内舒适的环境。

根据上述砌筑砂浆的用途和作用，要求它具有以下性能：

（1）和易性：砂浆的和易性包括流动性和保水性。新拌砌筑砂浆应具有良好的和易性，易于在块体材料表面上摊铺成均匀的薄层，以利于砌筑平顺，块体材料的粘结和受力均匀。和易性差的砂浆，不利于工人的砌筑操作，铺浆不易均匀，砌体灰缝中砂浆饱满度差。而砌体的水平灰缝的主要作用是将块材粘结为整体，使砌体整体受力，水平灰缝不饱满，直接影响砌体竖向和水平荷载的传递。此外，在竖向荷载作用下，砂浆的不均匀造成砖局部受压和受弯，从而对砌体抗压强度带来不利影响。

（2）强度保证：草泥砂浆能够保持砌体的稳定性，承受轴向压力与较小的推力，但是不能使砌体成为整体。为保证砌体的整体性，砌体构件能承受较大的荷载，砌筑砂浆硬化后必须具有一定的强度和良好的粘结力。砂浆强度越高，砌体的受力性能就越好。作为配筋砌体使用的砂浆，应有较高的强度、对钢筋有较好地握裹力，砂浆的密实度和饱满度要好，以保证钢筋与砌体的整体受力性能和耐久性。

（3）耐久性：砂浆的耐久性不但保证砌体外观完整美观，也是保证砌体在长期使用过程中基本物理力学性能不受影响的前提。在砌体结构中，砂浆的耐久性一般比块材差，砂浆疏松、风化往往带动周边块材风化，影响砌体的美观和性能。砂浆的耐久性与使用的材料、砂浆的强度、密实性和周边的环境有很大关系。

2. 抹面砂浆

抹面砂浆对砌体起着装饰和保护的作用。抹面砂浆虽然不承受荷载，但它是通过与砌体的粘结固定在砌体表面。为了提高其粘结强度，往往需要提高砂浆的强度等级。砂浆良好粘结力和变形性是抹面砂浆的重要性质。

砌体面层的抹面砂浆常见质量通病有：

（1）砂浆强度低表面容易起砂、坑蚀，使墙面非常难看，没有起到装饰的作用；

（2）砂浆与基层粘结不好，容易出现空鼓、脱落，影响抹灰层的耐久性，起不到对墙体的保护作用；

（3）因抹灰砂浆收缩较大，容易使墙面产生裂缝。当墙面抹灰砂浆出现裂缝，容易使人联想到是墙体开裂，不安全。在进行检测鉴定时，当不能判定是抹灰裂缝，还是砌体开裂，一定要把抹灰层凿开，查看是否是因墙体开裂导致抹灰层开裂。若是墙体开裂导致抹面砂浆开裂，一般墙体上裂缝较小，抹面层砂浆裂缝较大。

通常，砂浆的粘结力随其抗压强度增大而提高。粘结力还与基层底面的粗糙程度、洁净程度、湿润情况，以及施工时的抹压和养护条件等因素有关。在充分湿润、粗糙、洁净的表面上，均匀抹压且养护良好的砂浆面层，与基底粘结较好。

砂浆抹面于墙体上后，由于墙面面积一般较大，转角错缝失水不均，再加之砂浆收缩较大，墙面砂浆极易开裂。其结果不但影响美观，也易给人造成墙体开裂不安全感。提高砂浆的抗裂性，减少其收缩值得主要措施有：控制砂的粒度和掺量，掺较粗的砂和砂的掺量较多时，都能减少砂浆干缩；在满足和易性和强度要求的前提下，尽可能限制胶凝材料的用量，控制用水量，以减少干缩；掺入适量的纤维材料；分层抹灰和将面积较大的墙面分格处理，可使砂浆相对收缩值减少；控制养护速度，使砂浆脱水缓慢、均匀。

在施工中还要注意的是，砂浆的和易性要随墙体材料的不同，气候的变化，砂浆的沉入度要作调整。此外，分层抹灰，底层砂浆的沉入度比中层和面层要大些。

3. 地坪砂浆

地坪砂浆是指用于室外地面或室内底层地面的砂浆，也可指摊铺于楼面的砂浆。地坪砂浆作为地面或楼面的表面层可起到调整地面的平整度，保护楼底面结构层的作用，使地坪或楼面坚固耐久。地面要经受各种侵蚀、摩擦和冲击作用，因此要求地坪砂浆有足够的强度和耐腐蚀性。按照不同功能的使用要求，地面还应具有耐磨、防水、防潮、防滑、易于清扫等特点。在高级房间，要求地坪砂浆具有一定的隔声、吸声功能，以及弹性、保温和阻燃性。

地坪砂浆按其特殊功能、材料及工艺又可分为：耐腐蚀地坪砂浆、沥青地坪砂浆、耐磨地坪砂浆、防水砂浆及防滑砂浆等。

地坪砂浆的质量通病与砌体面层抹面砂浆的质量通病有很多类似的地方，这里就不作进一步的分析。

第三节　传统砂浆的性能

1. 传统砂浆

传统常用的砌筑砂浆有：泥草砂浆、石膏砂浆、石灰砂浆、混合砂浆、水泥砂浆等。按材料形成强度划分为气硬性砂浆和水硬性砂浆。

泥草砂浆主要是在泥浆或炭灰中加入植物纤维，如稻草、草筋等拌和而成，靠水分蒸发形成强度，属气硬性砂浆。这种砂浆强度低，怕水，耐久性差，本章第一节中图 6-1（a）墙体的风化说明了这一情况。该种砂浆在没有地震、干旱少雨的地方还有使用。在进行计算分析时，这种泥草砂浆的强度按 0MPa 考虑比较合适。

石灰砂浆主要是用石灰膏，砂和水拌和而成。熟石灰是一种表面吸附水膜的高度分散的 Ca（OH）$_2$ 胶体，它可以降低颗粒间的摩擦，因此具有良好的可塑性，掺入砂浆中，使砂浆具有很好的和易性，易铺摊成均匀的薄层。石灰是一种硬化缓慢的气硬性胶凝材料，硬化过程要依靠水分蒸发促使 Ca（OH）$_2$ 结晶以及碳化作用。硬化后强度不高，一般不会超过 M2.5。石灰砂浆在潮湿环境中强度会降低，遇水还会溶解溃散，因此不宜在长期潮湿环境中或有水的环境中使用。石灰砂浆是传统砂浆已使用了上千年的时间，但从 20 世纪 80 年代以后，在我国的城市建筑工地上就逐渐开始减少使用。除煅烧石灰会破坏环境植被、污染空气外，现在砂浆的性能已更优越，使用更方便。

水泥石灰混合砂浆通常简称混合砂浆。混合砂浆是由石灰、水泥、细集料用水拌制而成。将生石灰分掺入水泥中主要是为了增加水泥砂浆的和易性，因石灰具有很强的吸水性，能够减少水泥砂浆的离析和泌水，另外就是能替代部分水泥，节约水泥用量，副作用是降低水泥的强度。由于有良好的施工性能和较高的强度，我国从 20 世纪 60 年代开始应用在建筑工程中，混合砂浆的强度等级可达 M10。

水泥砂浆是由水泥、砂和水配制而成的砂浆。水泥砂浆的强度等级可达 M20 以上。水泥砂浆是水硬性材料，我国在水泥紧俏的 20 世纪 60、70 年代，由于它和易性较差，很少用作砌筑砂浆。又由于它有很好的耐水性，在建筑的潮湿部位经常采用。水泥砂浆与水泥混合砂浆相比，和易性较差。当砂浆中水泥掺量不多时，在砂浆运输和存放过程中往往产生泌水现象，砌筑时灰缝的饱满度和砂浆与块体间的粘结不良，影响砌体的质量。因此，施工中不应采用强度等级低于 M5 水泥砂浆，若需替代同等强度等级的水泥混合砂浆，一般是将水泥砂浆提高一个强度等级，以弥补因砂浆和易性较差造成的影响。

2. 混合砂浆材料

(1) 砂

砌筑砂浆常用的细骨料是天然砂。砂的粗细程度按细度模数 μ_f 分为粗、中、细、特细四级。砂的细度模数是通过筛分试验确定，其范围规定：粗砂：$\mu_f=3.7\sim3.1$；中砂 $\mu_f=3.0\sim2.3$；细砂 $\mu_f=2.2\sim1.6$；特细砂 $\mu_f=1.5\sim0.7$。由于砂就地取材成本低，因此，不少地区利用本地资源丰富的山砂、特细砂或机制砂（即人工砂）配制砂浆。

当用砂量相同时，细砂的比表面积较大，而粗砂的比表面积较小，砂的总比表面积越大，则需要包裹砂粒表面的水泥浆越多。当砂浆的和易性一定时，用较粗砂拌制砂浆比较细的砂所需的水泥浆量少。如果砂过粗，则易使砂浆拌和物产生离析、泌水等现象，影响砂浆的工作性。采用中砂拌制砌筑砂浆，既能较好满足和易性要求，又能节约水泥。

(2) 石灰

石灰的生产原料为石灰石，主要成分 $CaCO_3$。石灰石在 900～1100℃ 煅烧得到生石灰，主要成分 CaO。正常温度下煅烧得到的生石灰色白或带灰色（图 6-2a），具有多孔结构，即内部孔隙率大，体积密度小，与水反应迅速，也就是吸水性强。

(a)　　　　　　　　　　　　　(b)

图 6-2　生石灰和熟石灰

(a) 生石灰块；(b) 洗灰池中的石灰膏

生石灰加水变成氢氧化钙即熟石灰，其化学反应见式 (6-1)。

$$CaO + H_2O \longrightarrow Ca(OH)_2 + 64.85kJ/mol \tag{6-1}$$

熟化过程特点：放出大量热；体积膨胀 1.5～3.5 倍。根据加水量的不同石灰熟化的方式又分为石灰膏和消石灰粉两种。加入石灰体积 3～4 倍的水生成石灰膏，加入石灰体积 60%～80% 的水生成消石灰粉。以前在较大的建筑工地上，都砌有洗灰池，将其生石灰"陈伏"熟化成膏，消除体积膨胀、放热、杂质和过火石灰的影响，以备调配砂浆使用。图 6-2 (b) 是经过洗灰池得到的石灰膏。

(3) 水泥

水泥呈粉末状，与水拌和均匀，经物理化学作用后由可塑性浆体硬化成坚硬的石状体，并能将散粒状材料胶结成为整体，是一种良好的水硬性胶凝材料。土建工程常用的为通用硅酸盐水泥，是以硅酸钙为主要成分的熟料制得的硅酸盐系列水泥。根据混合材料品种及掺量的不同，国家标准《通用硅酸盐水泥》GB 175—2007/XG 1—2009 将通用水泥定义为 6 个品种，名称和强度等级类型见表 6-1。

通用硅酸盐水泥品种及强度等级类型　　　　　　表 6-1

名称	代号	强度等级类型	名称	代号	强度等级类型
硅酸盐水泥	P·I	42.5、42.5R；52.5、52.5R 62.5、62.5R	火山灰质硅酸盐水泥	P·P	32.5、32.5R；42.5、42.5R 52.5、52.5R
普通硅酸盐水泥	P·O	42.5、42.5R；52.5、52.5R	粉煤灰硅酸盐水泥	P·F	32.5、32.5R；42.5、42.5R 52.5、52.5R
矿渣硅酸盐水泥	P·S	32.5、32.5R；42.5、42.5R 52.5、52.5R	复合硅酸盐水泥	P·C	32.5、32.5R；42.5、42.5R 52.5、52.5R

　　现在常用的砂浆是混合砂浆和水泥砂浆。水泥是砌筑砂浆的主要胶凝材料，当砌筑砂浆中水泥用量较少时，水泥不能完全填充砂粒空隙和包裹砂粒表面，造成砂浆和易性差。砂浆中水泥使用量少的情况是使用强度等级高的水泥或砌筑砂浆强度等级低。因此，为保证砂浆的和易性，砂浆使用的水泥强度等级不宜大于42.5级或通过参加砂浆外加剂的方式来解决。

　　（4）外加剂

　　近年来，化学建材的发展，为砌筑砂浆开辟了新的路径，诸多砌筑砂浆增塑剂相继出现，并推广应用。砌筑砂浆增塑剂是砌筑砂浆拌制过程中掺入的用以改善砂浆和易性的非石灰类外加剂。砌筑砂浆增塑剂大多是一种发泡型的外加剂，掺加到水泥砂浆之后，通过搅拌在砂粒的周围生成微小而稳定的水膜包裹的气泡，由于这些气泡的流动，起到润滑和改善砂浆和易性的作用。

　　前些年，这种有机塑化剂在建筑工地上是由工人自行加入，为了方便砌筑，往往添加量超过规定要求，造成砂浆强度大幅降低。因砌筑砂浆强度不满足设计要求，或过低的现象时有发生，是当时的质量通病之一，要求检测鉴定的工程不少，甚至拆除重砌。这类砌体也有不少留存至今，在对一些既有建筑进行检测鉴定时，要考虑是否存在这种情况。

　　3. 施工性能

　　不论在任何时候，只要用砂浆砌筑砌体，砂浆的流动性和保水性是保证砂浆便于施工的两个最重要的指标。

　　流动性：砂浆流动性又称稠度，表示砂浆在重力或外力作用下流动的性能。选用流动性适宜的砂浆，能提高施工效率，有利于保证施工质量。

　　砂浆流动性的大小用稠度值（或沉入度）表示，通常用砂浆稠度测定仪测定。测定值大的砂浆表示流动性较好。砂浆流动性大小的选择，与砌体材料的性质，施工方法以及天气情况有关。对于多孔及吸水性强的砌体材料或在干热天气里砌筑时，砂浆流动性应大些；而密实不吸水的材料和湿冷天气，其流动性应小些。具体可参见表6-2。

砂浆流动性（沉入度）选择表　　　　　　表 6-2

砌体种类	砌筑砂浆		抹灰砂浆		
	干热环境 多孔吸水材料	湿冷环境 密实材料	抹灰层	机械抹灰	手工抹灰
砖砌体	80～100	60～80	准备层	80～90	110～120
普通毛石砌体	60～70	40～50	底层	70～80	70～80
振捣毛石砌体	20～30	10～20	面层	70～80	90～100
矿渣混凝土砌体	70～90	50～70	石膏浆面层		90～120

保水性：砂浆保水性是指砂浆能保持水分的能力，施工过程中，要求各组成材料彼此不发生分离，不发生析水和泌水现象。砌筑时，块体要吸走一部分水分。吸走的水分适量，对灰缝中砂浆的强度和密实性有利。但如果砂浆的保水性差，使用过程中出现泌水、流浆，使砂浆与基层粘结不牢。若被吸走的水分过多，砂浆不能正常硬化，使砂浆强度下降。

砂浆保水性以分层度表示，用砂浆分层度测定仪测定。一般分层度值以 10～30mm 为宜，在此范围内砌筑或抹面均可使用。分层度大于 30mm 的砂浆，由于产生离析，保水性不良；分层度低于 10mm 的砂浆，虽然上下无分层现象，保水性好，但不易施工操作，砂浆硬化后干缩性大。

4. 强度评定

砌筑砂浆的抗压强度是砌筑砂浆的最基本力学指标，也是判断砌体强度满足设计要求的基本指标之一。砌筑砂浆的强度等级分为：M20、M15、M10、M7.5、M5、M2.5。

为使砂浆试块的强度具有代表性，一般在工程中，以每一层楼或 250m^3 砌体（基础砌体可按一个楼层计）中砂浆为一检验批，每台搅拌机应至少检查一次。砂浆试件应在搅拌机出料口或在湿拌砂浆的储存容器出料口随机取样、制作砂浆试块。且一组试件应在同一盘砂浆中取样制作，同盘砂浆只应制作一组试件。

评定砂浆的抗压强度是以边长为 70.7mm 的立方体试件。试块制作后，一般应在正温环境中养护 24h，然后拆模。在标准养护条件（水泥砂浆为 $(20\pm3)℃$，相对湿度 90％以上；水泥石灰混合砂浆为 $(20\pm3)℃$，相对湿度 60％～80％）下养护 28d，取出进行抗压强度试验。砂浆试块强度以 6 个试件的抗压强度算数平均值作为该组试件的抗压强度值。当 6 个试件的最大值或最小值与平均值的差超过 20％时，以中间四个试件的平均值作为该组试件的抗压强度值。砌筑砂浆强度的合格验收条件见式（6-2）和式（6-3）

$$f_{2,\text{m}} \geqslant 1.10 f_2 \qquad\qquad (6\text{-}2)$$
$$f_{2,\text{min}} \geqslant 0.85 f_2 \qquad\qquad (6\text{-}3)$$

式中：$f_{2,\text{m}}$——同一验收批砂浆试块抗压强度平均值，MPa；

f_2——砂浆设计强度等级所对应的立方体抗压强度，MPa；

$f_{2,\text{min}}$——同一验收批砂浆试块抗压强度的最小一组平均值，MPa。

砌筑砂浆的验收批，同一类型、强度等级的砂浆试块应不少于 3 组。当同一验收批只有一组试块时，该组试块抗压强度等级的平均值必须大于或等于设计强度等级所对应的立方体抗压强度。

第四节　预拌砂浆

预拌砂浆是近年来逐步开始发展和使用的砂浆品种。预拌砂浆是由专业厂家生产的砂浆拌合物，按产品形式分为湿拌砂浆和干混砂浆。

1. 湿拌砂浆

湿拌砂浆是水泥、细骨料、矿物掺合料、添加料、外加剂和水，按一定比例，在搅拌站经计量、拌制后，运至使用地点，并在规定时间内使用的拌合物。湿拌砂浆根据用途分为四类，其中规定的强度等级、抗渗等级、稠度和凝结时间，见表6-3。

湿拌砂浆的分类　　　　　　　　　　　　表6-3

项目	砌筑砂浆	抹灰砂浆	地面砂浆	防水砂浆
强度等级	M5、M7.5、M10、M15、M20、M25、M30	M5、M10、M15、M20	M15、M20、M25	M10、M15、M20
抗渗等级	—	—	—	P6、P8、P10
稠度（mm）	50、70、90	70、90、110	50	50、70、90
凝结时间（h）	≥8、≥12、≥24	≥8、≥12、≥24	≥4、≥8	≥8、≥12、≥24

从表6-3中看到，砂浆强度已没有了M2.5这一等级。防水砂浆有抗渗等级要求。施工可以根据块材的性能选取不同稠度的砂浆。砂浆的凝结时间最长到24h，在一般情况下不会影响施工操作。湿拌砂浆性能要符合表6-4的规定。

湿拌砂浆的性能指标　　　　　　　　　　　　表6-4

项目		砌筑砂浆	抹灰砂浆	地面砂浆	防水砂浆
保水率（%）		≥88	≥88	≥88	≥88
14d拉伸粘结强度（MPa）		—	M5：≥0.15；>M5：≥0.20	—	≥0.20
28d收缩率（%）		—	≤0.15	—	≤0.15
抗冻性[a]	强度损失率（%）	≤25			
	质量损失率（%）	≤5			

注：[a] 有抗冻性要求时，应进行抗冻性试验。

2. 干混砂浆

干混砂浆是水泥、干燥骨料或粉料、添加剂以及根据性能确定的其他组分，按一定比例，在专业生产厂经计量、均匀混合而成的混合物，在使用地点按规定比例加水或配套组分拌和而成的砂浆拌合物浆料。干混砂浆的品种分类，以及强度等级、抗渗等级规定，见表6-5。

干混砂浆分类　　　　　　　　　　　　表6-5

项目	砌筑砂浆		抹灰砂浆		地面砂浆	普通防水砂浆	普通抗裂砂浆
	普通	薄层	普通	薄层			
强度等级	M5、M7.5、M10、M15、M20、M25、M30	M5、M10	M5、M10、M15、M20	M5、M10	M15、M20、M25	M15、M20、M25	M5、M10、M15
抗渗等级	—		—		—	—	P6、P8、P10

首先要对表6-5中的名词作个说明：普通砌筑砂浆是指灰缝厚度大于5mm的砌筑砂浆；薄层砌筑砂浆是指灰缝厚度小于等于5mm的砌筑砂浆；普通抹灰砂浆是指砂浆层厚度大于5mm的抹灰砂浆；薄层抹灰砂浆是指砂浆层厚度小于等于5mm的抹灰砂浆。干混砂浆强度已没有了M2.5这一等级。

第五节 "有底、无底"之争

抗压强度的砂浆试块是在边长为70.7mm的钢模中成型。成型时，钢试模底部采用钢板，称为"有底砂浆"，若采用砌体块材，称为"无底砂浆"。

1. 无底砂浆试块制作

无底砂浆是在现场用砌筑墙体的砖做砂浆试块的底模，制作砂浆试件，具体步骤如下：

（1）将无底钢试模内壁事先涂刷薄层机油，然后放在预先铺有吸水性较好的湿纸的普通砖上，砖的含水率不应大于2%。若砖的含水率大于2%，应在使用前把砖放入恒温箱中烘干。制作试块的底砖，每面只能使用一次。

（2）砂浆拌和后一次装满试模内，用直径10mm，长350mm的钢筋捣棒（其中一端呈半球形）均匀插捣25次，然后在四周用油漆刮刀沿试模壁插捣数次，砂浆还应高出试模顶面6～8mm。若在插捣中补加砂浆，可能造成后加砂浆与原有砂浆不能形成完整的块体。

（3）当砂浆表面开始出现麻斑状态时（约15～30min），将高出部分的砂浆沿试模顶面削平，并抹平表面。

2. 有底砂浆试块制作

有底砂浆是砂浆试件用带钢底模的试模制作。

砂浆分两层装入试模，每层约40mm，每层均匀插捣12次。然后沿模壁用刮刀插捣数次。砂浆应高出试模顶面6～8mm，1～2h内，用刮刀刮掉多余的砂浆，并抹平表面。

3. 底模对砂浆强度影响

自20世纪的60年代以来，我国为节约耕地，大力推广应用新型墙体材料，出现了加气混凝土、灰砂砖、页岩砖、粉煤灰砖、混凝土小型空心砌块、多孔砖、空心砖等一大批墙材产品。但是，砌筑成墙体时还是采用混合砂浆。混合砂浆是否适合砌筑所有的墙体块材，得到的答案并不令人满意。我们以灰砂砖为例来说明这一情况。灰砂砖是砂子和石灰混合压制成型，在蒸压养护过程中，生成水化硅酸钙形成强度。灰砂砖的外观灰白淡雅，表面光滑；因成型压制密实，吸水性差。同盘砂浆用灰砂砖做底模和用烧结砖做底模，前者砂浆试件的抗压强度只有后者的70%。因灰砂砖吸水速度较烧结砖慢，砌筑完成后不能较快地消耗掉砌筑砂浆中多余的水分，致使砂浆固化后强度偏低。若要保证砂浆的强度，减少砂浆中的水分，砂浆和易性太差，又会影响工人的操作和砌筑质量。采用同强度的灰砂砖和烧结砖，用相同的砂浆砌筑砌体时，由于在灰砂砖砌体中的砂浆强度相对较烧结砖砌体中的砂浆强度偏低，因此，前者的砌体抗压强度低于后者的砌体抗压强度。灰砂砖表面光滑，更影响了砌体的抗剪强度。20世纪80年代，笔者参加了在灰砂砖表面压槽的科研课题，希望能改善砖砌体的抗剪性能，效果并不显著。

从不同块材的性能比较分析，以混凝土砌块和加气混凝土为例。混凝土砌块是薄壁大孔构件，空心率高达45%，砌块与砂浆不是全截面接触，水平灰缝结合面小且呈带状，砂浆受压面不到砌块毛面积的一半，而竖向灰缝约为普通砖的3倍，易造成砌块灰缝砂浆饱满度及均匀性差。加气混凝土砌块块形比混凝土砌块大，也易造成灰缝砂浆饱满度及均匀性差外，由于它具有封闭的微孔结构、吸水时间较长、吸水率较大，砂浆的水分会过早被吸收，使砂浆中水泥失去凝结水硬化的条件，造成砂浆粘结强度低，粘结不牢。这些问题是不能完全靠混合砂浆调整一下配合比能解决的。

上面的例子说明，不同的墙体材料由于生产使用的材料不同、成型的方法不同、材料强度形成的机理不同、块材的大小及表面的性能不同以及吸水率不同，造成材料的个性差异很大，因此应采用适宜于各自块材特性的砂浆来砌筑。这就是在砌体应用技术规范中提出的，砌体使用"专用砂浆"的概念。

4. 使用底模的分歧

我国的大学和科研机构在进行砌体结构的试验研究时，为与实际施工现场情况相一致，都是采用的无底砂浆试件来评定砂浆的强度。1988 年《砌体结构设计规范》GB 50003 修编，规范的安全度统一采用概率统计方法。砌体构件的强度统计中的上万个数据是采用的无底砂浆试件的强度值。

2009 年，《建筑砂浆基本性能试验方法标准》JGJ/T 70 把砂浆强度试验标准从无底砂浆强度试验值改为有底砂浆强度试验值。2011 年颁布实施的《砌体结构工程施工质量验收规范》GB 50203 也作了相应的修改。两本标准修改的目的主要是为了推广使用预拌砂浆。这使正在修编的《砌体结构设计规范》GB 50003 处于一个尴尬的境地，是否及时修改砂浆强度检测方法。编制组在经过认真充分的讨论之后，认为修改后结构的原有可靠度规定会发生变化，没有系统的试验加以修正是不妥当的，因此在《砌体结构设计规范》GB 50003—2011 版中，砂浆设计取值时仍采用无底模砂浆的抗压强度值。

5. 改换底模的讨论

2016 年 3 月，《建筑砂浆基本性能试验方法标准》JGJ/T 70—2009 管理组通过网络进行了一次"统一砌筑砂浆试块制作方法的高级研讨"，也征求了笔者的意见。管理组认为"采用带底模制作砂浆强度试块是科学而合理的方法"，并提出了如下两条理由：

1）"众所周知，砂浆试块强度是用边长 70.7mm 的立方体试块进行室内标养 28d 的抗压强度表示的。它并不代表砌体内灰缝砂浆的实际强度，而只是一个在设定条件下的砂浆强度定义值，或称之为砂浆名义强度。"

"名义强度"并不等于与制作的构件完全没有关系，只是条件变化存在差异。我们在进行结构力学性能试验时，都要同时检测制作这种构件材料的试件强度，就是为了去寻找相互差异间的关系，以保证构件的力学性能满足设计要求。由此可见"名义强度"不是虚设的强度。

文中进一步强调："从某种意义上讲，试块砂浆强度是用来检查实际施工中的砂浆是否按照规定的配合比进行拌制。"可以解释为，砂浆不管用于砌筑墙体的块材是什么，材料性能有多大的不同，也不考虑砂浆性能对砌体力学性能的影响，只管试块砂浆强度合格。这个理由显然太片面了。

2）砂浆管理组列了个表说明，"采用带底模的试块强度试验方法与无底模的试块强度试验方法比较，具有十分明显的优点。"作为这次主要的改动理由（表 6-6）。

不同试块底模确定砂浆强度方法的比较 表 6-6

序号	试模类型	
	无底试模（同类块材为砂浆强度试块底模）	带底试模（钢底模）
1	砂浆强度受块材种类影响大	砂浆强度不受块材种类的影响
2	砂浆强度受块材吸水率、含水率影响大	砂浆强度不受块材吸水率、含水率的影响
3	砂浆强度试验复现性差，试块强度波动较大	砂浆强度试验复现性好，试块强度较均匀
4	不同块材的同类、同强度等级砂浆配合比各异	同类、同强度等级砂浆的配合比相同
5	不利于预拌砂浆的生产及应用	有利于预拌砂浆的生产及应用
6	容易造成施工现场砌筑砂浆使用混乱	不会造成施工现场砌筑砂浆使用混乱
7	砂浆强度与设计规范的一致	砂浆强度与设计规范不对应，尚待研究解决

无底试模砂浆试块是希望砂浆试件的强度更能反映灰缝中砂浆的实际状况，以及砌筑块材对砂浆性能的影响，结果的不一致使我们更加理解了墙体性能的差异，以及思考是否有解决问题的办法，这是几十年来砌体结构系统研究和工程应用的基础。而表中序号的第1、2、3把它们列为是"缺点"，表中的第 4 条用"同类、同强度等级砂浆的配合比相同"来掩盖这种差异，把前者说成是缺点，后者说成是优点，显然是不妥当的。表中的第5 条道出了事情的真实目的，"有利于预拌砂浆的生产及应用"。表中的第 6 条，关于造成管理混乱是人的问题，不是砂浆的问题，也作为无底砂浆的一种罪过是不妥当的。

砂浆管理组提出解决因底模问题造成砂浆试块强度差异，采用 K 值的方法。即带底试模（钢底模）的砂浆强度乘一个 $K=1.35$ 的换算系数，为砂浆立方体抗压强度。影响砂浆强度的因素很多，现在只采用一个 $K=1.35$ 的换算系数是否合适。

我们发现，采用砌筑普通烧结砖的混合砂浆砌筑加气混凝土、灰砂砖、粉煤灰砖、混凝土小型空心砌块墙体，两者的粘结较差，砌体的性能得不到改善，但由于当时的经济条件所限，虽然做了这方面的探索，取名"专用砂浆"，因价格高无法推广。现在在推行预拌砂浆的时候，为什么不可以推行适合各自墙材性能的"专用砂浆"呢。在试验的同时也找无底试模（同类块材为砂浆强度试块底模）和带底试模（钢底模）砂浆强度间的关系。这样细致地做些工作可能使解决问题的方案更合理。

砂浆试件制作的"有底、无底"之争，虽然是针对砌体工程施工中砂浆强度检测方法的争论，并且不久就会统一，但这件事情还是值得思考。因此笔者把它写在了这里，也有一定参考价值。

第七章 砌体结构及规范

第一节 砌体结构的形式

砌体结构是由块材直接垒砌或用砂浆砌筑而成。在一般情况下，砂浆的强度较块材的强度低，相互间的粘结能力也很弱，因此，受拉、受剪、受扭的能力很差，这就决定了砌体结构构件主要只能够承受压力。由于组成砌体结构的块材都是脆性材料，砌体结构的破坏自然也是脆性破坏。砌体结构由于块材间的连系较弱，对变形较敏感，这就造成砌体结构容易出现裂缝的原因之一。

砌体用于建筑中主要是起分隔空间，承重，支档，围护和封闭的作用。砌体结构可分为：墙、柱、拱三种基本力学构件，因为这三种构件都可以说对方是由自己演变而来。如："柱"，墙是由多根柱排列而成，拱是由柱弯曲而成。砌体结构的各种构件可以看作是由这三种构件组合、变化而成，见图7-1。

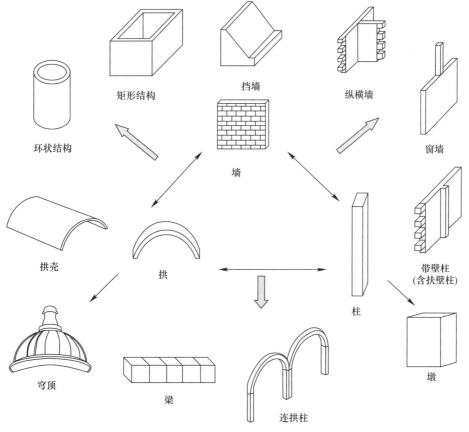

图 7-1 砌体构件的基本形式及组合

就墙体构件而言，墙体间交互垂直连接形成纵横墙；变截面的墙体形成高墙、挡土墙一类的结构构件；若干个拱平行组合形成壳体，拱轴线旋转形成穹顶；当拱轴线变直转化成"梁"；柱的高度比例降低，截面尺寸增加形成"墩"。当这三种构件相互组合时，拱和墙形成筒体，如，烟囱、蓄水池等；拱和柱重复连接构成连拱；墙和柱组成，带壁柱、窗间柱等。砌体结构及构件的受力特性和安全是砌体结构力学研究的内容。而砌体结构形式的变化，给建筑的多样性创造了条件。

当然，砌体也可以通过砌筑方式或受力过程的变化来达到梁、板功能的作用。建筑中常常利用块材的抗剪能力，层层出挑或内收技术，形成悬挑构造，也称"叠涩"。叠涩常见于砖石塔的出檐、墓室内砖顶、砖砌藻井、门窗遮阳等。图 7-2（a）是五台山显通寺七处九会殿砖仿木结构外挑檐，该大殿底层正中间是用四角叠涩砖的斗八藻井，上铺木板构成两层（见第二章第四节砖的应用，图 2-11）。石梁桥也有类似结构。用条石层层叠压，从墩旁横向伸出而挑向河心，然后，再在鸟翅形石砌垒叠之墩上铺放石梁，即成通道。福建泉州洛阳桥，始建于公元 1053 年，竣工于 1059 年，历时六年，叠涩而成。该桥桥墩，便是叠涩结构。目前，这两个建筑均是全国重点文物保护单位。

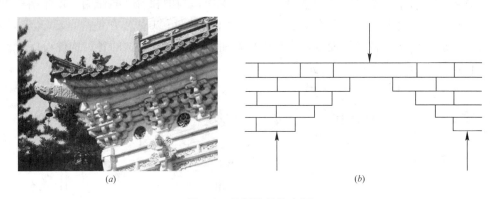

图 7-2　叠涩的结构应用
（a）砖仿木结构外挑檐；（b）叠涩空间跨越传力图

第二节　著名的砌体建筑

在世界上，直到今天为止，砌体结构建筑无疑仍然是最多的。在数千年的人类历史长河中，它给我们遮风避雨的安全空间，给我们提供了合适的居住条件；它不透水的特性，使建立的给排水渠道，为城市的形成创造了必要的条件；它耐压的能力，为搭建桥梁解决了过河过车的问题，使出行更加方便；它的庄重、耐久的特质，满足宗教的环境需求，为其提供了理想的场地；它的坚固、高强度为城墙的修筑提供了优良的材料，使城堡坚不可摧。目前世界上的文化遗产以砌体建筑为最多，可见它为人类文明进程立下的功劳。

古埃及最早的王室陵墓，呈长方形，也是由砖、石所建，内有若干个墓室，盛放死者及他（她）在另一个世界所需的财富。公元前 2800 年出现第一座有阶梯的金字塔陵墓。最大的金字塔——法老胡夫金字塔（图 7-3），建于公元前约 2500 年，修建时塔高约

146m，地座为正方形，边长约 230m。整个金字塔建筑在一块巨大的凸形岩石上，占地约 52900m²，体积达 258.3 万 m³。大约用了重 2.5t 的石块 250 多万块，石块叠砌而成，缝隙密合，不用灰泥，这是人类建筑史上的一项浩大的巨石工程。

 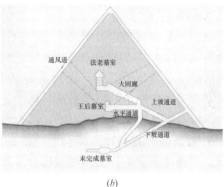

(a)   (b)

图 7-3　埃及胡夫金字塔

(a) 金字塔和狮身人面像；(b) 金字塔的内部结构

　　长城开始修筑的时间，大约在公元前七世纪。根据历史记载，从战国以来，有二十多个诸侯国家和封建王朝修筑过长城，其中秦、汉、明三个朝代所修长城的长度都超过一万公里。国家文物局 2016 年 11 月发布《中国长城保护报告》（全文版）："根据认定结论，我国各时代长城资源分布于北京、天津、河北、山西、内蒙古、辽宁、吉林、黑龙江、山东、河南、陕西、甘肃、宁夏、新疆 15 个省（自治区、直辖市），404 个县（市、区）。认定数据如下：各类长城资源遗存总数 43721 处（座、段），其中墙体 10051 段，壕堑、界壕 1746 段，单体建筑 29510 座，关、堡 2211 座，其中遗存 185 处，墙壕遗存总长度 21196.18km。"上千年间，历朝历代不断地花巨资修缮和修建长城，说明中华民族从来没有侵略扩张野心，而是怕别人打自己，是个靠勤劳致富的民族。图 7-4 是长城一头一尾的现在风貌。

(a)   (b)

图 7-4　长城首尾关隘的现在风貌

(a) 山海关外貌；(b) 嘉峪关外貌

　　古人利用石材具有较高抗压强度的优点与拱受压形式相结合，创造了无数优秀的建筑作品，使当时跨越较大的河流，建造大型的公共建筑成为可能。石材的耐久性让它们其中一部分保留至今，还为我们今天创造价值。西班牙罗马大渡槽（塞哥维亚输水道）建于古罗马图拉真大帝（公元 53～117 年）时代，曾是塞哥维亚城的框架，被完好地保存下来，是塞哥维亚最古老的、具有纪念碑意义的建筑。渡槽用土黄色花岗岩干砌（不用灰浆）而成，坚固异常。渡槽全长 813m，分上下两层，由 148 个拱组成，高出地面 30.25m，气势非凡（图 7-5）。

河北赵县赵州桥建造于公元 595～605 年，是由一孔石拱独跨洨河，跨度 37.02m，跨矢比为 5：1，因是坦拱缓和了桥面坡度，桥上行车，桥下行船，水路两便（图 7-6）。在世界桥梁史上赵州桥首创了敞肩拱的新型桥。大桥主拱挖空了桥肩，加设四个对称的小拱，减少了主拱圈上的恒载重量，巧妙利用小拱对主拱产生的被动压力，增加了桥身的稳定性。桥台坐落在轻亚黏土层上，桥台由五层石料砌筑，总厚仅 1.51m，桥台的长度只有 6m，在如此浅的基础和短桥台上建造这样的大桥，令人叹服。一千四百多年来，虽经历多次地震和洪水灾害，大桥两端桥台沉降始终走动甚微，安然无恙。美国土木工程师学会称为"国际土木工程历史古迹"。

图 7-5　西班亚古罗马渡槽　　　　　　　图 7-6　河北赵县赵州桥

科隆大教堂位于德国的北莱茵-威斯特法伦州，从 1248 年到 1880 年，修建时间长达 632 年，早已过了 50 年的正常使用期。在建筑史上，科隆大教堂既不是最古老也不是最大最高的哥特式教堂，但它被称为世界上最完美的哥特式教堂。科隆大教堂建筑面积约 6000m²，东西长 144.55m，南北宽 86.25m。主体部分就有 135m 高，大门两边的两座尖塔高达 157.38m，像两把锋利的宝剑，直插云霄（图 7-7）。整座大教堂全部由磨光的石块建成，整个工程共用去 40 万 t 石材，加工后的构件总重 16 万 t，并且每个构件都十分精确，时至今日，专家学者们也没有找到当时的建筑计算公式。教堂的钟楼上装有 5 座吊钟（响钟），最重的圣彼得钟，有 24t。每逢祈祷时，钟声洪亮，传播得很远。登上钟楼，可眺望莱茵河的美丽风光和整个科隆市容。

西藏的布达拉宫始建于公元 7 世纪。"布达拉"是梵语音译，译作"普陀罗"或"普陀"，原指观音菩萨所居之处。布达拉宫高耸在拉萨市中心的红山之上，为外有 3 道城墙，内有 999 间宫殿、1 间修行室组合而成的体量巨大的宫堡式建筑（图 7-8）。单体建筑的平面大多呈矩形或方形，平面内部按井字形布置上下贯通的墙体。单体建筑形式均为厚墙平屋顶，结构形式为块石承重墙和木（梁柱）构架共同承重的混合结构。在蓝天之下、拔地而起，加上色彩的搭配，显得既庄重、又巍峨。

图 7-7　德国科隆教堂　　　　　　　　　　图 7-8　布达拉宫远景

第三节　砌　筑　形　式

1. 砌筑方法

砌筑砌体结构不仅是一门技术，也是一门艺术。砌筑的优劣不但影响结构的整体性、受力性能和耐久性，砌筑出的墙面图案，以及成型的建筑，能够与周边环境一道给人以美感，舒展人的心情。从前面的工程案例和构造图示中可以看到，砌体块材要组合形成受力的砌体构件或结构，主要有三种砌筑方法。

（1）干砌

干砌或称干码、干垒，也就是不使用砂浆砌筑，靠其自重和块材间的摩擦力使构件保持规整、稳定，承受其压力的方法。

垫砌属于干砌的一种，当砌筑块材不平整时，在底部垫小块片石或其他物质，使其平稳，或用于调整砌筑的水平高度。

（2）自锁

自锁是砌筑块材利用自身的构造相互连接形成整体承受荷载的方法。

20世纪70年代，我国创造成功一种适宜砌筑拱和薄壳的空心砖（图7-9），它一端有钩，另一端带有凹槽，施工时利用砖与砖之间的挂钩悬砌，砌筑砖拱壳不用模板支撑，而只要一个简单的样架控制曲线就行了。当时也用这类砖来修建楼面和屋面，使用的目的主要是为了节省紧缺的木材和钢材。砖或砌块通过在生产中成型的沟槽，使其相互间连成整体的方法，现在还在不断地创新，主要用在砌块建筑上。

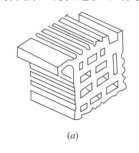
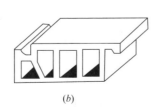
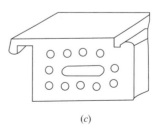

(a)　　　　　　　　　　(b)　　　　　　　　　　(c)

图 7-9　空心挂钩砖
（a）拱壳空心砖；（b）4孔屋面挂钩砖；（c）12孔拱壳空心砖

（3）砂浆砌筑

砂浆砌筑是利用砂浆在固化前的可塑性，使块材间接触更紧密，砌体更规整，在砂浆固化后，使砌体的整体性得到加强，承载力得到提高的方法。

薄浆干砌是砌块砌筑前不需浇水，砌体间水平及竖直灰缝平均厚度≤3mm 的一种施工方法。采用这种方法，砌筑块材的尺寸要规整，砂浆性能要优越，是薄浆砌筑的前提条件。其实，古时候已有这种砌筑方式。

2. 普通砖砌筑方法

砌体材料的品种多样，即使是同一品种的材料，规格尺寸也不相同，因此砌筑方法各异。在我国，20 世纪 50 年代对烧结砖的规格尺寸作了统一规定，并且规范了砌体的砌筑方法。在此基础上，全国各地的大学、科研机构进行的砌体结构试验研究成果有了可比性、统计性，也为砌体结构的编制提供了理论依据。

我国把烧结砖的外表为直角六面体，主规格尺寸为 240mm×115mm×53mm，无孔洞或孔洞率小于 25% 的砖称为"普通烧结砖"。其他各种规格的砖计算产量时，均以这种砖的尺寸为换算单位，因此也称为"标准砖"或"标砖"。根据普通烧结砖使用的原材料不同，采用大写英文字母区分，黏土砖（N）、页岩砖（Y）、煤矸石砖（M）和粉煤灰砖（F）。砖的六个面，尺寸为 240mm×115mm 的面称为大面，240mm×53mm 的面称为条面，115mm×53mm 的面称为顶面。标准砖除了烧结砖外，还有蒸压灰砂砖、蒸压粉煤灰砖、混凝土砖等也大量生产这种规格的产品。

砖用砂浆砌筑而形成砌体构件，使其具有共同承受荷载的能力。但砖与砖之间的搭砌方式不同，影响砌体构件的承受荷载的大小。因此，在施工过程中很讲究砖砌筑成砌体受力的合理性。采用标准砖砌筑砌体，砖的搭砌方式主要有：一顺一丁、梅花定丁、三顺一丁和全顺砌法（图 7-10）。

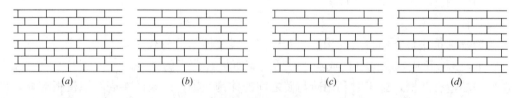

（a）　　　　　　（b）　　　　　　（c）　　　　　　（d）

图 7-10　普通砖砌体的常用砌筑方式
（a）一顺一丁；（b）梅花丁；（c）三顺一丁；（d）全顺

3. 墙体类型

砖砌筑成建筑构件，使用最广泛的是实心墙体。砌筑砖墙的厚度以标砖长度为单位，常用的有：120mm（半砖）、180mm（3/4 砖）、240mm（1 砖）（图 7-11a、b）、365mm（1 砖半）、490mm（2 砖）等。标准砖每块重量约 2.5kg，手拿大小适中，工人砌墙时操作方便，在砌体建筑中使用得也最多。因此，在砌体结构的试验研究时，主要是使用的这种砖。为了节约墙体材料，降低造价，在 50 年前，民用建筑也大量使用空斗墙，图 7-11（c）、（d）是其中的两种砌筑形式。由于墙体内空腔大，砖与砂浆粘结面小，因此墙体承载力低，变形协调能力差。虽然现在已经不使用了，但在房屋检测鉴定中还会遇到。砖柱是砌体结构中最主要的受力构件之一（图 7-11e），它布置灵活，承受荷载大，在民用建筑中，有时也起到装饰的效果。带壁柱是墙体与柱有机的结合（图 7-11f），它提高了墙体的承载能力和变形能力，改善了墙体的受力效果。图 7-11（g）、（h）是砌体应用拱的原理，使砌体结构产生了跨越，它建造过隧道、涵洞、楼面，门窗孔洞，虽然现在已很少采用，但在检测鉴定中还会遇到。这些不同种类的砌体构件，通过连接组合，形成砌体结构建筑。

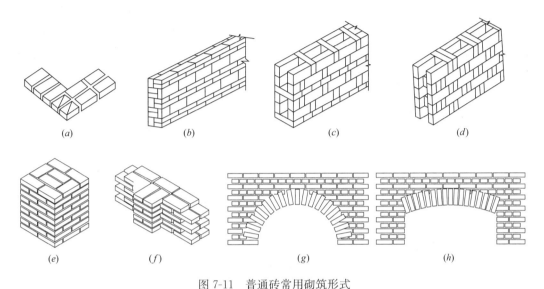

图 7-11　普通砖常用砌筑形式

（a）240 墙；（b）180 墙；（c）一眠二斗墙；（d）无眠空斗墙；（e）砖柱；（f）带壁柱；（g）圆形拱；（h）平拱

第四节　砌体结构设计规范

1. 第 1 本规范

20 世纪 50 年代初，我国正处于百废待兴的时期，但是，我国还没有一本按现代科学方法设计计算的砌体结构规范。为适应各设计部门的迫切需要，国家建设委员会建设工程技术司主持翻译了，苏联部长会议国家建设委员会批准，于 1955 年正式颁布执行的《砖石及钢筋砖石结构设计标准及技术规范》HMTY 120—55。国家建设委员会认为"根据这种规范进行设计，能使结构的作用更接近于实际情况，可以充分发挥材料性能。因此，有必要在我国推广使用。但规范中某些条文须结合中国的具体情况进行研究和修改，短时间内尚难完成，故暂时还不能作为我国正式的设计规范。"该规范采用的是属于定值的极限状态设计法，但各种砌体的抗压强度计算公式比较烦琐，引用的影响系数较多，使用中较难掌握，给设计人员的使用带来不便。

2. 第 2 本规范

自 20 世纪 60 年代初至 70 年代初，在全国范围内对砌体结构进行了比较大规模的试验研究，并对全国砌体结构建筑进行了大量的实地调查工作，总结出一套符合我国实际、比较先进的砖石结构理论、计算方法和经验，对 HMTY 120—55 规范的十二章、267 条和六个附录进行了修订，在 1973 年颁布了《砖石结构设计规范》GBJ 3—1973 为国家试行标准，自1974年5月1日起开始试行。修订后的规范共分七章、60条和八个附录，规范修订的主要内容有：各种砌体的抗压强度是根据我国的试验资料，按数理统计方法求得的公式计算；在房屋静力计算中增加了刚弹性方案；修订了大小偏心受压计算公式；构造部分作了简化和补充；对在我国常用的空斗墙、筒拱房屋等常用砖石结构作了补充规定。原规范对土坯墙的强度有简略的规定，但缺乏构造措施。关于土筑墙没有规定。修订中考虑我国民间有较普遍的使用，因此也作了补充规定。这本规范应该说，是适合我国国情，按现代标准制定的第一本砖石结构设计规范。砌体结构的试验和规范的编写过程，也凝聚了一批热心砌体结构工作的优秀人才，一直到现在。

3. 第3本规范

20世纪70年代中后期，随着"改革开放"时期的到来，为了满足我国建设高速发展的需求，我国的砌体结构工作者，对砌体结构进行了第二次有计划的、比较大规模的试验研究。在砌体结构的设计方法、多层房屋的空间工作性能、偏心受压、局部受压、墙梁的共同工作，以及砌块砌体的力学性能和砌块房屋的设计等方面取得了新的成绩。此外，对配筋砌体、构造柱和砌体结构房屋的抗震性能方面也进行了许多试验和研究。这些研究成果是修编"1973年版规范"的主要依据，由钱义良、施楚贤主编的《砌体结构研究论文集》是对纳入规范修编成果的总结。新修编的砌体结构规范采用以概率理论为基础的极限状态设计方法；增加了混凝土小砌块建筑静力设计和抗震设计的章节；取消了石结构、土坯墙的内容，因此名称作了改动，新颁布的国家标准为《砌体结构设计规范》GBJ 3—1988。

4. 第4本规范

为迎接班21世纪的到来，规范再次进行了修编。《砌体结构设计规范》GB 50003—2001有如下变动：（1）砌体材料：引入了近年来新型砌体材料，如蒸压灰砂砖、蒸压粉煤灰砖、轻集料混凝土砌块及混凝土小型空心砌块灌孔砌体的计算指标；（2）墙中设钢筋混凝土构造柱和圈梁以成为砌体结构建筑的基本构造措施，无疑提高了墙体使用阶段的稳定性和刚度，修编将设构造柱墙在使用阶段的允许高厚比系数进行了提高；（3）随着住房私有化，人们对房屋墙体出现的裂缝，越来越失去忍受的耐心。在这种情况下，把"防止墙体裂缝"一节名称改为"防止或减轻房屋墙体裂缝"，对原有内容进行了扩充，以便设计人员采用；（4）增加了配筋砌块剪力墙结构的设计方法和砌体结构构件的抗震设计；（5）取消了原标准中的中型砌块、空斗墙、筒拱等内容。

5. 第5本规范

在修编规范时正遇上汶川大地震和玉树地震。《砌体结构设计规范》GB 50003—2011按"增补、简化、完善"的原则，在考虑了我国的经济条件和砌体结构发展现状，总结了近年来砌体结构应用的新经验，调查了我国汶川、玉树地震中砌体结构的震害，进行了必要的试验研究及在借鉴砌体结构领域科研的成熟成果基础上，增补了在节能减排、墙材革新的环境下涌现出来部分新型砌体材料的条款，完善了有关砌体结构耐久性、构造要求、配筋砌块砌体构件及砌体结构构件抗震设计等有关内容，同时还对砌体强度的调整系数等进行了必要到简化。主要修订内容是：（1）增加了适应节能减排、墙材革新要求，成熟可行的新型砌体材料，并提出相应的设计方法；（2）根据试验研究，修订了部分砌体强度的取值方法，对砌体强度调整系数进行了简化；增加了提高砌体耐久性的有关规定；（3）完善了砌体结构的构造要求；（4）针对新型砌体材料墙体存在的裂缝问题，增补了防止或减少因材料变形而引起墙体开裂的措施；（5）完善和补充了夹心墙设计的构造要求；（6）简化了墙梁的设计方法；补充了砌体组合墙出平面偏心受压计算方法；（7）扩大了配筋砌块砌体结构的应用范围，增加了框支配筋砌块剪力墙房屋的设计规定；（8）根据地震震害，结合砌体结构特点，完善了砌体结构的抗震设计方法，补充了框架填充墙的抗震设计方法。

6. 几点建议

从现在的建筑类型来看，砌体结构主要适用于中、低层建筑。高层建筑主要由混凝土和钢的各种组合来承担。大跨度、大空间的公共建筑、工业建筑和桥梁，正在探索更好的材料和结构形式。因此，在建筑追求"高、大、新颖"的设计潮流下，砌体结构的辉煌已经过去。以致于在国内，一些大设计院的结构工程师，对《砌体结构设计规范》GB 50003—2011（以下简称《规范》）已经很不熟悉。

砌体配筋的主要作用是提高砌体的抗震性能和结构的承载能力。配筋砌体用于高层建筑只是少数情况，在这一领域并没有多大优势，因此不会有很多配筋砌体的高层建筑出现。混凝土砌块配筋砌体建筑，虽然已修到 100m 高，其实它本质上应是钢筋混凝土建筑。混凝土砌块只是作为成型的模板，采用这种方式修建和施工，建筑的性能受到了一定制约。

虽然，我们不得不承认这一现实，但砌体结构在中、低层建筑中还有明显的优势，这在前面的章节中已经论述了。现在混凝土结构建筑、钢结构建筑也少不了砌体结构的参与，因此它不是不需要，而是会与其他的结构形式一道合作下去。但设计的理念和方式会与时代的需求而发生变化。因此对《规范》的修编提出如下几点建议：

（1）在高性能材料不断推出，建筑形式不断翻新，人们追求环保、节能、宜居的时代，《规范》虽然也已做了不少工作，增加了夹芯墙、填充墙等内容，但为满足时代的需求和巩固在建筑结构界的地位，应更加包容。利用砌体结构比混凝土结构、钢结构保温隔热的物理性能更优越的性能，《规范》内容以承重结构为主外，也可包涵自承重结构，以及与其他结构形式的连接组合。

（2）20 世纪七八十年代，编制《规范》的原则之一，就是节约材料、充分利用材料的强度。甚至在 20 世纪后期，240 墙的无筋砌体住宅建筑超过了 10 层。现今，新建砌体建筑的砂浆强度等级不低于 M2.5，承重结构的块材强度不低于 MU10，楼层不高于 7 层，因此以前需要计算的部位，现在可以简化，或以构造来保证。《规范》作出相应的调整，使应用更方便，可操作性更强。

（3）目前，我国在建筑领域的基本国策是：节能、节地、可循环利用、绿色环保。其实，这也是人类为在地球上求得长久生存的必要态度。《规范》是否可以把一些建筑节能行之有效的措施纳入其中。生土建筑的结构计算是否可以重新回到《规范》中来，现在生土建筑又有人在研究，使用规程又有人在编写。我在对房屋的检测鉴定中，也遇到生土建筑，只有参考 20 世纪的 1955 年版和 1973 年版《规范》。

（4）各级地方政府越来越认识到，文物建筑的毁坏可能使城市失去个性，为留住历史根脉，传承中华文明，必须加强地方文物建筑的修缮保护。此外，利用本地的自然资源和文物建筑的组合，打旅游牌，将文物建筑保护与经济发展结合起来，起到双赢的效果。而这些文物建筑主要是砌体结构，或砖木结构。在房屋进行安全性鉴定和修缮前进行的承载力计算，目前都是采用现行《规范》中的公式，这显然是不妥当的。今后，这类保护性的砌体建筑还会越来越多，历史文物建筑的保护一直会继续下去，而不是以50年基准期为标准。因此，砌体结构耐久性的问题还值得我们去研究，制定规范。

第二篇

砌体和材料强度的检测方法

按现代科学化管理的要求，整个建筑工程从开始建设，到投入使用，以至使用中的维护改造，直到拆除的全过程，都需要通过检测数据作为依据。就砌体建筑而言：修建时的材料和成品进场，如：砖、砂浆、钢筋、混凝土、门窗都需要提供产品证明书、并应进行随机抽检，以确认产品是否满足质量要求，不合格则退货；在房屋的修建过程中以及竣工前，同样需要各施工阶段相应试件的强度试验报告和实体检测结果，评定是否满足施工验收规范和设计要求，若不满足则须整改合格后才予验收；在使用过程中，建筑在进行功能改造或耐久性维护前，应进行检测和鉴定，为改造、设计和施工提供依据；现在一些建筑物的拆除也要以检测结果为依据。因此，不难看出，检测工作对保证安全、保证建筑工程质量、保证正常舒适的居住环境，是起着卫兵和眼睛的作用。

第八章 检测概论

第一节 检测方法分类

随着人们生活水平的提高，对居住的安全和舒适程度也有了更高的要求，作为评定指标的建筑工程的检测项目也就越来越多，涉及的范围也越来越广，为便于应用需要，我们可以根据不同的要求进行分类。按试验地点划分有，室内试验室试验和现场实体检测；按建筑物形成的阶段划分为，材料进场检测、施工阶段检测和使用阶段检测；按建筑的功能划分有，材料性能检测、保温隔热性能检测、构件检测和结构性能检测、建构筑物耐久性检测；根据对结构或构件的损伤程度划分为：无损检测和微破损检测。由于本书是以既有砌体建筑为对象，讨论材料、检测、可靠性和耐久性，因此，本章主要介绍与砌体结构现场检测有关的方法和一些相关的研究成果。

1. 无损检测

无损检测诊断技术是在不损伤被检测对象的条件下，利用材料内部结构异常或缺陷存在所引起的对热、声、光、电、磁等反应的变化，来探测各种工程材料、结构构件和结构内部和表面缺陷，并对缺陷的类型、性质、数量、形状、位置、尺寸、分布及其变化作出判断和评价。在建筑结构质量的检测中，常用的有：通过构件材料表面硬度确定材料强度的回弹法；通过结构构件材料中声速变化确定缺陷位置和类型的超声法；通过电磁场变化确定钢筋位置和间距的电磁波法；通过不同介质电磁波阻抗和几何形态的差异确定缺陷位置的雷达法等。

无损检测具有如下的特点：

（1）由于无损检测是通过材料或制作成构件的物理特征差异进行识别，因此，检测不会对构件造成任何损伤，一般也不会影响使用功能。

（2）检测结果为查找缺陷提供了一种有效方法，能够使技术人员对问题的严重性作出准确的判断，例如通过检测确定构件的裂缝是表层还是深层裂缝，以判断是否可继续使用。

（3）检测诊断技术能够对施工质量实行监控，以便为改进施工方法提供依据，以及确定施工的时间。

（4）无损检测因测试时间的延长，能对结构性能的变化起到监控的作用，在结构受到意外灾害或因使用时间过长耐久性降低时，能及时地预报防止造成严重的后果，这也是现在所称的健康监测技术。

虽然无损检测有这么多优点，但是，应该认识到，不论采用哪一种检测方法，要完全检测出结构的异常部分是比较困难的。因为缺陷与表征缺陷的物理量之间并非有完全一一对应的关系。因此，需要根据不同的情况选用不同的物理量，有时甚至同时使用两种或多种无损检测诊断方法，才能对结构的检测性能做出可靠判断。

采用无损检测结果评判时，应注意到无损检测结果必须与一定数量的微破损或破损检测结果相比较，才能确定其准确性，以至得到合理的评价。采用无损检测方法对施工质量进行控制时，应该在对构件或结构质量有影响的每道工序之后进行。

2. 微破损检测

微破损检测是以不影响结构或构件的承载力，也不造成结构或构件过大变形为前提，在结构或构件上直接进行局部破损性试验，或切取试样在试验室经加工后进行破坏试验，然后根据试验值与结构标准强度的相关关系，换算成标准强度换算值，并据此推算出强度标准值的推定值或特征强度。在砌体工程现场检测中，常用的方法有：测定砌体抗压强度的原位轴压法、测定砌体抗剪强度的原位单剪法、测定砌体中砂浆强度的筒压法等。也就是说，微破损检测指在检测过程中，对结构的既有性能有局部或暂时的影响，但可修复的检测方法。

微破损检测技术由于是从结构或构件上直接取样，因此给人感觉更客观，准确的印象。但是，微破损检测也存在如下不足：

(1) 在取样时造成结构或构件的局部损伤，给人有不安全的感觉；

(2) 事后还要进行修复处理，手续麻烦，有时修复价格较高，时间拖延较长；

(3) 取出的试样因扰动或搬运等原因，可能影响试验精度。

3. 破损检测

为了得到准确的检测数据，并不是所有的建筑材料、构件的强度和物理参数都用无损检测或微破损检测技术来获得，很多情况下还是要通过破损检测来完成。在工程和科研试验中，就是对实体结构或模型直接进行加载试验，通过结构或构件的受力、变形、振动、破损等情况来判断结构的性能。

为了不对新建的结构或构件因检测造成损伤，在工程和研究中也采用间接的破损方法。这就是通过检测结构或构件所使用材料是否合格，结合施工质量进行判定。在建筑工程施工中，砖的抗压强度试验、砂浆试件的抗压强度试验、混凝土试件抗压强度试验得到的都是破坏强度，其数据就是作为砌体和混凝土结构的施工验收依据。在检测数据不能满足设计和相关规范要求的情况下，才采用其他形式的检测方法。

4. 荷载试验

为了了解结构或构件的物理力学性能是否满足设计要求，或要对新的结构形式和构件的力学性能进行验证或了解，非破损和微破损检测技术很多时候是不能完成的。最直接和最直观的方法就是荷载试验，即"性能检测"。荷载试验是根据结构或构件的设计和使用要求，对实体结构或模型进行加载试验。根据试验结果获得结构或构件整体的强度、刚度、延性、抗裂、稳定性、刚度退化、变形能力等性能中的一部分指标，为设计和使用提供依据。结构的荷载试验根据不同的情况，可按如下分类：

按试验目的：生产性试验、科学研究性试验；

按试验对象：真型试验、模型试验；

按荷载性质：静力试验、动力试验；

按荷载时间：短期荷载试验、长期荷载试验；

按试验场合：试验室试验、现场试验。

5. 综合法

无损检测、微破损检测、破损检测、荷载试验等方法各有优缺点，各有侧重面，为了提高检测精度或因检测要求，有时需要采用多种检测技术，从不同的角度进行试验。所谓综合检测技术就是采用两种或两种以上的检测方法，获取多个物理参数，并建立结构或构件的特性与多项物理参量的综合相关关系，以便从不同角度综合评价结构或构件的特性，使得到的结论更为准确可靠。

当采用砂浆回弹法检测砌体中的砂浆强度很低时，由于砌体灰缝中的砂浆强度内外差异有时比较大，因此应考虑采用其他方法进行验证，并进行分析判断，以免造成误判，引起官司或不必要的经济损失。

混凝土回弹法是检测构件表面的混凝土强度，超声法是检测构件密实性、裂缝、孔洞等缺陷，超声—回弹综合法，就是利用两者的优点，通过检测表面混凝土强度，结合内部的密实性，对强度的准确性做出综合的判定。这是非破损与非破损相结合的检测技术。

钻芯法可以直接得到混凝土强度，比较直观，但钻取芯样太多对结构又有较大损伤，因此在工程检测中，采用以回弹为主，钻芯修正的方法，对构件的混凝土强度进行评定。这是微破损与非破损相结合的检测技术。

第二节　砌体检测方法分类

最早的砌体原位检测方法，是从墙体上切割下砌体试件，运到试验室进行抗压强度试验，我们称为"切割法"。

20世纪60年代开始，我国的一些科研单位对轻型回弹仪以及在砌体中的应用技术进行了试验研究。随后，辽宁省建科院研制了简易设备，用于砌体切向和法向粘结力测定，进而推定砌筑砂浆强度。

从20世纪80年代末到90年代初，随着改革开放的深入发展，建设规模的不断扩大和建筑市场规范的需要，我国砌体工程强度现场检测技术研究开发特别活跃。在这一时期主要的现场原位检测技术研究成果有：冲击法、扁顶法、轴压法、单砖双剪法、取芯法、顶推法、推出法、砂浆片剪切法、砌体通缝单剪法、筒压法、点荷法、拉拔法、应力波法、射钉法等十多种方法。其中，回弹法、轴压法、冲击法、推出法、筒压法编制出了地方规程。

1992年，国家计委和建设部向四川省建科院下达了会同有关单位编制《砌体工程现场检测技术标准》的任务。通过对各种检测方法进行统一的考核、验证，最后，轴压法、扁顶法、单剪法、单砖双剪法、推出法、筒压法、砂浆片剪切法、砌体通缝单剪法、回弹法、点荷法、射钉法等十种方法纳入了《砌体力学性能现场检测技术标准》GB/T 50315—2000。该标准已于2000年7月6日发布，2000年10月1日实施。这本标准是世界上第一部关于砌体工程现场原位检测技术标准。

目前，国内各种墙材、砂浆和砌体强度的检测方法，有标准依据的约20多种。适用于砌体结构现场检测的方法主要有《砌体工程现场检测技术标准》GB/T 50315—2011，该标准是2000年的修订版，包含了8种方法。单项检测的标准有行业和地方规程，如

《贯入法检测砌筑砂浆抗压强度技术规程》JGJ/T 136—2001、《钻芯法检测砌体抗剪强度及砌筑砂浆强度技术规程》JGJ/T 368—2015 等。砌墙砖产品检测方法《砌墙砖试验方法》GB/T 2542—2003 也可用于现场砌体取砖抽样到试验室内检测。此外,《砌体基本力学性能试验方法标准》GB/T 50129—2011 虽主要是用于砌体力学性能的研究,但该标准的砌体抗压试验方法和砌体沿通缝截面的抗剪试验也可用于现场试验验证。

　　《砌体工程现场检测技术标准》GB/T 50315—2011 主要是对烧结类砌体工程的现场检测提供相应的检测方法。从 20 世纪 70 年代开始,国内出现了非烧结墙体材料。近些年,因环保和节能的需求,非烧结墙体材料的种类也越来越多,使用也越来越普遍,为对非烧结砖砌体工程的现场检测提供依据,国内的高校、科研和检测单位,在 GB/T 50315—2011 所列检测方法的基础上,开展了大量的总结分析和试验研究,筛选出了可用于非烧结砖砌体工程现场检测方法,形成了《非烧结砖砌体现场检测技术规程》JGJ/T 371—2016。该规程适用于混凝土普通砖、混凝土多孔砖、混凝土小砌块、蒸压灰砂砖、蒸压粉煤灰砖等非烧结类块体砌筑的砌体工程检测。JGJ/T 371—2016 中检测方法与 GB/T 50315—2011 相比,取消了扁顶法和烧结砖回弹法,增加了混凝土小砌块回弹法,其余检测方法虽然相同,但是计算公式有所变化。

　　从上面的介绍我们已经知道,砌体结构现场检测方法种类较多,如何根据检测目的、环境条件,设备的适用范围、合理地选测试验方法,是一个技术与经验相结合的工作。在这里(表 8-1),首先把检测方法结合相应的标准、规程作一个分类简介,但不是标准列出的所有方法,而是常用的检测方法。然后,在以下章节再对这些常用的检测方法进行系统介绍,并适当辅以工程实例加深理解。

现场检测方法属性及限制条件　　　　　　　　　　　　　　　　　　　　　　表 8-1

分类	检测方法	特点	适用和限制条件	方法标准
块材强度检测	现场抽样法	1. 属取样检测; 2. 检测结果是墙材的实际强度; 3. 取样部位有局部破损	墙体块材的强度评定。 1. 取样部位应为墙体受力较小处不受力处; 2. 抽样时应注意样块材是否为同批产品; 3. 样品应具有代表性	GB/T 2542、 GB 50003
	块材回弹法	1. 属原位无损检测,测区选择不受限制;操作简便; 2. 检测部位若有装修面层,仅局部损伤	1. 烧结普通砖和烧结多孔砖墙体中的砖,适用范围:烧结普通砖:6～26MPa;烧结多孔砖:5～32MPa。 2. 混凝土小砌块,适用范围:6～20MPa	GB/T 50315 JGJ/T 371 GB/T 50344
砂浆强度检测	砂浆回弹法	1. 属原位无损检测,测区选择不受限制;操作简便; 2. 可用于砂浆强度均质性普查。 3. 检测部位若有装修面层,仅局部损伤	检测烧结普通砖、烧结多孔砖、混凝土普通砖、混凝土多孔砖和蒸压粉煤灰砖墙体中的砂浆强度; 1. 不适用于砂浆强度小于2MPa的墙体; 2. 水平灰缝表面粗糙且难以磨平或灰缝太薄时,不得采用	GB/T 50315 JGJ/T 371
	贯入法	1. 属原位无损检测,测区选择不受限制;操作简便; 2. 检测部位的装修面层仅局部损伤	1. 检测烧结普通砖和烧结多孔砖墙体中的砂浆强度适用范围在 0.4～16.0MPa 之间; 2. 不适用于遭受高温、冻害、化学侵蚀、火灾等表面损伤的砂浆检测	JGJ/T 136

分类	检测方法	特点	适用和限制条件	方法标准
砂浆强度检测	筒压法	1. 属取样检测； 2. 利用混凝土试验室常用设备； 3. 取样部位局部损伤	检测烧结普通砖、烧结多孔砖、混凝土普通砖、混凝土多孔砖和蒸压粉煤灰砖墙体中的砂浆强度；测点数量不宜太多	GB/T 50315 JGJ/T 371
	点荷法	1. 属取样检测； 2. 测试工作较简便； 3. 取样部位局部损伤	检测烧结普通砖、烧结多孔砖、混凝土普通砖、混凝土多孔砖和蒸压粉煤灰砖墙体中的砂浆强度；不适用于砂浆强度小于2MPa的墙体	GB/T 50315 JGJ/T 371
	砂浆片局压法	1. 属取样检测； 2. 操作简便； 3. 取样部位局部损伤	检测烧结普通砖、烧结多孔砖、混凝土普通砖、混凝土多孔砖墙体中的砂浆强度。 适用范围： 1. 水泥石灰砂浆强度：1～10MPa； 2. 水泥砂浆强度：1～20Mpa	GB/T 50315 JGJ/T 371
砌体力学性能检测	标准砌体抗压	1. 砌筑材料取样检测； 2. 对墙体没有损伤	检测砌体的强度和砌筑砂浆的可用性。 试验室与现场条件可能存在一定差异	GB/T 50129
	切制抗压试件法	1. 属取样检测，检测结果综合反映了材料质量和施工质量； 2. 取样部位有较大局部破损； 3. 需切割、搬运试件	1. 检测各种砖砌体的抗压强度； 2. 取样部位应为墙体长度方向的中部或受力较小处，每侧宽度不小于1.5m； 3. 测点数量不宜太多	GB/T 50315 JGJ/T 371
	轴压法	1. 属原位检测，检测结果综合反映了材料质量和施工质量； 2. 直观性、可比性较强； 3. 可测火灾、化学腐蚀后的砌体剩余抗压强度； 4. 检测部位有局部破损	检测各种普通砖和多孔砖砌体的抗压强度； 1. 槽间砌体每侧的墙体宽度不应小于1.5m；测点宜选在墙体长度方向的中部； 2. 同一墙体上的测点数量不宜多于1个； 3. 限用于240mm厚砖墙	GB/T 50315 JGJ/T 371
	扁顶法	1. 属原位检测，检测结果综合反映了材料质量和施工质量； 2. 直观性、可比性较强； 3. 检测部位有较大局部破损	检测各种普通砖和多孔砖砌体的力学性能； 1. 检测砌体的受压工作应力； 2. 检测砌体弹性模量； 3. 不适用于测试墙体破坏荷载大于400kN，或变形较大的墙体。 其他要求同轴压法	GB/T 50315
	原位双剪法	1. 属原位检测，检测结果综合反映了材料质量和施工质量； 2. 直观性较强； 3. 检测部位局部破损	检测烧结和非烧结普通砖、烧结和非烧结多孔砖砌体的抗剪强度； 测点数量不宜过多	GB/T 50315 JGJ/T 371
	砌体钻芯法	1. 属原位检测； 2. 块体厚为53mm时，芯样直径150mm；块体厚为90mm时，芯样直径190mm； 3. 检测部位局部破损	检测烧结普通砖、烧结多孔砖、混凝土实心砖、混凝土多孔砖、蒸压粉煤灰砖墙体中： 1. 抗剪强度推定； 2. 砌筑砂浆抗压强度推定； 3. 测点布置的墙肢长度不小于1.5m	JGJ/T 368

为了便于使用，砌体工程的现场检测方法按测试项目可分为下列几类，那些方法适用那些项目，一目了然。

（1）砌筑块体抗压强度检测：取样法、烧结砖回弹法；

（2）砌筑砂浆强度检测：贯入法、筒压法、砂浆回弹法、点荷法、砂浆片局压法、砌体钻芯法；

（3）砌体抗压强度检测：标准砌体抗压、原位轴压法、扁顶法、切制抗压试件法；

（4）砌体抗剪强度检测：原位双剪法、砌体钻芯法；

（5）砌体工作应力、弹性模量检测：扁顶法。

第三节　检测程序

检测是一个过程，在这一过程中需要完成那些程序，见图8-1。当然这一程序不是一层不变的，在实际工作中可能几步合成了一步，也可能一步分成了几步，但程序内容主要是这些。为了便于理解，下面进行说明。

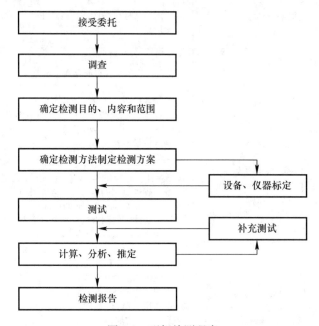

图8-1　现场检测程序

1. 工程调查

调查是检测的最基本工作。甚至在接受委托前，就应通过与联系方的对话、交流了解工程的大致情况，以便判断是否有能力接受委托，如何进行检测，有时在沟通过程中就会形成一个初步的方案框架。

调查阶段宜包括下列工作内容：工程建设时间；收集被检测工程的竣工图纸、竣工验收资料、砖与砂浆的品种及有关原材料的测试资料；工程的结构形式、环境条件、砌体质量及其存在问题；若是既有建筑，使用期间的条件变化、维修改造的情况、砌体目前的风化程度，以往工程质量检测情况；有时需要进一步明确检测原因和委托方的具体要求。

在实际工程中，以上调查内容一般不可能完全知道。但是还可以通过工程建设时间，建筑的形式，了解砖和砂浆的大概情况。如，20个世纪70年代前的砖一般为手工砖，强度低于MU10；20世纪60年代前的砂浆多为石灰砂浆或泥草砂浆，其后多采用混合砂浆。

在现场调查中，通过观察砖的颜色，敲击声响，估计砖的强度；观察砂浆颜色，用指甲抠砂浆或揉搓砂浆，估计砂浆强度。调查过程中，应注意建筑有无过大的受力裂缝和变形，以免在方案和检测中留下隐患。

2. 确定目的

检测是为目的服务的，确定了检测的目的，才能选择检测的方法，制定具体的方案。在建建筑和既有建筑检测的目的有时相差很大，因此需要分开说明。

新建砌体工程可能遇到的强度检测和评定包括：

（1）施工过程中，抽样检测和评定砂浆、砖或砌块的强度等级；

（2）砖、砌块或砂浆试块缺乏代表性或试件数量不足；

（3）对砂浆试块的试验结果有怀疑或争议，需要确定实际的砌体抗压、抗剪强度；

（4）发生工程事故，或对施工质量有怀疑和争议，需要进一步分析砖、砌块、砂浆和砌体的强度。

既有建筑的砌体工程，需要检测和推定砖、砂浆或砌体的强度，了解构造措施和使用情况，为以下工作提供依据：

（1）结构安全性鉴定和适用性鉴定；

（2）历史建筑的安全性评估；

（3）大修前的可靠性鉴定；

（4）房屋改变用途、改建、加层或扩建前的专门鉴定

（5）抗震鉴定；

（6）危房鉴定以及应急鉴定。

3. 制定方案

根据调查结果和检测目的、内容和范围制定检测方案，方案宜包括下列主要内容：

（1）工程概况，主要包括结构类型、建筑面积、总层数、设计、施工及监理单位，建造年代，使用情况，维修改造情况等；

（2）检测目的或委托方的检测要求；

（3）检测依据，主要包括检测所依据的标准及有关的技术资料等；

（4）检测项目和选用的检测方法以及检测的数量；

（5）检测人员和仪器设备情况；

（6）检测工作进度计划；

（7）所需要的配合工作；

（8）检测中的安全措施；

（9）检测中的环保措施。

需要说明的是：方案不一定包括上面的所有内容，应根据情况而定。当选择两种或数种方法用于同一部位的检测时，得到的结论都满足设计要求，也许争议不大。但是，如果一个满足，一个不满足，也许就存在争议。如何处理这种情况，事先就应有所考虑，甚至应得到相关各方的认可后再进行检测。

4. 检测单元、测区的划分

为了使检测的数据更能客观、合理地反映实际情况，检测前需要将被检测部位划分成若干个区域。当检测对象为整栋建筑物或建筑物的一部分时，应将其划分为一个或若干个

可以独立进行分析的结构单元。在每一个结构单元，将同一材料品种、同一等级 $250m^3$ 砌体作为一个母体，进行测区和测点的布置，此母体称作"检测单元"。因此，一个结构单元可以划分为一个或数个检测单元。

案例： 有一住宅工程为六层砖混结构房屋，平面形状近似呈矩形，总长 41.44m，总宽 13.34m，总建筑面积为 $2936.58m^2$。委托方要求对砌体砌筑砂浆强度进行检测。原设计：一、二层墙体采用 MU10 页岩砖、M7.5 混合砂浆砌筑；三层以上墙体采用 MU10 页岩砖、M5 混合砂浆砌筑。根据设计情况，该建筑分为两个结构单元。一、二层墙体为一个单元；三层以上墙体为一个单元。从房屋平面图 8-2 计算可知，每层墙体的体积约为 $220m^3$，因此，检测单元按一层楼为一个划分。

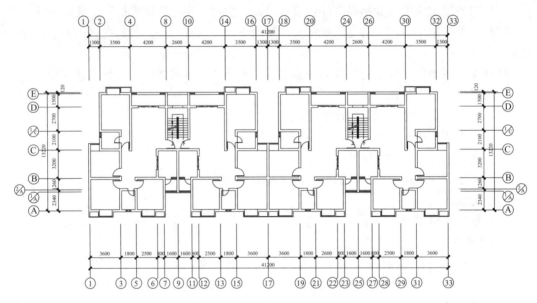

图 8-2　检测房屋标准层平面图

5. 测点的确定

每一检测单元内，不宜少于 6 个测区。测区的划分一般应以单个构件，如 1 片墙体或 1 根柱作为一个测区。若是一般的质量检测，抽检的构件应是随机的，不能只集中在某一区域，测点布置应能使测试结果全面、合理反映检测单元的施工质量及其受力性能。选择的单个构件面积应满足检测方法的要求。当一个检测单元不足 6 个构件时，应将每个构件作为一个测区。

每一测区各种检测方法的测点数，应符合下列要求：

(1) 原位轴压法、扁顶法、切制抗压试件法、原位单剪法、筒压法：测点数不应少于 1 个。

(2) 原位双剪法、推出法：测点数不应少于 3 个。

(3) 砂浆回弹法、砂浆贯入法、点荷法、砂浆片局压法、烧结砖回弹法：测点数不应少于 5 个。回弹法的测位，相当于其他检测方法的测点。

在实际工程中，有时委托方仅要求对建筑物的部分或个别部位检测时，单个构件（墙片、柱）或不超过 $250m^3$ 的同一材料、同一等级的砌体，可作为一个检测单元，测区和测点数可酌情减少，但一个检测单元的测区数不宜少于 3 个。

在工程检测中，常常遇到有房屋人居住、办公重地，室内精装修使检测部位受到限制，采用原位轴压法、扁顶法、切制抗压试件法检测，当选择 6 个构件确有困难时，可选取不少于 3 个构件测试，这时，宜结合其他非破损检测方法综合进行强度推定。

6. 测点布置应注意之处

从理论上讲，在工程中，可以根据检测鉴定的要求按上面的分类自由确定检测方法。但是，不同检测方法的测点选择和布置有不同的要求，检测前，如果我们不能把各种因素考虑周全，其结果是给检测部位的墙体带来安全隐患，或使检测结果不准确。因此，有必要注意以下的一些问题。

(1) 位轴压法、扁顶法的测点不应布置在窗洞口处。这一作法，虽然少开了安装反力板的槽，但由于上部墙体不连续，使得槽间砌体的约束减弱，测得的破坏荷载偏低。切制抗压试件法和现场抽取砖样，在窗洞下部取样是比较理想的位置，除了相对方便之外，窗口下部受力小，也是一个原因。

(2) 应力集中部位的墙体，不应选用有较大局部破损的检测方法，如当有主次梁时，测点在竖直方向不得布置于梁下。因为检测对墙体的局部破损，可能会造成不必要的安全隐患。在墙梁的墙体计算高度范围内，不应选用有较大局部破损的检测方法，这样容易造成"拱"的破坏，使墙体应力重新分布，引起一些部位应力过大或受力状态的改变。

(3) 砖柱和宽度小于 3.6m 的承重墙，不宜选用有较大局部破损的检测方法，主要是原位轴压法、扁顶法、切制抗压试件法试件两侧墙体宽度不应小于 1.5m，测点宽度为 0.24m 或 0.37m，三者相加 3.3m 左右，因此要求墙体的宽度不应小于 3.6m 是恰当的。此外，承重墙的局部破损对其承载力的影响大于自承重墙体，对自承重墙体长度，检测人员可根据墙体在砌体结构中的重要性，适当予以放宽。

(4) 因潮湿状态下的砂浆强度较干燥状态下的低很多，因此，检测砌筑砂浆强度时，灰缝干湿程度应与使用时的状态一致。若处于潮湿状态，应自然晾干，或采取措施后再测试。笔者曾遇到新修建筑，抹灰层检测砂浆强度不合格，过去一段时间再测试又满足了要求，分析原因是抹灰后砂浆强度降低所致。现场原位检测或取样检测时，砌筑砂浆的龄期不应低于 28d，以免作出的判断引起争议。

(5) 从砖墙中凿取完整砖块，进行强度检测，属于砖的取样检测。一栋房屋或一个结构单元可能划分成数个检测单元，每一检测单元抽取砖块组数不应少于 1 组，其抽检组数多于现行国家标准《砌体结构工程施工质量验收规范》GB 50203 的规定，为真实、全面反应一栋工程或一个结构单元的用砖质量，适当增加抽样组数是必要的。四川省建筑科学研究院和重庆市建筑科学研究院曾分别做过多次检测，对一批烧结普通砖，数次抽样检测，其强度等级会相差 1~2 级。各类砖的取样检测，每一检测单元不应少于一组；应按相应的产品标准，进行砖的抗压强度试验和强度等级评定。

7. 补充测试

在计算、分析和强度推定过程中，若发现测试数据不足，测试结果不符合检测方法的适用条件，或出现异常情况等，应及时补充测试，这种情况在砌体现场检测时经常发生。如采用回弹法检测砂浆强度，灰缝表面强度很低，但继续沿灰缝抠挖强度又高。出现的原因主要是：灰缝中部砂浆受到上部传来的正压力比边部大更易密实；灰缝表面砂浆易受到环境不良条件的侵蚀；表面湿度较高时回弹值低。这时应主动根据现场情况选用其他方法。

现场测试结束后，砌体如因检测造成局部损伤，应立即进行修复。如，在原位轴压法、扁顶法试验中压坏的部分应剔除、清理干净后，进行填补。修补后的砌体，应满足原构件承载能力和正常使用的要求。

关于计算、分析和强度推定，在以下各章会涉及。关于检测报告，各地有各地的要求格式，若检测数据是为鉴定报告提供依据情况又不一样，因此就不讨论。

第九章　试验数据的处理

第一节　试验数据的误差

著名物理学家开尔文说过："测量就是认知"。砌体结构检测，实质上是借助于前一节所介绍的某种手段或方法，测量使用材料及构件的质量特征值，获取质量数据后与标准要求进行对比和判定的活动。

1. 测量就有误差

所谓误差，就是测量的数据与"真值"之间存在差值。我们进行任何的测量活动，误差是避免不了的。一个检测人员用同一种方法，在同样的条件下，对同一构件的某种质量特征进行多次检测，每次检测所得到的数值不会完全相同。即使是技术很熟练的检测人员，用最完善的方法和最精密的仪器测量，其结果也是如此。检测的结果在一定范围内波动，说明检测过程误差是客观存在的。由于测量具有不确定性，为了减少误差，保证测试数据的准确性，是最基本、最重要的要求。因此，检测获得的数据值离散性过小，或离散性过大都是不正常的现象，应分析造成的原因，及时纠正。有时，有经验的检测人员，根据检测数据离散率的大小来判断，是否数据有弄虚作假行为。

2. 误差的分类

在实际测量过程中，误差分为三种，一种是系统误差；一种是随机误差，有的也称试验误差；一种是粗大误差，将在第三节中讨论。

系统误差是在同一条件下多次测量同一量值时，误差的绝对值和符号保持恒定，或在条件改变时，按某种确定规律变化的误差。系统误差是引起平均值对真值的偏差。它决定测定结果的准确度。例如，所有的量度都用一条钢皮尺含有一处扭折的部分去量，虽然量得很细致，读数也会显得太大。大出的量等于因扭折而失去的一段长度。显然，此结果准确度不好，而精度却可能很高。当系统误差方向和绝对值已知时，可以修正或测量过程中加以消除。加大测量次数不能使系统误差减小。

随机误差是相同条件下多次测量同一量值时，误差的绝对值和符号的变化不确定，以不可预定的方式变化的误差。引起随机误差的因素是无法控制的，因此随机误差不能修正。随机误差具有统计规律，可以应用统计学的数学知识进行估计。也可以通过增加测量次数的办法在某种程度上减小随机误差。它决定试验测定结果的精密度（简称精度）。

表征系统误差的准确度与表征随机误差的精度是性质完全不同的两回事。事实上，一组测试数据，测定的精度好，并不意味准确度也好；反之，精确度不好，就不可能有良好的准确度，精度是保证准确度的先决条件。对于一个理想的测定结果，即要求精度好，又要求准确度好。精确与准确度的关系如图9-1所示。

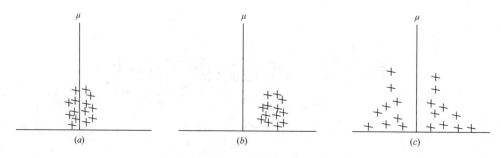

图 9-1 试验精度与准确度相互关系示意图

(a) 精确度和准确度都好；(b) 精确度好、准确度不好；(c) 准确度好、精确度不好

在多数试验中，随机误差和系统误差两者都是存在的，有时两者可以出于同一来源。在试验室中，对若干相同试件作强度试验后，虽然平行试验是在同一种情况下进行的，所得结果间的差异常在10%左右。在个别情况下，甚至可能高达25%～30%。如果说，在测量中观测某一对象所产生的误差是由仪器误差、人的误差及外界的误差（如空气的湿度、温度、风等等）所引起，则在进行上述的试验或类似的平行试验时，偶然误差可能主要是由于试件间的不均匀所引起。这种不均匀性，实际上也是不可避免的。

3. 误差的原因

(1) 系统误差主要由下列因素引起：

1) 仪器校准误差。例如回弹仪校准得不准确，换算系数偏大或偏小，结果就会有系统误差。

2) 实验条件。如果在恒定的实验条件下使用一具仪器，而这些条件又不同于仪器校准时的条件。结果就会有系统误差。

3) 个人误差。这类误差是由个别观测人的习惯所致。例如一个观测人在测读具有视差的指针和标度时，一贯把他的头偏向同侧，就总会引进误差。

(2) 偶然误差主要由下列因素引起：

1) 判断误差。多数仪器需要估计到它的最小分度的分数，而观测人的估计由于种种原因可以时时改变。

2) 环境条件的变化。如温度、压强、线路电压，野外条件下的风力、日照等等。

3) 干扰。像测试周边的机械振动，或者在电学仪器里，从附近转动的电机或其他器件所拾取的乱真信号。

4. 减小误差的方法

偶然误差从表面上看，似乎没有规律性，而实质上它是具有规律性的。重复试验的次数越多，这种规律性也就表现得越明显。因此，可以根据其规律性减小误差的发生。

(1) 在一定的条件下，偶然误差的绝对值不会超过一定的限度。根据这一性质，可以确定在每一试验过程中所允许的误差范围。

(2) 绝对值小的误差比绝对值大的误差经常出得多。这一性质说明了误差值的规律性。

(3) 绝对值相等的正误差与负误差出现的概率几乎相同。

(4) 同量的等精度观测或试验，其偶然误差的算术平均值，随着观测次数的增加而无限地趋向于零。因此，可以通过增加试验数量在某种程度上使偶然误差减小。

系统误差对测量结果的影响往往比随机误差的影响大，所以通过试验的方法消除系统误差的影响是非常必要的。通常消除的方法有：

1）对照检验

所谓对照检验是以标准样品（或标准器）与被检样品以起进行对照检验。若检验结果符合公差要求，说明操作和设备没有问题，检验结果可靠。若不符合则以标准量的差值进行修正。

2）校准仪器

通过计量检定得到的测定值与真值得偏差，对检测结果进行修正。因此，国家标准GB/T 50315—2011 中要求，测试设备、仪器应按相应标准和产品说明书规定进行校准和保养，尚应按使用频率、检测对象的重要性适当增加校准次数。

3）检验结果的校正

通过各种试验求出外界因素影响测量值的程度，之后从检测结果中扣除。

4）选择适宜的检测方法

控制检测环境和测量条件，正确选择测量设备和检测方法（在后面介绍检测方法时会涉及具体实例），都是保证检测结果的重要因素。

在试验过程中可能出现的另一种误差是过失误差，也就是显然与事实不符的误差。它主要是由于检测人员的粗心或疏忽而造成的，这种情况没有一定的规律可循。但只要试验人员加强工作责任心，这种误差是完全可以避免的。因此，国家标准 GB/T 50315—2011 中要求，从事测试和强度推定的人员，应经专门培训，合格者方能参加测试和撰写报告。

第二节　正态分布计算

我们已经知道了测量数据与"真值"之间存在误差，但只要按检测技术的要求去操作，所获得的数据是有价值的。通过我们正确地利用这些数据进行计算分析，得出的结果是真实的。通过试验验证，砌体试验的检测数据波动规律服从于正态分布，也就是说，它具有正态分布规律的特征，为我们的计算提供了方法。下面就做简单介绍。

1. 正态分布和概率

正态分布曲线可由概率密度函数表达：

$$\varphi(X) = \frac{1}{\sqrt{2\pi}\sigma} e^{-\frac{(X-\mu)^2}{2\sigma^2}} \tag{9-1}$$

式中：X——试验数据值；

e——自然对数的底，值为 2.718；

μ——特征体的平均值；

σ——正态分布的标准离差。

正态分布的函数方程取决于两个参数 μ 和 σ，即其平均值和标准差。分布曲线呈钟形，μ 相应于正态分布密度曲线最高点的横坐标，称为正态分布的平均值。在不存在系统误差的情况下，就是真值，曲线对于直线 $x=\mu$ 对称，见图 9-2（a）。标准差 σ 反映数据的分散程度，也就是，曲线的胖瘦程度。σ 越大，曲线越胖，数据越分散，意味着测定的精度越差；σ 越小，曲线越瘦，数据越集中，意味着测定的精度越好，见图 9-2（b）。

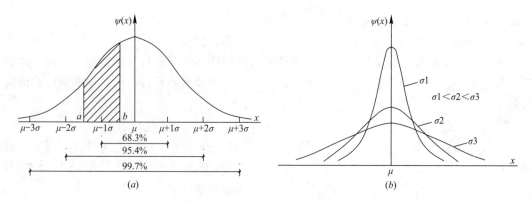

图 9-2 正态分布曲线的特性

(a) 标准正态曲线；(b) 曲线形状与 σ 的关系

不论标准差为何值，分布曲线和横坐标之间所夹的总面积，就是概率密度函数在 $-\infty < x < \infty$ 区间的积分值，它代表具有各种大小偏差的样本值出现概率的总和，其值为 1。则曲线与 $x = \mu \pm \sigma$ 所围成的面积为 0.6825；$x = \mu \pm 2\sigma$ 所围成的面积为 0.9545；$x = \mu \pm 3\sigma$ 所围成的面积为 0.9973。也就是说，在正常检测情况下，质量特性值落在 $(\mu - \sigma, \mu + \sigma)$ 区间的概率是 68.3%；落在 $(\mu - 2\sigma, \mu + 2\sigma)$ 区间的概率是 95.4%；落在 $(\mu - 3\sigma, \mu + 3\sigma)$ 区间的概率是 99.7%。质量特征值在 $\mu \pm 3\sigma$ 范围外很少，不到 3‰。根据正态分布曲线的性质，可以认为，凡在 $\mu \pm 3\sigma$ 范围内的质量差异都是正常的，不可避免的，是偶然性因素作用的结果。如果质量差异超过了这个界限，则是系统性因素造成的，说明测试过程中发生了异常现象，需要查明原因予以改进。

2. 算术平均值

检测数据的平均值计算是用来了解这批数据的平均水平，度量这些数据的中间位置。

$$\bar{x} = \frac{1}{n_2} \sum_{i=1}^{n_2} f_i \tag{9-2}$$

式中：$\bar{x}$——同一检测单元的强度平均值（MPa）。当检测砂浆抗压强度时，$\bar{x}$ 即为 $f_{2.m}$；

当检测烧结砖抗压强度时，$\bar{x}$ 即为 f_{1m}；当检测砌体抗压强度时，$\bar{x}$ 即为 f_m；

当检测砌体抗剪强度时，$\bar{x}$ 即为 $f_{v.m}$；

n_2——同一检测单元的测区数；

f_i——测区的强度代表值（MPa）。当检测砂浆抗压强度时，f_i 即为 f_{2i}；当检测烧结砖抗压强度时，f_i 即为 f_{mi}；当检测砌体抗剪强度时；f_i 即为 f_{vi}。

3. 标准差

误差范围也叫极差，是试验值中最大值和最小值之差。只知试件的平均水平是不够的，要了解数据的波动情况，及其带来的危险性，标准差（均方差）是衡量波动性（离散性大小）的指标。标准差的计算公式为：

$$s = \sqrt{\frac{\sum_{i=1}^{n_2} (\bar{x} - f_i)^2}{n_2 - 1}} \tag{9-3}$$

式中：$\bar{x}$——同一检测单元的强度平均值（MPa）。当检测砂浆抗压强度时，$\bar{x}$ 即为 $f_{2.m}$；

当检测烧结砖抗压强度时，$\bar{x}$ 即为 f_{1m}；当检测砌体抗压强度时，$\bar{x}$ 即为 f_m；当检测砌体抗剪强度时，$\bar{x}$ 即为 $f_{v.m}$；

n_2——同一检测单元的测区数；

f_i——测区的强度代表值（MPa）。当检测砂浆抗压强度时，f_i 即为 f_{2i}；当检测烧结砖抗压强度时，f_i 即为 f_{1i}；当检测砌体抗压强度时，f_i 即为 f_{mi}；当检测砌体抗剪强度时，f_i 即为 f_{vi}；

s——同一检测单元，按 n_2 个测区计算的强度标准差（MPa）。

4. 变异系数

标准差是表示检测数据绝对波动大小的指标，当测量较大的量值，绝对误差一般较大；测量较小的量值，绝对误差一般较小。因此要考虑相对波动的大小，即用平均值的百分率来表示标准离差，即变异系数。计算公式为：

$$\delta = \frac{s}{\bar{x}} \times 100\% \tag{9-4}$$

式中：$\bar{x}$——同一检测单元的强度平均值（MPa）。当检测砂浆抗压强度时，$\bar{x}$ 即为 $f_{2.m}$；当检测烧结砖抗压强度时，$\bar{x}$ 即为 f_{1m}；当检测砌体抗压强度时，$\bar{x}$ 即为 f_m；当检测砌体抗剪强度时，$\bar{x}$ 即为 $f_{v.m}$；

s——同一检测单元，按 n_2 个测区计算的强度标准差（MPa）；

δ——同一检测单元的强度变异系数。

以上这几个概念在下面的检测数据中会经常用到，这里就不举例说明。

第三节　粗大误差的剔除

粗大误差是超过规定条件下所能预计的误差。在误差分析时只能估计系统误差和随机误差，对由于粗大误差而产生的数据称为离群数据或坏值，必须从测量数据中将其剔除，才能还原测量数据的真实性。

在检测过程中会得到一系列的测定数据，数据间存在一定的散差是正常现象。但是，有时在检测数据中会出现一个或另一个明显偏高或明显偏低的数据，对这种情况，在未经查明原因不知是否属于异常数据时，不可轻易取、舍。无论是保留了异常数据，还是剔除了正常数据，都会影响检验、试验结果的真实性。

事实说明，异常数据往往表现在一系列检测数据中的最大值或最小值上。为处理方便要求将测定值（数据）排列为顺序统计量。即：$x_1 \leqslant x_2 \leqslant \cdots\cdots \leqslant x_n$。单纯判断最小值 x_1 或最大值 x_n 是否为异常值时，称为单侧检验（判断）；若同时判断最小值 x_1 或最大值 x_n 是否为异常值时，称为双侧检验（判断）。

异常值的判断需要设置风险度（小概率），称为检验水平。通常设 $\alpha=5\%$ 称为检出水平，作为判断是否有异常值的水平。当判断有异常值之后，应尽可能查明造成异常值的原因，如测试错误、记录错误等，这时可以采取措施消除异常值，例如重新测量、根据原始记录更正等。若无法查明原因时，应设 $\alpha^*=1\%$ 称为剔除水平，判断该异常值是否应当从数据中剔除。当判断为异常值而又达不到剔除水平时，应以剔除和不剔除的两种统计结果相比较，看哪种结果更接近实际情况。

格拉布斯方法是检验测试数据服从正态分布中有无异常值的方法之一，其步骤如下。

（1）把试验所得数据从小到大排列；

X_1，X_2，X_i，······X_n

（2）按式（9-5）计算平均值，按式（9-6）计算标准差 S；

（3）在单侧检验的情况下：

1）判断最大值 X_n 为可疑时，则：

$$T = \frac{X_n - \bar{X}}{S} \tag{9-5}$$

2）判断最小值 X_1 是否为异常值，则：

$$T' = \frac{\bar{X} - X_1}{S} \tag{9-6}$$

（4）一般选定判决犯的错误概率为 $\alpha = 0.05$，$\alpha^* = 1\%$ 后，从格拉布斯检验方法的临界值表（表 9-1）中，$T(n, 1-\alpha)$ 查得 T 值。

格拉布斯检验方法的临界值表　　　　　　　　　　　　　　　　表 9-1

$1-\alpha$	当 n 为下列数值时的 T 值									
	3	4	5	6	7	8	9	10	11	12
95%	1.153	1.463	1.672	1.822	1.938	2.032	2.110	2.176	2.234	2.285
97.5%	1.155	1.481	1.715	1.887	2.020	2.126	2.215	2.290	2.355	2.412
99%	1.155	1.492	1.749	1.944	2.097	2.221	2.323	2.410	2.485	2.550
$1-\alpha$	当 n 为下列数值时的 T 值									
	13	14	15	16	17	18	19	20	21	22
95%	2.331	2.371	2.409	2.443	2.475	2.504	2.532	2.557	2.580	2.603
97.5%	2.462	2.507	2.549	2.585	2.620	2.651	2.681	2.709	2.733	2.758
99%	2.607	2.659	2.705	2.747	2.785	2.821	2.854	2.884	2.912	2.939
$1-\alpha$	当 n 为下列数值时的 T 值									
	23	24	25	26	27	28	29	30	31	32
95%	2.624	2.644	2.663	2.681	2.698	2.714	2.730	2.745	2.759	2.773
97.5%	2.781	2.802	2.822	2.841	2.859	2.876	2.893	2.908	2.924	2.938
99%	2.963	2.987	3.009	3.029	3.049	3.068	3.085	3.103	3.119	3.135

例题：测量数据排列顺序为：

7.964，7.967，7.968，7.969，7.969，7.970，7.972，7.972，7.974，7.975，

测量中，有 $\bar{X} = 7.970$，$S = 0.003$，$n = 10$，计算统计量：

$$T(10) = \frac{X_n - \bar{X}}{S} = \frac{7.975 - 7.970}{0.003} = 1.67$$

$$T'(10) = \frac{\bar{X} - X_1}{S} = \frac{7.970 - 7.964}{0.003} = 2.0$$

查表得临界值 $T_{1-\alpha}(10) = 2.176$，$T'_{1-\alpha}(10) = 2.410$，则可判断所有测量数据中没有异常值。

（5）在双侧检验的情况下，以 $\alpha/2$ 代替 α 查临界值。

关于粗大误差的剔除还有很多方法，读者可查其他书籍。

第十章 块材的强度检测

第一节 砖抗压强度检测

1. 砖样的抽取

砖的抗压强度试验是把砖样从工地上抽样取回，在试验室内进行试验，根据抗压强度结果评定砖的强度等级。采用的标准是《砌墙砖检验规则》JC 466 和《砌墙砖试验方法》GB/T 2542。这种方法得到的结论最准确，是砌体砌筑施工前，应做的一项检测工作，以确定是否满足设计要求。

案例： 空心砖力学性能检验试件的取样数量、取样方法、试验方法和评定标准应符合表 10-1 的规定。

空心砖力学性能及外观检验项目及评定   表 10-1

检验项目	取样数量（块/组）	取样方法	试验方法	评定标准
强度等级	10	随机取样	《砌墙砖试验方法》GB/T 2542	《烧结多孔砖和多空砌块》GB 13544
外观质量	20			
压折比	10			《墙体材料应用统一技术规范》GB 50574
软化系数	10			

在对既有建筑的检测鉴定时，检测人员也常常采取从墙体上取砖，运回试验室进行试验，确定砖的强度等级。在现场墙体上抽取砖样应考虑到如下问题：

（1）抽取砖样时，往往有缺掉棱角或砖中存在了裂纹的情况，这将影响试验的精度，因此试件制作和抗压试验时应注意砖样是否符合要求。

（2）抽取的砖粘有砂浆，不好清除，给试件制作工作带来困难，损伤砖有时较多。

（3）试验时间比现场原位检测长，一般在一周以上。

从墙体上取砖，对墙体有一定的损伤，一般是在窗间墙、女儿墙或不影响安全使用的部位抽取。有时也能在现场找到施工时没有用完的砖，但要仔细确认和判断。

砖的抗压强度检测评定是以 10 块为一组。现场抽取砖样，考虑到从墙体上取出时难免有破损，剔除砖上的砂浆和运输过程也可能有损伤，一组砖的取样应多于 10 块。

2. 试样制备

（1）烧结普通砖

将试样切断或锯成两个半截砖，断开的半截砖长不得小于 100mm，如图 10-1 所示。如果不足 100mm，应另取备用试样补足。在试样制备平台上，将已断开的两个半截砖放入，室温的净水中浸 10～20min 后取出，并以断口相反方向叠放，两者中间抹以厚度不超过 5mm 的用强度等级 32.5 的普通硅酸盐水泥调制成稠度适宜的水泥净浆粘结，上下两面用厚度不超过 3mm 的同种水泥浆抹平。制成的试件上下两面须相互平行，并垂直于侧面，见图 10-1。

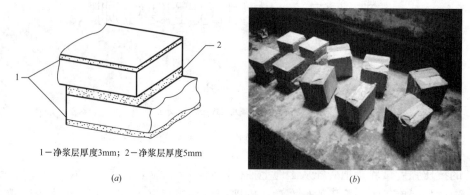

1—净浆层厚度3mm；2—净浆层厚度5mm

(a)   (b)

图 10-1　烧结砖抗压试件
(a) 试件示意简图；(b) 制作完成的一组砖抗压试件

（2）蒸压砖

蒸压砖因几何尺寸规矩、表面平整，因此不需要像烧结砖通过两面座水泥浆一样来找平受压面。试验方法是将砖样按烧结砖的方法从中折断后，两半截砖按断口方向相反放置，叠合部分 $L \geqslant 100$mm，受压的试件上下两个面需相互平行，并垂直于侧面，然后放入压力机进行抗压试验，试验情况见图 10-2 (a)。

（3）多孔砖、空心砖

试件制作采用坐浆法操作。即将玻璃板置于试件制备平台上，其上铺一张湿的垫纸，纸上铺一层厚度不超过 5mm 的用强度等级 32.5 的普通硅酸盐水泥调制成稠度适宜的水泥净浆，再将试件在水中浸泡 10~20min，在钢丝网架上滴水 3~5min 后，将试样受压面平稳地坐放在水泥浆上，在另一受压面上稍加压力，使整个水泥层与砖受压面相互粘结，砖的侧面应垂直于玻璃板。待水泥浆适当凝固后，连同玻璃板翻放在另一铺纸放浆的玻璃板上，再进行坐浆，用水平尺校正好玻璃板的水平。空心砖抗压试验破坏见图 10-2 (b)。

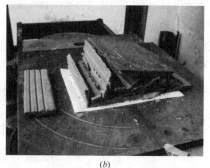

(a)   (b)

图 10-2　砖的抗压试验
(a) 蒸压灰砂砖抗压试验；(b) 空心砖受压破坏

从单砖抗压试验的破坏特征来看，不论是烧结砖还是蒸压砖，只要是实心砖，受压后试件裂缝逐渐开展，最后压碎破坏，有一个过程。而空心砖受压破坏来得却很突然，从破坏后的情况看，主要是肋之间的连接破坏，造成砖体破坏，但砖肋还是比较完整的（图 10-2b）。我们进行多孔砖砌体的抗压性能试验时，也是突然的脆性崩溃破坏，其破坏形态可见第二章图 2-23。从国内目前使用的多孔砖、空心砖来看，这些砖型虽然改善了墙体的热工性能，但使墙体更易脆性破坏，墙体间的连接也较实心砖和混凝土小砌块差，因此，砖的规格及孔型有待进一步的研究完善。

3. 试件养护和试验

普通制样法制成的抹面试件应置于不低于 10℃的不通风室内养护 3d；模具制样的试件连同模具在不低于 10℃的不通风室内养护 24h 后脱模，再在相同条件下养护 48h，进行试验。

(1) 测量每个试件连接面或受压面的长、宽尺寸各两个，分别取其平均值，精确至 1mm。

(2) 将试件平放在加压板的中央，垂直于受压面加荷，应均匀平稳，不得发生冲击或振动。加荷速度以 4kN/s 为宜，直至试件破坏为止，记录最大破坏荷载 P。

这里介绍的试样制备的内容是"普通制样法"，此法在工程中用得最为普遍，时间也最久。仲裁检验一般需采用模具制样。关于这种方法可查阅《砌墙砖试验方法》GB/T 2542—2003。

4. 结果计算与评定

(1) 强度计算

每块试样的抗压强度，按式（10-1）计算，精确至 0.01MPa。

$$R_{\mathrm{P}} = \frac{P}{LB} \qquad (10\text{-}1)$$

式中：R_{P}——抗压强度，单位为兆帕，MPa；

P——最大破坏荷载，单位为牛顿，N；

L——受压面（连接面）的长度，单位为毫米，mm；

B——受压面（连接面）的宽度，单位为毫米，mm。

(2) 强度标准值

具有 95%保证概率的强度，在样本量 $n=10$ 时，强度标准值按式（10-2）计算。

$$f_{\mathrm{k}} = \bar{x} - 2.1s \qquad (10\text{-}2)$$

式中：f_{k}——强度标准值，单位为兆帕，MPa；

$\bar{x}$——强度平均值，按本篇式（9-2）计算，单位为兆帕，MPa；

s——强度标准差，按本篇式（9-3）计算，单位为兆帕，MPa。

(3) 强度等级评定

由表 10-2 的合格判定值判断烧结砖的强度等级是否符合要求。

烧结砖强度等级评定表 表 10-2

强度等级	强度平均值（MPa）≥	强度标准值（MPa）≥	强度等级	强度平均值（MPa）≥	强度标准值（MPa）≥
MU30	30.0	23.0	MU7.5	7.5	5.0
MU25	25.0	19.0	MU5.0	5.0	3.5
MU20	20.0	14.0	MU3.0	3.0	2.0
MU15	15.0	10.0	MU2.0	2.0	1.3
MU10	10.0	6.5			

注：MU5 及其以下等级仅限空心砖使用。

砌体受压时，砂浆的变形虽然能使砖的受力更加均匀，但因灰缝砂浆不饱满、软硬不均、砖的表面不平整等因素，砖受局压、弯折的情况是难免的。大量的试验也表明，在砖抗压强度相同的条件下，砖的抗折强度低，砌体的裂缝出现就较早，这样容易影响墙体的正常使用功能。我们进行标准砌体抗压试验时，蒸压砖砌体的开裂荷载约为破坏荷载的30％～40％，而烧结普通砖砌体的开裂荷载约为破坏荷载的40％～50％，甚至更晚。为了避免砌体裂缝的过早出现，《墙体材料应用统一技术规范》GB 50574—2010规定了承重砖的折压比（表10-3）。非烧结砖强度等级采用抗压强度和抗折强度两项指标进行评定（表10-4），有利于控制砖的品质，改善砖的脆性，也提高墙体的受力性能。

承重砖的折压比   表 10-3

砖种类	高度 （mm）	砖强度等级				
		MU30	MU25	MU20	MU15	MU10
		折压比				
蒸压普通砖	53	0.16	0.18	0.20	0.25	—
多孔砖	90	0.21	0.23	0.24	0.27	0.32

非烧结砖强度等级评定表   表 10-4

强度级别	抗压强度（MPa）		抗折强度（MPa）	
	平均值≥	单块最小值≥	平均值≥	单块最小值≥
MU25	25.0	20.0	5.0	4.0
MU20	20.0	16.0	4.0	3.2
MU15	15.0	12.0	3.3	2.6
MU10	10.0	8.0	2.5	2.0

第二节 砖回弹法测强度

1. 回弹仪原理

回弹法是采用回弹仪检测材料的强度，它的工作原理是：用弹击拉簧驱动弹击锤，并通过弹击杆弹击被测物表面时产生的瞬时弹性变形的恢复力，驱使弹击锤回弹带动指针指示出弹回的距离。以回弹值作为与被测物抗压强度相关的指标，来推定被测物的抗压强度，砖回弹仪及工作原理，见图10-3（b）。

目前在建筑工程检测中，常用的回弹仪有，砖强度检测回弹仪、砂浆强度检测回弹仪和混凝土强度检测回弹仪。用于砖、砂浆、混凝土抗压强度检测的回弹仪，由于砖、砂浆、混凝土材质不同，表面的硬度也不一样，因此，使用的回弹仪的冲击能量不同，也就是说，不同种类回弹仪中由弹簧牵动的冲击锤冲击动能不一样，即弹簧的弹性系数及冲击锤的质量各不相同，因此规格型号不一样，具体分类见表10-5。

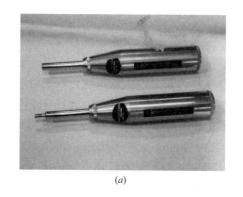
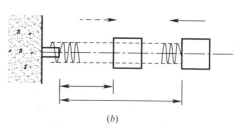

(a)　　　　　　　　　　　　　　(b)

图 10-3　回弹仪及其工作原理

(a) 砖回弹仪和砂浆回弹仪；(b) 回弹仪工作原理

回弹仪的分类　　　　　　　　　表 10-5

分类	标称能量（J）	类型代号	检测材料
重型	9.800	H980	高强混凝土
	5.500	H550	
	4.500	H450	
中型	2.207	M225	普通混凝土
轻型	0.735	L75	砖
	0.196	L20	砂浆

回弹仪按照弹击能量和用途可分为重型、中型和轻型 3 类，6 种规格。其中轻型回弹仪可用于砂浆和烧结砖的抗压强度检测，中型和重型回弹仪用于混凝土抗压强度的检测。砖回弹法使用的是 HT75 型回弹仪。

各种规格的回弹仪外形，仪器中的构造原件，如指针、指针导杆、缓冲簧、冲击锤挂钩、锁扣按钮、座簧等都是一样的，只是技术指标、长短、大小、轻重之间存在差异。砖回弹仪和砂浆回弹仪外形虽然基本一样，但标称能量、弹击杆端部的形状是不一样的（图 10-3a）。由于回弹仪在使用时都经常需要维护和保养，因此操作人员了解其构造更能有利于检测工作。图 10-4 给出了回弹仪的构造图，以供对照参考。

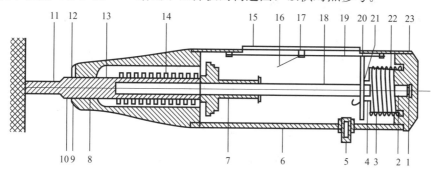

图 10-4　回弹仪构造图

1—紧固螺母；2—调零螺钉；3—挂钩；4—挂钩销子；5—按钮；6—机壳；7—弹击锤；8—拉簧座；9—卡环；10—密封毡圈；11—弹击杆；12—盖箱；13—缓冲压簧；14—弹击拉簧；15—刻度尺；16—指针片；17—指针块；18—中心导杆；19—指针轴；20—导向法兰；21—挂钩压簧；22—压簧；23—尾盖

2. 回弹仪率定

为保证回弹仪在检测时的准确性，在外出对工程检测前和回来后，都应对回弹仪在钢砧上做率定试验，确认其是否处于标准状态。在工程检测中，若回弹量很大，应考虑多带几把回弹仪，甚至把钢砧带到现场，根据需要进行率定试验，以免测得的数据不可靠。

回弹仪的率定是检验回弹仪的冲击能量是否等于或接近于表 10-6 中的标定能量。率定试验应在室温为 5~35℃的条件下进行。率定是把回弹仪垂直插入钢砧上的套筒内进行回弹（图 10-5b），若连续三次的回弹值满足表 10-6 中的回弹率定值要求，再将弹击杆旋转 90°进行同一操作，当四个方向的回弹平均值均满足表 10-6 中的回弹率定值要求，表明该回弹仪的测试性能是稳定的，也就是说，该回弹仪满足使用要求。

回弹仪率定值和钢砧技术参数   表 10-6

	普通回弹仪率定用钢砧			高强混凝土回弹仪率定用钢砧
	砖	砂浆	混凝土	高强混凝土
洛氏硬度 HRC	60±2			60±2
回弹率定值	74±2		80±2	88±2
重量	/			20kg
备注	各回弹仪生产厂家采用的钢砧型号各不相同，但钢砧硬度和回弹率定值是一样的			现生产的高强混凝土回弹仪型号有几种，由于还无正式高强混凝土强度检测规程，使用的回弹仪及相应钢砧还不统一。这里仅给出天津建筑仪器厂生产的 GHT-450 型回弹仪及配套率定用钢砧技术要求

（a）   （b）

图 10-5 回弹仪的率定
（a）回弹仪和钢砧；（b）回弹仪在钢砧上率定

率定回弹仪的钢砧表面应保持干燥、清洁并稳固地平放在刚度大的物体上。钢砧如果表面潮湿或者有异物，会在钢砧表面形成隔离层，影响回弹仪的率定值。钢砧经常弹击，其表面的硬度会随着弹击次数的增加而增加，因此，钢砧应每年应送有关单位进行检定或校准，以使钢砧有一个比较稳定的表面硬度。

3. 涉及砖的回弹规程

由于回弹法检测材料强度具有非破损特性、测试简便迅速、检测面广、费用低等优点，因此是一种较理想的砌体工程现场检测方法。到 2016 年为止，国内采用回弹法评定砖强度的标准情况如下。

行业标准《回弹仪评定烧结普通砖强度等级的方法》JC/T 796—2013，适用于不具备《砌墙砖试验方法》GB/T 2542—2012 规定试验条件下烧结普通砖检验批强度等级的评定。测试时，是把砖直接放置在一个砖墩上，杠杆加压机构使重锤施加在砖样上的压力为500N，保证在测试时不致引起砖样移动或跳动。通过 10 块砖样的回弹值评定该批砖的强度等级。这种检测方法与在墙体中的砖环境情况不一样，因此，它不能用作砌体中砖强度的检测。湖南大学的对比试验结果也表明，按照 JC/T 796—1999（JC/T 796—2013 的前一版本）评定的砖强度等级比其他标准的回弹评定结果高 2~3 个强度等级。

国家标准《建筑结构检测技术标准》GB/T 50344—2004 中，采用回弹法检测烧结普通砖的抗压强度的方法是，对检测批的检测，每个检验批中可布置 5~10 个检测单元，共抽取 50~100 块砖进行检测，检测块材的数量还应满足该标准第 3 章"检测方法和抽样方案"的规定。回弹测点布置在外观质量合格砖的条面上，每块砖的条面布置 5 个回弹测点，测点应避开气孔等且测点之间应留有一定的间距。以每块砖的回弹测试平均值为计算参数，按黏土砖、页岩砖和煤矸石砖相应的测强曲线计算单块砖的抗压强度换算值，抗压强度的推定，以每块砖的抗压强度换算值为代表值，按该标准第 3 章"检测结论与判定"确定推定区间。

现行行业标准《非烧结砖砌体现场检测技术规程》JGJ/T 371 中混凝土小砌块回弹法，适用于推定主规格的混凝土小砌块砌体中砌块的抗压强度。试验方法是，每个测区应随机选择 5 个测位，每个测位的面积不宜小于 1m²，在每个测位中随机选择 1 块条面向外的砌块供回弹测试。在每块砌块的条面上均匀布置 16 个弹击点。相邻两弹击点的间距不应小于 20mm，弹击点离砌块边缘不应小于 20mm。从单个砌块的 16 个回弹值中剔除 3 个最大值和 3 个最小值，求 10 个测点的回弹平均值。采用回弹平均值计算抗压强度换算值，强度推定见该规程第 8 章。

上海市地方标准《既有建筑物结构检测与评定标准》DG/TJ 08-804-2005 提出了既有砌体结构中砖块强度的现场回弹检测法，即以行业标准 JC/T 796—1999 规定方法为基础，考虑砌体中砂浆粘结作用对砖回弹值的影响，对砖回弹值进行修正。四川省地方标准《回弹法评定砌体中烧结普通砖强度等级技术规程》DBJ 20-8-90、安徽省地方标准《回弹法检测砌体中普通黏土砖抗压强度技术规程》DB34/T 234—2002 和福建省地方标准《回弹法检测砌体中普通黏土砖抗压强度技术规程》DBJ 13-73-2006 相继建立了适用于本地区的回弹测强曲线，并给出了测强公式。

2009 年 8 月在开始修订的《砌体工程现场检测技术标准》GB/T 50315—2000 中准备增加烧结砖回弹法的内容。湖南大学对回弹法检测砌体中烧结普通砖和烧结多孔砖的抗压强度进行了系统的研究。2010 年 4 月经标准编制组统一组织的验证性考核试验，证明统一回弹测强曲线具有较好的检测精度，故将此方法纳入修订后《砌体工程现场检测技术标准》GB/T 50315—2011，自 2012 年 3 月 1 日起实施。我们这里介绍的就是以它为依据。

4. GB/T 50315 中的回弹法

（1）适用范围

砖回弹法适用于推定烧结普通砖砌体或烧结多孔砖砌体中砖的抗压强度。该方法适用于强度为 6～26MPa 的烧结普通砖和强度为 5～32MPa 的烧结多孔砖的检测。当超出测强范围时，应进行验证后使用，或制定专用曲线。由于未对表面已风化或遭受冻害、化学侵蚀的砖进行专门研究，故不适用。

（2）测点布置及测试

以同一楼层或设计强度等级相同且砌体体积不大于 250m³ 的砖作为一个检测单元，每个检测单元中随机选择 10 个测区。每个测区的大小宜为 1.0m×1.0m 或者面积为 1.00m²，在其中随机选择 10 块条面向外的砖供回弹测试。选择的砖与砖墙边缘的距离应大于 250mm。

被检测砖应为外观质量合格的完整砖。砖的条面（以下简称测面）应干燥、清洁、平整，不应有饰面层、粉刷层，必要时可用砂轮清除表面的杂物，磨平测面，用毛刷刷去粉尘。

每块砖在测面上均匀布置 5 个弹击点。选定弹击点时应尽量避开表面缺陷的砖块。相邻两弹击点的间距不应小于 20mm，弹击点离砖边缘应不小于 20mm，每一弹击点只能弹击一次，读数应精确至 1 个刻度。测试时，回弹仪应始终处于水平状态，其轴线应始终垂直于砖的测面。

（3）强度评定

既有砌体工程采用回弹法检测烧结砖的抗压强度，评定是按《砌体工程现场检测技术标准》GB/T 50315—2011 中有关章节内容。

1）单砖回弹值计算

第 i 个测区第 j 块砖的回弹平均值，应按下式计算：

$$R_{1ij} = \frac{1}{5} \sum_{k=1}^{5} R_k \tag{10-3}$$

式中：R_{1ij}——第 i 个测区第 j 块砖的回弹平均值，精确至 0.1；

R_k——第 k 个测点的回弹值。

第 i 个测区第 j 块砖的抗压强度换算值，应按下式计算：

烧结普通砖：$f_{1ij} = 0.02 \times R_{1ij}^2 - 0.45 R_{1ij} + 1.25$ （10-4）

烧结多孔砖：$f_{1ij} = 0.0017 R_{1ij}^{2.48}$ （10-5）

式中：f_{1ij}——第 i 个测区第 j 块砖的抗压强度换算值，精确至 0.1MPa。

2）测区换算强度统计

一个测区内砖抗压强度换算值的平均值、标准差和变异系数，应分别按式（9-2）、式（9-3）、式（9-4）计算。

3）砖强度等级推定

当变异系数 $\delta \leqslant 0.21$ 时：

按表 10-7、表 10-8 中抗压强度平均值 $f_{i,m}$、抗压强度标准值 f_{ik} 推定每一检测单元的砖抗压强度等级。每一检测单元的砖的抗压强度标准值，按下式计算：

$$f_{ik} = f_{i,m} - 1.8s \tag{10-6}$$

式中：f_{ik}——第 i 测区砖抗压强度换算值的标准值，精确至 0.1MPa。

测区内烧结普通砖抗压强度等级按表 10-7 推定。

烧结普通砖抗压强度等级推定　　　　　　　表 10-7

抗压强度推定等级	抗压强度换算值的平均值 $f_{i,m}$≥	变异系数 δ≤0.21	变异系数 δ>0.21
		抗压强度换算值的标准值 f_{ik}(MPa)≥	抗压强度换算值的最小值 $f_{i,min}$(MPa)≥
MU25	25.0	18.0	22.0
MU20	20.0	14.0	16.0
MU15	15.0	10.0	12.0
MU10	10.0	6.5	7.5
MU7.5	7.5	5.0	5.5

测区内烧结多孔砖抗压强度等级按表 10-8 推定。

烧结多孔砖抗压强度等级推定　　　　　　　表 10-8

抗压强度推定等级	抗压强度换算值的平均值 $f_{i,m}$≥	变异系数 δ≤0.21	变异系数 δ>0.21
		抗压强度换算值的标准值 f_{ik}(MPa)≥	抗压强度换算值的最小值 $f_{i,min}$(MPa)≥
MU30	30.0	22.0	25.0
MU25	25.0	18.0	22.0
MU20	20.0	14.0	16.0
MU15	15.0	10.0	12.0
MU10	10.0	6.5	7.5

当变异系数 δ>0.21 时：

按表 10-7、表 10-8 中抗压强度平均值 $f_{i,m}$，以测区为单位统计的抗压强度最小值 $f_{i,min}$≥推定每一测区的砖抗压强度等级。

第三节　石材强度等级及其他

1. 石材强度等级

关于石材的强度等级的评定很多人不注意试验方法，以为是与地基评定岩石强度一样，用圆柱体试件，其实，砌体结构是用的立方体试件。并且，评定石材强度等级是采用的平均强度值，而不是标准强度值。这个问题在《砌体结构设计规范》修编时，笔者也曾与编制组负责可靠度分析的浙江大学严家禧教授讨论过，为什么不用圆柱体抗压试件来评定。他提到，因没有试验数据为依据进行统计，因此无法修改。

目前，石材强度等级仍是按《砌体结构设计规范》GB 50003—2011 的方法确定。制作的立方体试件不应有风化，强度试件应能代表现有块材的实际强度。石材的强度等级，可用边长为 70mm 的立方体试块的抗压强度表示。抗压强度取三个试件破坏强度的平均值。石材试件也可采用表 10-9 所列边长尺寸的立方体，但应对其试验结果乘以相应的换算系数后方可作为石材的强度等级。

石材强度等级的换算系数				表 10-9
立方体边长（mm）	200	150	100	70	50
换算系数	1.43	1.28	1.14	1	0.86

关于评定强度等级的石材含湿状态，笔者认为，按自然含湿状态为宜。当石材砌体处于含湿率较大的环境，在强度计算时可乘一个软化系数或折减系数。

2. 石材芯样强度

采用钻取芯样法确定石材强度，在现在技术条件下是比较方便的事情，所以，在工程中应用较普遍。《建筑结构检测技术标准》GB/T 50244—2004 对石材强度的钻芯法检测做出的规定，在这次修编时做了适当修改，具体条文如下：

石材强度采用钻芯法检测时，应符合下列规定：

（1）芯样试件的直径可为 70mm，高径比为 1.0±0.05；

（2）芯样的钻取、加工制作、抗压试验和强度计算宜符合《钻芯法检测混凝土强度技术规程》CECS 03—2007 的要求；

（3）当需要了解石材的立方体抗压强度时，可将直径 70mm 芯样试件抗压强度乘以1.15 的系数，换算成 70mm 立方体试块抗压强度；

（4）石材强度的推定，可按本标准第 3.3.19 条确定石材强度的推定区间。

经过试验验证，直径 70mm 花岗岩芯样试件的抗压强度约为 70mm 立方体试样的抗压强度 85%。因此用直径 70mm 的芯样换算成 70mm 的立方体抗压强度是有一定试验依据的。但原标准再按表 10-9 换算成其他尺寸立方体试件的抗压强度是否妥当，值得商讨。因此，在这次修编时取消了，以免产生误导。

3. 其他墙体材料的评定

《混凝土砌块和砖试验方法》GB/T 4111—2013 在附录 B 中介绍了"不规则尺寸和形状特殊混凝土块材的抗压强度试验方法（取芯法）"。该方法适用于获取如水工护坡砌块、干垒挡墙砌块、建筑墙体用辅助砌块的混凝土强度信息。在工程检测中使用这种方法比较方便。

各种墙体材料的检测方法都有相应的标准，读者在应用时可以去查阅。这里就不一一作介绍了。

第十一章 砂浆强度检测

关于砂浆试件强度的检测方法，在第六章"建筑砂浆"中已经做了介绍，因此在这里就不再重复，有需要了解请看前面章节。

第一节 砂浆回弹法

1. 砂浆回弹法的应用

在建筑行业中，使用的回弹仪工作原理是一样的，其相关内容在第十章、第二节"砖回弹法测强度"中已有较详细的介绍。回弹法检测砌体材料，砂浆回弹仪与砖回弹仪最大的不同点是：弹击杆前端要细一些，以便回弹时能伸入砌体灰缝中；两种回弹仪的弹击能不相同，砂浆回弹仪的标称动能为 0.196J，砖回弹仪的标称动能为 0.735J。砂浆回弹法虽然使墙体检测部位的抹灰、装修面层局部损坏，但砌体不受损伤，所以应属原位无损检测。

1990 年四川省建筑科学研究院编制了地方标准《回弹法评定砖砌体中砌筑砂浆抗压强度》DBJ 20-6-90。2000 年砂浆回弹法纳入由四川省建筑科学研究院主编的国家推荐性标准《砌体工程现场检测技术标准》GB/T 50315—2000。在此期间，一些地区也根据本地区的气候、材料的特点编制了地方标准。

砂浆回弹法适用于推定烧结普通砖和烧结多孔砖砌体中的砌筑砂浆强度。但砂浆回弹法不适用于推定墙体受到，高温、水浸、化学侵蚀、火灾影响的砂浆强度，主要是还没有相应的试验研究结果。

2. 测试方法

由于回弹法属非破损检测，测区布置较灵活，测区可以选在有代表性的承重墙部位；委托要求检测的部位，结构分析需要知道强度的部位；但应避开门窗洞口及预埋件等附近的墙体。

从检测测区的要求考虑。由于墙面上较薄部分的灰缝小于回弹仪的弹击杆直径不能进行回弹，以及表面砂浆饱满度不均是普遍情况，因此，墙面上每个测位的面积宜大于 0.3m²，以便于测点的选取。此外，要注意砂浆回弹的测点不能选在墙体水平灰缝表面粗糙，且无法磨平的地方。

由于测点部位灰缝的平整与否对回弹值有较大影响，并且灰缝表面砌筑时失水较快，强度偏低，因此在进行测试前必须按以下要求认真处理，以便减小检测结果的误差。测位处的粉刷层、勾缝砂浆、污物等应清除干净；磨掉表面砂浆的深度一般为 5～10mm，弹击点处的砂浆表面，应仔细打磨平整，并除去浮灰。

每个测位内均匀布置 12 个弹击点。选定弹击点应避开砖的边缘、灰缝中的气孔或松动的砂浆。相邻两弹击点的间距不应小于 20mm。

在每个弹击点上，使用回弹仪连续弹击 3 次，第 1、2 次不读数，仅记读第 3 次回弹值，精确至 1 个刻度。测试过程中，回弹仪应始终处于水平状态，其轴线应垂直于砂浆表面，且不得移位。

对于烧结普通砖或烧结多孔砖砌体还需在每一测位内，选择 1～3 处灰缝，用游标尺和 1‰的酚酞试剂测量砂浆碳化深度，读数应精确至 0.5mm。

3. 数据分析

从每个测位的 12 个回弹值中，分别剔除最大值、最小值，将余下的 10 个回弹值计算算术平均值，以 R 表示。每个测位的平均碳化深度，应取该测位各次测量值的算术平均值，以 d 表示，精确至 0.5mm。

第 i 个测区第 j 个测位的砂浆强度换算值，应根据该测位的平均回弹值和平均碳化深度值，分别按下列公式计算：

（1）烧结普通砖或烧结多孔砖

1）$d \leqslant 1.0$mm 时：

$$f_{2ij} = 13.97 \times 10^{-5} R^{3.57} \tag{11-1}$$

2）1.0mm$< d < 3.0$mm 时：

$$f_{2ij} = 4.85 \times 10^{-4} R^{3.04} \tag{11-2}$$

3）$d \geqslant 3.0$mm 时：

$$f_{2ij} = 6.34 \times 10^{-5} R^{3.60} \tag{11-3}$$

（2）混凝土普通砖、混凝土多孔砖：

$$f_{2ij} = 0.69R - 3.43 \tag{11-4}$$

（3）混凝土小砌块：

$$f_{2ij} = 0.48R - 1.77 \tag{11-5}$$

（4）蒸压粉煤灰普通砖：

$$f_{2ij} = 0.03211R^{1.70} \tag{11-6}$$

式中：f_{2ij}——第 i 个测区第 j 个测位的砂浆强度值（MPa）；

d——第 i 个测区第 j 个测位的平均碳化深度（mm）；

R——第 i 个测区第 j 个测位的平均回弹值。

测区的砂浆抗压强度平均值按式（9-2）计算。

4. 注意事项

回弹法测区选择不受限制，检测速度快，费用低，因此使用非常普遍。一般人都觉得操作简单，往往忽略了检测中的细节，造成检测结果误差较大，甚至引来争议。

砂浆回弹法是测灰缝中砂浆的表面强度，砌体表面灰缝的砂浆往往较中部砂浆疏松、强度偏低，因此应磨掉灰缝表面砂浆层，以便减小测试数据的离散性。测试砌体灰缝中的砂浆应处于自然干燥状态，因为砂浆的含湿率对回弹值影响很大，否则，测得的砂浆强度比实际强度偏低很多。

在回弹过程中，要保证测试部位灰缝厚度大于回弹仪弹击杆的直径，否则，不小心就会弹击在砖上，而不是砂浆强度测试值。回弹仪弹击的砂浆灰缝表面必须平整，这样才能避免回弹测试值低于实际值。

一般回弹法的检测数据量都较大，为了争取时间，一些检测人员的回弹和读数速度非常快，这样会使仪器中由弹簧牵动的冲击锤在激发后未处于相对稳定就开始下一次的激发，可能造成测得的数据不真实。同时记录人员连续快速的记录难免记错数据，不利于由检测结果对被测构件强度作出真实的评定。

标准规定采用回弹法检测砂浆的强度不应小于2MPa，否则应选用其他方法进行检测。在工程检测中，一些检测人员在回弹值为"0"的情况下，直接判定砂浆强度为0的作法是不妥当的。我们在工程检测中就常遇到灰缝表面砂浆回弹值为"0"，而灰缝里面的砂浆却有强度，因此根据现场情况采用其他方法重新检测。

检测人员应爱惜仪器，因现场灰尘较大，检测时不应将仪器随处丢放、摔打，使用完应将仪器外壳灰尘擦拭干净，装入盒中。否则会在仪器内积淀较多的灰尘或污垢，使回弹值降低。

第二节 贯 入 法

1. 贯入仪

贯入法是通过贯入仪压缩工作弹簧加荷，给特制测钉一个恒定的压力，测钉在砂浆中受到的摩擦阻力不同进入的深度也不一样，摩擦阻力的大小与砂浆硬度，以及材料品种有关。根据测钉的贯入深度和材料的抗压强度成负相关这一原理来检测砂浆的抗压强度。

为了满足砌筑砂浆强度原位的要求，研发者制作了贯入仪为400N、600N、700N、800N和1000N五种工作弹簧，分别对砂浆试块进行试验。试验结果表明，贯入深度和砂浆的抗压强度成指数函数关系。当贯入力较小时，对强度较高的砂浆，贯入深度的变化不大，检测时容易产生较大的误差。而当贯入力为1000N时，对强度较低的砂浆，则贯入力表现过大，将砂浆撞碎，使贯入试验的部位形成一个坑，所测的贯入深度往往比规定深度大。而较大的贯入力对于强度较低的砂浆，其贯入阻力相对很小，贯入深度的变化反映不出砂浆强度的变化。试验证明，选用贯入力为800N能满足使用要求。贯入仪定型为SJY800型贯入式砂浆强度检测仪。

贯入法检测使用的仪器包括贯入式砂浆强度检测仪和贯入深度测量表。规程规定：贯入式砂浆强度检测仪（图11-1a）的贯入力为800±8N；工作行程为20±0.1mm；贯入深

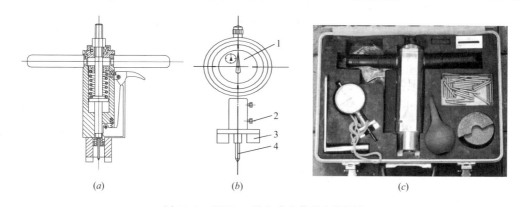

(a) (b) (c)

图11-1 SJY800贯入式砂浆强度检测仪

(a) 贯入仪；(b) 贯入深度测量表；(c) 贯入仪及配件

度测量表（图 11-1b）最大量程为 20±0.02mm；分度值为 0.01mm。贯入仪使用时的环境温度应为—4～40℃。

测钉长度应为 40±0.10mm，直径应为 3.5mm，尖端锥度应为 45°。测钉量规的量规槽长度为 39.5$_0^{+0.10}$mm。测钉用特殊钢制成，每一测钉大约可以使用 50～100 次，视所测砂浆的强度的不同而不同。测钉是否应报废，可以用仪器箱中配套的测钉量规来检查。当测钉能够通过量规槽时，就应该废弃更换。

2. 适用范围

贯入法是有中国建筑科学研究院研发，并于 1996 年通过技术鉴定。1998 年该研究成果形成企业标准《贯入法检测砌筑砂浆抗压强度技术规程》Q/YJ 11—1998。2001 年以中国建科学院为主编单位的国家行业标准《贯入法检测砌筑砂浆抗压强度技术规程》JGJ/T 136—2001 颁布。

贯入法测区选择不受限制，操作简便，检测速度快。贯入法与回弹法相比，避开了砌体灰缝表面，也就是，相对强度较低的"软弱层"，但同样使墙体检测部位的抹灰、装修面层局部损坏。由于砌体基本不受损伤，该法属原位无损检测。

该规程适用工业与民用建筑砌体工程中砌筑砂浆抗压强度的现场检测，并作为推定抗压强度的依据。该方法检测砂浆的品种为，水泥混合砂浆或水泥砂浆，检测砂浆的强度范围在 0.4～16.0MPa 之间。

检测时，灰缝中的砂浆应处于自然干燥状态，因为砂浆的含湿率对贯入深度值有较大影响。该方法不适用于遭受高温、冻害、化学侵蚀、火灾等表面损伤的砂浆检测，以及冻结法施工的砂浆在强度回升期阶段的检测。

由于贯入法规程建立测强曲线的试验数据取自部分地区，为避免导致较大的检测误差，规程要求在使用前应先进行检测误差验证。测试的平均相对误差不应大于 18%，相对标准差不应大于 20%。新颁布的《贯入法检测砌筑砂浆抗压强度技术规程》JGJ/T 136—2017，增加了检测预拌砌筑砂浆、预拌抹灰砂浆和现场拌制抹灰砂浆的测强曲线等内容，这里不作介绍。

3. 抽样方法

检测砌筑砂浆抗压强度时，应以面积不大于 25m² 的砌体构件或构筑物为一个构件。

按批抽样检测时，应取龄期相近的同楼层、同品种、同强度等级砌筑砂浆且不大于 250m³ 砌体为一批，抽检数量不应少于砌体总构件数的 30%，且不应少于 6 个构件。基础砌体可按一个楼层计。

检测范围内的饰面层、粉刷层、勾缝砂浆、浮浆以及表面损伤层等，应清除干净；应使待测灰缝砂浆暴露并经打磨平整后再进行检测。被检测灰缝应饱满，其厚度不应小于 7mm，并应避开竖缝位置、门窗洞口、后砌洞口和预埋件的边缘。多孔砖砌体和空斗墙砌体的水平灰缝深度应大于 30mm。

每一构件应测试 16 点。测点应均匀分布在构件的水平灰缝上，相邻测点水平间距不宜小于 240mm，每条灰缝测点不宜多于 2 点。

4. 试验步骤

（1）每次试验前，应清除测钉上附着的水泥灰渣等杂物，同时用测钉量规检验测钉的长度；测钉能够通过测钉量规槽时，应重新选用新的测钉。

（2）将测钉插入贯入杆的测钉座中，测钉尖端朝外，固定好测钉；用摇柄旋紧螺母，直至挂钩挂上为止，然后将螺母退至贯入杆顶端；

（3）将贯入仪扁头对准灰缝中间，并垂直贴在被测砌体灰缝砂浆的表面，握住贯入仪把手，扳动扳机，将测钉贯入被测砂浆中（图11-2）。

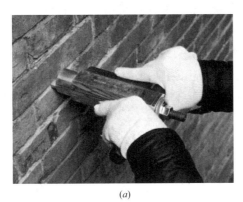 

（*a*） （*b*）

图 11-2 墙体砂浆贯入试验

（*a*）测钉贯入砂浆中；（*b*）测量贯入深度

（4）将测钉拔出，用吹风器将测孔中的粉尘吹干净；将贯入深度测量表扁头对准灰缝，同时将测头插入测孔中，并保持测量表垂直于被测砌体灰缝砂浆的表面，从表盘中直接读取测量表显示值 d_i' 并记录在记录表中，贯入深度应按下式计算：

$$d_i = 20.00 - d_i' \tag{11-7}$$

式中：d_i'——第 i 个测点贯入深度测量表读数，精确至 0.01mm；

d_i——第 i 个测点贯入深度值，精确至 0.01mm。

（5）当砌体的灰缝经打磨仍难以达到平整时，可在测点处标记，贯入检测前用贯入深度测量表测读测点处的砂浆表面不平整度读数 d_i^0 然后再在测点处进行贯入检测，读取 d_i'，则贯入深度应按下式计算：

$$d_i = d_i^0 - d_i' \tag{11-8}$$

式中：d_i——第 i 个测点贯入深度值，精确至 0.01mm；

d_i^0——第 i 个测点贯入深度测量表的不平整度读数，精确至 0.01mm；

d_i'——第 i 个测点贯入深度测量表读数，精确至 0.01mm。

（6）直接读数不方便时，可用锁紧螺钉锁定测头，然后取下贯入深度测量表读数。操作过程中，当测点处的灰缝砂浆存在空洞或测孔周围砂浆不完整时该测点应作废，另选测点补测。

5. 强度推算

从每个检测单元的 16 个贯入深度值中，剔除 3 个较大值和 3 个较小值，余下的 10 个贯入深度值计算平均值 m_{d_j}。根据贯入深度平均值 m_{d_j}，根据不同砂浆品种按下式计算砂浆抗压强度换算值 $f_{2,j}^c$。

水泥混合砂浆：$f_{2,j}^c = 159.2906 m_{d_j}^{-2.1801}$ （11-9）

水泥砂浆： $f_{2,j}^c = 181.0213 m_{d_j}^{-2.1730}$ （11-10）

式中：m_{d_j}——第 j 个构件的测点贯入深度平均值，精确至 0.01mm；

$f_{2,j}^c$——第 j 个构件的砂浆抗压强度换算值，精确至 0.1MPa。

以上公式适用范围：

对于混合砂浆，最小贯入深度为 2.9mm，相应换算强度为 15.6MPa；对于水泥砂浆，最小贯入深度为 3.1mm，相应换算强度为 15.5MPa，当贯入深度值小于 3.1mm，砂浆换算强度＞15.5MPa。

砌体砌筑砂浆抗压强度推定值 $f_{2,e}^c$ 按下列规定确定：

(1) 当按单个构件检测时，该构件的砌筑砂浆抗压强度推定值应按下式计算：

$$f_{2,e}^c = f_{2,j}^c \tag{11-11}$$

式中：$f_{2,e}^c$——砂浆抗压强度推定值，精确至 0.1MPa；

$f_{2,j}^c$——第 j 个构件的砂浆抗压强度换算值，精确至 0.1MPa。

(2) 当按批抽检时，按下列公式计算：

$$f_{2,e1}^c = m_{f_2^c} \tag{11-12}$$

$$f_{2,e2}^c = \frac{f_{2,min}^c}{0.75} \tag{11-13}$$

式中：$f_{2,e1}^c$——砂浆抗压强度推定值之一，精确至 0.1MPa；

$f_{2,e2}^c$——砂浆抗压强度推定值之二，精确至 0.1MPa；

$m_{f_2^c}$——同批构件砂浆抗压强度换算值的平均值，精确至 0.1MPa；

$f_{2,min}^c$——同批构件中砂浆抗压强度换算值的最小值，精确至 0.1MPa。

取式（11-12）和式（11-13）中的较小值作为该批构件的砌筑砂浆抗压强度推定值 $f_{2,e}^c$。

对于按批抽检的砌体，当该批构件砌筑砂浆抗压强度换算值变异系数大于 0.3 时，则该批构件应全部按单个构件检测。

案例：1945 年 4 月 12 日美国总统罗斯福逝世，决议在重庆设立"国立罗斯福图书馆"以示纪念。最后将原国立中央图书馆旧址（重庆市渝中区长江一路十一号）选为罗斯福图书馆馆址，于 1947 年改造后所形成。该建筑具体修建年代不详，大约在 20 世纪 30 年代，因此距今应有 70 多年历史。该房屋为砖木结构，总长度为 56.85m，总宽度为 29m，建筑面积约 2563m²。前面房屋一层层高 3.500m，二层层高 5.00m，中间三层部分层高为 3.5m。后面书库共五层，层高均为 2.5m（图 11-3）。

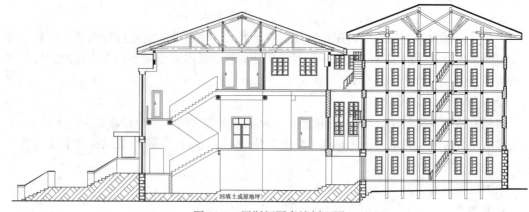

图 11-3 罗斯福图书馆剖面图

凿开墙体灰缝表面进行检查，初步判断是石灰砂浆。由于该建筑是一幢历史建筑，不便随意拆取砌体砂浆采用筒压法或点荷法检测强度，因此以回弹法作参考，对墙体和砖柱砂浆强度进行抽样检测。一～三层墙体共抽测 27 个测区，检测结果：墙体测区强度平均值为 1.46MPa；一层砖柱共抽测 6 个测区，检测结果为：砖柱测区强度平均值为 9.98MPa。

因柱和墙体的砂浆强度相差较大，我们又采用贯入法对墙体和砖柱砂浆强度进行验证，因为贯入法没有计算石灰砂浆的贯入法公式，因此只能做参考比较。墙体测区强度平均值为 1.58MPa，墙体的测试数据及计算结果见表 11-1。砖柱测得的最低强度为 8.1MPa，其中一部分测试强度值已超过 15.5MPa，无法计算出这些测区的具体强度值，因此也无法计算柱的强度平均值。但从两种不同砂浆强度测试方法比较可知：两者强度测试规律一致，砖柱砂浆强度大大高于墙体砂浆强度。因此可以确定，为了提高柱的承载力，石灰砂浆中加入了糯米浆液。

贯入法检测砂浆强度测试计算数据表　　　　　　　　　表 11-1

砌体楼层	贯入值	测量值（mm）																贯入深度平均值	换算强度（MPa）
		1	2	3	4	5	6	7	8	9	10	11	12	13	14	15	16		
一层墙	不平度	2.37	0.93	1.78	0.74	1.28	1.13	0.56	1.00	2.37	0.83	0.19	2.17	1.46	2.85	0.65	2.18	7.03	2.2
	贯入值	10.6	7.70	10.7	7.27	6.75	7.10	8.59	7.38	7.11	9.58	8.43	8.26	8.14	10.3	10.1	8.16		
	贯入深度	8.19	6.77	8.96	6.53	5.47	5.97	8.03	6.38	4.74	8.75	8.24	6.09	6.68	7.44	9.41	5.98		
一层墙	不平度	0.15	0.80	1.87	1.50	0.72	0.61	0.51	0.56	0.50	1.53	−0.5	0.20	0.79	0.35	3.85	1.69	7.28	2.1
	贯入值	6.85	9.04	9.14	7.64	8.45	6.17	8.62	7.89	6.13	11.9	7.55	7.82	5.53	16.6	7.63	13.1		
	贯入深度	6.70	8.24	7.27	6.14	7.73	5.56	8.11	7.33	5.63	10.4	8.00	7.62	4.74	16.2	3.78	11.4		
二层墙	不平度	1.38	1.35	0.38	1.06	1.73	2.70	1.49	1.87	2.91	0.52	0.05	0.19	0.85	0.22	1.16	1.76	10.02	1.1
	贯入值	11.97	10.7	9.82	9.89	9.05	13.3	12.7	11.2	15.6	9.18	13.8	11.7	10.4	8.42	11.1	13.5		
	贯入深度	10.59	9.34	9.44	8.83	7.32	10.6	11.2	9.31	12.7	8.66	13.7	11.5	9.51	8.20	9.93	11.7		
二层墙	不平度	1.51	1.02	0.52	1.34	0.94	1.17	1.24	2.17	1.05	0.72	2	0.76	0.8	2.01	0.51	0.96	7.65	1.9
	贯入值	9.85	8.52	6.78	14.2	11.9	8.01	8.14	8.29	5.80	7.53	9.79	7.41	12.2	10.4	13.0	6.65		
	贯入深度	8.34	7.50	6.26	12.8	11.0	6.84	6.90	6.12	4.75	6.81	7.79	6.65	11.4	8.42	12.5	5.69		
二层墙	不平度	0.41	0.84	1.02	1.33	0.32	0.59	0.48	1.73	0.37	0.41	1.50	1.95	1.00	0.78	0.54	0.54	8.40	1.5
	贯入值	9.07	11.3	8.30	8.89	11.8	8.03	8.02	8.14	8.56	9.43	9.95	9.74	11.4	12.4	6.69			
	贯入深度	8.66	10.5	7.28	7.56	11.5	7.44	7.54	6.41	8.19	9.02	8.36	8.00	8.74	10.7	11.5	6.15		
三层墙	不平度	2.15	1.03	1.20	1.41	1.58	1.56	1.09	0.92	1.02	0.60	0.21	0.52	0.26	0.30	0.78	0.15	8.39	1.5
	贯入值	8.20	9.53	8.93	11.2	5.77	10.8	9.55	17.5	6.11	9.53	13.1	7.28	13.1	8.65	6.58	10.2		
	贯入深度	6.05	8.50	7.73	9.80	4.19	9.22	8.46	16.6	5.09	8.93	12.9	6.76	12.9	8.35	5.80	10.1		
三层墙	不平度	3.68	1.03	1.49	0.94	1.63	1.43	1.18	2.42	0.71	0.21	1.31	0.85	0.44	1.77	1.39	1.03	9.42	1.2
	贯入值	8.49	7.42	8.40	9.41	11.0	7.60	13.7	15.2	9.32	9.04	14.1	15.5	13.6	9.16	11.0	10.8		
	贯入深度	4.81	6.39	6.91	8.47	9.33	6.17	12.5	12.8	8.61	8.83	12.8	14.6	13.2	7.39	9.63	9.75		
三层墙	不平度	1.04	1.12	1.36	2.44	1.90	1.19	1.41	0.86	0.49	1.35	1.42	1.58	0.59	1.43	1.56	1.47	9.68	1.1
	贯入值	7.33	14.1	8.78	9.66	10.4	15.2	10.3	11.6	9.79	12.5	11.4	10.6	12.3	11.4	10.1	12.2		
	贯入深度	6.29	13.0	7.42	7.22	8.53	14.0	8.85	10.7	9.30	11.1	10.0	9.01	11.7	10.0	8.52	10.7		

第三节 筒 压 法

1. 研发背景

筒压法是利用不同品种砂浆骨料性能的差异，以及同种砂浆因强度不同，在一定压力作用下破碎的粒径不同的特性，以此确定砂浆强度的方法。

筒压法最初是由山西省第四建筑工程公司联合省内相关建材试验室和科研室，成立了"砌筑砂浆强度检测专题研究组"，试验研究成功了测试普通砖砌体中砂浆强度的"筒压法"，并编制了山西省地方标准。在此基础上，1993 年，该检测方法经过了在四川省建筑科学院的验证性考核试验，被纳入国家标准《砌体工程现场检测技术标准》GB/T 50315—2000。

自从 GB/T 50315—2000 颁布后，筒压法在全国得到较广泛的应用。同时，一些地区结合当地的情况，相继制定了更适用于本地情况的地方标准。四川省南充市质量监督站和重庆市建筑科学研究院也分别采用筒压法进行了特细砂砂浆强度的系统试验研究，并回归得出了计算公式。在这次 GB/T 50315 修编前，山西省建四公司和重庆市建科院对筒压法是否适用于烧结多孔砖砌体中的砌筑砂浆检测问题，分别进行了对比试验，结果证明，筒压法现有计算公式同样适用。为此，在新修编的《砌体工程现场检测技术标准》GB/T 50315—2011（以下简称《标准》），将筒压法的适用范围扩大至烧结多孔砖砌体。

2. 适用范围

筒压法适用于砂浆品种包括，中砂、细砂和特细砂配制的水泥砂浆，水泥石灰混合砂浆（以下简称混合砂浆），以及中、细砂配制的水泥粉煤灰砂浆（以下简称粉煤灰砂浆），石灰石质石粉砂与中、细砂混合配制的水泥石灰混合砂浆和水泥砂浆（以下简称石粉砂浆）。砂浆强度检测适用范围应符合表 11-2 的要求。从砂浆的检测品种可以看出，该方法目前还是针对传统砂浆的强度检测，至于今后会逐步推广应用的商品砂浆，以及其他特殊砂浆的检测还需要进行系统的试验。

筒压法砂浆强度检测适用范围   表 11-2

序号	砌体块材种类		砂浆种类	砂浆强度检测适用范围
1	烧结	普通砖和多孔砖	水泥砂浆等	2.5～20MPa
2	非烧结	混凝土普通砖	水泥砂浆	2.0～15MPa
3		混凝土多孔砖		2.0～15MPa
4		混凝土小砌块		2.0～10MPa
5		蒸压粉煤灰普通砖		5.0～15MPa
			水泥石灰混合砂浆	2.0～10MPa
6		蒸压粉煤灰多孔砖	水泥砂浆	5.0～15MPa
7		蒸压灰砂普通砖	水泥石灰混合砂浆	2.0～10MPa

在确定砂浆的检测方法前，应初步判断砂浆的强度是否在该范围内。若采用筒压法测出的强度低于或高于这个区间，都应采用其他方法进行验证，以免误差太大，作出误判。此外还应注意的是，混合砂浆的强度一般是在 10MPa 以内，若测出的强度超过此值，应检查是否有误。

《标准》规定筒压法不适用于推定遭受火灾、化学侵蚀等砌筑砂浆的强度。这里需要说明的是，在火灾现场最高温度没有超过 300℃，时间没有超过 1h，表面抹灰层没有脱落，只出现龟裂的部位，还是可以采用筒压法进行检测。至于化学侵蚀，主要是指砌筑砂浆受到液态化学介质的浸渍，以及环境中长期含有对砂浆有害的化学物质，如：化工厂长期有酸雾的车间。

3. 试验设备

采用筒压法检测砌体砂浆强度的仪器包括：（1）恒温试验箱；（2）50～100kN 压力试验机或万能试验机；（3）称量为 1000g、感量为 0.1g 的托盘天平；（4）机械摇筛机；（5）钢压筒；（6）水泥跳桌；（7）孔径 5mm、10mm、15mm（或边长 4.75mm、9.5mm、16mm）标准筛所组成的套筛。

从以上的设备清单不难看出，试验仅需增加钢压筒外，其余均为混凝土试验室的常用设备。也就是说，为开展筒压法试验不需要增加太多资金投入，就能开展这项工作。承压筒是筒压法的关键设备，可用普通碳素钢或合金钢自行制作，也可用测定轻骨料筒压强度的承压筒代替，具体尺寸见图 11-4。

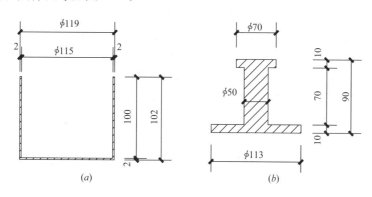

图 11-4　承压筒构造
（a）承压筒剖面；（b）承压盖剖面

4. 筒压试验

（1）取样方法

砌体中的砂浆取样部位应有代表性，凿取距墙表面 20mm 以内的水平灰缝中砂浆做试样，砂浆重量约 4000g，砂浆片（块）的最小厚度不得小于 5mm。

筒压法是原位取样检测，因此，属微破损检测方法。也有人认为是破损检测方法。前者是从整个建筑墙体的破损比率来评价，后者是从墙体局部破损的情况来评判。由于取样使砌体局部受到损伤，抽样时应注意如下问题：1）取样部位距墙体下部或顶部距离不小于 500mm；2）取样部位距墙边或纵横墙交接处，不少于 1m；3）尽量避免在承重墙体上取样，若需取样，应能保证取样后不会使墙体产生裂缝或影响结构的安全；4）不能在独立柱或短墙肢上取样；5）取样后尽早填补修复，不宜长久晾置，以免造成安全隐患。

筒压法是要把砂浆块烘干后测其强度，因此，在取样时应注意墙体的使用环境，是否是长期处于高湿状态。若砌体砂浆含湿率高，用筒压法测得的砂浆强度，会高于砂浆实际使用状态下的强度。为使鉴定人员和设计人员对砂浆强度能作出准确的判断，在取样时就应注明砌体的含湿状况。

（2）试样制作

把从现场取回的每个重约4000g的砂浆样品，分别使用手锤击碎。在击碎过程中，应将不易与砖块分离的砂浆块弃掉。若是检测多孔砖砌体的砂浆强度，必须把挤入孔中的砂浆剔除掉，否则因挤入砖孔洞中的砂浆密实度较小，筒压破碎的细颗粒增多，影响测试精度。

筛取破碎好的5～15mm的砂浆颗粒约3000g，盛入瓷盘中，放入恒温干燥箱。在105±5℃的温度下烘干至恒重，待冷却至室温后备用。

（3）试样筛分

试样筛分，分筒压试验前的分级筛分和筒压后测定筒压指标的筛分。筒压前的分级筛分是为了减少因锤击能量带来误差。筒压前筛分，每次取烘干样品约1000g，置于孔径5mm、10mm、15mm（或边长4.75mm、9.5mm、16mm）标准筛所组成的套筛中，机械摇筛2min或手工摇筛1.5min。筛分完毕后，称取粒级5～10mm（4.75～9.5mm）和10～15mm（9.5～16mm）的砂浆颗粒各250g，混合均匀后即为一个试样。共制备三个试样。

不论筒压试验前的分级筛分和筒压后测定筒压指标的筛分，两次筛分时间的长短对测定筒压指标都有影响。稳定值的大小和趋于稳定所需的时间，与砂浆本身的强度、耐磨性及摇筛的强度有关。砂浆强度和耐磨性高，则稳定值低，稳定下来所需的时间短；摇筛强度大，则稳定下来的时间短，稳定值也高，摇筛强度应注意保持一定。

为简化操作，增加可比性，将筒压前的分级筛分时间和筒压后测定筒压指标的时间予以统一。山西课题组为确定筛分时间，进行了对比试验。试验条件为：采用南京土工仪器厂产YS-2摇摆式筛分机；砂浆试件的筒压荷为10kN；砂浆品种为粉煤灰水泥砂浆，测试结果见图11-5。图中曲线的筒压指标为同一砂浆三个试样测值的平均值。从图11-5中可以看出，砂浆强度高，筒压指标较容易稳定，砂浆强度低，筒压指标稳定的时间长。在120s，各种砂浆的筒压指标都基本稳定。因此，试验规定机械摇筛2min时间。

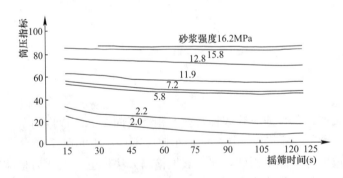

图11-5　摇筛时间对筒压指标影响测试

（4）承压筒装料

为减小因装料和筒压前的搬运对装料密实度的影响，增大试验的误差，标准规定了分层震动装料程序，使承压前的试样达到紧密状态。筛分后的每个试样应分两次装入承压筒，每次约装1/2，在水泥跳桌上跳振5次。第二次装料并跳振后，整平表面，安上承压盖。

跳桌的振幅、动能一定，操作方便。若无跳桌时，亦可参照《普通混凝土用砂、石质量标准及检验方法》JGJ 52—2006规定砂紧密度的装料法装料。四川省南充市质监站进行了人工振实对比试验。在该项试验过程中，每次装料后，将承压筒置于直径为16的热轧光圆钢筋上面左右各颠击 25 次（每个试样第 2 层颠击时，筒底所垫钢筋的方向与第 1 次颠击时所垫方向垂直），这种振实方法对于试验结果的测试数据见表 11-3。

对比荷载	筒压荷载（10kN）			筒压荷载（5kN）		
砂浆强度（MPa）	9.80	4.12	1.28	9.80	4.12	1.28
操作人员	筒压指标			筒压指标		
甲	86.2	58.9	52.3	93.2	74.8	67.7
乙	85.7	58.1	50.5	92.4	73.7	64.4

操作人员乙是故意使其最大力量与最高频率进行颠击，操作人员甲是用比自己平常还小的力量与较慢的频率颠击，对比试验的标准试样均是同一个测区的混合均匀的砂浆颗粒，均是采用摇筛机筛分后得试样。从对比试验情况分析，当筒压荷载为 10kN 时，人工振实对于不同的操作人员，其结果的差别比较小，对同条件养护砂浆立方体抗压强度为 1.28MPa 的低强度砂浆，其极差仅为 1.8%；当筒压荷载为 5kN 时，对于 1.28MPa 的低强度砂浆其差别要大一些，达到了 3.3%。由此可见，人工振实对结果的影响较小，可以不采用摇筛机捣密。

（5）筒压加载

筒压荷载是指通过承压筒施加在被测砂浆颗粒上的静压力值。筒压荷载的大小，对不同强度砂浆的筒压指标敏感性不同，筒压荷载低时，砂浆强度越高，筒压指标越拉不开档次；筒压荷载高时，砂浆强度越低，筒压指标越拉不开档次。经统计分析，根据不同砂浆品种、不同筒压荷载试验的回归分析结果，对不同品种的砂浆选用了不同的筒压荷载。

把装好料的承压筒置于试验机上，再次检查承压筒内的砂浆试样表面是否平整，如稍有不平，应整平；盖上承压盖，开动压力试验机，应按 0.5～1.0kN/s 加荷速度加荷至规定的筒压荷载值后，立即卸荷。不同品种砂浆的筒压荷载值分别为：

水泥砂浆、石粉砂浆为 20kN；

特细砂水泥砂浆为 10kN；

水泥石灰混合砂浆、粉煤灰砂浆为 10kN。

在加荷过程中，应注意匀速加荷的速度。承压筒施压过程中的加荷速度，是指均匀加荷至筒压荷载时所需的时间。

施加荷载过程中，若出现承压盖倾斜状况，应立即停止测试，并检查承压盖是否受损（变形），以及承压筒内砂浆样品表面是否平整。出现上述情况后，应重新制备试样。

把施压后的试样倒入由孔径 5（4.75）mm 和 10（9.5）mm 标准筛组成的套筛中，装入摇筛机摇筛 2min 或人工摇筛 1.5min，筛至每隔 5s 的筛出量基本相符。称量各筛筛余试样的重量（精确至 0.1g），各筛的分计筛余量和底盘剩余量的总和，与筛分前的试样重量相比，相对差值不得超过试样重量的 0.5%；当超过时，应重新进行测试。接下来就是计算筒压指标和砂浆强度。

5. 强度计算

（1）筒压比

标准试样的筒压比，应按下式计算：

$$n_{ij} = \frac{t_1 + t_2}{t_1 + t_2 + t_3}$$ (11-14)

式中：η_{ij}——第 i 个测区中第 j 个试样的筒压比，以小数计；

t_1、t_2、t_3——分别为孔径 5mm、10mm 筛的分计筛余量和底盘中剩余量。

测区的砂浆筒压比，应按下式计算：

$$\eta_i = 1/3(\eta_{i1} + \eta_{i2} + \eta_{i3})$$ (11-15)

式中：η_i——第 i 个测区的砂浆筒压比平均值，以小数计，精确至 0.01g；

η_{i1}、η_{i2}、η_{i3}——分别为第 i 个测区三个标准砂浆试样的筒压比。

（2）砂浆强度平均值计算

根据筒压比，测区的砂浆强度平均值应按下列公式计算：

1）水泥砂浆

烧结普通砖和烧结多孔砖砌体：

$$f_{2i} = 34.58(\eta_i)2.06$$ (11-16)

混凝土普通砖和混凝土多孔砖砌体：

$$f_{2i} = 22.15(\eta_i)^{1.22} + 0.94$$ (11-17)

混凝土小砌块砌体：

$$f_{2i} = 48.18(\eta_i)^{1.90} + 2.50$$ (11-18)

蒸压粉煤灰普通砖砌体：

$$f_{2i} = 64.39(\eta_i)^{2.84}$$ (11-19)

蒸压粉煤灰多孔砖砌体：

$$f_{2i} = 75.24(\eta_i)^{3.04}$$ (11-20)

2）特细砂水泥砂浆

烧结普通砖和烧结多孔砖砌体：

$$f_{2i} = 21.36(\eta_i)^{3.07}$$ (11-21)

混凝土普通砖砌体：

$$f_{2i} = 1.01 - 5.74 \times \eta_i + 24.77 \times \eta_i^2$$ (11-22)

3）水泥石灰混合砂浆

烧结普通砖和烧结多孔砖砌体：

$$f_{2i} = 6.10(\eta_i) + 11.0(\eta_i)^2$$ (11-23)

蒸压粉煤灰普通砖和蒸压灰砂普通砖砌体：

$$f_{2i} = 19.247(\eta_i)^{3.28}$$ (11-24)

4）粉煤灰砂浆：

烧结普通砖和烧结多孔砖砌体：

$$f_{2i} = 2.52 - 9.40(\eta_i) + 32.80(\eta_i)^2$$ (11-25)

5）石粉砂浆：

烧结普通砖和烧结多孔砖砌体：

$$f_{2i} = 2.7 - 13.90(\eta_i) + 44.90(\eta_i)^2$$ (11-26)

式中：η_i——第 i 个测区的砂浆筒压比平均值，以小数计，精确至 0.01g；

f_{2i}——测区的砂浆强度平均值，以小数计，精确至 0.1MPa。

案例： 某工程第六层砌体施工结束后，因该层施工过程中留置的砂浆试块缺失，无法对该层砂浆强度进行评定。为保证工程质量，确定采用筒压法检测砂浆强度。经过调查了解，待检砌体砂浆种类为水泥砂浆且砂浆配合比相同，强度等级为 M10。而且该层砌体在同一时间段内施工，龄期一致。该层砌体砌筑总量不超出 250m³，故所检砌体可以视为一个检测单元。

在检测单元内随机抽取 6 片墙体，每个墙体作为一个测区，在每个测区内任选一个部位作为一个测点。在每个测点内采集 4kg 砂浆片，共计采集 6 分试样，分别放置并编号。

在检测室内将采集到的砂浆片按标准要求进行制样、试验。最后将试验所得数据分别进行记录。筛选量计算与统计见表 11-4，测区筒压比的计算见表 11-5，测区砂浆抗压强度计算见表 11-6。

筛余量计算与统计   表 11-4

试样编号	t_1/g	t_2/g	t_3/g	t_1+t_2/g	$t_1+t_2+t_3/g$
	122.6	148.2	227.4	270.8	498.2
一	120.0	136.6	241.2	256.6	497.8
	91.8	163.0	243.4	254.8	498.2
	87.2	159.2	251.8	246.4	498.2
二	126.2	148.2	223.4	274.4	497.8
	109.4	167.2	222.4	276.6	499.0
	95.6	182.2	221.0	277.8	498.8
三	125.2	175.6	198.6	300.8	499.4
	145.2	155.0	197.8	300.2	498.0
	116.8	175.0	207.3	291.8	499.1
四	114.6	165.2	218.2	279.8	498.0
	142.4	144.0	211.2	286.4	497.6
	132.6	140.2	225.0	272.8	497.8
五	136.4	136.7	225.0	273.1	498.1
	118.8	165.2	215.2	284.0	499.2
	119.2	150.6	229.0	269.8	498.8
六	101.2	167.0	230.2	268.2	198.2
	133.8	139.8	224.6	273.6	498.2

测区筒压比的计算   表 11-5

试样编号	$\eta_{ij} = (t_1+t_2)/(t_1+t_2+t_3)$		$\eta_i = 1/3\,(\eta_{i1}+\eta_{i2}+\eta_{i3})$	
	η_{11}	0.54		
一	η_{12}	0.52	η_1	0.52
	η_{13}	0.51		
	η_{21}	0.49		
二	η_{22}	0.55	η_2	0.53
	η_{23}	0.55		

试样编号	$\eta_{ij}=(t_1+t_2)/(t_1+t_2+t_3)$		$\eta_i=1/3\ (\eta_{i1}+\eta_{i2}+\eta_{i3})$	
三	η_{31}	0.56	η_3	0.59
	η_{32}	0.60		
	η_{33}	0.60		
四	η_{41}	0.58	η_4	0.57
	η_{42}	0.56		
	η_{43}	0.58		
五	η_{51}	0.55	η_5	0.56
	η_{52}	0.55		
	η_{53}	0.57		
六	η_{61}	0.54	η_6	0.54
	η_{62}	0.54		
	η_{63}	0.55		

测区砂浆抗压强度计算　　　　　　　　　　　　　表 11-6

试样编号	$f_{2i}=34.58\ (\eta_i)^{2.06}$
一	$f_{21}=34.58\ (\eta_1)^{2.06}=34.58\ (0.52)^{2.06}=8.99\text{MPa}$
二	$f_{22}=34.58\ (\eta_2)^{2.06}=34.58\ (0.53)^{2.06}=9.35\text{MPa}$
三	$f_{23}=34.58\ (\eta_3)^{2.06}=34.58\ (0.59)^{2.06}=11.66\text{MPa}$
四	$f_{24}=34.58\ (\eta_4)^{2.06}=34.58\ (0.57)^{2.06}=10.86\text{MPa}$
五	$f_{25}=34.58\ (\eta_5)^{2.06}=34.58\ (0.56)^{2.06}=10.47\text{MPa}$
六	$f_{26}=34.58\ (\eta_6)^{2.06}=34.58\ (0.54)^{2.06}=9.72\text{MPa}$

根据表 11-6 的计算值得到测区砂浆抗压强度平均值为：

$$f_{2,m}=(f_{21}+f_{22}+f_{23}+f_{24}+f_{25}+f_{26})/6$$
$$=(8.99+9.35+11.66+10.86+10.47+9.72)/6=10.18\text{MPa}$$

比较表 11-6 的计算值测区砂浆抗压强度，其最小值为：

$$f_{2,\min}=8.99\text{MPa}$$

按照本章第六节规定，对于新建工程，当测区数 n_2 不小于 6 时，应取下列两式计算的较小值：

$$f'_2=0.91f_{2,m}=0.91\times10.18\text{MPa}=9.24\text{MPa};$$
$$f'_2=1.18f_{2,\min}=1.18\times8.99=10.61\text{MPa}$$

检测单元砌体砂浆抗压强度为 9.24Mpa＜10Mpa，不满足设计要求。

第四节　点　荷　法

1. 基本情况

点荷法是从墙体中抽取砌筑砂浆片试样（即灰缝中的砂浆片状块体），在试验室中经加工打磨成试块，放入点荷仪，在其试样面上施加集中点荷载，测定试样破坏时的点荷载值，通过计算推定砌筑砂浆抗压强度的方法。

点荷法是由中国建筑科学研究院结构研究所于 1987 年开始砌筑砂浆强度点荷测试方法的研究，并应用于工程检测中。1993 年砌筑砂浆强度点荷测试方法在四川建科院通过国家标准《砌体工程现场检测技术标准》编制组的现场考核，并纳入《砌体工程现场检测技术标准》GB/T 50315—2000。2011 年新修编的《砌体工程现场检测技术标准》GB/T 50315—2011 中，仍然保留了该检测方法。

点荷法对砂浆的种类没有明确的限制，但检测部位的砂浆强度不应小于 2MPa，否则试件不易成型，或造成留下的试块测试数据偏高。点荷法属取样检测，取样部位的砌体会局部受到损伤，因此不应在独立砖柱或短肢墙体内抽取。

点荷法适用于推定烧结普通砖或烧结多孔砖砌体中的砌筑砂浆强度。在编制《非烧结砖砌体现场检测技术规程》JGJ/T 371 时，对混凝土普通砖、混凝土多孔砖和蒸压粉煤灰砖砌体砂浆进行了系统研究，并确定了相应的曲线。

2. 点荷仪

砂浆强度点荷测定仪由仪器支架、加载系统、加载头、压力传感器和荷载表组成，见图 11-6。仪器采用手动加荷的方法，加荷系统由手柄、加荷螺杆和螺母组成。加荷仪分上、下两个加荷头。钢质加荷头是内角为 60°的圆锥体，锥底直径为 $\phi40$，锥体高度为 30mm，锥球高度为 3mm。上加荷头安装在加载螺杆端部，下加载头安装在压力传感器上。仪器的上下加载头保证其轴线对中。

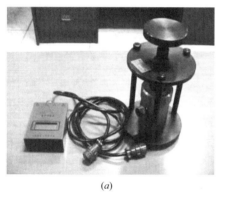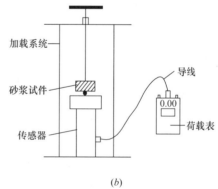

图 11-6　SQD-1 型点荷仪及示意图

(a) SQD-1 型点荷仪；(b) 点荷仪构造示意图

SC-2 型数字峰值保持荷载表的主要技术指标：基本误差≤0.1±1 个刻度（%FS）；分辨力 0.05（%FS）；零点漂移≤0.1（%/4h　±2℃）；环境温度 5～45℃。

砂浆点荷仪简便轻巧，测试快速，读数准确，适合现场检测等优点。

3. 试件制备

（1）从每个测点处，宜取出两个砂浆大片，一片用于检测，一片备用。

（2）加工或选取的砂浆试件应符合下列要求：厚度为 5～12mm，预估荷载作用半径为 15～25mm，大面应平整，但其边缘不要求非常规则。

（3）在砂浆试件上画出作用点，量测其厚度，精确至 0.1mm。

4. 试验步骤

（1）在点荷仪上、下压板上分别安装上、下加荷头，两个加荷头应对齐。

（2）将砂浆试件水平放置在下加荷头上，上、下加荷头对准预先画好的作用点，并使上加荷头轻轻压紧试件，然后缓慢匀速施加荷载至试件破坏。试件可能破坏成数个小块。记录荷载值，精确至 0.1kN。

（3）将破坏后的试件拼接成原样，测量荷载实际作用点中心到试件破坏线边缘的最短距离即荷载作用半径，精确至 0.1mm。

5. 数据分析

砂浆试件的抗压强度换算值，按下列公式计算：

烧结普通砖或烧结多孔砖砌体：

$$f_{2ij} = (33.30\xi_{4ij}\xi_{5ij}N_{ij} - 1.10)1.09 \tag{11-27}$$

蒸压粉煤灰砖砌体水泥石灰混合砂浆：

$$f_{2ij} = 29.4(\varepsilon_{4ij}\varepsilon_{5ij}N_{ij} - 0.06)^{0.89} \tag{11-28}$$

混凝土普通砖和混凝土空心砖砌体水泥砂浆：

$$f_{2ij} = 31.92(\varepsilon_{4ij}\varepsilon_{5ij}N_{ij} - 0.025)^{0.65} \tag{11-29}$$

$$\varepsilon_{4ij} = \frac{1}{0.05r_{ij} + 1} \tag{11-30}$$

$$\varepsilon_{5ij} = \frac{1}{0.03t_{ij}(0.10t_{ij} + 1) + 0.40} \tag{11-31}$$

式中：N_{ij}——点荷载值，精确至 1kN；

ξ_{4ij}——荷载作用半径修正系数；

ξ_{5ij}——试件厚度修正系数；

r_{ij}——荷载作用半径，精确至 0.1mm；

t_{ij}——试件厚度，精确至 0.1mm。

测区的砂浆抗压强度平均值按式（9-2）计算。

案例 1：某工程质量受到怀疑，提出进行砖墙砌筑砂浆强度测试。在剔除墙体表面抹灰层时，发现抹灰层砂浆含泥量较大，呈黄色，其强度较低。抹灰层后的砌筑砂浆亦呈黄色，认定为含泥量较大。回弹测试，砂浆强度评定值为 0.8MPa，达不到设计要求的强度等级 M5。取样进行点荷试验，强度评定值为 7.5MPa。

分析原因，墙体抹灰层砂浆含泥量较大，使砌筑砂浆表面呈黄色，剔除抹灰层时又不易清除干净，造成回弹法测试值偏低。此例告诉我们，在检测过程中，不能仅凭测试数据作出判断，要根据现场实际情况进行分析，甚至采用另一种方法进行验证，才能作出最后的结论。

案例 2：某工程为六层砖混结构房屋，房屋平面形状近似呈矩形，总长 41.44m，总宽 13.34m，总建筑面积为 2936.58m²。一、二层墙体采用 MU10 页岩砖、M7.5 混合砂浆砌筑；三层以上墙体采用 MU10 页岩砖、M5 混合砂浆砌筑。

该工程主体结构完工，在进行室内装饰工程过程中，发现砌筑砂浆强度有问题，要求进行检测鉴定。根据现场情况，采用点荷法检测砌筑砂浆的抗压强度。检测时每层抽取 3 或 4 个测区，每 1 个测区内剥离出 1 块或 2 块砂浆大片，共制作了 36 块砂浆试件，其检测数据及按公式（11-27）~式（11-29）的计算结果见表 11-7。

楼层	检测值			计算结果		
	试件厚度 （mm）	破坏半径 （mm）	破坏荷载 （kN）	半径修正 系数 ξ_{4ij}	厚度修正 系数 ξ_{5ij}	强度换算值 （MPa）
一层	13.9	25.3	0.439	0.442	0.716	3.9
	13.1	21.4	0.270	0.483	0.765	2.4
	11.4	21.8	0.283	0.478	0.883	3.2
	9.8	23.5	0.279	0.460	1.018	3.6
	10.4	23.4	0.251	0.461	0.965	2.9
	12.3	24.3	0.331	0.451	0.818	3.3
二层	13.5	25.2	0.441	0.442	0.740	4.2
	11.5	26.4	0.287	0.431	0.876	2.7
	12.1	23.3	0.253	0.462	0.832	2.3
	11.4	23.8	0.296	0.457	0.883	3.2
	11.7	26.9	0.276	0.426	0.861	2.4
	10.5	22.4	0.297	0.472	0.956	3.7
三层	12.7	25.2	0.489	0.442	0.791	5.3
	12.4	23.6	0.383	0.459	0.811	4.1
	11.6	22.4	0.328	0.472	0.868	3.8
	12.5	23.5	0.330	0.460	0.804	3.3
	10.9	23.2	0.341	0.463	0.923	4.2
	12.4	24.0	0.269	0.455	0.811	2.4
四层	12.1	25.2	0.369	0.442	0.832	3.8
	12.2	21.0	0.462	0.488	0.825	5.9
	12.0	25.5	0.579	0.440	0.839	7.1
	12.9	23.0	0.383	0.465	0.777	3.9
	11.5	23.5	0.348	0.460	0.876	4.0
	12.2	25.5	0.531	0.440	0.825	6.2
五层	11.6	25.0	0.389	0.444	0.868	4.4
	11.4	23.0	0.444	0.465	0.883	5.7
	11.9	26.5	0.548	0.430	0.846	6.5
	12.0	23.4	0.419	0.461	0.839	4.9
	11.5	19.7	0.401	0.504	0.876	5.5
	10.9	25.0	0.352	0.444	0.923	4.2
六层	10.4	22.3	0.321	0.473	0.965	4.3
	11.5	19.5	0.395	0.506	0.876	5.4
	12.5	18.0	0.405	0.526	0.804	5.3
	11.6	18.8	0.496	0.515	0.868	7.4
	12.3	20.0	0.584	0.500	0.818	8.1
	12.5	20.2	0.584	0.498	0.804	7.9

　　将计算数据列于表 11-8 进行分析，从中可以看出：一～三层墙体砌筑砂浆强度推定值不满足设计要求；四～六层墙体砂浆强度推定值满足设计要求。

各楼层砂浆强度等级评定结果 表 11-8

楼层	检测强度值		强度等级判定条件		推定强度等级	设计强度等级	合格推定
	平均值(MPa)	最小值(MPa)	平均值(MPa)	最小值(MPa)			
一层	3.2	2.4	≥7.5	≥5.6	M2.5	M7.5	不合格
二层	3.1	2.3	≥7.5	≥5.6	M2.5	M7.5	不合格
三层	3.8	2.4	≥5.0	≥3.8	M2.5	M5	不合格
四层	5.1	3.8	≥5.0	≥3.8	M5	M5	合格
五层	5.2	4.2	≥5.0	≥3.8	M5	M5	合格
六层	6.4	4.3	≥5.0	≥3.8	M5	M5	合格

从表 11-8 中我们可以看到，如果把三～六层楼的砂浆试件的强度换算值进行统一计算分析，最小值不能满足 M5 强度等级要求，也就是说，所有楼层的砂浆强度都不合格。由此可见，数据分析的组合不同，得到的结果也不完全相同，因此需要有经验的工程师来完成这项工作，以免误判，给工程造成损失。该工程后来又进行了墙体的原位轴压试验检测，具体情况见第十二章、第三节的案例 2。

第五节 局 压 法

1. 研发情况

砂浆局压法是从砖墙中抽取砂浆片试样，采用局压仪测试其局压值，然后换算为砂浆抗压强度。该方法是 1996 年江苏省建筑科学研究院自立"砌体结构砂浆实际强度直接检测鉴定技术的研究"项目，1998 年立为江苏省建设委员会指定性项目，并在年底通过专家鉴定。其研究成果于 2002 年编制成为江苏省地方标准《砌体结构砌筑砂浆实际强度直压法检测技术规程》。2011 年在国内多个单位的试验合作下，编制成了国家行业标准《择压法检测砌筑砂浆抗压强度技术规程》JGJ/T 234—2011。在规程中对"择压法"作了说明；择为选择，压为局部直接抗压，即选择局部直接抗压的方法。2011 年经修编新颁布的《砌体工程现场检测技术标准》GB/T 50315—2011 把"择压法"纳入，称为"砂浆片局压法"。在标准中没有设立专门的一章，但在《标准》的第 3.4.8 条中规定："采用砂浆局压法取样检测砌筑砂浆强度时，检测单元、测区的确定，以及强度推定，应按本标准的有关规定执行；测试设备、测试步骤、数据分析应按现行行业标准《择压法检测砌筑砂浆抗压强度技术规程》JGJ/T 234 的有关规定执行。"

局压法属取样检测，取样部位较灵活，但取样部位的砌体局部受到损伤。不应在独立砖柱或长度小于 4.5m 的承重墙体内抽取。检测部位的砂浆强度不应小于 2MPa，否则试件不易成型，或造成留下的试块测试数据偏高。

该方法在《砌体工程现场检测技术标准》GB/T 50315—2011 中，适用于推定烧结普通砖、烧结多孔砖、烧结空心砖墙体中砌筑砂浆抗压强度。测试强度范围：水泥石灰砂浆强度，1～10MPa；水泥砂浆强度，1～20MPa。在《非烧结砖砌体现场检测技术规程》JGJ/T 371—2016 中，该方法适用于推定混凝土普通砖、混凝土多孔砖砌体中的砌筑砂浆抗压强度。

2. 局压仪

局压仪的组成包括：反力架、测力系统、圆平压头、对中自调平系统、数显测读系统、加载手柄和积灰盖等部分（图 11-7a）。局压仪的主要技术指标：圆平压头的直径应为 (10±0.05)mm；额定行程不应小于 18mm；极限压力应为 5000N；数显测读系统示值的最小分度值不应大于 1N。

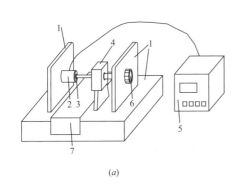 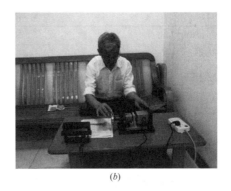

图 11-7　局压仪及试验情况

(*a*) 局压仪示意图；(*b*) 局压试验

1—反力架；2—测力系统；3—圆平压头；4—对中自调平系统；5—数显系统；6—加载手柄；7—积灰盖

3. 试件制取

砂浆试件应在距墙体表面 20mm 以内的水平灰缝内抽取，从每个测区的水平灰缝内取出 6 个试样，其中 1 个为备份试样，其余 5 个为试验试样。

制作的试件最小中心线性长度不应小于 30mm；试件受压面应平整和无缺陷，对于不平整的受压面，可用砂纸打磨。

砂浆试件应在自然干燥状况下进行检测；若处于潮湿状况，应自然晾干或烘干。

4. 试验步骤

(1) 砂浆试件的厚度应使用游标卡尺进行量测，测厚点应在择压作用面内，读数应精确至 0.1mm，并应取 3 个不同部位厚度的平均值作为试件厚度。

(2) 在局压仪的两个圆平压头表面，应各贴一片厚度小于 1mm、面积略大于圆平压头的薄橡胶垫。启动择压仪，应设置数显测读系统为峰值保持状态，并应确认计量单位为牛顿（N）。

(3) 砂浆试件应垂直对中放置在择压仪的两个压头之间，压头作用面边缘至砂浆试件边缘的距离不宜小于 10mm。

(4) 对砂浆试件进行加荷试验时，加荷速率宜控制在每秒为预估破坏荷载的 1/15～1/10，直至试件破坏。记录局压仪数显测读系统显示的峰值，并应精确至 1N。

5. 试件厚度的影响

课题组的试验研究表明，试件厚度变化对局压值有一定影响。同强度、不同厚度试件的局压值随厚度的增长而增加，基本呈线性增长关系（图 11-8）。

由于砂浆试件的厚度对试验值有影响，

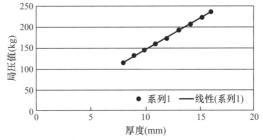

图 11-8　试件厚度与局压值的相关关系图

137

因此方法规定以厚度为 10mm 的试件为标准，其影响系数为 1.0。根据每组数据的均值推算出不同厚度对抗压强度的影响系数见表 11-9。在 8～16mm 之间的其余厚度，根据线性关系可由内插法求得。

砂浆试件厚度换算系数 表 11-9

试件厚度（mm）	8	9	10	11	12	13	14	15	16
厚度换算系数 ξ_{6ij}	1.25	1.11	1.00	0.91	0.83	0.77	0.71	0.67	0.62

6. 强度计算

单个砂浆试件的局压强度，按下式计算：

$$f_{2ij} = \xi_{6ij} N_{ij}/A \tag{11-32}$$

式中：N_{ij}——第 i 测区第 j 个砂浆试件的局压荷载值，精确至 1N；

A——试件受压面积，取 78.54mm²；

ξ_{6ij}——第 i 测区第 j 个砂浆试件厚度换算系数，按表 11-9 取值；

f_{2ij}——第 i 测区第 j 个砂浆试件的局压强度，精确至 0.1MPa。

每个测区的局压强度平均值，按下式计算：

$$f_{2i} = \frac{1}{5} \sum_{j=1}^{n_1} f_{2ij} \tag{11-33}$$

式中：f_{2i}——第 i 测区砂浆试件局压强度平均值，精确至 0.1MPa。

测区的砂浆抗压强度换算值，按下列公式计算：

（1）烧结普通砖和烧结多孔砖砌体

对于水泥砂浆，可按下式计算：

$$f_{2icu} = 0.635 f_{2i}^{1.112} \tag{11-34}$$

对混合砂浆，可按下式计算：

$$f_{2icu} = 0.511 f_{2i}^{1.267} \tag{11-35}$$

（2）混凝土普通砖和混凝土多孔砖砌体

对于水泥砂浆、可按下列公式计算：

$$f_{2,i,cu} = 4.32(f_{2,i} - 1.37)^{0.42} \tag{11-36}$$

式中：f_{2icu}——第 i 测区砂浆抗压强度换算值，精确至 0.1MPa。

第六节　现场砂浆强度推定

《砌体工程现场检测技术标准》GB/T 50315—2011 对砂浆强度的推定，适合于本章所讲的回弹法、筒压法、点荷法和局压法。该标准的推定既考虑了和施工验收规范的一致，同时又考虑了现场检测的特点，具体内容如下。

每一个结构单元，采用如同对新施工建筑的规定，将同一材料品种，同一等级 250m³ 砌体作为一个总体，进行测区和测点的布置，并将总体作为"检测单元"。故一个结构单元可划分为一个或数个检测单元，当仅对单个构件（墙片、柱）或不超过 250m³ 的同一材料、同一强度等级的砌体进行检测时，亦将此作为一个检测单元。

（1）对在建或新建砌体工程，当需要推定砌筑砂浆抗压强度值时，可按下列公式计算：

1）当测区数 n_2 不小于 6 时，应取下列公式中的较小值：

$$f_2' = 0.91f_{2,m};\tag{11-37}$$

$$f_2' = 1.18f_{2,\min}\tag{11-38}$$

式中：f_2'——推定砌筑砂浆抗压强度值（MPa）；

$f_{2,m}$——同一检测单元，测区砂浆抗压强度平均值（MPa）；

$f_{2,\min}$——同一检测单元，测区砂浆抗压强度的最小值（MPa）。

2）当测区数 n_2 小于 6 时，可按下式计算：

$$f_2' = f_{2,\min}\tag{11-39}$$

（2）对既有砌体工程，当需推定砌筑砂浆抗压强度值时，可按下列公式计算：

$$f_2' = f_{2,m}\tag{11-40}$$

$$f_2' = 1.33f_{2,\min}\tag{11-41}$$

当测区数 n_2 小于 6 时：

$$f_2' = f_{2,\min}\tag{11-42}$$

（3）当检测结果小于 2.0MPa 或大于 15MPa 时，不宜给出具体检测值，可仅给出检测值范围：$f_2 < 2.0$MPa 或 $f_2 > 15$MPa。

（4）当检测结果的变异系数 δ 大于 0.35 时，应检查检测结果离散性较大的原因，若系检测单元划分不当，宜重新划分，并可增加测区数进行补测，然后重新推定。

各种方法的砌筑砂浆强度的推定值均相当于被测墙体所用块体做底模的同龄期、同条件养护的砂浆试块强度。由此可见，使用同条件养护概念更适合现场特点，且相对偏于安全。

第七节　四种砂浆强度检测方法比较

1. 试验目的

目前，砌体中砌筑砂浆强度原位检测方法应用较多的有：回弹法、筒压法、点荷法、贯入法四种。但这些方法在对同一砌体进行检测时，推定强度究竟相差多大，如何合理地使用这些方法，以免在检测鉴定过程中引起纠纷，是作者进行系统对比试验的目的。通过这个系统的试验也能进一步掌握和了解回弹法、筒压法、点荷法、贯入法各自的特点；验证强度检测的适用范围；比较砂浆试件强度与回弹法、贯入法测试砌体灰缝强度的差异。

2. 试验设计

（1）试验砌体用砖：烧结页岩普通砖，强度等级 MU15。

（2）试验砂浆设计强度等级为：M1、M2.5、M5、M7.5、M10、M15。虽然 M1 已不使用，但是在实际工程中还会遇到，M15 是今后常会遇到的砂浆强度等级。

试验用的砌筑砂浆，采用重庆地区的特细砂配制。增塑剂不采用传统的熟石灰，而改用目前推广使用的砂浆外加剂。

（3）测试时间为：砌筑龄期的 14d、28d、60d、180d、360d、540d。

（4）砌体试件尺寸确定：综合四种方法检测条件要求，结合试件测试和放置的方便，砌体截面尺寸设计为：370mm×490mm。每一龄期用四条水平灰缝。其中，测试上两条水平灰缝的砂浆强度，下两条灰缝为"过渡层"，以避免因凿打灰缝砂浆时，影响下层灰缝

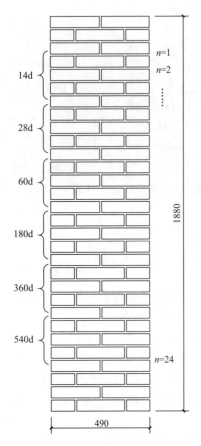

图 11-9　砌体砂浆强度测试时间图

的砂浆强度测试的准确性。测试 6 个龄期砂浆强度，需 24 条水平灰缝；为避免砌体试件顶部和底部距测试灰缝太近有影响，因此，试件底部多 3 条灰缝、顶部多 2 条灰缝；共有 29 条灰缝，因此砌体试件的高度为：（53＋10）×30－10＝1880mm。砌体灰缝测试安排见图 11-9。

（5）试件数量：

砌体试件：每一种砂浆强度等级 3 个，6 个强度等级共 18 个。

砂浆试件：每一种强度等级，每一龄期 18 个 7.07mm 立方体试件，6 个龄期共 108 个试件。砂浆试件成型采用无底试模。

3. 试验安排

（1）砂浆试块试验：

试验数量及顺序：9 个试块直接进行抗压强度试验；9 个试块进行回弹→贯入试验，贯入试验后，试块已受损伤，因此不再进行抗压试验。按照《在成对观测值情形下两个均值的比较》GB 3361—1982 的要求，抗压试验和回弹→贯入试验交替进行。

（2）砌体灰缝砂浆试验

每个砌体灰缝砂浆检测顺序为：回弹法——贯入法——点荷法——筒压法。

回弹法：在砌体的四个侧面，每个侧面设 3 个测点，共布置 12 个测点。测试前采用扁口錾子剔除表面浮浆，并将灰缝磨平后，进行回弹试验。

贯入法：在砌体的四个侧面，每个侧面设 4 个测点，共布置 16 个测点。测试前采用扁口錾子剔除表面浮浆，并将灰缝抹平，同时应注意测点的位置距离回弹测点不小于 30mm。为提高测试精度，贯入前对每个贯入点均测量表面不平整度，贯入后用气球吹净粉尘，再测量深度。不平整度减去深度即为"贯入深度"。测试数据处理后，进行强度换算。

点荷法：在进行回弹、贯入测试完毕后，将测试灰缝上面的两线砖剔除。用扁口錾子在测试的两条水平灰缝内取点荷法试件。每个点荷试件尺寸为 50mm×50mm，厚度约 10mm，并将试件打磨平整。每个砌体加工 10 个点荷试件，按点荷法的试验要求进行试验。

筒压法：剔除距离砌体表面 20mm 以内的砂浆，将剩余的灰缝砂浆捣碎过筛，取 50～15mm 的砂浆颗粒约 3000g，在 105±5℃ 的温度下进行烘干，第二天下午从恒温箱中取出样品（烘干约 24 小时），按筒压法的试验要求进行试验。

（3）情况说明

从试验方案制定、试验材料及试件准备、试验检测、试验数据整理分析，形成研究报告，历时约两年半时间。因为整个数据量还是比较大，在这里只能通过曲线图减少数据篇幅，将其中一些有关检测情况通过总结提供出来，以便参考。

140

4. 砂浆试块的强度

试验的 6 种不同龄期、不同强度等级的砂浆试件，除 14d 龄期的砂浆试件是 6 个一组外，其余均是 9 个一组。抗压强度统计值列于表 11-10 中，从表中可以看到如下情况：

砂浆试块抗压强度统计表　　　　　　　表 11-10

凝期(d)	统计值	设计强度等级					
		M15	M10	M7.5	M5	M2.5	M1
14	平均值（MPa）	13.7	10.9	6.3	5.4	3.2	2.0
	均方差（MPa）	1.4	0.9	0.3	0.3	0.7	0.9
	离散率（%）	10	9	5	6	23	42
28	平均值（MPa）	18.1	11.9	11.3	6.5	5.6	2.5
	均方差（MPa）	1.3	1.4	0.6	1.1	0.5	0.1
	离散率（%）	7	12	6	17	9	4
60	平均值（MPa）	16.7	10.4	12.3	10.4	5.1	2.9
	均方差（MPa）	3.9	1.6	0.8	1.1	1.0	1.3
	离散率（%）	24	15	7	10	19	44
180	平均值（MPa）	18.9	13.5	15.4	13.1	6.8	4.7
	均方差（MPa）	1.7	2.1	1.8	1.0	1.5	0.8
	离散率（%）	9	15	12	7	22	17
360	平均值（MPa）	23.0	15.3	15.7	13.0	4.6	2.7
	均方差（MPa）	2.3	2.9	2.9	1.5	1.7	1.3
	离散率（%）	10	19	18	12	37	49
540	平均值（MPa）	26.8	22.0	18.0	16.6	7.2	2.1
	均方差（MPa）	3.0	1.9	1.2	1.9	1.3	1.0
	离散率（%）	11	9	7	11	18	51

（1）采用砂浆试块的 28d 抗压强度评定砂浆强度等级：其中 M15、M10、M5 和 M1 满足设计强度等级要求；M7.5、M2.5 强度较设计强度等级偏高。砂浆强度不易准确掌握是一个普遍现象。

（2）设计强度等级低的砂浆试块的抗压强度离散率较强度等级高的砂浆试块的抗压强度离散率大。强度等级 M1 砂浆的抗压强度控制得较差，我们在以往多次的试验中配制 M1 的砂浆，都出现这一问题。估计与砂浆砖底模相互间吸水性的差异、低强度砂浆拆模时、搬运过程中更易受到损伤等因素有关。

（3）从试验数据看，随着砂浆试块龄期的增长，试件抗压强度值也是增长的趋势。制作的试块能够满足试验的要求。各等级砂浆试块强度随龄期增长见图 11-10，M1 砂浆因规律性差而未画出曲线。

5. 回弹法测试结果分析

试验结果表明：14d 砌体灰缝回弹强度平均值与试块抗压强度平均值的比值小于 0.5，也就是说，砌体灰缝回弹强度平均值不到试块抗压强度平均值的一半。根据以往现场检测的经验，出现这一现象的原因是因为砂浆含湿率高，水充斥在孔隙中起到吸收能量的作用，造成回弹值低，这一次试验也证明了这一情况。本次试验还表明了，不同强度的砂浆都存在这一问题。这种情况与混凝土表面潮湿采用回弹法检测强度偏低的现象是一致的。

因此，在砌体灰缝砂浆龄期不足 28d 或砌体表面潮湿的情况下，不宜采用回弹法检测砌体灰缝砂浆强度。

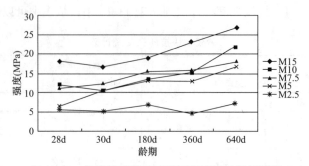

图 11-10　各等级砂浆试块抗压强度随龄期增长图

低强度砂浆（M1、M2.5）的回弹强度波动较大。这与砂浆试块抗压强度值波动较大相一致。出现这种情况，与低强度砂浆中，水泥量较少，搅拌不易搅拌均匀，以及前面分析的因素有关。在实际工程中，也是一个普遍存在的问题。《砌体工程现场检测技术标准》GB/T 50315—2011 中规定，回弹法检测砌体灰缝中砂浆强度不应小于 2MPa 的规定是合理的。也就是说，在工程中检测砌体灰缝中砂浆强度时，当砂浆强度小于 2MPa，应采用其他检测方法进行验证，以免造成误判。而在工程检测鉴定中，有些检测单位没有注意到这一规定，当回弹强度小于 2MPa 时，也仍用回弹法作出评定是不妥当的。我们在检测中就经常发现，灰缝内部的砂浆强度比表面的高。

在试块上测出的砂浆回弹强度平均值低于砌体灰缝回弹强度平均值。随着砂浆龄期的增长，回弹强度与试块抗压强度值越接近。60d 后的砌体灰缝砂浆回弹强度能较好地反映试块的抗压强度。

根据试验数据分析，可以得出如下结论：

（1）采用回弹法检测砌体灰缝砂浆强度，砂浆龄期应在 28d 以上。

（2）采用回弹法检测砌体灰缝砂浆强度时，砂浆应是自然干燥状态。

（3）图 11-11 灰缝砂浆回弹强度与龄期走势曲线和图 11-10 砂浆试块抗压强度随龄期增长曲线进行比较。虽然两者强度都随时间增长，但灰缝砂浆的强度曲线波动要大很多。这也说明，灰缝中砂浆所处的环境条件比试块要复杂得多。

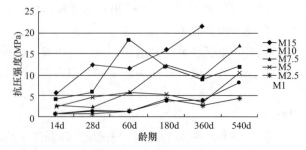

图 11-11　各龄期灰缝回弹强度平均值走势图

（4）标准规定回弹法检测砌体灰缝中砂浆强度不应小于 2MPa 是合理的。

6. 贯入法测试结果分析

贯入法在工程检测中的应用情况，已有不少文章阐述了它的实用性。此次的试验情况也说明了这一结果。但在本次试验中，贯入法检测砌体砂浆强度的一部分数据，因砂浆强度超过15.5MPa，而无法判定。考虑到本次试验数据的系统性，以及在工程中，砂浆强度大于15.5MPa已不是个别现象，我们将所有的试验数据，经过回归对比分析，删除两对设计强度等级为M1砂浆明显异常的数据。再将贯入深度平均值与对应的试块抗压强度平均值分别按线性、指数及乘幂进行回归分析，相关系数分别为：0.86、0.90、0.87。采用指数函数相对较为合理，其回归曲线见图11-12，指数函数回归方程：

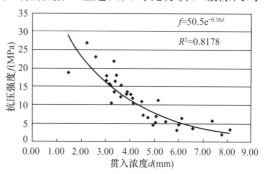

图 11-12　砂浆贯入深度—抗压强度指数回归曲线

$$f = 50.5e^{-0.38d} \qquad (11\text{-}43)$$

式中：f——推定强度，MPa；

　　　d——贯入深度，mm。

根据以上试验数据分析可得结论如下：

（1）采用贯入法测得的砂浆试块的强度较砌体灰缝中的砂浆强度高。

（2）砂浆中的含湿率对测试结果影响不大。

（3）贯入法的测试结果也说明，强度等级为M1的砂浆测试数据波动较大。

（4）采用贯入法测得的强度较回弹法测得的强度离散率相对较小，测试结果相对较准确。

（5）采用特细砂配制的砌体砂浆，采用贯入法测定强度，可按指数函数回归方程即式（11-42）计算。砌体灰缝砂浆的强度测试范围2～25MPa。

（6）试验方法表明，测试时间不受龄期限制。

7. 点荷法测试结果分析

试验结果表明：点荷法测得砌体灰缝强度比试块抗压强度普遍偏高，其中一个主要的原因是，原本灰缝中砂浆强度的匀质性一般较差，而点荷法是把砌体灰缝中砂浆成片取出，制作成块，这一过程，容易除掉强度偏低的部分，以及砌体灰缝边部强度偏低的部分，因此，是造成测试数据偏高的原因之一。点荷法测得砌体灰缝砂浆强度与试块抗压强度的比值（偏差），与砂浆强度和龄期没有明显的规律。试块抗压强度与灰缝点荷强度值的比值表明，强度等级为M1的砂浆测试数据波动大。

由于点荷法的砂浆试件破坏特征属劈拉破坏，考虑采用劈裂公式的形式对试验数据进行回归分析，结果发现砂浆试块受点荷的情况还很复杂，无法采用。而点荷法中的计算公式，因变量有：作用半径、试件厚度、点荷值共3个，直接进行回归分析较为困难。从试验角度来看，变量越多，试验结果受到的影响因素也就可能越多。点荷试验的方法比较简单，试件也比较单一，因此试件的尺寸可以作出规定，更利于试验结果的比较。

分析3个变量不难发现，"作用半径"可以规定为一个定值，这样更利于试验值的比较。在本次试验中，制作的试件尺寸为20mm的"圆饼"，因此可考虑成一定值。

砂浆"试件厚度"一般是在10～5mm之间，砂浆试件强度的离散率本身就很大，因此宜规定一个定值，在不满足定值的情况下，再乘修正系数，这样是否较为合理。在本次试验中，制作的试件的厚度约8mm，因此可算作是一个定值。

因此本次试验数据的回归分析简化为点荷值与试件抗压强度中的某种函数关系。试块

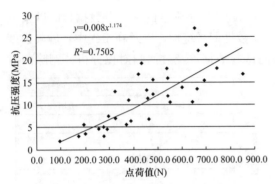

图 11-13 点荷值—试块强度乘幂回归曲线

抗压强度与点荷值对应数据，经过回归对比分析，删除两对设计强度等级为 M1 砂浆异常明显数据。再将点荷强度平均值与对应的试块抗压强度平均值分别按线性、指数及乘幂进行回归分析，相关系数分别为：0.79、0.83、0.87。采用幂函数相对较为合理，其回归曲线见图 11-13，幂函数回归方程：

$$f = 0.008N^{1.174} \qquad (11\text{-}44)$$

式中：f——推定强度，MPa；

　　　　N——点荷值，N。

根据以上试验数据分析可得结论如下：

（1）采用点荷法测得砌体灰缝强度比试块抗压强度普遍偏高，其中一个主要的原因是，在砂浆取出，制作试块过程中，容易除掉强度偏低的部分，以及砌体灰缝边部强度偏低的部分，因此造成测试数据偏高的情况。

（2）砂浆中的含湿率对测试结果影响较大。

（3）砂浆试件宜采用统一的平面尺寸和厚度，以便试验结果的比较。若不满足试件尺寸的要求，点荷值乘修正系数来调整，这样是否较为合理。

（4）采用点荷法的砂浆试件，外形直径为 20mm，厚度为 8mm，可采用式（11-44）计算砂浆强度，砌体灰缝砂浆的强度测试范围 2～25MPa。

（5）通过试验原理分析表明，砂浆试件受荷大小与砂浆强度有关，受砂浆试件的厚度和大小影响，而与砌筑砂浆材料的性质和块材的品种无关，因此适用于条石砌体的砌筑砂浆强度检测。

由于砂浆片局压法与点荷法的原理基本相似，因此也适用于条石砌体的砌筑砂浆强度检测。

（6）试验方法表明，测试时间不受砂浆龄期限制。

8. 筒压法测试结果分析

我们发现筒压法中的公式计算特细砂砂浆的强度与实际情况相差较大，因此，利用这次系统的试验数据建立适用于特细砂砂浆的计算公式。砌体灰缝砂浆的筒压比与相应的试块抗压强度列于表 11-11 中。

试块抗压强度与筒压值比对表　　　　　　　　表 11-11

龄期（d）	设计等级	试块强度（MPa）	T_i 平均值	设计等级	试块强度（MPa）	T_i 平均值
	M15	13.69	0.861	M5	5.43	0.718
14	M10	10.89	0.810	M2.5	3.21	0.530
	M7.5	6.27	0.705	M1	2.03	0.412
	M15	18.13	0.854	M5	6.52	0.728
28	M10	11.88	0.789	M2.5	5.64	0.543
	M7.5	11.26	0.645	M1	3.6	0.634

龄期（d）	设计等级	试块强度（MPa）	T_i 平均值	设计等级	试块强度（MPa）	T_i 平均值
60	M15	16.68	0.892	M5	10.37	0.776
	M10	10.39	0.844	M2.5	5.09	0.607
	M7.5	12.26	0.773	M1	2.95	0.594
180	M15	18.92	0.870	M5	13.09	0.774
	M10	13.48	0.839	M2.5	6.81	0.648
	M7.5	15.42	0.800	M1	4.74	0.560
360	M15	23.09	0.866	M5	12.98	0.764
	M10	15.26	0.886	M2.5	4.64	0.676
	M7.5	15.73	0.804	M1	~~2.72~~	~~0.661~~
540	M15	26.79	0.913	M5	16.6	0.805
	M10	21.96	0.796	M2.5	7.24	0.665
	M7.5	18	0.861	M1	2.08	0.554

经过回归对比分析，两对设计强度等级为 M1 砂浆的数据明显异常。删除这两组数据。再将筒压比平均值与对应的试块抗压强度平均值分别按线性、指数及乘幂进行回归分析，相关系数分别为：0.85、0.91、0.90。虽然指数曲线和幂函数的相关系数差不多，但采用幂函数常数的调整不大，回归曲线见图 11-14，幂函数回归方程：

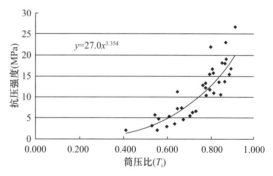

图 11-14 筒压比—试块强度回归曲线

$$f = 27T^{3.354} \tag{11-45}$$

式中：f——推定强度，MPa；

T——筒压比。

9. 试验情况综述

砂浆试件与砌体灰缝中的砂浆差异较大，主要表现在：砂浆试件的密实度比砌体灰缝中的密实度大；砌体灰缝砂浆厚度只有 10mm 左右，受块材的干燥程度和吸水率影响较大，而砂浆试块受相似的影响较小。因此，我们的试验是同配比的砂浆试块强度与砌体灰缝强度之间的系统比较，这样更能说明问题。

砌体灰缝砂浆强度与砂浆试块抗压强度比值的平均值，以回弹法最低，贯入法次之，筒压法中水泥砂浆最高。

回弹法、贯入法、点荷法和筒压法都有一定的适用条件和范围。在检测现场，要根据现场的实际情况选用。

各种检测方法对设计强度等级为 M1 的砂浆测试结果误差都很大。对现场低强度砂浆的检测宜考虑采用多种方法，得以验证。

在砌筑过程中，砌体中部砂浆受到挤压比边部砂浆密实；中部砂浆中多余水分易被砖吸收掉，而边部砂浆不易吸掉或天热失水严重，强度容易相对偏低；砌体灰缝砂浆的饱满度在 85％以上就满足施工验收标准要求，因此砌体灰缝中的砂浆强度本身就不均匀。在一般情况下，回弹强度偏低是正常的。

通过试验分析表明，点荷法和砂浆片局压法适用于石砌体的砌筑砂浆强度检测。这一结果已被正在修订的国家标准《建筑结构检测技术标准》GB/T 50344 采纳，因此也是一个成果。

第十二章 砌体强度检测

第一节 标准砌体抗压试验

砌体结构虽然已有数千年的历史，但是规范砌体基本的力学性能试验方法；为砌体工程设计与施工质量检验提供准确可靠试验数据；为新型墙体材料的推广使用，在我国还是20世纪80年代的事。《砌体基本力学性能试验方法标准》GBJ 129—1990 由四川省建筑科学研究院负责主编，于1990年颁布实施。标准主要用于确定砌体的压、弯、剪等基本力学性能指标。20年后，由于新型墙体材料的不断涌现、墙体节能以及与国际砌体试验标准接轨的需求，该标准重新进行了修编，新的标准号为GB/T 50129。

在《砌体基本力学性能试验方法标准》GB/T 50129—2011 中，最常用的是标准砌体的抗压强度试验。所谓"标准砌体"，指砌体高度在一定范围内，砌体的抗压强度可不考虑纵向弯曲系数的影响。它是砌体结构最基本的力学性能指标，因此用得最广泛，下面介绍试验方法。

1. 试件尺寸

对于外形尺寸为 240mm×115mm×53mm 的普通砖和外形尺寸为 240mm×115mm×90mm 的各类多孔砖，其砌体抗压试件（图 12-1a、b）的截面尺寸 tb（厚度×宽度）采用 240mm×370mm 或 240mm×490mm。其他外形尺寸砖的砌体抗压试件，其截面尺寸可稍作调整。试件高度 H 应按高厚比 β 确定，β 值宜为 3～5。试件厚度和宽度的制作允许误差，应为 ±5mm。

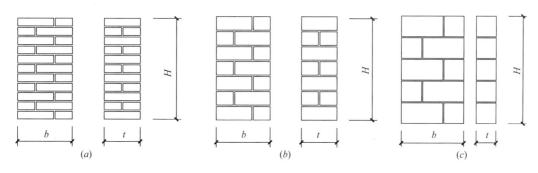

图 12-1　砌体抗压试件

（a）普通砖砌体；（b）多孔砖砌体；（c）小砌块砌体抗压试件

主规格尺寸为 390mm×190mm×190mm 的混凝土小型空心砌块（以下简称小砌块）的砌体抗压试件，其厚度应为砌块厚度，试件宽度宜为主规格砌块长度的 1.5～2 倍，高度应为五皮砌块加灰缝厚度。

其他规格砌块的砌体抗压试件，可按照上述要求确定截面尺寸和高度。

2. 试件制作

试件应由有砌筑经验的工人砌筑。正式砌筑前，应事先进行试砌，以熟练砌筑技巧和速度，保证灰缝厚度在 8~12mm 之间，饱满度在 80% 以上，以满足施工验收规范或施工现场的要求。

试件应砌筑在带吊钩的刚性垫板或厚度不小于 10mm 的钢垫板上。垫板底座应事先用湿砂找平。采用分层流水作业法砌筑，即砌体试件宜同时依次砌完一层后，再砌下一层，以此循环砌到规定高度。试件砌筑完毕，应立即在其顶部平压四皮砖或一皮砌块，平压时间不少于 14d。试件顶部宜采用厚度为 10mm 的 1:3 水泥砂浆找平，并应采用水平尺检查其平整度。

在砌筑砌体试件的同时留取砂浆试件。砂浆试件底模为砌筑的同种烘干的块材，并在上面铺一张报纸润湿作隔层。砂浆试件采用人工捣实，试件拆模后，放置在同砌砌体试件的旁边。

现在更多的试验研究项目，在留同材料底模砂浆试件的时候，也留取钢底模砂浆试件，以便比较。有些试验方案要求，在砌体达到砌筑高度后，在其上面压上混凝土重块，以增加砂浆的密实度，模拟现场实际情况。

砌体试件室内养护时间不应少于 28d，实验室温度宜为 20±4℃；砂浆试件应与砌体试件同时进行试验。

3. 试件安放

试验前，在试件四个侧面上，应画出竖向中线。在试件高度的 1/4、1/2 和 3/4 处，应分别测量试件的厚度与宽度，测量精度应为 1mm。测量结果应采用平均值。试件的高度，应以垫板顶面为基准，量至找平层顶面。

试件的安装，应先将试件吊起，清除粘在垫板下的杂物，然后置于试验机的下压板上。试件就位时，应使试件四个侧面的竖向中线对准试验机的上下压板中线。试件承压面与试验机压板的接触一般不均匀紧密，常采用湿砂或快硬材料垫平。当采用快硬石膏浆或其他快硬浆料将试件顶面垫平时，应将快硬石膏或其他快硬浆料抹在试件顶面，启动试验机，使上压板将多余的石膏或浆料挤出，石膏浆硬化时间不宜少于 40min，其他浆料硬化时间，根据浆料品种、硬化速度确定，一般不宜少于 20min。快硬石膏或其他快硬浆料与试验机上压板之间，宜垫一层起隔离作用的薄材料，如旧报纸。

4. 仪表安装

当测量试件的轴向变形值时，应在试件两个宽侧面的竖向中线上，通过粘贴于试件表面的表座，安装千分表或其他测量变形的仪表。测点间的距离，宜为试件高度的 1/3，且为一个块体厚加一条灰缝厚的倍数。当测量试件的横向变形时，应在宽侧面的水平中线上安装仪表，测点与试件边缘的距离不应小于 50mm。当试件安放就位，仪表安装好后，对试件施加预估破坏荷载 5%，应检查仪表的灵敏性和安装的牢固性。

5. 试验步骤

对不需测量变形值的轴心抗压试件，可采用几何对中、分级施加荷载方法。几何对中就是砌体抗压试件四个侧面的竖向中线对准压力试验机上下压板的中心线。

对需要测量变形值、确定砌体弹性模量的轴心抗压试件，宜采用物理对中、分级施加荷载方法。砌体抗压试件几何对中后，施加一个大小为预估破坏荷载值 5%~20% 的荷载，测量两个宽侧面轴向变形值，调整试件位置，使其相对误差不大于10%，当超过时，应重新调整试件位置或重新垫平试件。

正式进行试验时，每级的荷载应为预估破坏荷载值的10%，并应在1~1.5min内均匀加完；恒荷1~2min后（架有仪表时应测量、记录变形值），施加下一级荷载。施加荷载时，不得冲击试件。加荷至预估破坏荷载值的80%后（拆除仪表），应按原定加荷速度继续加荷，直至试件破坏。试验机的测力计指针明显回退时，应定为该试件丧失承载能力而达到破坏状态。其最大荷载读数应为该试件的破坏荷载值。

试验过程中应观察和捕捉第一条受力裂缝，并在试件上绘出裂缝位置、长度，标注初裂荷载值。对安装有变形测量仪表的试件，应观察变形值突然增大时可能出现的裂缝。荷载逐级增加时，应观察和描绘裂缝发展情况。试件破坏后，应立即绘制裂缝图、主要裂缝与对应荷载值和记录破坏特征。

注：预估破坏荷载值，可按试探性试验确定，也可按现行国家标准《砌体结构设计规范》GB 50003的公式计算。

6. 结果计算

单个轴心抗压试件获得的实测值，分别按下面方法计算，砌体抗压强度、弹性模量、泊松比：

（1）砌体抗压强度，按下式计算：

$$f_{c,i} = \frac{N}{A} \qquad (12-1)$$

式中：$f_{c,i}$——试件的抗压强度，其计算结果取值应精确至$0.1N/mm^2$；

N——试件的抗压破坏荷载值，N；

A——试件的截面面积，mm^2，按试件平均宽度和平均厚度计算。

（2）确定砌体的弹性模量，首先绘制以应力σ为纵坐标与轴向应变ε为横坐标的关系曲线。根据曲线，取应力σ等于$0.4f_{c,i}$时的割线模量为该试件的弹性模量，并按下式计算：

$$E = \frac{0.4f_{c,i}}{\varepsilon_{0.4}} \qquad (12-2)$$

式中：E——试件的弹性模量，N/mm^2；

$\varepsilon_{0.4}$——对应于应力为$0.4f_{c,i}$时的轴向应变值。

（3）确定砌体的泊松比，首先绘制以应力σ为纵坐标应力与泊松比v为横坐标的关系曲线。根据曲线，取应力σ等于$0.4f_{c,i}$时的泊松比为该试件的泊松比，并按下式计算：

$$v = \frac{\varepsilon_{tr}}{\varepsilon} \qquad (12-3)$$

7. 情况说明

（1）当试验机的上、下压板小于试件截面尺寸时，应加设刚性垫板或压头。如果加设的刚性垫板或压头的刚度小了，在试验过程中会变形，这会影响试验的准确性。是否出现了这一情况，用肉眼就可观察到，这时应停止试验采取措施。

（2）异形截面（T形、十字形、环形等）的砌体抗压研究性试验，试件边长应为块体宽度的整数倍，试件截面折算厚度可近似取3.5倍截面回转半径，试件高度宜按高厚比为3~5确定。

（3）各类配筋砌体抗压试件，应按高厚比β值为5确定试件的高度。

第二节 切 割 法

切割法也称切制标件法，是从砖墙上切割取出标准砌体抗压试件，运至试验室进行抗压试验的方法。该方法适用于推定普通砖砌体和多孔砖砌体的抗压强度。切割砌体，以前是用板锯人工锯割，现在是采用电动工具切割。

1. 试件的切取

试件一般是从非承重墙体切取，特别是从门窗孔洞部位切割比较方便。切割尺寸宜为240mm×370mm×720mm的标准砌体。若切取不便，也可取厚为墙体厚度，高为厚度的3倍左右、宽0.5m左右的砌体。

选取切制试件的部位后，在砖墙上画出被切试件的位置，确定试件高度和宽度，见图12-2。在选择切割线时，宜尽量选取竖向灰缝上、下对齐的部位。在拟切制试件上、下两端各钻2个孔，用8号铅丝将拟切制试件捆绑牢固。切割竖缝，将切割机的锯片（锯条）对准切割线，并垂直于墙面。然后启动切割机，在砖墙上切出两条竖缝。切割过程中，应使锯片（锯条）处于连续水冷却状态；严禁偏转和移位。取出试件。凿掉切制试件顶部一皮砖；适当凿取试件底部砂浆，伸进撬棍，将水平灰缝撬松动。然后小心抬出试件。

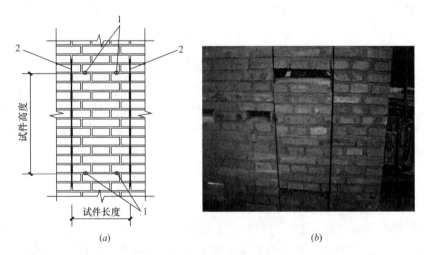

图 12-2 切制标件法
(a) 示意图；(b) 切割的试件
1—钻孔；2—切割线

2. 试件修整及试验

试验准备工作。将试件上下表面大致修理平整；在预先找平的钢垫板上座浆，然后将试件放在钢垫板上；试件顶面用1：3水泥砂浆找平。试件上、下表面的砂浆养护3d后，进行抗压试验。若测量试件受压变形值，则在宽侧面上粘贴安装百分表的表座。

量测试件截面尺寸，在量测长边尺寸时，尚应除去长边两端残留的竖缝砂浆，以此确定长边尺寸。

按本章第一节标准砌体抗压试验的步骤进行抗压试验。包括试件在试验机底板上的对中方法、试件顶面找平方法、加载制度、裂缝观察、初裂荷载及破坏荷载等检测及试验事项。

3. 强度换算系数

单个切制试件的抗压强度，按式（12-1）计算。

不符合标准抗压砌体试件尺寸的砌体抗压强度换算方法，在《砖石结构设计规范》GBJ 3—1973 附录四"砖石砌体和土墙抗压强度的试验方法"中有相关规定。为使读者了解历史背景和使用参考，摘录部分内容，省去了具体操作程序。

确定砌体抗压强度的试件截面尺寸，一般采用 370mm×490mm 砌体高度与较小边长的比值可采用 2.5～3.0。当试截面尺寸采用其他尺寸时，抗压强度应按试验结果乘以下列换算系数 ψ 后采用：

$$\psi = \frac{1}{0.72 + \frac{20s}{A}} \tag{12-4}$$

式中：ψ——修正系数；

s——试件的截面周长，mm。

4. 特点及问题

切割法属取样检测，检测结果可综合反映砖强度、砂浆强度和施工质量。从取样部位看，因为是从墙体上切割试件，为保证安全，受检测部位的局限性较大，同时，检测部位的砌体受到损坏。该法切割工作量较大，有一定粉尘和较大的噪声，并且，注意切割时流下的冷却水的收集，以免造成污染。在运输时要特别小心以免试件损坏，一般在运输前应用草绳捆绑牢固。这种方法对低强度砌体的测试精度影响较大，主要原因是切割和运输途中的振动影响。在 20 世纪 70～80 年代，其他检测方法还很少时，笔者也采用这种方法。其中一次是用回弹法检测砂浆强度，因墙面很湿，回弹评定砂浆强度为 0，但用手抠砂浆很硬，切割墙体到实验室做抗压试验，砌体强度满足设计要求。以上只是经验之谈。

切割运回实验室的试件，若有缺损应进行修补。实验室应有 2000kN 以上的长柱压力机，其精度（示值的相对误差）不应大于 2%。

第三节　原位轴压法

1. 方法概述

最早意大利的 Rossi 使用一种合金薄板焊成的盒式扁顶，将其置于砖砌体的灰缝中，为古建筑的修复用以测定砌体的工作应力。我国湖南大学也进行了同样的工作，并且将其应用于测试砌体的抗压强度。西安建筑科技大学王庆霖教授受到这一方法的启示，以他为首的研发团队，设计了一种液压扁式千斤顶取代盒式扁顶，克服了盒式扁顶容易损坏，重复使用次数少的缺点。但由于扁式千斤顶高度较高，测试时开槽不仅需剔除灰缝，尚需凿除一块砖，增加了测试工作量，同时扁式千斤顶自重较大，使用相对费力，是原位轴压法的缺点。从另一方面考虑，由于液压扁式千斤顶出力大，能压碎砌体，可直接测得砌体的抗压强度，因此，为了保证砌体受压部位明确，破损在局部范围内，而不影响墙体的安全，设计时在扁顶四角设置了四根可拆卸的钢拉杆，并增装了一块压板，从图1可以看到，实际上砌体原位轴压仪是一个小型自平衡压力机。其检测方法是在准备测定抗压强度的墙体上，垂直方向上下相隔一定距离处各开凿一个长×宽×高为 240mm×240mm×70mm 的水平槽（对 240 墙而言）。两槽间是受压砌体，称为"槽间砌体"。在上下两个槽内分别放入液压式扁式千斤顶和自平衡式反力板，调整就位后，逐级对槽间砌体施加荷载，直至槽间砌体受压破坏，测得槽间砌体的极限破坏荷载值。因槽间砌体与标准砌体试件之间在尺寸和边界条件上的差异，最后通过换算公式求得相应的标准砌体抗压强度。

2. 适用范围

轴压法适用于推定 240mm 厚的普通烧结砖、灰砂砖、粉煤灰砖、多孔砖墙体的砌体抗压强度。该法属原位检测，检测结果综合反映了砖强度、砂浆强度和施工质量。因此，在已知砌体的砖强度时，用该法的结果不能反推砂浆强度，同样，在已知砌体的砂浆强度时，用该法的结果不能反推砖强度。

轴压法也可检测火灾、环境侵蚀后的砌体剩余抗压强度，为进一步处理提供依据。

原位轴压法直观性、可比性强，相当于把压力机装在墙上试压，但检测部位砌体局部会受到损伤，因此在选取测试部位时，应考虑这一影响。

3. 轴压机

原位轴压机是原位轴压法的主要设备，它是使砌体承受轴向压力的装置，整个系统如图 12-3 所示。

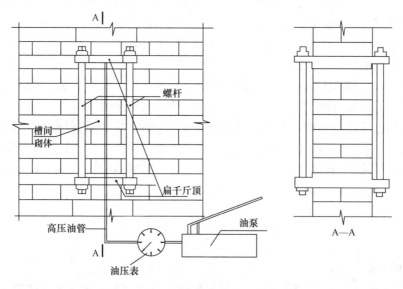

图 12-3　原位轴压法测试装置

目前市面上的原位轴压机是以扁顶的设计极限压力确定规格型号的。扁式千斤顶主要技术指标，见表 12-1。在试验前，检测人员应对砌体的极限强度有一个大概的估计，以便选择合适的扁顶进行测试。

扁式千斤顶主要技术指标　　　　　　　　　　　表 12-1

项目	指标		
	450 型	600 型	800 型
额定压力（kN）	400	550	750
极限压力（kN）	450	600	800
额定行程（mm）	15	15	15
极限行程（mm）	20	20	20
示值相对误差（%）	±3	±3	±3

扁顶的操作应注意如下事项：

（1）测试时，应排尽高压油管及扁式千斤顶内空气，使活塞平稳伸出，若测试过程中活塞升起不平稳，出现跳动现象，说明未排尽油缸内空气，此时必须将空气排尽，方可继续测试。

（2）测试结束后，因活塞无自动回缩功能，应打开回油阀泄压至零，拧紧拉杆上的螺母，将活塞压至原位后，才能将原位轴压机从墙体上拆卸下来。

（3）在对砌体加载时，由于扁顶活塞极限行程只有20mm，因此应注意避免超过额定行程。当受压的槽间砌体变形较大，超过了扁顶的额定行程时，应将扁顶卸载后，重新调紧钢拉杆，将活塞压至原位，再继续加载。

（4）油泵为双级手动油泵，可实现由低压大流量启动，随着负荷的增加，实现高压小流量的切换，可以达到测试时省时省力的目的。

4. 槽间砌体受压影响因素

不同品种的砌体抗压强度和弹性模量的取值是采用"标准砌体"进行抗压试验确定的，第一节"标准砌体抗压试验"有明确的说明。以外形尺寸为240mm×115mm×53mm的普通砖为例，它的标准砌体截面尺寸为：长×宽×高（$b \times t \times H$）=370mm×240mm×720mm；而相应普通砖的槽间砌体截面尺寸为：长×宽×高=240mm×240mm×420mm，见图12-4。从两者试件的比较不难看出，槽间砌体的抗压强度受诸多因素的影响，也就是说，槽间砌体得到的抗压强度，不能代表标准砌体的抗压强度。原位轴压法测试的槽间砌体抗压强度，由于受两侧墙肢约束，使其处于双向受压受力状态，极限强度高于标准试件的抗压强度。

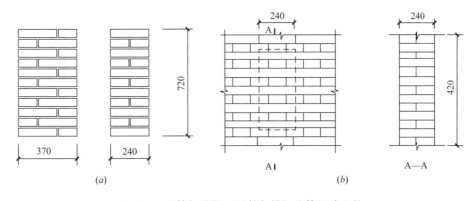

图 12-4 砌体标准抗压试件与槽间砌体尺寸比较
（a）普通砖砌体；（b）槽间砌体

通过对槽间砌体承压时，周边条件的分析，其强度与标准砌体相比受到如下因素的影响：槽间砌体高度对槽间砌体强度的影响；槽间砌体截面尺寸对抗压强度的影响；槽间砌体两侧约束墙肢宽度对槽间砌体破坏和强度的影响；材料种类与砖类型不同对槽间砌体强度的影响；墙体上部荷载对槽间砌体强度的影响。

为了求得原位轴压法测试槽间砌体抗压强度和标准试件抗压强度之间的相关关系，确定强度换算系数 ξ，西安建筑科技大学、重庆建筑科学研究院、上海建筑科学研究院进行了一系列强度对比试验与理论分析工作。

(1) 槽间砌体高度（两水平槽间净间距）

槽间砌体高度对其抗压强度有明显的影响。随着高度的增大，上下槽所施加的局部荷载相互影响减小，而趋近于砌体的局部抗压强度，使抗压强度得以提高。反之，当槽间间距减小时，加载面的摩擦约束作用增大，并且随着受压砌体水平灰缝数量的减少，使砌体的抗压强度趋于砖的抗压强度，其抗压强度亦将提高。可见，在砌体抗压强度与槽间间距的相关曲线中存在一下限值，在该槽间间距检测时，槽间砌体的抗压强度最小，因而是槽间砌体高度合理的取值范围。图 12-5 是在其他条件完全相同的情况下，不同槽间砌体高度的对比试验值。从图中可以看出，合理的槽间砌体高度大致为 440mm。为此，在试验时对普通砖可取 7 皮砖，约 420mm；对多孔砖可取 5 皮砖，约 500mm 是适当的。

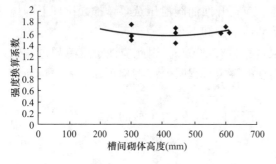

图 12-5　槽间砌体高度与强度换算系数

(2) 槽间砌体截面尺寸

槽间砌体受压截面尺寸为 240mm×240mm，小于标准试件的截面尺寸。为确定槽间砌体受压破坏是否存在尺寸效应，同时砌筑了标准砌体试件 370mm×240mm×720mm 和槽间砌体试件 240mm×240mm×420mm 各 12 个。砌筑采用同盘砂浆各砌一个的方法。而试验顺序与砌筑顺序相同。试验结果为 240mm×240mm 砌体试件抗压强度是标准砌体试件抗压强度的 1.035 倍。根据《数据的统计处理和解释 在成对观测值情况下两个均值得比较》GB 3361—1982 结果判断：在显著水平 0.05 条件下，240mm×240mm 砌体试件抗压强度与标准砌体试件的抗压强度相等，即没有显著性差异见表 12-2。

240mm×240mm 砌体试件强度与标准砌体试件强度　　　表 12-2

序号	砌体抗压强度（MPa）		差值 $d_i = X_i - Y_i$	两个均值得比较	
	标准砌体 X_i	240mm 砌体 Y_i		技术特征	计算
1	2.97	3.89	−0.92	样本大小：$n=12$； 观察值的和： $\sum X_i = 47.63$； $\sum Y_i = 43.12$； 差的和： $\sum d_i = -1.44$； 差的平方和： $\sum d_i^2 = 5.071$； 给定值：$d_0 = 0$； 自由度：$\upsilon = 11$； 显著性水平： $\alpha = 0.05$	$\bar{d} = \dfrac{1}{n}\sum d_i^2 = 0.12$； $S_d^2 = \dfrac{1}{n-1}\left[\sum d_i^2 - \dfrac{1}{n}\left(\sum d_i\right)^2\right]$ $= 0.445$； $\hat{\sigma}_d = \sqrt{S_d^2} = 0.667$； $t_{0.975}/\sqrt{n} = 0.635/\sqrt{12}$ $= 0.183$； $A_2 = (t_{0.975}/\sqrt{n})\hat{\sigma}_d$ $= 0.122$
2	2.88	4.63	−1.75		
3	3.57	3.33	0.24		
4	3.96	3.13	0.86		
5	3.35	3.66	−0.31		
6	3.31	3.37	−0.06		
7	3.43	3.40	0.03		
8	4.00	3.54	0.46		
9	3.90	3.62	0.28		
10	3.26	3.40	−0.14		
11	3.47	3.54	−0.07		
12	3.58	3.61	−0.03		

结论：总体均值 D 与给定值零的比值，双侧情况：$|\bar{d} - d_0| = 0.12 < 0.122$，在显著水平 5% 情况下，满足两种砌体抗压强度相等的假设。

在进行页岩砖、灰砂砖、煤渣砖三种墙体试验时，同时砌筑的 16 组共 96 个 240mm×240mm 砌体试件和标准砌体试件，其抗压强度的平均比值是 1.041 倍，变异系数为 0.176，结论与上述一致。

对比试验表明，槽间砌体的抗压强度不会因尺寸的减小导致"尺寸效应"的作用而较标准砌体试件的抗压强度有所提高。这主要是 240mm×240mm 砌体试件应力调节作用差，小尺寸试件材料或砌筑缺陷对抗压强度的影响比对大尺寸试件的影响要大，导致砌体抗压强度没有增加，而与标准试件的抗压强度相当。也就是说，槽间砌体截面尺寸对抗压强度的影响因素可以排除。

（3）槽间砌体两侧约束墙肢宽度

原位轴压法在被测墙体上进行原位测试，试验时槽间受压砌体两侧应保证均有一定宽度的墙体，使槽间砌体受压产生的横向变形受到两侧墙肢的约束。此时槽间砌体受压荷载有相当一部分将逐渐通过剪应力传递到两侧墙肢上，同时两侧墙肢还将约束槽间受压砌体的横向变形，使测得的极限抗压强度高于相同砌体标准试件的抗压强度。当有一侧约束墙肢宽不足时，就会因墙肢不能有效承受受压槽间砌体的横向变形，而自槽口边缘在墙肢上产生斜裂缝，墙肢首先发生剪切破坏（图 12-6a），进而槽间砌体因失去约束而受压破坏，此时显然已不能真实反映有约束砌体实际的抗压强度。

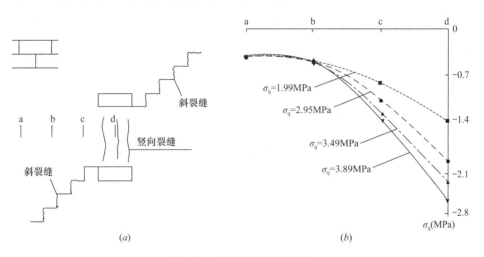

图 12-6　约束墙肢应力分析

(a) 墙肢剪切破坏；(b) 应力 σ_y 有限元计算值

为确定两侧墙肢必须保证的最小宽度，进行了必要的试验研究与有限元分析，探讨槽间砌体受荷后，两侧墙肢的竖向应力的分布规律。从图 12-6（b）可以看出，在测点 b 以外墙肢竖向压应力已经很小。测点 b 距槽间砌体边界约 550mm，与槽间砌体高度大致相当。试验及有限元分析均表明，每边的墙肢宽度大于槽间砌体的高度之后，传递给墙肢的荷载增量以及增强的约束作用已经很小。这一宽度也是防止墙肢剪切破坏的最小宽度。当墙体受上部荷载作用存在压应力 σ_0 时，由于 σ_0 可以有效提高砌体的抗剪强度，将有助于防止墙肢的剪切破坏。但在实际工程中，在布点测试时，为防止因两侧墙肢宽度不足剪切破坏，宜留有余地，应保证测点两侧的墙肢宽度不小于 1.15m。为了保证检测时的安全，一般墙肢宽度都不会小于 1.5m，因此，可以认为槽间砌体两侧的约束条件是一样的。

5. 换算强度系数 ξ 的影响因素

当墙体上部有 σ_0 作用时，墙体受压产生的横向变形挤压槽间砌体，进一步加大了槽间砌体的侧向约束力，槽间砌体抗压强度得以提高，以下根据对比试验数据进行统计回归分析，建立强度换算系数与上部作用压应力提高的关系。

（1）砖、砂浆、砌体强度对 ξ 值的影响

不同强度的砖、砂浆和砌体对强度换算系数 ξ 是否有影响，是通过两组不同的试验数据来验证。第一组数据是重庆建科院的试验结果，见表12-3。每组3个标准砌体试件和3个槽间砌体试件，同一批页岩砖砌体，砂浆强度等级为 M2.5～M5，标准砌体强度值波动小，代表砖、砂浆、砌体强度基本一致的情况。ξ 与 σ_0 之间的回归方程为：

$$\xi = 1.355 + 0.576\sigma_0 \tag{12-5}$$

式（12-5）相关系数为0.948，剩余方差 $S_1^2 = 0.012$，其余计算数据：σ_0 的离差平方和 $L_{x1x1} = 1.236$，σ_0 的离差与 ξ 的离差乘积之和，$L_{y1y1} = 0.712$，ξ 的离差平方和 $L_{y1y1} = 0.46$，$S_1 = 0.108$，$\overline{X}_1 = 0.572$，$a_1 = 1.355$，$b_1 = 0.576$。

第一组试验数据 表12-3

组别	砖强度等级	砂浆强度（MPa）	标准砌体破坏强度（MPa）	槽间砌体极限强度（MPa）	正应力 σ_0（MPa）	ξ
SE-1	MU 10	2.56	4.58	6.71	0.298	1.465
SE-2	MU 10	3.87	4.20	6.57	0.302	1.564
SE-3	MU 10	5.33	4.86	8.94	0.569	1.840
SE-4	MU 10	4.59	4.91	8.51	0.874	1.733
SE-5	MU 10	5.13	4.71	4.93	0	1.329
SE-8	MU 10	6.76	4.91	10.68	1.390	2.175

第二组数据是三批页岩砖和两批黏土砖砌体，其中，组别为"SE"是重庆建科院的试验结果，每组3个标准砌体试件和3个槽间砌体试件；组别为"NT"是西安建筑科技大学的试验结果，见表12-4。砂浆强度等级 M5～M10，标准砌体强度波动大，代表砖、砂浆、砌体强度均存在差异的情况。ξ 与 σ_0 之间的回归方程为：

$$\xi = 1.356 + 0.557\sigma_0 \tag{12-6}$$

式（12-6）相关系数为0.928，剩余方差 $S_2^2 = 0.016$，其余计算数据：$L_{x1x1} = 2.087$，$L_{x2y2} = 1.186$，$L_{y2y2} = 0.830$，$S_2 = 0.125$，$\overline{X}_2 = 0.500$，$a_2 = 1.186$，$b_2 = 0.568$。

第二批试验数据 表12-4

组别	砖强度等级	砂浆强度（MPa）	标准砌体破坏强度（MPa）	槽间砌体极限强度（MPa）	正应力 σ_0（MPa）	ξ
SE-6	MU 10	7.81	3.298	6.99	1.193	2.125
SE-7	MU10	6.32	5.28	9.67	1.034	1.831
SE-9	MU10	7.61	3.19	5.96	0.673	1.868
SE-10	MU10	10.36	3.8	7.32	1.21	1.926
SE-11	MU15	6.46	4.39	7.36	0.448	1.677
SE-12	MU15	4.47	4.3	6.84	0.187	1.591
NT-1	MU15	M10	2.56	3.19	0	1.25
NT-2	MU15	M10	2.82	4.49	0.42	1.592

组别	砖强度等级	砂浆强度（MPa）	标准砌体破坏强度（MPa）	槽间砌体极限强度（MPa）	正应力 σ_0（MPa）	ξ
NT-4	MU15	M5	2.11	2.91	0	1.374
NT-5	MU15	M5	2.79	4.31	0.42	1.545
NT-6	MU15	M5	2.79	4.18	0.20	1.50
NT-7	MU15	M5	3.58	4.91	0.21	1.37

比较式（12-5）和式（12-6）的三个特征值，检验其显著水平 $\alpha=0.05$ 时有无差异。

1）两个方程的剩余方差检验：

$$t = S_1^2 / S_2^2 = 0.744$$

因 $t < F_{0.95} = 3.20$，两个方程的剩余方差无显著差异。两个方程的共同标准差为

$$S = \sqrt{[(n_1-2)S_1^2 + (n_2-2)S_2^2]/(n_1+n_2-4)}$$
$$= 0.0145$$

2）两个方程的回归系数 (b_1-b_2) 检验：

$$t = S_1^2 / S_2^2 = 0.744$$

$$t = \frac{|b_1 - b_2|}{\sqrt{\dfrac{(n_1-2)S^1 + (n_2-2)S_2}{(n_1+n_2-4)} \times \left(\dfrac{1}{L_{x1x1}} + \dfrac{1}{L_{x2x2}}\right)}}$$
$$= 0.019$$

因 $t < t_{0.95}(18) = 1.734$，两个方程的回归系数无显著差异。

3）两个方程的常数项 (a_1-a_2) 检验：

$$t = \frac{a_1 - a_2}{\sqrt{S\left[\dfrac{1}{n_1} + \dfrac{1}{n_2} + (X_1^2 + X_2^2)/(L_{x1x2} + L_{x2x1})\right]^{1/2}}}$$
$$= 1.140$$

因 $t < t_{0.95}(18) = 1.734$，两个方程的常数项无显著差异。

因此，式（12-5）和式（12-6）的三个特征值没有差异，可以合并为一个方程。这就是说，砖强度、砂浆强度、砌体强度之间的差异对 ξ 的影响很小，ξ 对不同砖、砂浆、砌体强度的墙体可采用统一的表达式。

（2）不同品种砖对 ξ 值的影响

砌墙砖按其产方式分为：烧结、蒸压、蒸养三大种类。它们三者之间的单砖的折压比、干缩性、与混合砂浆的粘结性能以及砌体的力学性能和变形性能都存在一定的差异。能否采用统一的 ξ 值表达式也适用需要通过试验来验证。在此选择灰砂砖和煤渣砖两种砌体对比试验结果，它们的试验条件和试验数量与前者完全相同。

把普通砖砌体试验数据统一回归分析，得到砌体抗压强度换算系数 ξ 值与上部正应力 σ_0 的相关方程为：

$$\xi = 1.34 + 0.55\sigma_0 \tag{12-7}$$

式（12-7）的物理意义在于：常数项 $a = 1.34$ 为槽间砌体受两侧墙肢约束的提高系数；一次项 $b = 0.55\sigma_0$，即为由上部正应力作用引起的提高系数。

按式（12-7）分别计算灰砂砖和煤渣砖砌体的强度换算系数 ξ 值，并与试验值比较，

比较结果见表 12-5。从表中可以看出，二组灰砂砖墙片的试验强度换算系数 ξ' 值与按式（12-7）的计算 ξ 值的平均比值为 1.046。三组煤渣砖墙片的试验强度换算系数 ξ' 值与按式（12-7）的计算 ξ 值的平均比值为 1.023。两种砖砌体平均比值相当，表明不同种类的砖砌体的强度换算系数 ξ 值均可按式（12-7）求得，不同材料的砖对 ξ 值没有显著影响。

灰砂砖和煤渣砖砌体的试验结果　　　　　　　　　　表 12-5

砖品种	砖强度（MPa）	砂浆强度（MPa）	标准砌体强度（MPa）	σ_0（MPa）	槽间砌体强度（MPa）	ξ'	ξ	$\dfrac{\xi'}{\xi}$
灰砂砖	10.7	9.13	5.82	0.298	8.41	1.445	1.50	0.963
	10.7	9.15	6.41	0.597	12.08	1.885	1.67	1.129
煤渣砖	10.5	7.34	5.44	0.600	8.38	1.540	1.67	0.922
	10.5	7.15	2.89	0.856	6.87	1.696	1.81	0.937
	10.5	4.84	3.17	0.305	7.28	1.829	1.51	1.211

（3）多孔砖砌体与普通砖砌体 ξ 值的比较

把西安建筑科技大学和上海建筑科学研究院的多孔砖砌体原位轴压法得到的 59 个数据同样采用线性回归，见式（12-8）。

$$\xi = 1.25 + 0.77\sigma_0 \tag{12-8}$$

把普通砖砌体回归式（12-5）及多孔砖砌体回归式（12-8）计算结果进行比较，比较结果见表 12-6。

以 σ_0 为参数 ξ 公式计算结果比较　　　　　　　　表 12-6

σ_0（MPa）	0	0.1	0.2	0.3	0.4	0.5	0.6	0.7
普通砖砌体	1.34	1.396	1.451	1.507	1.562	1.618	1.673	1.729
多孔砖砌体	1.25	1.327	1.404	1.481	1.558	1.635	1.712	1.789
差值	0.09	0.069	0.047	0.023	0.004	−0.017	−0.039	−0.06
相对差值（%）	6.7	4.9	3.2	1.52	0.25	−1	−2.3	−3.5

由表 12-6 可见，以 σ_0 为参数两种砌体的 ξ 计算值吻合良好，仅 σ_0 为零时，两者相差 6.7%，多数情况相差均在 4% 以内。由此可以说明，多孔砖砌体与普通砖砌体墙肢的约束作用对槽间砌体极限强度的影响差异不显著，为了便于实际使用方便，因而采用统一的 ξ 计算公式。

6. ξ 与 σ_0 的关系式

验证试验及有限元非线性分析结果表明，不同砖种类、不同砌体强度、不同变形参数（弹性模量、泊松比）砌体的强度换算系数并无明显差异，因此原位轴压法无需区分非烧结砖砌体或烧结砖砌体。试验数据及有限元分析还表明，多孔砖砌体由于多孔砖高度较大，竖向灰缝难于填实，槽间砌体通过剪应力向两侧墙肢应力扩散以及两侧墙肢提供的约束均较弱，也就是说，块材尺寸大小在墙体中的搭接比例不利于剪应力的传递，因而多孔砖砌体的强度换算系数总体上略小于普通砖砌体。因此宜分别依据试验结果建立强度换算系数公式，以考虑两者因块体高度不同所引起的受力差异。

西安建筑科技大学、重庆市建筑科学研究院共进行了普通砖砌体原位轴压试验数据 37 组（每组 3 个对比试验，其中包括两组灰砂砖砌体），标准试件砌体抗压强度 1.88～10.36MPa，σ_0 为 0～1.13MPa。经统计得到强度换算系数回归方程为：$\zeta = 1.36 + 0.54\sigma_0$。

西安建筑科技大学、重庆建筑科学研究院、上海建筑科学研究院、浙江建筑科学研究院进行的 73 个多孔砖砌体对比试验，标准试件砌体抗压强度 2.0～5.26MPa；σ_0 为 0～0.69MPa，回归方程为：$\xi = 1.29 + 0.55\sigma_0$。

试验表明，当 $\sigma_{0ij}/f_m > 0.4$ 时（f_m 为砌体抗压强度），ξ_{1ij} 将不再随 σ_{0ij} 线性增长，考虑到在实际工程中 σ_{0ij} 一般均在 $0.4f_m$ 以下，故采用了运算简便的线性表达式。

7. 检测方法

（1）测点选取

在选择检测部位时，除应考虑具有代表性外，还应注意测试部位不要选在砌体受力较大、挑梁下、应力集中部位以及墙梁的墙体计算高度范围内，以免在试验时造成不必要的危险。

同一墙体上，测点不宜多于 1 个，且宜选在沿墙体长度的中间部位，尽量保证测试部位墙体应力均匀。当同一墙体上多于 1 个测点时，其水平净距不得小于 2.0m，以避免墙体损伤过大和影响测试结果的准确性。

（2）开槽要求

测试部位宜选在距楼、地面 1m 左右的高度处，以便架设压力机和试验过程中的裂缝观察。测点每侧的墙体宽度不应小于 1.5m，以保证墙体对测试部位的约束，使测试时的条件与理论分析时的条件一致。同时，约束墙体宽度小于 1.5m，容易造成墙体开裂严重，影响安全。

测试部位上、下水平槽之间的墙体，称为槽间砌体。对普通砖砌体，槽间砌体应为 7 皮砖；对多孔砖砌体，槽间砌体应为 5 皮砖。开凿的上、下水平槽应对齐，尺寸应符合表 12-7 的要求。开槽过程中，应避免扰动四周的砌体，槽间砌体的承压面应修平整。

水平槽尺寸

表 12-7

名称	长度（mm）	厚度（mm）	高度（mm）
上水平槽	250	240	70
下水平槽	250	240	≥110

（3）压力机安装

压力机应按下面要求进行安装，以保证试验结果的准确性。

1）在上槽内的下表面和扁式千斤顶的顶面，应分别均匀铺设湿细砂或石膏等材料的垫层，垫层厚度可取 10mm。

2）将反力板置于上槽孔，扁式千斤顶置于下槽孔，安放四根钢拉杆，使两个承压板上下对齐后，拧紧螺母并调整其平行度；四根钢拉杆的上下螺母间的净距误差不应大于 2mm。

3）正式测试前，应进行试加荷载试验，试加荷载值可取预估破坏荷载的 10%。检测测试系统的灵活性和可靠性，以及上下压板和砌体受压面接触是否均匀密实。经试加荷载，测试系统正常后卸荷，并再一次调整螺母的松紧，使压力机的四根拉杆受力保持一致。

（4）轴压试验

正式测试时，应分级加荷。每级荷载可取预估破坏荷载的 10%，并应在 $1\sim1.5$min 内均匀加完，然后恒载 2min。加荷至预估破坏荷载的 80% 后，应按原定加荷速度连续加荷，直至槽间砌体破坏。当槽间砌体裂缝急剧扩展和增多，油压表的指针明显回退时，槽间砌体达到极限状态。

试验过程中，如发现上下压板与砌体承压面因接触不良，槽间砌体一侧开裂而另一侧开裂时间晚，表明槽间砌体呈局部受压或偏心受压状态，此时应停止试验。在重新调整试验装置后，进行试验。当无法调整时，应更换测点。

试验过程中，应仔细观察槽间砌体初裂裂缝与裂缝开展情况，记录逐级荷载下的油压表读数、测点位置、裂缝随荷载变化情况简图等。

试压完成后拆卸扁式千斤顶前，应打开回油阀，将压力泄压至零，均匀拧紧自平衡拉杆螺母，将伸出的活塞压回原位后，方可取出扁式千斤顶。

（5）砌体抗压强度计算

根据槽间砌体初裂和破坏时的油压表读数，分别减去油压表的初始读数，按扁式千斤顶的校验结果，计算槽间砌体的初裂荷载值和破坏荷载值。

槽间砌体的抗压强度，应按下式计算：

$$f_{uij} = \frac{N_{uij}}{A_{ij}} \tag{12-9}$$

式中：f_{uij}——第 i 个测区第 j 个测点槽间砌体的抗压强度，MPa；

N_{uij}——第 i 个测区第 j 个测点槽间砌体的受压破坏荷载值，N；

A_{ij}——第 i 个测区第 j 个测点槽间砌体的受压面积，mm^2。

槽间砌体抗压强度换算为标准砌体的抗压强度，应按下列公式计算：

$$f_{mij} = \frac{f_{uij}}{\xi_{1ij}} \tag{12-10}$$

普通砖砌体：

$$\zeta_{1ij} = 1.36 + 0.54\sigma_0 \tag{12-11}$$

多孔砖砌体：

$$\xi_{1ij} = 1.25 + 0.60\sigma_{oij} \tag{12-12}$$

式中：f_{mij}——第 i 个测区第 j 个测点的标准砌体抗压强度换算值，MPa；

ξ_{1ij}——原位轴压法的无量纲的强度换算系数；

σ_{oij}——该测点上部墙体的压应力（MPa），其值可按墙体实际所承受的荷载标准值计算。

案例 1：某综合楼建筑面积 2680m²，底层框架，二～八层为砖混结构，一～六层砖设计强度等级 MU15，砂浆设计强度等级 M5。由于砌筑砂浆加有微沫剂，二～四层砂浆强度没有达到设计要求。原位轴压检测前，墙体抹灰全部完成，楼地坪面层做完。试验数据及计算结果见表 12-8。

编号	测试部位轴线位置	槽间砌体破坏值		换算系数 (ξ_{mij})	换算标准砌体抗压强度		
		压力表（MPa）	荷载（kN）		荷载（kN）	强度（MPa）	平均值（MPa）
2-1	二楼(D)/(11)-(12)	12.5	300	1.53	196.08	3.40	
2-2	二楼(9)/(C)-(E)	20	480	1.53	313.73	5.45	4.33
2-3	二楼(D)/(6)-(7)	19	455	1.53	297.39	5.16	
2-4	二楼(7)/(C)-(B)	13.5	325	1.69	192.31	3.34	
4-1	四楼(6)/(B)-(C)	24	580	1.53	379.08	6.58	
4-2	四楼(11)/(B)-(C)	18	430	1.53	281.05	4.88	6.37
4-3	四楼(2)/(B)-(C)	28	675	1.53	441.18	7.66	

表 12-8 中的具体计算结果如下：

槽间砌体破坏时，压力表读数经过在压力机上校核的"压力表读数（MPa）—荷载（kN）"关系式，算得槽间砌体的破坏荷载值，见表 12-8。

测点上部的压应力 σ_{0ij} 及换算系数 ξ_{mij} 的确定：

二楼自承重墙：砖砌体、水泥砂浆 20kN/m³，墙体抹灰层厚 0.04m，墙厚 0.24m，7 层楼高 20m。

$$\sigma_{0ij} = (0.24 + 0.04) \times 20 \times 20/(0.24 \times 1) = 0.467(\text{MPa})$$
$$\xi_{mij} = 1.25 + 0.60\sigma_{0ij} = 1.25 + 0.60 \times 0.467 = 1.53$$

二楼承重墙的承重荷载：两侧一边板跨 3.6m，另一边板跨 3.3m，平均跨度(3.6+3.3)/2=3.45，板重 1.87kN/m²；瓜米石垫层及面层厚 0.04m 考虑，重 0.8kN/m²，各楼层检查未发现过重施工荷载，故不考虑。

$$\sigma_{0ij} = 0.467 + (1.87 + 0.8) \times 3.45 \times 7/(0.24 \times 1) = 0.467 + 0.269 = 0.736(\text{MPa})$$
$$\xi_{mij} = 1.25 + 0.60\sigma_{0ij} = 1.25 + 0.60 \times 0.736 = 1.69$$

四楼承重墙：

$$\sigma_{0ij} = ((0.24 + 0.04) \times 20 \times 12 + (1.87 + 0.8) \times 3.45 \times 5)/(0.24 \times 1) = 0.472(\text{MPa})$$
$$\xi_{mij} = 1.25 + 0.60\sigma_{0ij} = 1.25 + 0.60 \times 0.472 = 1.53$$

按本章第七节 砌体强度推定中规定，当测区数 n_2 小于 6 时，砌体抗压强度标准值取最小值。四楼的砌体抗压强度标准值为 4.88MPa；二楼的砌体抗压强度标准值为 3.34MPa。《砌体结构设计规范》GB 50003—2011 规定，强度等级 MU15 砖，强度等级 M5 砂浆的砌体抗压强度标准值为 2.91MPa，四楼和二楼的砌体抗压强度可以满足设计要求。

掺外加剂的砌筑砂浆，若没有按要求掺加，砌体表面的灰缝砂浆往往酥松，强度偏低，但内部的强度可能较外部高。而原位轴压法得到的砌体抗压强度是综合了砖、砂浆和砌筑施工质量的指标，因此，有时在砂浆强度或砖强度不能满足设计要求的情况下，原位轴压砌体的抗压强度仍可能满足设计要求。

案例 2：某工程为六层砖混结构房屋，房屋平面形状近似呈矩形，总长 41.44m，总宽 13.34m，总建筑面积为 2936.58m²，标准层建筑平面见图 12-7。一、二层墙体采用 MU10 页岩砖、M7.5 混合砂浆砌筑；三层以上墙体采用 MU10 页岩砖、M5 混合砂浆砌筑。

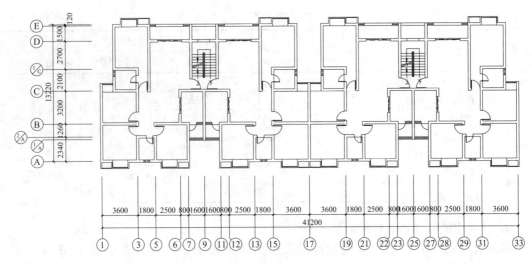

图 12-7　标准层平面示意图

该工程主体结构完工，在进行室内装饰工程过程中，发现砌筑砂浆强度有问题，要求进行检测鉴定。采用点荷法检测砌筑砂浆的抗压强度，结果一～三层砂浆强度不满足设计要求，具体检测数据见第十一章、第四节的点荷法的案例 2。现采用原位轴压法进行砌体抗压强度检测，试验结果见表 12-9。

砌体原位轴压法试验结果　　　　　　　　　　　　表 12-9

取样编号	样本所在位置		开裂荷载 （kN）	破坏荷载 （kN）	破坏强度 （MPa）	平均值 （MPa）	标准差 （MPa）
	轴线	层数					
1-1	(20)/(C)-(D)	一	232.4	252.7	2.59	3.09	1.18
1-2	(4)/(C)-(D)		247.6	374.2	3.84		
1-3	(10)/(C)-(D)		262.8	445.1	4.72		
2-1	(30)/(C)-(D)	二	181.8	202.0	2.14		
2-2	(20)/(C)-(D)		164.1	232.4	2.47		
2-3	(B)/(12)-(13)		176.7	262.8	2.80		
3-1	(30)/(C)-(D)	三	343.8	450.1	4.74	4.59	0.47
3-2	(4)/(C)-(D)		343.8	445.1	4.69		
3-3	(14)/(C)-(D)		232.4	348.9	3.67		
4-1	(30)/(C)-(D)	四	331.1	434.9	4.78		
4-2	(20)/(C)-(D)		343.8	457.7	5.03		
4-3	(4)/(C)-(D)		338.7	419.7	4.62		

表 12-10 给出了楼层砌体抗压强度评定结果。

砌体抗压强度合格评定　　　　　　　　　　　　表 12-10

楼层	砌体材料强度等级		设计强度标准值（MPa）	试验强度标准值（MPa）	合格评定
	砖	砂浆			
一～二	MU10	M7.5	2.71	1.18	不合格
三～四	MU10	M5	2.40	3.67	合格

第四节　扁　顶　法

1. 方法原理及扁顶

扁顶法是采用扁式液压千斤顶在墙体上进行抗压试验，检测砌体的受压应力、弹性模量、抗压强度的方法。适用于推定墙体中砖砌体的受压弹性模量和抗压强度，亦可用于测定砖墙体的受压工作应力。

根据应力恢复的原理而得到的液压扁千斤顶试验方法较早用于测定岩石应力。20 世纪 80 年代初，意大利模型与结构研究所将该试验方法用于测定已建房屋中砖、石砌体的应力和弹性模量。湖南大学在 20 世纪 80 年代后期，开发出了用扁顶检测砌体力学性能的试验方法。这种方法是先在砌体的水平灰缝处，按扁千斤顶尺寸挖去砂浆形成一条槽，这时砌体的变形改变，垂直于槽的应力释放。然后再槽内安放扁千斤顶，通过扁千斤顶加压，使砌体变形恢复。此时在扁千斤顶中所施加的压力，即为砌体中原有的压应力。

在扁顶法中，扁式液压千斤顶既是出力元件又是测力元件，要求扁顶的厚度小于水平灰缝厚度，且具有较大的垂直变形能力，一般需采用 1Cr18Ni9Ti 等优质合金钢薄板焊接制成。当扁顶的顶升变形小于 10mm，或取出一皮砖安设扁顶试验时，应增设钢制可调楔形垫块，以确保扁顶可靠的工作。扁顶的定型尺寸有 250mm×250mm×5mm 和 250mm×380mm×5mm 等，可视被测墙体的厚度加以选用。

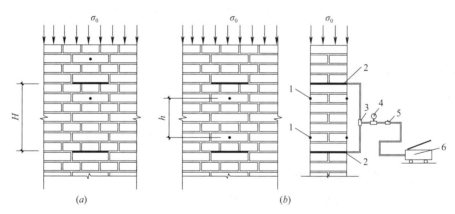

图 12-8　扁顶法测试装置与变形测点布置

(a) 测试受压工作应力；(b) 测试受压弹性模量、抗压强度

1—变形测量脚标（两对）；2—扁式液压千斤顶；3—三通接头；

4—压力表；5—溢流阀；6—手动油泵

2. 工作应力测试

当需要了解墙体的工作应力，以便确定墙体的安全性，为墙体的修复和加固提供依据，可采用这种方法。

(1) 在选定测试工作应力的墙体上，标出开凿灰缝水平槽的位置。在准备开凿灰缝水平槽的上下，牢固粘贴两对变形测量的脚标，脚标应位于水平槽正中（图 12-8a）。脚标之间的距离（h），对普通砖砌体应相隔四皮砖，宜取 250mm；对多孔砖砌体应相隔三皮砖，宜取 270mm；

（2）使用手持应变仪或千分表在脚标上测量砌体变形的初读数，应测量 3 次，并取其平均值；

（3）在标出水平槽位置处，小心地剔除水平灰缝内的砂浆。水平槽的尺寸应略大于扁顶尺寸。开凿时不应损伤测点部位的墙体及变形测量脚标。并应清理平整槽的四周，除去灰渣；

（4）使用手持式应变仪或千分表在脚标上测量开槽后的砌体变形值，待读数稳定后方可进行下一步试验工作；

（5）在槽内安装扁顶，扁顶上下两面宜垫尺寸相同的钢垫板，并应连接试验油路（图 12-8）；

（6）正式测试前，应进行试加荷载试验。试加荷载值可取预估工作应力荷载的 20%，以检测测试系统的灵活性和可靠性，以及扁顶与砌体受压面接触是否均匀密实。经试加荷载，测试系统正常后卸荷，开始正式测试；

（7）正式测试时，应分级加荷。每级荷载应为预估工作应力荷载值的 5%，并应在 1.5～2min 内均匀加完，恒载 2min 后测读变形值。当变形值接近开槽前的读数时，应适当减小加荷级差，直至实测变形值达到开槽前的读数，然后卸荷。

3. 砌体抗压强度测试

在完成墙体的受压工作应力测试后，若需进行砌体抗压强度测试，按以下要求进行试验。

（1）在测试工作应力水平槽的上方或下方开凿第二条水平槽，上下槽应互相平行、对齐（图 12-8b）。当选用 250mm×250mm 扁顶时，两槽之间的距离（H），对普通砖砌体，应相隔 7 皮砖；对多孔砖砌体，应相隔 5 皮砖。当选用 250mm×380mm 扁顶时，两槽之间的距离（H），对普通砖砌体，应相隔 8 皮砖；对多孔砖砌体，应相隔 6 皮砖。遇有灰缝不规则或砂浆强度较高而难以凿槽的情况，可以在槽孔处取出一皮砖，安装扁顶时应采用钢制楔形垫块调整其间隙；

（2）在上下两个槽内安装扁顶，每个扁顶上下两面宜垫尺寸相同的钢垫板，并应连接试验油路（图 12-8）；

（3）正式测试前，应进行试加荷载试验，试加荷载值可取预估破坏荷载的 10%，以检测测试系统的灵活性和可靠性，以及扁顶与砌体受压面接触是否均匀密实。经试加荷载，测试系统正常后卸荷，开始正式测试；

（4）正式测试时，应分级加荷。每级荷载可取预估破坏荷载的 10%，并应在 1～1.5min 内均匀加完，然后恒载 2min。加荷至预估破坏荷载的 80% 后，应按原定加荷速度连续加荷，直至槽间砌体破坏。当槽间砌体裂缝急剧扩展和增多，油压表的指针明显回退时，槽间砌体达到极限状态。

4. 砌体弹性模量测试

测试砌体弹性模量采用的方法与砌体抗压强度测试的方法一样。只是当测试砌体受压弹性模量时，应在槽间砌体两侧各粘贴一对变形测量脚标，脚标应位于槽间砌体的中部（图 12-8b）。对普通砖砌体，脚标之间相隔 3 条水平灰缝，距离（h）宜取 250mm；对多孔砖砌体，脚标之间相隔 3 条水平灰缝，标距宜取 270mm。试验前应记录标距值，精确至 0.1mm。

正式试验前，反复施加 10%的预估破坏荷载，其次数不宜少于 3 次。测试时，应测记逐级荷载下的变形值。加荷的应力上限不宜大于槽间砌体极限抗压强度的 50%，若需继续测试砌体抗压强度，可不进行槽间砌体的变形测试。

5. 扁顶的改装

当槽间砌体上部压应力小于 0.2MPa 时，可加设反力平衡架，进行试验。当槽间砌体上部压应力不小于 0.2MPa 时，也宜加设反力平衡架，然后再进行试验。反力平衡架可由两块反力板和四根钢拉杆组成，这时扁顶的工作状态就变成了原位压力机，其数据计算按本章第三节轴压法的要求进行。

6. 数据计算

根据扁顶的校验结果，应将油压表读数换算为试验荷载值。

（1）墙体的受压工作应力，等于实测变形值达到开凿前的读数时所对应的应力值。

（2）根据试验结果，按本章第一节标准砌体抗压试验，计算砌体在有侧向约束情况下的受压弹性模量；当换算为标准砌体的受压弹性模量时，计算结果应乘以换算系数 0.85。

（3）槽间砌体的抗压强度，按本章第三节轴压法的式（12-9）计算；槽间砌体抗压强度换算为标准砌体的抗压强度，按式（12-10）。

7. 特点与问题

扁顶法利用砌体结构水平砂浆灰缝这一构造特性，使这种方法具有快速，准确而实用的特点。扁顶法用于砌体弹性模量和工作应力的检测，是一种很好的手段。适用于具有历史价值砌体建筑的维护、研究。

扁顶法属原位检测，可检测普通砖砌体的抗压强度，检测结果综合反映了砖强度、砂浆强度和施工质量。由于扁顶薄，行程小因此允许的极限变形较小，在砌体强度较高或砌体轴向变形较大时，难以测出抗压强度，通过增加反力平衡架能改善这种情况。检测部位砌体局部会受到损伤。扁顶使用时出力后鼓起，再次使用须将其压平，焊缝处易破坏，使用次数受到一定的限制，重复使用率低。从以上分析可知，扁顶作为砌体抗压强度检测，不如采用原位轴压仪更为实用和合理。

第五节　砌体沿通缝抗剪试验

1. 砌体抗剪要求

砌体沿通缝截面抗剪强度试验本来并不属于现场砌体结构现场检测技术，但是由于地震灾害的不断发生，砌体结构的抗剪性能受到越来越大的关注。一些新型墙体材料的不断涌现，而其砌体的抗剪强度又偏低，更引起设计人员的重视。因此，在《砌体结构设计规范》GB 50003—2011 版中对多层砌体结构房屋的总层数和总高度其中一条作出强制性规定：采用蒸压灰砂普通砖和蒸压粉煤灰普通砖的砌体房屋，当砌体的抗剪强度仅达到普通黏土砖砌体的 70%时，房屋的层数应比普通砖房屋减少一层，总高度应减少 3m；当砌体的抗剪强度达到普通黏土砖砌体的取值时，房屋层数和总高度的要求同普通砖房屋。砖的使用限制对开发商和砖的生产厂家都是一个损失，因此，砌体的抗剪指标显得十分重要。一些厂家主动要求对自己生产的产品进行抗剪强度试验，试验应按《砌体基本力学性能试验方法标准》GB/T 50129—2011 中"砌体沿通缝截面抗剪强度试验方法"一章的要求进行，具体规定如下。

2. 抗剪试件

普通砖的砌体沿通缝截面的抗剪试件，应采用由9块砖组成的双剪试件（图12-9a）。其他规格砖块的砌体抗剪试件，亦应采用此种双剪试件型式，但试件尺寸可作相应的调整。

中、小型砌块的砌体抗剪试件，应采用图12-9（b）所示的双剪试件。也可采用表面质量和材质均相同的较小块体，按图12-9制作抗剪试件。

试件水平砌筑，砌筑试件时，竖向灰缝的砂浆应填塞饱满。每个试件砌筑完成后，立即在试件上面压三线砖，以模拟现场砂浆的密实程度。

砖砌体抗剪试件的砂浆强度达到100%以后，可将试件立放，先后对承压面和加荷面采用1：3水泥砂浆找平，找平层厚度宜为10mm。上下找平层应相互平行并垂直于受剪面的灰缝。其平整度可采用水平尺和直角尺检查。

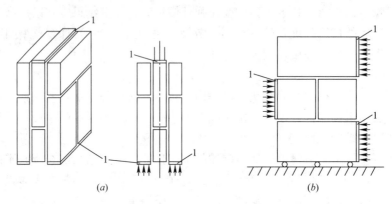

图12-9　砌体抗剪试验简图
（a）砖砌体双剪试件及其受力情况；（b）小块砌体双剪试件及其受力情况
1—抹面

3. 抗剪试验

水平加荷的中、小型砌块砌体抗剪试件，其三个受力面也应找平，并应垂直于水平灰缝。砌体抗剪试验，应按下列步骤和要求进行：

（1）测量受剪面尺寸，测量精度应为1mm。

（2）将砖砌体抗剪试件立放在试验机下压板上，试件的中心线应与试验机上、下压板轴线重合。试验机上下压板与试件的接触应密合。当上部不密合时，可垫10mm厚木条或较硬橡胶条；当下部不密合时，可采用在两个受力面下垫湿砂等适宜的调平措施。

（3）对中、小型砌块砌体抗剪试验，尚应采用由加荷架、千斤顶和测力计组成的水平加荷系统。对较高的中型砌块砌体抗剪试件，应加设侧向支撑；试件与台座间宜采用湿砂垫平，不宜加设滚轴。对外形尺寸较小的砌块砌体抗剪试件，也可采用砖砌体抗剪试件的试验方法，在试验机上进行试验。

（4）抗剪试验应采用匀速连续加荷方法，并应避免冲击。加荷速度宜按试件在1～3min内破坏进行控制。当有一个受剪面被剪坏即认为试件破坏，应记录破坏荷载值和试件破坏特征。

（5）对每个试件，均应实测受剪破坏面的砂浆饱满度。

图 12-9 砌体双剪试验方法的优点是立放稳定，加荷方便，受力明确，基本消除了弯曲应力的影响，荷载通过灰缝以剪力形式传递；缺点是两个受剪面往往不能同时破坏，而抗剪强度计算公式（12-13）又是按双面受剪破坏进行计算，因此试验值偏低。

4. 计算分析

单个试件沿通缝截面的抗剪强度 $f_{v,i}$，应按下式计算，其计算结果取值应精确至 0.01N/mm^2：

$$f_{v,i} = \frac{N_v}{2A} \tag{12-13}$$

式中：$f_{v,i}$——试件沿通缝截面的抗剪强度，N/mm^2；

N_v——试件的抗剪破坏荷载值，N；

A——试件的一个受剪面的面积，mm^2。

若块材先于受剪面灰缝破坏时，该试件的试验值应予注明，宜作为特殊情况单独分析。

对抗剪强度试验结果进行分析时，应考虑砂浆饱满度对试验结果的影响，对砂浆饱满度不符合《砌体结构工程施工质量验收规范》GB 50203—2011 规定的试验数据应另作分析。

案例：一厂家于 2014 年建了一条蒸压粉煤灰砖生产线，政府职能部门要求进行砌体的抗剪强度检测以便设计单位根据设计规范要求进行设计。

砌体抗剪试验强度等级过少不利于比较分析，容易限制设计取值和施工验收的需要，因此，此次试验砂浆共设计了五个强度等级：M2.5、M5、M7.5、M10、M15。

为了便于比较蒸压粉煤灰砖砌体与黏土砖砌体的抗剪强度，试验采取两种砖同时砌筑试验，试验操作按《数据的统计处理和解释 在成对观测值情形下两个均值的比较》GB 3361—1982 的要求进行。因当地已没有烧结黏土砖生产，因此采用烧结页岩砖代替。

砌体抗剪试验结果见表 12-11。从表中可以看到，砌体单剪破坏多于双剪破坏，这与砖的类型无关，只与砌体两面的粘结情况存在差异和受力不均等因素有关。砂浆强度的离散性与砌体抗剪强度的离散性没有明显关系。砂浆强度等级由 M2.5 至 M15，各类砌体试件抗剪强度有所增长，但增长幅度不明显。

砌体双剪试验数据统计表　　　　表 12-11

砖类别	砂浆设计强度等级	砂浆				破坏个数		砌体抗剪			
		试块个数	平均值（MPa）	均方差（MPa）	离散率（%）	单剪	双剪	砌体个数	平均值（MPa）	均方差（MPa）	离散率（%）
蒸压	M2.5	18	6.86	1.21	17.6	3	4	7	0.63	0.13	0.21
烧结						5	1	6	0.74	0.31	0.42
蒸压	M5	18	12.31	0.85	6.9	5	2	7	0.58	0.08	0.14
烧结						5	2	7	0.58	0.09	0.16
蒸压	M7.5	18	13.53	2.26	16.7	4	2	6	0.62	0.13	0.20
烧结						6	1	7	0.81	0.23	0.28
蒸压	M10	18	20.20	3.59	17.8	6	0	6	0.54	0.08	0.14
烧结						7	0	7	0.77	0.17	0.21
蒸压	M15	18	26.13	2.14	8.2	5	2	7	0.65	0.08	0.13
烧结						4	3	7	0.90	0.29	0.32

从表 12-12 可以看到，蒸压粉煤灰砖砌体抗剪强度小于烧结页岩普通砖砌体的抗剪强度，两者强度比值均大于 0.70，强度比值的平均值为 0.81。

两种砌体抗剪强度结果比较 表 12-12

序号	蒸压粉煤灰砖 f_{vm}（MPa）	烧结页岩普通砖 f_{vp}（MPa）	比值 f_{vm}/f_{vp}
1	0.63	0.74	0.85
2	0.58	0.58	1.00
3	0.62	0.81	0.77
4	0.54	0.77	0.70
5	0.65	0.90	0.72

把试验砂浆强度值代入《砌体结构设计规范》GB 50003—2011 中的烧结普通砖砌体抗剪强度平均值计算公式：$f_{v,m}=0.125\sqrt{f_2}$（式中，f_2 系砂浆强度值），所得结果见表 12-13。从表看出，所测的 5 组蒸压粉煤灰砖砌体抗剪试件，除 1 组与烧结普通砖的规范计算值相当，其余 4 组的抗剪强度均大于规范烧结普通砖砌体抗剪强度计算平均值，由此可以说明，蒸压粉煤灰砖砌体的抗剪强度可以达到普通黏土砖砌体的取值。

蒸压粉煤灰砖砌体抗剪强度与普通砖规范计算值比较 表 12-13

序号	砂浆强度（MPa）	蒸压粉煤灰砖试验值（MPa）f_{vm}	烧结普通砖砌体规范计算值（MPa）$f_{v0,m}$	比值 $f_{vm}/f_{v0,m}$
1	6.86	0.63	0.33	1.92
2	12.31	0.58	0.44	1.32
3	13.53	0.62	0.46	1.35
4	20.2	0.54	0.56	0.96
5	26.13	0.65	0.64	1.02

第六节　原位双剪法

1. 基本情况

原位双剪法是把原位剪切仪主机安放在墙体的槽孔内，对墙体上顺砖进行双面受剪试验，检测砌体抗剪强度的方法。该法的检测结果除能反映砂浆强度对砌体抗剪强度的影响外，还反映了砌筑质量对砌体抗剪强度的影响。

原位双剪法包括原位单砖双剪法和原位双砖双剪法。原位单砖双剪法是陕西省建筑科学院研究的砌体抗剪强度检测方法。原位双砖双剪法是西安建筑科技大学、陕西省建筑科学院和上海市建筑科学院共同研究的砌体抗剪强度检测方法。原位单砖双剪法适用于推定各类墙厚的烧结普通砖或烧结多孔砖砌体的抗剪强度。原位双砖双剪法仅适用于推定 240mm 厚墙的烧结普通砖或烧结多孔砖砌体的抗剪强度。

该方法的计算公式与块材材质无关，只和块材的规格有关。故此，该方法对于其他各种块材的同尺寸规格的普通砖和多孔砖砌体，也可应用。

单砖双剪法属原位检测，检测结果综合反映了砂浆质量和施工质量。试验直观性较强，检测部位砌体局部破损。

墙体的正、反手砌筑面，施工质量多有差异，故规定正反手砌筑面的测点数量宜相近或相等。在试验时，若砌体约束较小，易使墙面出现较长裂缝。当砂浆强度低于 5MPa 时，误差较大。因此在工程检测确定方法时，应慎重考虑。在检测中注意观察墙体出现裂缝的情况，甚至终止试验。

2. 测试装置及简图

原位剪切仪的主机为一个附有活动承压钢板的小型千斤顶，额定推力分 75kN 和 150kN 两种，额定行程＞20mm。成套设备包括：液压千斤顶、油压表、油泵、承压钢板等，组装见图 12-10 (a)。砌体双剪试验，见图 12-10 (b)。

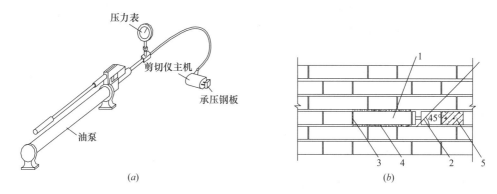

图 12-10　砌体原位双剪法图示

(a) 原位剪切仪示意图；(b) 砌体双剪试验示意图

1—剪切试件；2—剪切仪主机；3—掏空竖缝；4—掏空水平缝；5—垫块

原位剪切仪的主要技术指标应符合表 12-14 的规定。

原位剪切仪主要技术指标　　　　　　　　　　　　　　　　　表 12-14

项目	指标	
	75 型	150 型
额定推力（kN）	75	150
相对测量范围（%）	20～80	
额定行程（mm）	＞20	
示值相对误差（%）	±3	

3. 测点选择

该方法宜选用释放受剪面上部压应力 σ_0 作用下的试验方案，见图 12-11。或布点时受剪试件上部砖匹数较少，σ_0 可忽略的试验方案。当能准确计算上部压应力 σ_0 时，也可选用在上部压应力 σ_0 作用下的试验方案。

以一块完整的顺砖及其上下两条水平灰缝作为一个测点（试件），水平灰缝厚度应为 8～12mm。每个测区随机布置的 n_1 个测点，在墙体两面的数量宜接近或相等。同一墙体的各测点之间，水平方向净距不宜小于 1.5m，垂直方向净距不宜小于 0.5m，且不应在同一水平位置或纵向位置。

下列部位不应布设测点：门、窗洞口侧边 120mm 范围内；后补的施工洞口和经修补的砌体；独立砖柱和窗间墙。

4. 试验步骤

原位双剪法的具体试验步骤如下：

（1）当采用带有上部压应力 σ_o 作用的试验方案时，应按图 12-10（b）的要求，将剪切试件相邻一端的一块砖掏出，清除四周的灰缝，制备出安放主机的孔洞，并应清除四周的灰缝。原位单砖双剪试件的孔洞截面尺寸，普通砖砌体不得小于 115mm×65mm；多孔砖砌体不得小于 115mm×110mm。原位双砖双剪试件的孔洞截面尺寸，普通砖砌体不得小于 240mm×65mm；多孔砖砌体不得小于 240mm×110mm。要掏空、清除剪切试件另一端的竖缝。

（2）当采用释放试件上部压应力 σ_o 的试验方案时，还应按图 12-11 所示，掏空水平灰缝，掏空范围由剪切试件的两端向上按 45°角扩散至灰缝 4，掏空长度应大于 620mm，深度应大于 240mm。

（3）试件两端的灰缝应清理干净。开凿清理过程中，严禁扰动试件；如发现被推砖块有明显缺棱掉角或上、下灰缝有明显松动现象时，应舍去该试件。被推砖的承压面应平整，如不平时应用扁砂轮等工具磨平。

（4）将剪切仪主机放入开凿好的孔洞中（图 12-11），使仪器的承压板与试件的砖块顶面重合，仪器轴线与砖块轴线吻合。若开凿孔洞过长，在仪器尾部应另加垫块。

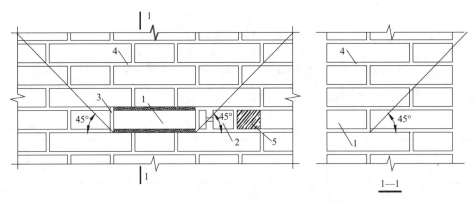

图 12-11　释放 σ_o 方案示意图

1—试样；2—剪切仪主机；3—掏空竖缝；4—掏空水平缝；5—垫块

（5）操作剪切仪，匀速施加水平荷载，直至试件和砌体之间相对位移，试件达到破坏状态。加荷的全过程宜为 1～3min。

（6）记录试件破坏时剪切仪测力计的最大读数，精确至 0.1 个分度值。采用无量纲指示仪表的剪切仪时，尚应按剪切仪的校验结果换算成以 N 为单位的破坏荷载。

5. 强度计算

（1）普通砖砌体单砖双剪法和双砖双剪法试件沿通缝截面的抗剪强度，按下式计算：

$$f_{vij} = \frac{0.64 N_{vij}}{2 A_{vij}} - 0.70 \sigma_{oij} \tag{12-14}$$

（2）多孔砖砌体单砖双剪法和双砖双剪法试件沿通缝截面的抗剪强度，按下式计算：

$$f_{vij} = \frac{0.29 N_{vij}}{A_{vij}} - 0.70 \sigma_{oij} \tag{12-15}$$

170

式中：f_{vij}——第 i 个测区第 j 个测点的砌体沿通缝截面抗剪强度，MPa；

A_{vij}——第 i 个测区第 j 个测点单个灰缝受剪截面的面积，mm^2；

σ_{oij}——该测点上部墙体的压应力，MPa，当忽略上部压应力作用或释放上部压应力时，取为 0。

第七节　砌体强度推定

砌体强度检测结果推定，个人的意见没有权威性。这里是折录的《砌体工程现场检测技术标准》GB/T 50315—2011 中，第 15 章强度推定的内容。

当需要推定每一检测单元的砌体抗压强度标准值或砌体沿通缝截面的抗剪强度标准值时，应分别按下列规定进行推定：

（1）当测区数 n_2 不小于 6 时：

$$f_k = f_m - k \cdot s \tag{12-16}$$

$$f_{v,k} = f_{v,m} - k \cdot s \tag{12-17}$$

式中：f_k——砌体抗压强度标准值，MPa；

f_m——同一检测单元的砌体抗压强度平均值，MPa；

$f_{v,k}$——砌体抗剪强度标准值，MPa；

$f_{v,m}$——同一检测单元的砌体沿通缝截面的抗剪强度平均值，MPa；

k——与 α、C、n_2 有关的强度标准值计算系数，见表 12-15；

α——确定强度标准值所取的概率分布下分位数，本标准取 $=0.05$；

C——置信水平，取：$C=0.60$。

计算系数　　　　　　　　　　　　　　　　　　表 12-15

n_2	6	7	8	9	10	12	15	18
k	1.947	1.908	1.880	1.858	1.841	1.816	1.790	1.773
n_2	20	25	30	35	40	45	50	
k	1.764	1.748	1.736	1.728	1.721	1.716	1.712	

注：$C=0.60$；$\alpha=0.05$。

（2）当测区数 n_2 小于 6 时：

$$f_k = f_{mi,min} \tag{12-18}$$

$$f_{v,k} = f_{vi,min} \tag{12-19}$$

式中：$f_{mi,min}$——同一检测单元中，测区砌体抗压强度的最小值，MPa；

$f_{vi,min}$——同一检测单元中，测区砌体抗剪强度的最小值，MPa。

（3）每一检测单元的砌体抗压强度或抗剪强度，当检测结果的变异系数 δ 分别大于 0.2 或 0.25 时，不宜直接按式（12-16）或式（12-17）计算。此时应检查检测结果离散性较大的原因，若查明系混入不同总体所致，宜分别进行统计，并分别按式（12-16）～式（12-19）确定本标准值。如确系变异系数过大，则按测区数小于 6 时的式（12-18）和式（12-19）确定本标准值。

第 三 篇

砌体耐久性研究与评估

第十三章　砌体的耐久性问题

第一节　耐久性承载历史

在 20 世纪 50 年代初，砌体房屋的楼层数一般很少超过 3 层，采用砌体结构的工业建筑也不多。由于当时的经济落后，生活条件要求不高，结构形式一般也很简单。房屋在使用期间，出现结构问题，常采用"偷梁换柱"，置换墙体的方法维修也很方便。因此，人们一般把砌体建筑的"耐久性"就理解为"维修"，各地房管部门都设有"房屋维修组"，修好了就安全了、就又耐用了，修不好拆了重修。当时，对于古建筑、历史建筑只要建设的需要都可拆除，没有保护的意识，因此更没有耐久性的需要。

随着我国经济的发展，建筑市场管理的逐步规范化，对一般建筑的使用年限也有了要求，在正常设计、正常施工、正常使用的条件下，规定为 50 年。这算是对建筑一个最低使用年限的耐久性要求。在结构设计规范中，对"重要的建筑物"较"一般的建筑物"提高了安全等级，其具体的设计措施是提高使用材料的强度，增加结构的刚度等等。不难看出，安全等级提高的措施之一就是提高建筑的耐久性。

进入 21 世纪，建筑的耐久性问题越来越引起人们的关注。首先是为解决钢筋混凝土结构的耐久性问题，在国内组织了不少学术专题研讨会，开展了不少研究工作。由西安建筑科技大学主编的中国工程建设标准化协会标准《混凝土结构耐久性评定标准》CECS 220—2007 就是其中的一项科研成果，作者也荣幸地参加了其中的研究和工程耐久性评估工作。次年，由清华大学主编的国家标准《混凝土结构耐久性设计规范》GB/T 50476—2008 颁布。在此同时，国内的大学、科研单位和设计院，在砌体结构领域也做了不少耐久性方面的试验研究工作。为了使设计人员便于对砌体结构的耐久性设计的掌握，新颁布的《砌体结构设计规范》GB 50003—2011 版专门增设了"耐久性规定"一节，而不是像以前散落在规范的一些条文中，而是集中起来，并新添了不少内容。对适用于既有建筑的《民用建筑可靠性评定标准》GB 50292—2015，在新的修定版中也增加了钢筋混凝土结构、砌体结构和钢结构的耐久性评估方法。就此而言，对既有砌体结构耐久性的关注，除了与我国经济实力的增强，人们思想意识观点的转变外，还与社会发展的极切需要有关。

自 20 世纪 50 年代至 21 世纪前 10 年，砌体结构大量应用于工业与民用建筑，而砌体的耐久性问题逐渐表现出来。在工厂的生产过程中，砌体容易受到有害液体、气体的侵蚀，使墙体腐蚀；房屋、车间的一些部位难免因撞击、振动使墙体受到损伤；地震，火灾、爆炸、滑坡、泥石流、狂风暴雨造成建筑物及墙体的损坏；水对砌体结构的侵蚀破坏等等情况，在砌体结构和建筑受到损伤后，政府和业主都要求对建筑的安全性作出评价：是否存在安全隐患，还能使用多久，如何处理的问题需要回答。

进入 21 世纪第二个 10 年，地方政府和开发、投资商已逐步认识到，大量的具有地方特色的既有砌体建筑，结合时代元素进行改造，可以成为地方的"标志"建筑物，旅游的景点，财富的来源。如上海"新天地"对"石库门"建筑的改造利用就收到了特别好的效果。由此可见，如何改造大量的砌体建筑，使其外表满足时代的格调，室内使用符合现在的标准，以及建筑节能前的改造，都需要对砌体的时修性和耐久性进行评价。

砌体结构的使用已有数千年的历史，它较木结构、生土结构更具有耐久性，因此由它承载的具有历史价值的古建筑、历史建筑不计其数，是现存量最大的建筑群。从时代的划分来看，现存的有：唐宋建筑、明清建筑、民国建筑、抗战建筑等等。这些建筑历经岁月的沧桑，有着丰富的文化沉淀，是中华文明的见证，也是地方的宝贝。它们年岁已高，资料甚少，破损一般比较严重，为进行科学合理维修、保护提供依据，必须首先对砌体建筑进行检测鉴定已成为了一个需要。作者根据这一思想，在 2011 年联合重庆市文物局、重庆红岩联线文化发展管理中心、重庆市文物考古院等单位，向重庆市科委申报了《重庆抗战遗址结构安全性评价与健康档案建立》科研项目，现已结题。专家评语认为："重庆市抗战遗址结构安全性评价与建立健康档案"项目的研究，对重庆抗战遗址结构存在的安全隐患，科学有序地进行修缮保护，使其发挥更大的历史文化、经济和社会效益，具有指导意义；重庆抗战遗址历史与健康档案的建立在遗址保护方面为首次创新成果，其包含了抗战遗址保护、管理、修缮及信息查询，该档案的建立已经达到了国内领先水平。

我们在这里讨论影响砌体耐久性的因素，不包括突然或瞬间发生的地震、滑坡、水灾、泥石流、风暴等自然力的作用造成建筑的忽然破坏。以及火灾、爆炸、超载、垮塌等人为因素引起建筑的损坏。这里所指的影响砌体耐久性的因素，不是突发的，是持久的、缓慢的、日积月累的、可预见的，自然或人为的作用，造成砌体的损伤和建筑的破坏。

第二节 自然因素的影响

人类制造建筑的初衷是遮风避雨，抵御酷暑和严寒，防止猛兽的侵袭。因为建筑物的存在，使我们生活起居的环境舒适，少生疾病，而抵御恶劣环境的工作则由建筑的围护结构来承担。直到现在，这一工作主要还是靠砌体结构来担当。因长期受到自然环境因素的影响，砌体结构必然受到损伤，由此，耐久性问题也就提了出来。砌体的耐久性与自然环境有关，要提高砌体的耐久性，就应对所处的环境因素有所了解。本节所说的影响砌体耐久性的自然因素是一般自然现象对建筑物的作用，它是时间的函数，不包括突发的自然灾害作用。

1. 温度

砌体给世间上的所有物体一样，具有热胀冷缩的属性，而不同的材料它的热胀冷缩系数（即线胀系数）是不相同的。表 13-1 给出了与砌体的相关材料线胀系数和收缩率。虽然砌体是由块材用砂浆砌筑而成，由于块材的体量、强度和弹模都高于砂浆，因此，砌体的线胀系数主要是由块材的线胀系数确定的。在计算收缩对砌体的影响时，可将收缩折算成温度大小来考虑。

砌体相关材料的线胀系数和收缩率 表 13-1

材料	线胀系数（$\times 10^{-5}/℃$）	收缩率（mm/m）
普通砖	0.5	0.1
空心砖	5	0.125～0.2
灰砂砖	0.8	0.2
矿渣砖	0.6	
混凝土砌块		0.1～0.7
混凝土砖		0.4～0.7
夯土墙		2%～4%
石材	极小	天然石材无收缩
砂浆	1.4	≤0.3%
木材	顺纹 0.6（横纹 0.5）	4.39%～7.95%
钢筋	1.1	0.47～0.52

材料长度随温度变化的式（13-1），反映了结构物的长度与使用材料的线膨胀系数、温度的变化、结构的绝对伸长值之间的关系。

$$\Delta l = L \alpha \Delta t \tag{13-1}$$

式中：Δl——结构的绝对伸长值，mm；

L——结构长度，mm；

α——线膨胀系数，$10^{-6}/℃$；

Δt——温度变化，℃。

不难理解，建筑物过长，就会因为温度的作用，使建筑物变形过大。一幢砖混结构房屋，长 50m，采用烧结砖砌筑，线膨胀系数为 $5 \times 10^{-6}/℃$；使用钢筋混凝土楼面，线膨胀系数为 $10 \times 10^{-6}/℃$，在温度变化 10℃的情况下，钢筋混凝土楼面比砌体多伸长 25mm。伸长率为 5×10^{-4}mm/m，由于变形较小，不会对墙体产生裂缝，影响使用和耐久性。但温度过高或建筑物过长，也会造成建筑物较大的变形，引起开裂。因此，人们往往用控制建筑物长度的方法来尽量避免温度裂缝的出现。

温度对砌体的影响，主要是温差的影响。建筑物始终处在四季温差、昼夜温差、温度骤然变化的环境中，也就是说，使砌体始终处于反复的热胀冷缩状态。此外，建筑物在形成空间的过程中，纵横墙、上下墙体、楼屋面板的相互约束，造成砌体中的温度应力极不均匀，易产生裂缝或受到损坏。温度差一般是根据室内外空气在冬季的最低温度和在夏季的最高温度计算出来的。确定计算温差值的每种情况，必须考虑的具体条件包括：房屋的方位、日照角、楼层，必要时应考虑散热和光线反射问题。以计算砖混结构房屋的混凝土平屋顶变形为例，夏季取屋顶表面最大受热 50～75℃的平均值，在冬季室外气温最低为－15℃时，温度差可视不同情况相应取 65～90℃。若温差为 80℃，50m 长的混凝土屋面相对于墙体将产生 200mm 的变形。对于整体的钢筋混凝土屋面板，因为混凝土是浇注的，屋面板与其支承的砖墙紧密连接，屋面板在支承部位产生的摩擦力将使楼面板转角处（对角线方向）的房屋结构发生严重变形。在墙砌体中产生的剪切力有时达到砌体抗剪不能承受的程度，砌体就会出现裂缝（垂直于主拉应力的方向）。砌体裂缝的多数出现在最薄弱的砌缝地段，易呈阶梯形（与水平成 45°角）。这些转角部位的斜裂缝通常在屋面板支承面稍下处逐渐变成水平裂缝。因为屋面板的变形方向由夏季板的伸长和冬季板的缩短而决定，故房屋转角砌体上斜裂缝构成的图形（裂缝的方向）是变化的。图 13-1（a）为春季施工的建筑—屋面板在夏热时节伸长，墙体上裂缝产生的形态。图 13-1（b）为秋季施工的建筑—屋面板在寒冬时节缩短，墙体上裂缝产生的形态。图 13-1（c）为一幢六层楼的砖混结构住宅房屋，顶层室内转角处的水平（山墙）与斜裂缝（纵向墙体）情况。

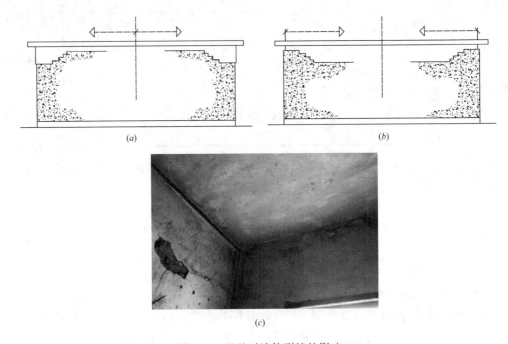

图 13-1　温差对墙体裂缝的影响

（a）春季施工屋面板在夏热时节伸长；（b）秋季施工屋面板在寒冬时节缩短；（c）室内转角处的水平与斜裂缝

表 13-2 是《砌体结构设计规范》GB 50003—2011 中，对烧结普通砖、烧结多孔砖、配筋砌块砌体房屋伸缩缝最大间距的规定；对石砌体、蒸压灰砂砖、蒸压粉煤灰砖、混凝土砌块、混凝土普通砖和混凝土多孔砖房屋最大间距取表中数值乘以 0.8 的系数；当墙体有可靠外保温措施时，其间距可适当增大。由此可见，为消除或减小温度对砌体结构建筑的影响，要考虑砌筑的材料、建筑的长度、结构形式、构造等各种措施综合的控制作用，应付温度对建筑产生裂缝的影响是一个复杂的问题。

砌体房屋伸缩缝的最大间距（m）　　　　　　　　　　　　　　　表 13-2

屋盖或楼盖类别		间距
整体式或装配整体式钢筋混凝土结构	有保温层或隔热层的屋盖、楼盖	50
	无保温层或隔热层的层盖	40
装配式无檩体系钢筋混凝土结构	有保温层或隔热层的屋盖、楼盖	60
	无保温层或隔热层的屋盖	50
装配式有檩体系钢筋混凝土结构	有保温层或隔热层的屋盖	75
	无保温层或隔热层的屋盖	60
瓦材屋盖、木屋盖或楼盖、轻钢屋盖		100

2. 水侵

水是以雨水、地下水、生活用水、生产用水等形式对建筑物的耐久性造成影响。雨水是从天而降，因此受到影响的部位主要是屋顶、外墙、门窗洞口、阳台，遭侵蚀破损。地下水是从墙体下部侵入，主要是对房屋基础、地面墙脚造成破坏。生活用水是日常起居和饮食制作时的产物，主要是造成厨房、卫生间的渗漏、墙面霉变、抹灰层脱落。生产用水主要是工艺的需要长期遭水侵蚀的部位受到损坏。水影响砌体耐久性的原因是，水是液体具有流动性和浸润作用，而砌体是多孔材料、当水源充分，水顺着孔隙钻入墙体中，使材料疏松，体积膨胀，强度降低，墙体受到损坏。

水在自然界中以气态出现时，水蒸汽、雾是它的表现形式。由于水汽和雾飘浮在空中，因此它广泛存在于建筑环境中的各个角落。当水汽附于墙体表面就成为露、水膜、霜的形式，最后变成水。而墙体材料（包括块材和砂浆）自身具有微细孔隙，水容易渗入，当水每次仅浸湿墙体的表面，干湿度交替循环造成墙体的损坏。当受浸湿墙体中的部分水分蒸发后，毛细孔隙水由于表面张力产生的内应力，使材料收缩。水失而复得的反复作用，使墙体表面酥松、起皮，掉落。建筑最易受到干湿度交替的部位是与地坪接触墙体，门窗洞口处，厨房、卫生间墙体、屋顶女儿墙。

哈尔滨索菲亚教堂受雨水影响，教堂外墙有较多部位受到损坏，图 13-2 (a) 室外墙面有水流挂的迹印、墙角长满了绿色的苔藓、表面砖剥落的印迹，这种情况既影响美观，也影响墙体的耐久性。图 13-2 (b) 室内墙面由于屋顶雨水侵蚀、抹灰层变色、酥松、脱落影响室内彩色壁画的装饰效果，给游人的观感造成不良影响。

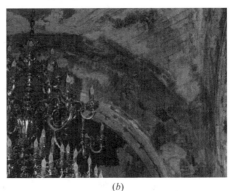

(a)   (b)

图 13-2　哈尔滨索菲亚教堂受水影响
(a) 外墙情况；(b) 室内情况

为延长砌体结构的耐久性，就是断绝水源。对地下水，采取的措施有：基础或墙体下部使用耐水的材料，如石材、混凝土等；在砌体表面涂刷防水材料或在灰缝中夹防水材料，防止水的侵入。对于上部墙体，采用抹灰砂浆把砌体包裹起来，让砂浆来承受水对表面的侵蚀是比较经济，实用的作法。同时，又不切断墙体孔道的呼吸功能，并还容易进行装饰处理。当然，墙面也失去了原有的本色。

3. 冻融

砌体的冻融损伤是水和温度共同作用的结果。当环境温度低于冰点温度以下，墙体毛细管中残留的水分会结冰，由于同样质量冰的体积比水的体积大 9％，毛细管中的冰对墙体产生膨胀应力。温度升高，冰融化，这样反复的作用，容易使墙体表面疏松、裂缝，砖和砂浆失去强度、局部崩塌等情况。砌体的冻融损伤主要发生在建筑物的外墙面。由于水结成冰后体积膨胀能增加 9％，对砌体结构内部材料的损伤是很大的，所以砌体块材的耐久性，采用冻融循环来检测，这在后面将要谈到。

冻融首先是要有水，同时，环境温度每一年都要低于冰点以下的季节，表 13-3 和表 13-4 是按气象学的理论划分的我国温度带和湿度区域。比较第十四章表 14-1 中，国家建材部门所给的砖全国风化区划分，可以看出，砖风化严重区在温度带划分的中温带、寒温带和青藏高原地区；在湿度划分的半干旱区和干旱区。这与混凝土结构中，钢筋锈蚀影响构件耐久性的气象条件是有差别，这也就是说，一年季节中冻融循环的影响和干旱风沙的侵蚀，对砖砌体的耐久性影响很大。

我国温度带的划分 表 13-3

温度带	≥10℃积温	分部范围
热带	>8000℃	海南全省和滇、粤、台三省南部
亚热带	4500～8000℃	秦岭—淮河以南，青藏高原以东
暖温带	3400～4500℃	黄河中下游大部分地区及南疆
中温带	1600～3400℃	东北、内蒙古大部分及北疆
寒温带	<1600℃	黑龙江省北部及内蒙古东北部
青藏高原区	<2000℃（大部分）	青藏高原

我国干湿地区的划分 表 13-4

	年降水量（mm）	干湿状况	分布地区	植被
湿润区	>800	降水量>蒸发量	秦岭—淮河以南、青藏高原南部、内蒙古东北部、东北三省东部	森林
半湿润区	>400	降水量>蒸发量	东北平原、华北平原、黄土高原大部、青藏高原东南部	森林草原
半干旱区	<400	降水量<蒸发量	内蒙古高原、黄土高原的一部分、青藏高原大部	草原
干旱区	<200	降水量<蒸发量	新疆、内蒙古高原西部、青藏高原西北部	荒漠

哈尔滨工业大学人文学院办公楼，于 1929 年 8 月 1 日修建，顶部墙体损坏、坍塌的原因（图 13-3a），哈工大王凤来教授的鉴定结论是：原墙体本身强度不高，在顶层墙体受水情况下出现冻融破坏，又未能及时进行维修造成的，并从尚完整的墙垛出现纵向劈裂裂缝得到印证。从照片中可看到，表面虽然已经坍塌，但内墙面尚基本完整，可见墙体损坏是自外向内发展的。图 13-3 (b) 是笔者到山西考察，山西平遥古城日昇昌票号院内墙体冻害引起表面风化、剥蚀情况。日昇昌票号创建于清道光初年（1823 年），该庭院至少也有 100 多年历史。墙体表面剥蚀后，可见到砖表面疏松和粗大的孔隙。图 13-3 (c) 是一住宅砌体结构，由于外墙抹灰有开裂现象，雨水渗入墙体，墙体砌体冻融破坏，砌体强度下降，外墙抹灰脱落。图 13-3d 哈尔滨某电影院，砌体结构、砖基础。基础潮湿，经多年冻融破坏，造成砖砌体底部破坏。后面两个工程案例是哈尔滨寒地研究院郭忠凯高工提供的资料。

图 13-3 冻融对墙体的损坏

（a）屋顶阁楼外墙体坍塌；（b）墙体表面剥蚀；（c）抹灰层及砖表面脱落；（d）墙体"烂根"

4. 风蚀

风有无比的力量，它不但能飞沙走石，一时间迅速的摧毁大面积的建构筑物，地形地貌也能在它的作用下加以改变。图 13-4（a）是位于甘肃敦煌汉代玉门关西北的雅丹国家地质公园。在地质学上，雅丹地貌专指经长期风蚀，形成一系列平行的垄嵴和沟槽构成的景观。据专家考证，这片神奇的雅丹地貌，其主体是形成数百万年前的新生代冲洪积和湖积地层，由于地壳运动，使裸露地表的岩层长期遭受水力和风力剥蚀，经过大自然数万年的雕琢，形成与千姿百态，雄浑博大的风蚀地貌奇观。该公园占地约 400km²，东西长 25km，南北长 18km，可见风的影响的范围不小。距雅丹地貌不远的汉长城，距今已有 2000 多年，已被风狠狠地刮去了厚厚一层皮（图 13-4b）。这段汉长城的修筑是先以红柳、芦苇编成框架，中间加以砾石，层层叠压而成。为确保其稳固，又以芦苇、红柳、胡杨和罗布麻等夹砾石层层夯筑。芦苇层厚 50mm，砂砾层厚 200mm，黏结非常牢固。长城内侧高峻处，烽燧墩台相望。台以黄土为基，上部用土坯垒砌，高达 10m。这种用材和工艺与前面介绍的不完全相同，但属性是一样的，墙体属于夯土建筑，烽燧墩台属土坯建筑。它们保存到如今，说明生土建筑在一些环境中，也能经受住耐久性的考验，甚至不会比现代材料差。

南京城墙（图 13-4c）和重庆城墙（图 13-4d）都是在明朝修建的城墙，都属于全国重点文物保护单位。一个用砖砌筑，一个用石料砌筑，距今已有五、六百年的历史，表面都剥蚀破损严重。风大时，风中带有的尖硬颗粒，打击墙体的表面对墙体也会有一定影响，使墙面粗糙、酥松。风的吹打，无论是对建筑物墙面产生正压力或是负压的拉力，对墙体表面疏松的部分都有剥蚀作用。上面的事实表明，风蚀对砌体损伤的影响是不能忽视的。其中，城墙和大型围墙受自然环境影响最大，因为它体量大，表面和周边没有任何防护。图13-4的墙体，虽然坐落在我国不同地方，环境影响各有差异，但长期经风吹雨打造成大面积破损都是共同的特点。

图 13-4　各地墙体的风化作用

（a）受风侵蚀的雅丹地貌；（b）敦煌地区的汉长城；（c）南京清凉门城墙（d）重庆通远门城墙

从环境因素，温度、水、冻融、风对墙体耐久性分析，我们不难看出，墙体的损伤多数时候是它们共同的作用的结果。在一定环境下，其中一个因素起了主导作用，而水的作用的确是无孔不如的。

5. 植物的影响

植物是绿色的载体，它表征着生机盎然，给我们带来新鲜、清洁的空气，滋润我们的机体。随着物质生活水平的提高，我们越来越感受到它的重要性。种植花草和树木，保护它成长，已经开始深入人心。

任何事物都有两面性，植物的生长也不例外。若我们在房屋修建好的初期，距房屋不远的地方种下一棵树，当它长大后，你才发现，它遮挡了你房间的光线和视野，阻止了穿堂风的通畅进入。图13-5（a）是柬埔寨吴哥大城中的树，它不理会这是人类珍贵的文化遗产，用它强劲的根系显示力量，将其建筑挤压破坏。图13-5（b）是一棵树从两个墙体之间挤出一道缝从中长了出来，使墙体产生变形，屋面发生渗漏。在墙体角落，潮湿的环境利于植物生长，其根系植于墙体缝隙，盘根错节使墙体开裂变形，甚至坍塌。

(a)　　　　　　　　　　　　　(b)

图 13-5　树对砌体结构的影响

(a) 砌体受到树的挤压变形；(b) 树从墙体间长出

　　按照达尔文自然生存法则，植物也会给我们争夺生存空间。因此，树木种植在建构筑物的周边之前，首先应选择树种，并对长成后的作用应有一个初步评估。它的枝叶应给我们带来绿荫和新鲜空气，调节我们的微气候环境。它的根系不能对建筑物的墙体造成损坏，使其近处的构筑物，如砌体挡墙、小桥造成开裂和变形。

第三节　人　类　活　动

　　人类为了满足自己生产、生活的需要，在其活动过程中，有意或无意之间给自然环境和人居环境造成伤害，其中影响砌体建筑。这种伤害甚至比自然因素的变化来得更快，更可怕。

　　1. 生产污染

　　在生产过程中，有时会产生一些对砌体有害物质，包括：粉尘、废水、废弃固体物等，经过长期侵蚀对砌体造成耐久性影响。也因生产方式，如振动、撞击等作用，造成对砌体及结构的损伤。在防护措施差、维修又不及时的情况下，更易影响砖石结构的使用寿命，有的结构只有十几、二十年的使用时间，或给环境造成污染。

　　案例1：某水泥厂砖砌体生料库建于 20 世纪 80 年代，原为小机立窑筒，后经过改造作为水泥生料库使用已有约 30 年时间。2010 年 6 月 26 日下午，从 3～15m 高度范围突然垮塌（图 13-6a），造成该侧两个库的生料外泄。究其原因，除那个年代的设计施工存在问题外，在长时间的使用过程中疏于维护，砌体强度降低、变形增大，致使出现事故，给环境也造成了污染。

　　案例2：某电厂烟囱筒身受温度作用产生裂缝，潮湿的气体溢出使筒身改变了颜色，从砖的红色变成了暗红色（图 13-6b）。这种情况不但与周边的色调不协调，也使人们对它的安全性产生担忧。经过检测取样分析，是溢出的烟气中含有硫化物，致使烟囱筒身砌体改变了颜色，并留下了附着物。

　　2. 生活污染

　　人类生活造成对环境的污染，甚至比生产污染造成的问题更为深刻和普遍，当然，砌体结构也是受害者之一。生活污染造成的原因，是人的生存需求。人们为吃喝就要做饭，

183

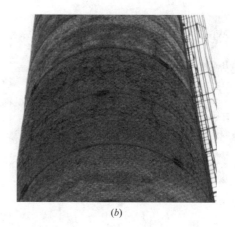

(a)　　　　　　　　　　　　　　　　(b)

图 13-6　生产造成砌体损伤
(a) 砖生料库垮塌；(b) 电厂烟囱筒身色变

这样会排出大量的煤气、油烟、水蒸气；为保持生活起居的环境卫生，就要排出大量的污水，长期作用给建筑物的墙面，尤其是厨房、卫生间的墙面造成严重污染，影响美观和耐久性。图 13-7 (a) 是 20 世纪 80 年代修建的住宅楼公用卫生间外墙，这是 2014 年时的情况。潮湿的环境，合适的温度，任其小草和苔藓快活生长，从现状判断已是很多年时间，住户也熟视无睹。图 13-7 (b) 是房屋内墙渗漏，受到水的侵蚀，墙体霉变、抹灰层起皮，这种现象在各类房屋中到处可见。

(a)　　　　　　　　　　　　　　　　(b)

图 13-7　砌体墙面的污染、渗漏
(a) 卫生间外墙景观；(b) 房屋内墙渗漏、霉变

3. 环境改造

环境是一幢建筑的重要组成部分。我们现在常说"宜居"，其实，没有舒适的周边环境，就谈不上宜居生活。建筑物周边环境的破坏，甚至会对建筑造成直接的影响和损伤。这个道理谁都懂，但伤心的事情却随时都在发生。

既有建筑周边环境的改变包括地上和地下。由于人们过度的建设和开采，给建筑适用性、耐久性带来的问题越来越多，越来越严重。我们在检测鉴定时要留意这些情况的变化，以便做出正确的判断和分析。

案例 1：《新华日报》总馆旧址位于重庆渝中区化龙桥虎头岩下的山沟里，20 世纪 30

年代修建。是抗日战争时期和解放战争初期，编辑和印刷出版中国共产党在国民党统治区域公开发行的唯一机关报所在地。为市级文物保护单位，是重庆市的红色革命教育基地。

现在《新华日报》总馆旧址的环境（图13-8a），铁路从它上空通过，围墙的左侧成了高高的弃渣场，右侧近几年又修建高十几米的道路挡墙，完全改变了当时的环境状况，参观者到此，已无法领悟不出当时的环境氛围。更麻烦的是，该旧址地势低洼，因周边环境的改变，遇到雨季，场区积水严重，影响建筑安全，只有安上排水装置（图13-8b）。

(a)　　　　　　　　　　　　　　(b)

图 13-8　新华日报社旧址现在环境

(a) 树木遮挡部分是旧址；(b) 旧址内地涝时的排水设施

案例2：天府矿务局位于重庆北碚区代家沟。自1999年10月至2001年7月，在该局所辖煤矿，北起三汇一、三矿，南至嘉陵江磨心坡矿，长30余公里区域内，重庆地震台共测到8次有影响地震，震级在0.8～2.4之间。先后造成沙坪5号楼，代家沟住宅楼，后半岩中心医院住院部、天府中学教学楼、宿舍等建筑的墙体，地面开裂。图13-9（a）是教学楼伸缩缝发生的较大变形，墙上裂缝。仔细看图13-9（b），可见到沙坪5号楼室内外墙体出现方向一致裂缝。造成房屋裂缝的"地震"，地下煤矿的开采至少是诱发因素。因开矿造成房屋墙体裂缝，耐久性降低，使用年限减短的事情，近年来国内随时都有报道。

(a)　　　　　　　　　　　　　　(b)

图 13-9　地下采煤引起的房屋裂缝

(a) 教学楼墙体变形缝加大；(b) 新建住宅内、外墙裂缝

第四节　墙材的质量问题

墙体材料的质量问题也是直接影响砌体结构的耐久性的主要因素之一。我把它专列一节，是因为它的问题以往不被人们所重视，但出的问题又不少，也造成了不小的经济损失。在提倡节约型社会、循环经济的今天，了解以下的情况，作为借鉴，是有益处的。

1. 块材的稳定性

墙体材料的稳定性不是因自然环境的影响，有害介质的侵蚀，冻融、高温的作用出现的耐久性问题，而是指房屋建筑的墙体在使用时间不长的情况下，强度迅速降低，或因墙体材料的体积极剧变化，房屋不能满足安全或正常使用要求。

烧结砖出现稳定性问题，主要是制作烧结砖的原料黏土或页岩，在制作成型过程中，混入了石灰岩颗粒。石灰岩颗粒在砖坯烧结时会生成氧化钙。当砌筑上墙后（在此时，往往还不易发现砖有问题），在房屋容易遇到水的部位，如厨房、卫生间、女儿墙、房屋的外墙面，当水分慢慢渗入墙体后，氧化钙生成氢氧化钙，墙体体积膨胀，造成墙面鼓胀、墙体倾斜等不良现象，致使房屋不能正常使用。图 13-10 是一幢住宅楼的墙体采用了含有欠烧石灰的页岩烧结普通砖，经过 12 年的逐步发展，厨房、卫生间的墙面胀鼓、瓷砖蹦落，引起楼面混凝土现浇板裂缝，外墙面抹灰层胀裂、脱落，影响楼下过路人的安全。

 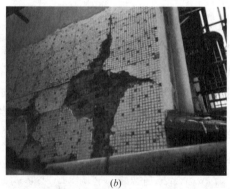

(a)　　　　　　　　　　　　　　　　　(b)

图 13-10　页岩烧结砖中含有石灰的墙体

(a) 卫生间窗台、墙体变形；(b) 外墙外凸、抹灰爆裂

蒸压砖同样存在强度和体积的稳定性问题。由于蒸压砖生产方式和强度形成原理基本相同，同时，灰砂砖在我国应用时间最长，产量最多的蒸压砖制品，因而可以通过以下的分析举一反三，来避免这些问题的出现。一直到现在，这种情况还时有发生。从生产灰砂砖的原材料分析，国外生产灰砂砖的砂有严格的颗粒级配要求，而我国是地取材进行生产，基本不考虑级配，生产砖用的石灰等级往往达不到要求，有效 CaO 含量偏低，同时，这两种主要材料中的有害杂质厂家也控制不严或无法控制，这是原材料的缺陷。压制成型的砖坯要经过高压蒸汽的作用才能具有强度，获得作为墙体材料而需要的各种物理力学性能。据国外研究的结果，蒸压养护制度在 16Bar 气压、恒温 8h 为最优，在此条件下，相对强度最高，相对收缩率较小。而我国的生产厂家引进设备后，简单调试就开始生产，希望早日收回成本，对自己的产品因成分等因素的变化需要采用的合理蒸压制度没有进行认

真地研究分析，使二次水化反应进行得不完全，进一步影响了砖的质量。这种劣质的砖，用肉眼无法判别，一般房屋建好后，七、八年就逐渐发现问题，最长的有十几年时间。问题首先出现在外墙，楼梯间，厨房，卫生间等潮湿或干湿循环较频繁的部位。墙体砖的主要表现特征是：砌体中的砖表面逐渐发"毛"，棱角模糊，随后用手指或硬物在砖表面刻划掉砂，严重的几乎完全没有了强度，成为粉状或纤维状。图 13-11 是其中两幢灰砂砖建筑，图 13-11（a）是一生产车间的外墙严重风化、剥蚀情况，图 13-11（b）是一住宅厨房墙体膨胀变形，个别砖已粉化，失去强度。我们曾抽取这种建筑墙体中比较好点的砖样进行抗压强度检测，均低于灰砂砖国家标准最低强度等级 MU10 的要求，抗压强度最小值只有 2～3MPa。抽取砖样进行抗冻行试验，单块砖的干质量损失＞2％，不满足国家标准要求。

(a)　　　　　　　　　　　　　　(b)

图 13-11　灰砂砖的耐久性问题
（a）外墙风化、剥蚀；（b）厨房墙体膨胀、粉化

蒸养制品由于养护温度低，一般养护温度在 100℃ 左右，因此，水化反应更不容易进行完全，在生产过程中，控制不严，产品的稳定性就更易出现问题。蒸养制品块材的收缩一般比蒸压制品块材的收缩量还要大，因此墙体开裂会更严重。为减少这种情况的出现，块材蒸养出池后宜放置一段时间，再砌筑上墙，这种块材前期收缩较大，让它在上墙前完成大部分收缩。在设计时应采取防裂的构造措施，尽量减少裂缝的出现。

2. 废料危害

在墙材制品中参加工业废料进行利用，不但少占耕地，也减小对周边环境的污染，符合循环经济的大政方针。但是利用废料的化学成分；在制品中掺加的比例；生产中的控制规定；使用中的要求，必须通过试验研究后，制定出可靠的实施方案。否则，只听宣传，利用不当，反而造成很大的经济损失。

案例 1：20 世纪 90 年代，一家灰砂砖厂在灰砂砖中掺硫铁矿渣（硫酸厂的废渣），砖的强度等级可达 MU10，抗冻性指标亦合格。在生产中，该厂自检发现有五釜砖质量差，这些砖用于工程约一个月，陆续发生了砖爆裂，部分砖块完全丧失了强度，变成了一堆散渣；墙体出现裂缝，变形等情况。分析原因，原生产的砖中，掺的是旧渣，旧渣因雨水冲洗等因素作用，三氧化硫含量较低，没有出现问题；发现问题的砖掺有新渣，新渣中的三氧化硫 SO_3 含量高达 7.39％；同时，砖材生产时，计量手段不严格，硫铁矿渣掺用量范围在 15％～30％，三氧化硫含量很难控制，造成三氧化硫含量过高，安定性不良，导致砖体积膨胀而破坏。由于这种砖的使用，造成三栋在建房屋拆除重建，其余房屋进行加固补强。

除烧结砖中的石灰石爆裂外，煤矸石砖中的蒙脱石也能引起爆裂，虽然这种情况很少出现。

案例2： 有一工程的三栋住宅楼，在2007年4月开始施工墙体，没有发现烧结煤矸石砖有任何问题。2007年6月雨期，发现已砌筑的部分墙体有黑色斑点，至2007年8月初，爆裂、脱皮深度达3~5mm。清华大学和烟台大学通过石灰爆裂试验、泛霜试验和XHD衍射分析，确定是蒙脱石遇水膨胀引起砖爆裂的原因。这一工程案例说明，在砖、砌块和砂浆中，掺加了不了解，体积不稳定的材料，也是影响墙体耐久性的因素。

这两个工程案例都说明，工业废料的利用虽然是一个利国、利民的好事，但是，不经过充分地科学试验，制定严格的产品标准，编制或依据相应的设计和施工规程施工，逐步推广应用，失去了任何一个环节，操之过急，反而会造成巨大的经济损失。而类似的问题，现在还在持续发生。

3. 砖的泛霜

墙体泛霜的情况在全国各地都普遍存在，轻微的泛霜虽然对墙体没有损伤，但使墙面非常难看。图13-12（a）围墙本是街边小景的组成部分，因砖中含有硫酸钙，使表面产生盐析变成了"花脸"。图13-12（b）是一新建住宅楼，还未交付使用，阳台墙体表面涂层就因泛霜掉皮，给住户带来不愉快的感觉。严重的泛霜会使墙体表面酥松，大面积的脱落，影响使用。从颜色上看泛霜，霜盐有四种：白色、黄绿色、淡黄绿色、褐色，但以白色最多。建筑物上的泛霜首先主要出现在干湿交替部位，如靠近地面的墙群、阳台、女儿墙等地方，现在建筑物泛霜有越来越严重的趋势。

 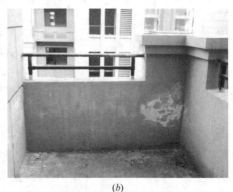

(a)   (b)

图13-12 墙面泛霜给人带来不悦
(a) 泛霜破坏了环境景观；(b) 泛霜使墙面涂层脱落

泛霜是指墙体表面泛白色粉末，薄膜状的盐沉积，常称"盐析"。盐的来源有两种：第一种是源于制品本身，如烧结砖制品中的可溶性盐主要源于原料土中的硫酸镁、硫酸钙等，硫酸盐多属于可溶性盐类；第二种是源于外界环境，如砂浆和地下水渗入等。泛霜的形成过程是：墙体内部或外界一些可溶性盐随着水分迁移到制品的表面，当蒸发作用使孔隙水减少时，溶解于孔隙水中的可溶性盐达到饱和，便析出晶体，形成泛霜。在泛霜过程中，霜盐首先出现在砖的棱、顶角以及未充分燃烧的内燃砖的黑色压痕处。这是由于砖棱及顶角的水分蒸发速度快，砖中的可溶性盐被快速带至这些部位并结晶沉积下来。内燃砖黑色烟痕处，所掺的燃料未能充分燃尽，其 SO_2 的含量较高。由于可溶性盐泛霜是再结晶，往往含有一定量的结晶水，因此体积会膨胀。例如，硫酸镁溶于水再结晶，就含有 7 个结晶水，体积增加 3 倍。硫酸钠溶于水再结晶，就含有 10 个结晶水，体积增加 86％。这些体积膨胀的再结晶盐类，在砖的微孔中产生较大的膨胀应力，导致表面出现类似于鱼鳞片的剥落，使砖的强度降低，影响砖的耐久性。解放军后勤工程学院做了黏土砖、页岩砖、煤矸石砖、煤渣砖和灰砂砖，泛霜前后抗压强度和抗折强度下降的实测对比（表 13-5），就说明了这个问题。

不同砖品种泛霜前后强度对比 表 13-5

砖品种	抗压强度（MPa）			抗折强度（MPa）		
	泛霜前	泛霜后	下降比（％）	泛霜前	泛霜后	下降比（％）
黏土砖	15.6	14.4	7.7	5.5	5.1	7.3
页岩砖	17.1	12.8	25.1	4.4	3.6	18.2
煤矸石砖	17.1	13.1	23.4	5.3	4.6	13.2
煤渣砖	16.2	15.2	6.2	3.5	3.6	2.9
灰砂砖	20.5	20.1	2.0	6.0	6.0	1.0

预防砌体表面出现泛霜的措施，首先是不使用容易引起泛霜的砖，砌筑和抹灰砂浆中含有容易引起泛霜的可溶性盐类的原材料。当发现砖含有容易引起泛霜的可溶性盐类后，在制砖时应针对性地采取措施，常用的方法有：严格控制原料中的含硫量，一般原料中含硫量应控制在 0.08％以下，原材料中可溶性硫酸盐含量超过 0.1％就容易引起泛霜；增加制坯原料的细度，适当提高焙烧温度，通过焙烧提高脱硫量；在原料中掺加外加剂，碳酸钡或其他材料，使其生成不溶于水的盐类。当砖已砌筑成墙体，消除墙面泛霜很麻烦，若无法拆除墙体，可参考如下方法。一种称"西微士德法"：先用 80％的钾肥皂水溶液涂于砖墙表面，待干燥后再涂 57％的明矾水溶液，如此重复涂几次，形成由两液化合而成的不溶性皮膜，作为防护。另一种称"库尔曼法"：先涂水玻璃溶液，待干燥后再涂氯化钙溶液，形成两液化合而成的不溶性皮膜，亦可防护表面。目前处理墙体泛霜的主要思路是，切断水对墙体的浸入，避免盐的溶解析出，表面的粉末用稀释的草酸水冲洗掉。

4. 墙材低强度

材料的低强度是导致墙体耐久性差的原因之一。墙体材料的强度低，相对质地较疏松、孔隙较大或较多密实性较差，在温差、水、冻融、风蚀的作用下，容易损坏。图 13-13（a）是笔者到重庆市綦江区鉴定工程时，路上看见免烧煤渣砖堆码现场，由于砖强度低，还未使用就出现砖裂纹、疏松、泛霜等现象，已经不能使用。当然，这是一个比较极端的情况，但是在全国并不少见。图 13-13（b）是笔者到山西省考察时，看见由于墙体灰缝中的砂浆是草筋泥浆拌合而成，强度显然低，受到侵蚀后，由于墙体中没有了砂浆，砖也受到了损伤，当然这是一个比较极端的例子。

砌体的耐久性与块材和砂浆的强度有直接的关系，从 20 世纪 50 年代以来，国家先后颁布的 5 本《砌体结构设计规范》中，对烧结普通砖和砂浆强度的最低取值要求的变化就可看出。在表 13-6 中，砖在 1955 年时，最低强度是 3.5MPa，到 2001 年已经提高到 10MPa；而砂浆在 1955 年时，最低强度从 0.2MPa，到 2001 年已经提高到 2.5MPa。这

图 13-13 低强度墙材的风化
(a) 免烧煤渣砖堆码现场；(b) 砖缝中的黏土砂浆

一规定，不但表明设计取值随国家经济实力的提高可以满足这一要求，也表明要提高砌体的耐久性能，必须首先要保证砖和砂浆有足够的强度。我所见到古代留存到现在的砖强度都是很高、密度都是很大的。

砌体结构设计规范中烧结普通砖砖和砂浆强度最低取值　　　　表 13-6

规范年代	"55"	"73"	"88"	"01"	"11"
砖	35	50	75	10 (100)	10 (100)
	标号	标号	标号	强度等级	强度等级
	kg/cm²	kg/cm²	kg/cm²	MPa	MPa
砂浆	2	4	4	2.5 (25)	2.5 (25)
	标号	标号	标号	强度等级	强度等级
	kg/cm²	kg/cm²	kg/cm²	MPa	MPa

注：括号内为相应的标号强度值。

第十四章 墙材的耐久性试验方法

砌体结构的耐久性试验还没有相应的方法和标准。目前，分别只有砖和砂浆产品的耐久性检测和评定方法，而这些试验方法主要是针对产品性能作出的要求。在工程中，我可以参考这些方法对砖和砂浆的耐久性试验或检测，根据工作条件和环境状况，来对具体的砌体工程耐久性作出一个客观的评价，看来是可行的。

这一章介绍的主要与砌体耐久性有关的试验方法都是目前国内在执行的标准。也是我们下一章砖和砂浆的耐久性研究的试验参考依据。我们这样的做法也是希望，试验数据能相互利用和比对，试验结果能得到认可。

第一节 烧结砖的抗风化性能

由于我国幅员辽阔，南北气候差异大，在冬季，南方很少有冰雪天气，工程经验也表明，南方的墙体材料可以不采用冻融试验来判断使用的耐久性。《烧结普通砖》GB 5101—2003 和《烧结空心砖和空心砌块》GB 13545—2003 标准，参照美国 ASTM5062—97 建筑砖标准，采用饱和系数在一定条件下替代冻融试验的方法，即以砖的抗风化能力来评定其耐久性，使检测更方便快捷。对严重风化区必须做冻融试验，其他非严重风化区可用饱和系数试验来判定砖的抗风化性能，达不到饱和系数指标要求的砖，再用冻融试验来最终判定抗风化性能合格与否，是合理的。目前《烧结空心砖和空心砌块》GB 13545—2003 已由《烧结空心砖和空心砌块》GB/T 13545—2014 代替，《烧结多孔》GB 13544—2000 已由《烧结多孔砖和多孔砌块》GB 13544—2011 代替，但关于烧结砖的抗风化性能的试验方法没有变。

风化区用风化指数进行划分。风化指数是指日气温从正温降至负温或负温升至正温的年平均天数与每年从霜冻之日起至消失霜冻之日止这一期间降雨总量（以 mm 计）的平均值的乘积。风化指数大于等于 12700 为严重风化区，风化指数小于 12700 为非严重风化区。全国风化区见表 14-1。

全国风化区划分　　　　　　　　　　　　　　表 14-1

严重风化区		非严重风化区	
1. 黑龙江省	12. 北京市	1. 山东省	12. 台湾省
2. 吉林省	13. 天津市	2. 河南省	13. 广东省
3. 辽宁省		3. 安徽省	14. 广西壮族自治区
4. 内蒙古自治区		4. 江苏省	15. 海南省
5. 新疆维吾尔自治区		5. 湖北省	16. 云南省
6. 宁夏回族自治区		6. 江西省	17. 西藏自治区
7. 甘肃省		7. 浙江省	18. 上海市

严重风化区		非严重风化区	
8. 青海省		8. 四川省	19. 重庆市
9. 陕西省		9. 贵州省	20. 香港地区
10. 山西省		10. 湖南省	21. 澳门地区
11. 河北省		11. 福建省	

表 14-1 中，严重风化地区的黑龙江省、吉林省、辽宁省、内蒙古自治区和新疆维吾尔自治区的砖必须进行冻融试验，其他地区砖的抗风化性能符合表 14-2 规定时可不做冻融试验，否则必须进行冻融试验。

砖抗风化性能指标 　　　　　　　　　　　　　　　　　　　　表 14-2

指标	严重风化区				非严重风化区			
	5h沸煮吸水率（%）≤		饱和系数≤		5h沸煮吸水率（%）≤		饱和系数≤	
	平均值	单块最大值	平均值	单块最大值	平均值	单块最大值	平均值	单块最大值
黏土砖	21	23	0.85	0.87	23	25	0.88	0.90
粉煤灰砖	23	25			30	32		
页岩砖	16	18	0.74	0.77	18	20	0.78	0.80
煤矸石砖	19	21			21	23		

注：粉煤灰掺入量（体积比）小于 30％时按黏土砖规定判定。

建材专家对砖的耐久性是通过抗风化性能来评估。砖的抗风化性能是通过使用砖的地区气候状况和砖 5h 沸煮吸水率和饱和系数来确定。5h 沸煮吸水率和饱和系数指标，本质是对砖的孔形和孔隙率的评判。孔形和孔隙率的大小，对水的侵入有很大关系，因为砖是通过冻融循环试验来检验其耐久性的，因此，砖内含水的多少和孔洞能承受水结冰后体积膨胀产生力的大小有直接关系。

第二节　冻融试验

1. 冻融试样数量

烧结普通砖、烧结多孔砖和蒸压灰砂砖为 5 块，其他砖为 10 块（空心砖大面和条面抗压各 5 块）。

2. 冻融循环试验步骤

（1）对砖进行编号的同时，检查砖的外观，将缺棱掉角和裂纹等缺陷作标记；然后把砖试样放入鼓风干燥箱中，在 105～100℃下干燥至恒重（在干燥过程中，前后两次称量相差不超过 0.2％，前后两次称量时间间隔为 2h）。

（2）将试样浸在常温水中，24h 后取出，待表面没有浮水，以大于 20mm 的间距大面侧向立放于预先降温至 -20℃以下的冷冻箱中。

（3）当箱内温度再次降至 -15℃时开始计时，在 -15～-20℃下冰冻 3h。然后取出放入常温水中融化，不少于 2h。如此为一次冻融循环。每天不多于 2 次冻融循环。

（4）每 15 次冻融循环，取一组试样，检查并记录试样在冻融过程中的冻裂长度、缺棱掉角和剥落面积等破坏情况。

（5）冻融循环后的试样，放入鼓风干燥箱中，按（1）的规定干燥至恒量。若未发现冻坏现象，则可不进行干燥称量。

（6）将干燥后的试样按规定进行强度试验。

《烧结普通砖》GB 5101—2003 要求，冻融试验后，每块砖样不允许出现裂缝、分层、掉皮、缺棱、掉角等冻坏现象；质量损失不得大于 2%。

3. 蒸压粉煤灰砖

《蒸压粉煤灰砖建筑技术规范》CECS 256—2009 中，根据蒸压粉煤灰砖在不同环境条件下的使用情况，对抗冻性作出了规定，见表 14-3。

蒸压粉煤灰砖抗冻性能要求   表 14-3

使用条件	抗冻强度等级	质量损失%	强度损失%
非采暖地区	F15		
采暖地区 相对湿度≤60% 相对湿度>60%	F25 F35	≤2	≤20
水位变化、干湿循环环境	≥F50		

注：1. 非采暖地区指最冷月平均气温高于−5℃的地区；采暖地区指最冷月平均温度≤−5℃的地区。
     2. F 指冻融循环次数。

冻融试验后，每块砖样不允许出现裂缝、分层、掉皮、缺棱、掉角等冻坏现象。

《蒸压加气混凝土性试验方法》GB/T 11969—2008 与砖的冻融试验方法基本相同，这里就不再介绍了。

第三节 泛 霜 试 验

1. 试样要求

试样数量按产品标准要求确定。普通砖、多孔砖用整砖，空心砖用 1/2 块或 1/4 块，可以用体积密度试验后的试样从长度方向的中间处锯取。

2. 试验步骤

（1）将粘附在试样表面的粉刷掉并编号，然后放入 105～110℃的鼓风干燥箱中干燥 24h，取出冷却至常温。

（2）将试样顶面或有孔洞的面朝上分别置于 5 个浅盘中，往浅盘中注入蒸馏水，水面高度不低于 20mm，用透明材料覆盖在浅盘上，并将试样暴露在外面，记录时间。

（3）试样浸在盘中的时间为 7d，开始 2d 内经常加水以保持盘内水面高度，以后则保持浸在水中即可。试验过程中要求环境温度为 16～32℃，相对湿度 30%～70%。

（4）7d 后取出试样，在同样的环境条件下放置 4d。然后在 105～110℃的鼓风干燥箱中连续干燥 24h。取出冷却至常温。记录干燥后的泛霜程度。

（5）7d 后开始记录泛霜情况，每天一次。

3. 我国砖泛霜程度的划分

在《砌墙砖试验方法》GB/T 2542—2003 中，对泛霜程度划分如下：

无泛霜：试样表面的盐析几乎看不到。

轻微泛霜：试样表面出现一层细小明显的霜膜，但试样表面仍清晰。

中等泛霜：试样部分表面或棱角出现明显霜层。

严重泛霜：试件表面出现起砖粉、掉屑及脱皮现象。

每组试样的泛霜程度以最严重者表示。

4. 国外砖泛霜程度的划分

目前，许多国家如印度、澳大利亚等国家则根据霜膜面积来划分泛霜程度，将泛霜结果提高到半定量水平，下面是澳大利亚泛霜程度划分标准：

无泛霜：不见泛霜。

轻微泛霜：试件任一表面盐类沉积的覆盖面不超过 10%。

中等泛霜：试件任一表面盐类沉积的覆盖面不超过 10%，但不超过全部表面积的 50%。

重度泛霜：盐类沉积覆盖面超过试件全部表面积的 50%。

严重泛霜：试件表面带有粉状或片状的泛霜。

第四节　砂浆抗冻试验

1. 试验条件

砂浆抗冻试验方法适用于砂浆强度等级大于 M2.5（2.5MPa）的试件在负温空气中冻结，正温水中溶解的方法进行抗冻性能检验。

2. 试件制作

砂浆抗冻试件的制作及养护应按下列要求进行：砂浆抗冻试验采用 70.7mm×70.7mm×70.7mm 的立方体试件，其试件组数除鉴定砂浆标号的试件之外，再制备两组（每组六块），分别作为抗冻和与抗冻试件同龄期的对比抗压强度检验试件。

3. 试验步骤

（1）试件在 28d 龄期时进行冻融试验。试验前两天应把冻融试件和对比试件从养护室取出，进行外观检查并记录其原始状况；随后放入 15～20℃的水中浸泡，浸泡的水面应至少高出试件顶面 20mm，该两组试件浸泡两天后取出，并用拧干的湿毛巾轻轻擦去表面水分，然后编号，称其重量。冻融试件置入篮筐进行冻融试验，对比试件则放入标准养护室中进行养护；

（2）冻或融时，篮筐与容器底面或地面须架高 20mm，篮筐内各试件之间应至少保持 50mm 的间距；

（3）冷冻箱（室）内的温度均应以其中心温度为标准。试件冻结温度应控制在 −15～ −20℃。当冷冻箱（室）内温度低于 −15℃时，试件方可放入。如试件放入之后，温度高于 −15℃时，则应以温度重新降至 −15℃时计算试件的冻结时间。由装完试件至温度重新降至 −15℃的时间不应超过 2h；

（4）每次冻结时间为 4h，冻后即可取出并应立即放入能使水温保持在 15～20℃的水槽中进行溶化。此时，槽中水面应至少高出试件表面 20mm，试件在水中溶化的时间不应小于 4h。溶化完毕即为该次冻融循环结束。取出试件，送入冷冻箱（室）进行下一次循环试验，以此连续进行直至设计规定次数或试件破坏为止；

（5）每五次循环，应进行一次外观检查，并记录试件的破坏情况；当该组试件 6 块中的 4 块出现明显破坏（分层、裂开、贯通缝）时，则该组试件的抗冻性能试验应终止；

（6）冻融试件结束后，冻融试件结束后，冻融试件与对比试件应同时在 $105\pm5\text{℃}$ 的条件下烘干，然后进行称量、试压。如冻融试件表面破坏较为严重，应采用水泥净浆修补，找平后送入标准环境中养护 2d 后与对比试件同时进行试压。

4. 数据计算

砂浆冻融试验后应分别按下式计算其强度损失率的质量损失率。

（1）砂浆试件冻融后的质量损失率：

$$\Delta f_\text{m} = \frac{f_\text{m1} - f_\text{m2}}{f_\text{m1}} \times 100 \tag{14-1}$$

式中：Δf_m——N 次冻融循环后的砂浆强度损失率，%；

f_m1——对比试件的抗压强度平均值，MPa；

f_m2——经 N 次冻融循环后的 6 块试件抗压强度平均值，MPa。

（2）砂浆试件冻融后的质量损失率：

$$\Delta m_\text{m} = \frac{m_0 - m_\text{n}}{m_0} \times 100 \tag{14-2}$$

式中：Δm_m——N 次冻融循环后的质量损失率，以 6 块试件的平均值计算，%；

m_0——冻融循环试验前的试件质量，kg；

m_n——N 次冻融循环后的试件质量，kg。

5. 合格判定

当冻融试件的抗压强度损失率不大于 25%，且质量损失率不大于 5% 时，说明该组试件两项指标同时满足上述规定，则该组砂浆在试验的循环次数下，抗冻性能可定为合格，否则为不合格。

第十五章　砖和砂浆的耐久性研究

第一节　砖冻融循环试验

1. 试验安排

砌体还没有具体的耐久性试验方法。我也考虑过，将普通烧结砖砌筑成尺寸 240mm×490mm×300mm 的试件进行冻融循环试验，研究砌体的风化问题。进一步考虑，试件重量也有 60kg，试验中的搬运只靠人是不行的。若同时砌筑几个试件做对比试验，没有这样大的设备。冻融只是砌体耐久性能的其中一个问题，其试验结果也不一定得到承认。因此，我们分别进行了砖和砂浆的试验研究，然后分析砌体的耐久性。

砖的抗风化能力检验是冻融循环试验。关于试验方法在本篇第二章第二节做了介绍。评定是否合格，是以在 15 次冻融循环后，抗压强度损失率、外观质量或质量损失率作为依据。按现在的解释，满足 15 次冻融循环的砖产品，能够保证使用 50 年。我们这次进行砖的冻融试验，是按冻融循环试验的要求进行，但是，不以 15 次循环为界线。

为了在试验中能较系统的观察到砖的损伤情况，砖是从使用过 20 多年的建筑，拆除后，选取的好砖。砖是机制烧结普通页岩砖，试验共用了 40 匹砖，其中 10 匹砖，不进行冻融循环试验，采用回弹法、抗压试验，测其强度。选 30 匹砖做冻融试验，分 5 组，一组 6 块，分别进行：15 次循环、30 次循环、45 次循环、60 次循环、75 次循环后，测含水率、质量损失、观察冻融破坏现象及强度试验。

现场回弹法检测操作简单，但投入使用多年的建筑，经历冻融、风化、盐蚀等环境作用，采用回弹法是否适用，有没有限制条件，值得研究。这次试验也包含了这项内容。由于是单砖进行耐久性的抗冻融试验，砖的回弹强度只有按《回弹仪评定烧结普通砖强度等级方法》JC/T 796—2013 规定进行测试和评定。砖的抗压试验是在回弹试验后，按《砌墙砖试验方法》GB/T 2542—2012 要求进行抗压试验。

为了在试验过程中，减少砖直接搬运碰撞造成的损伤，影响试验结果。试验前制作了钢筋框，用框进行搬运。砖的冻融试验情况见图 15-1，可以看清楚钢筋框的情况。

2. 试验数据及分析

（1）砖回弹值

砖不同冻融循环次数的回弹平均值、标准差、变异系数列于表 15-1，回弹平均值和循环次数的关系见图 15-2。根据表 15-1 和图 15-2 可知，随冻融循环次数的增加回弹值大体呈下降的趋势，45 个循环之前回弹值下降幅度小，45 个循环之后回弹下降幅度较大，第 75 循环的回弹平均值和未冻融回弹平均值相比，下降约 23.0%。

 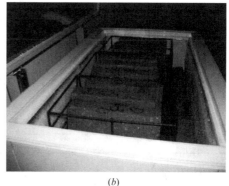

(a) (b)

图 15-1 砖的冻融试验情况

(a) 砖浸泡情况; (b) 砖冻融情况

砖回弹数据和比值 表 15-1

试验条件	循环次数	回弹值			回弹比值
		平均值	标准差	变异系数	
未冻融	—	33.6	2.56	0.08	1.00
冻融循环	15	31.4	1.99	0.06	0.93
	30	31.6	3.17	0.10	0.94
	45	30.9	1.40	0.05	0.92
	60	27.5	2.62	0.10	0.82
	75	25.9	3.97	0.15	0.77

对回弹值与循环次数进行线性回归,得回归方程为:

$$y = -0.01x + 33.8 \quad (15\text{-}1)$$

相关系数 R^2 为 0.90,相关性较好。式中的 33.8 和初始值 33.6 相差不大,可忽略,故砖回弹值与循环次数的关系式可表达为:

$$R_{zn} = R_{zc} - 0.01n \quad (15\text{-}2)$$

式中:R_{zn}——经过 x 次循环后砖回弹值,MPa;

R_{zc}——砖初始回弹值,MPa;

n——循环次数。

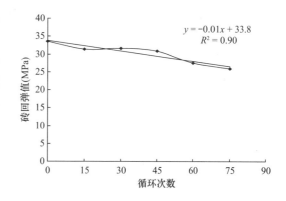

图 15-2 循环次数和回弹平均值关系图

式(15-2)可表述为,循环次数每增加 1 次,砖回弹值递减 1%。回弹值随循环次数的增加而降低是客观事实,但不一定符合上式的规律。

(2)砖回弹评定强度等级

砖的回弹强度值和强度等级表 15-2 所示。在 45 个循环之前,砖的抗压强度下降不明显,强度等级维持在 MU10。45 个循环之后,强度开始下降,60 个和 75 个循环砖的评定强度等级都不满足 MU10 要求。

197

冻融循环次数	最小值（MPa）	平均值（MPa）	标准差（MPa）	标准值（MPa）	强度等级
未冻融	29.8	33.6	2.56	29.0	MU10
15 次	28.7	31.4	1.99	27.8	MU10
30 次	27.5	31.6	3.17	25.9	MU10
45 次	28.6	30.9	1.40	28.4	MU10
60 次	24.3	27.5	2.62	22.8	不满足 MU10
75 次	20.3	25.9	3.97	18.8	不满足 MU10

（3）砖抗压强度

砖不同循环次数的抗压强度间的比值列于表 15-3，在 45 个循环之前，抗压强度平均值下降不明显；45 个循环之后，抗压强度平均值下降较明显，第 60 个循环的抗压强度平均值为未冻融砖抗压强度平均值的 80%，下降幅度 20%，第 75 个循环的抗压强度平均值为未冻融砖抗压强度平均值的 74%，下降幅度约 26%。

砖不同循环次数的抗压强度间的比值   表 15-3

试验条件	循环次数	抗压强度（MPa）			抗压强度比值
		平均值 R_m	最小值	变异系数	
未冻融	—	15.10	12.77	0.18	1.00
冻融循环	15	15.49	12.96	0.20	1.03
	30	14.22	7.99	0.31	0.94
	45	15.63	12.88	0.11	1.04
	60	12.14	8.75	0.21	0.80
	75	11.18	8.67	0.18	0.74

比较表 15-1～表 15-3 可以看出，烧结砖在 60 次冻融循环后，抗压强度明显降低，而砖的回弹值及回弹抗压强度评定等级也符合这一规律，但砖抗压强度始终高于回弹评定结果，二者大致相差 1 个等级。

（4）砖质量损失

砖的质量损失见表 15-4 和图 15-3。除第一组数据异常外，总体趋势是随着循环次数的增加，质量损失增大。由于是有意取的使用过的砖来做试验，而且质量损失比较不是同一组砖，因此误差是难免的，但是规律是不变的。对质量损失曲线进行多项式回归，得回归方程 $y = 0.007x^2 - 0.12x + 4.50$，其中 y 表示经过 x 次循环后砖质量损失（g），x 表示循环次数（大于 15）。

砖质量损失和比值   表 15-4

组数	循环次数	实验前、后质量损失平均值 δ_m(g)	实验前、后质量损失标准差 δ_σ	实验前、后质量损失变异系数	砖质量损失比值
1	15	12.80	3.71	0.29	—
2	30	5.40	1.74	0.32	0.14
3	45	11.95	3.93	0.33	0.32
4	60	18.10	5.91	0.33	0.48
5	75	37.53	12.77	0.34	1.00

对质量损失平均值与循环次数进行多项式回归，得回归方程：

$$y = 0.007n^2 - 0.12x + 4.5 \quad (15\text{-}3)$$

式中：y——经过 x 次循环后砖质量损失，g；

n——循环次数（大于 15）。

回归的相关系数 $R^2 = 0.8532$，相关性一般。

（5）砖损伤现象

砖的损伤现象类似，现以编号为 D5-3 为例，各个循环损伤现象见图 15-4，损伤、破坏的发展过程如下：

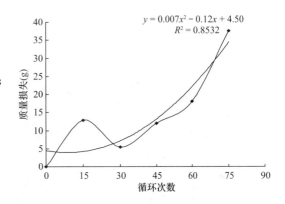

图 15-3　循环次数和质量损失率关系图

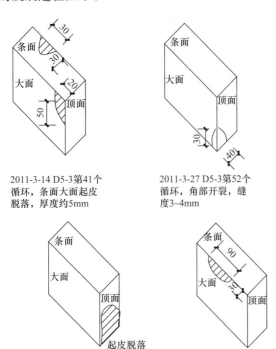

2011-3-14 D5-3 第41个循环，条面大面起皮脱落，厚度约5mm

2011-3-27 D5-3 第52个循环，角部开裂，缝度3~4mm

2011-3-29 D5-3 第54个循环，条面和大面棱边开裂，缝宽3mm

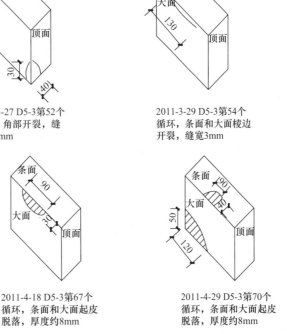

2011-3-30 D5-3 第55个循环，顶面起皮脱落，面积约顶面的1/2，厚度约5mm

2011-4-18 D5-3 第67个循环，条面和大面起皮脱落，厚度约8mm

2011-4-29 D5-3 第70个循环，条面和大面起皮脱落，厚度约8mm

图 15-4　D5-3 各阶段损伤情况

1）最开始观察到出现损伤是在第 29 循环，现象为出现细密、平行的冻纹、局部轻微起皮，面积很小，厚度小于 1mm。

2）在 42 个循环左右，损伤严重，表现为起皮面积、厚度增大，损伤面积约 100mm²，厚度约为 5mm。

3）在 52 个循环左右，冻裂裂缝发展迅速，裂缝分布在角部和棱边，宽度达到 3～4mm。

4）55 个循环之后，起皮损伤面积和厚度增大，顶面损伤面积约为一半，条面、大面

每块损失面积约 $300mm^2$，厚度约 8mm。

图 15-5 是这批试验砖顶面局部脱落的情况。这批砖是机制砖，与我们下一节试验用的手工砖的破损情况是否还是有些差别，读者可以比较一下。

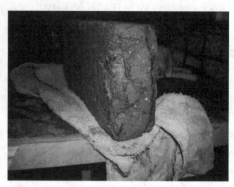

图 15-5 砖的典型损伤情况

3. 试验结论

（1）冻融损伤现象始于 30 个循环左右，强度明显下降在 60 个循环，损伤过程大致可分为 4 个阶段：

1）稳定阶段（0～30 个循环）：肉眼几乎观察不到损伤变化，质量损失很小，抗压强度未变化；

2）开始阶段（30～45 个循环）：表面起皮、疏松、棱角开始模糊，质量损失很小，表面强度开始降低，抗压强度降低不明显；

3）发展阶段（45～60 个循环）：表面损伤发展，酥松、坑蚀、掉角、质量损失明显，但抗压强度降低不明显；

4）破坏阶段（60～75 个循环）：砖大面积酥松、起层、破裂、失去了棱角、截面减小，抗压强度降低显著，60 个循环抗压强度下降约 20%，75 个循环抗压强度下降约 26%。

（2）砖的耐久性性能与砖的强度、损伤情况和质量损失有直接的关系。当砖的损伤严重、质量损失急剧增加，砖的强度也会迅速下降，几乎是同时发生，也就是说，应对这部分砖或砌体进行处理。

（3）烧结砖在受到外部环境侵蚀时，其物理、力学性能的变化首先是从表面开始的，其规律为由表及里、逐步发展。而回弹法是一种通过测试物体表面硬度推定物体强度的方法。当物体内外的强度不一致时，采用这种方法的误差就较大。因此，应慎用回弹法检测砖的强度。

（4）按国家标准，若一种砖 15 次冻融循环后合格，这个砖就能满足在严重风化地区使用 50 年的要求。我们试验的砖使用了 20 多年，在经过了 45 次冻融循环的情况下变化不大，表明这种砖的使用期会远远大于 50 年。

第二节 百年老砖的耐久性研究

1. 砖的来源

天主教慈母堂于 1911 年由法国人修建到 1913 年建成。该教堂面临长江，建筑主体平面为"古"形，由圣堂、主楼和附房组成，建筑总面积约 3000m²，教堂内外情况见图 15-6。

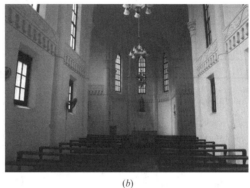

(a)   (b)

图 15-6　教堂内外情况

(a) 慈母堂广场；(b) 圣堂内景

　　该教堂修建完毕后，其间对墙体进行过涂刷涂料维护、对木构件进行过刷漆防护，但未对结构进行过改动及加固处理。教堂左侧原为修生住房，抗战期间曾部分受损，20 世纪 70 年代房屋被农户占用，1978 年因熏制腊肉引发火灾，建筑右侧端部木结构部分彻底损毁保留部分砖墙体和砖柱，见图 15-7 (a)。2013 年，在对教堂区域进行全面改造修建，将火灾部分墙体拆除重建 (图 15-7 (b))。借此之机，我有幸在施工单位的支持下，经过适当挑选运回了 100 匹拆卸下来的砖，进行耐久性的试验研究。从图中可以看出，拆卸下来的砖破损并不严重。据此可以推断，砖在拆卸时内部受到的损伤较小。

(a)   (b)

图 15-7　砖样抽取部位基本情况

(a) 被火烧毁部分；(b) 被烧部分拆除现场

2. 砖的分类

　　从慈母堂运回的 100 匹砖为手工制砖，已有 100 多年时间，这批砖还遇上了火灾，在露天又裸露了 36 年。因此，首先是对砖的质量情况进行检测和分类，以便制定后续的试验方案。这种使用过后砖的分类国家没有标准，我们根据相应的规范和工程经验把砖分为四个等级，现有质量的好坏以外观和敲击的声响来判断，具体分级标准见表 15-5。因这种分级还不便被理解和使用，我们又采用"好砖"、"差砖"等惯用说法来对比。

砖分级标准及好坏评价　　　　　　　　　　　　　　表 15-5

等级	声音	外观质量（缺损、翘曲、裂纹）	评价
I	清脆、当当声	基本完好，小缺损、微裂纹	好砖
II	声响清脆	稍有缺陷、微裂纹	较好砖
III	声音鼓响	有缺损、翘曲较大、麻面、裂缝	较差砖
IV	闷响、破响、无声响	缺棱、掉角、较长裂纹、大面积麻面	差砖

通过敲击砖的声响来判断砖强度的高低是，将砖用两指提在空中，用铁器敲击砖大面，听其砖中发出的声响。砖的好坏以声响判断为主，外观质量为辅，主要是基于声音好，强度高，耐久性好的认识。外观质量是以缺损、翘曲和裂纹来区分，按《烧结普通砖》GB 5101—2003 要求进行检测。此批砖翘曲并不严重，最大 3mm。因试验砖是从墙体拆除中取出，因此难免没有一点破损。对 100 皮砖的外观尺寸进行测量，长度在 240～269mm 之间，宽度在 112～129mm 之间，厚度在 58～68mm 之间，砖的平均尺寸为 255mm×120mm×63mm。

根据表 15-6 中的方法分类，抽取回来的 100 匹砖：好砖 37 匹，较好砖 31 匹，较差砖 23 匹，差砖 9 匹。通过抽样砖的质量情况对现场砖进行评估，有 70% 的砖是好的或比较好的砖，可用的砖在 90% 左右。这种对砖的使用评判方法也可用于现场拆卸下的砖再利用的判别标准。

墙体的砖质量分类及使用　　　　　　　　　　　　　　表 15-6

级别	100 匹样砖分级		抗压试验用砖	冻融试验用砖		备用砖
	砖数量	百分比		第一批	第二批	
I	37	37%	10	5	10	12
II	31	31%	10	5	5	11
III	23	23%	10	5	4	4
IV	9	9%	—	5	—	4

砖的试验安排见表 15-6，其中把好砖、较好砖和较差砖各 10 匹进行了抗压强度试验。在了解了砖的基本情况后，制定了冻融循环的试验方案。试验分两批进行，第一批进行了 60 次冻融循环，第二批的 5 匹好砖在进行了 30 次冻融循环后做了抗压强度试验。为对砖的情况有更深入的了解，抽取试验中破损的砖和其他砖样做了化学成分分析。

3. 砖的抗压强度

砖的抗压强度试验数据，见表 15-7。其中，30 次冻融循环只做了 5 匹好砖的抗压强度试验，其他砖准备做进一步的试验研究。60 次冻融循环砖较好砖只压了 4 匹，另一匹在试验中破坏了。

砖的抗压强度试验值　　　　　　　　　　　　　　表 15-7

砖种类	未做冻融循环				30 次冻融循环		60 次冻融循环	
	试验砖数	平均强度（MPa）	标准差（MPa）	离散率（%）	试验砖数	平均强度（MPa）	试验砖数	平均强度（MPa）
好砖	10	13.53	2.17	16.06	5	16.01	5	14.12
较好砖	10	9.13	2.35	25.70			4	12.3
较差砖	10	6.46	1.08	16.66			5	5.8
统计	30	9.71	3.45	35.56				

从表中数据分析：

（1）从好砖、较好砖和较差砖的强度平均值可以看出，通过敲击砖大面，听声响判断砖的强度是基本可行的；

（2）这批砖虽然有100年以上的时间，经过了火灾，在外露30多年，但好砖的强度依然能满足现在评定标准MU10的要求；

（3）30块砖的强度统计计算离散性较大，为35%。估计与当时采用土窑烧砖，一窑中不同部位有关；不是一窑烧制有关；砖在墙体上使用的部位也有关；以及拆卸、搬运损伤有关。

（4）在冻融循环过程中只有3皮砖破坏，砖质量损失都很小，平均质量损失只有0.42%，砖的强度损失也不明显，可以认为砖的耐久性是很好的。

（5）这批砖的抗压强度试验结果表明，整个砖的强度（包括差砖）不低于原来50♯砖的强度评定标准，也就是说，作为文物建筑的用砖仍然可以继续使用。"55规范"砖的最低强度标号35（即3.5MPa），"73规范"砖的最低强度标号50（即5MPa），"88规范"砖的最低强度等级MU7.5（即7.5MPa）。

4. 砖冻融的质量损失

按砖的产品抗风化合格要求，冻融试验后，每块砖样不允许出现裂缝、分层、掉皮、缺棱、掉角等冻坏现象；质量损失不得大于2%。因砖一次冻融循环后，质量损失很小，每次进行称量对砖的破损也有影响，因此5次循环后称一次。不同批次及不同类别的砖经过冻融循环后，质量损失率见表15-8（该表不包括已在冻融循环过程中已破坏的3匹砖）。

冻融循环后砖的质量损失情况　　　　　　　　　　　　　　　　表 15-8

编号	批次及循环次数	砖类别	冻融结束剩余砖匹数	质量损失占砖匹数（%）		
				0~0.2	0.2~0.5	0.5 以上
1	第一批 60 次循环	好砖	5		4	1
2		较好砖	4		1	3
3		较差砖	5	4	1	
4		差砖	5	3		2
5	第二批 45 次循环	好砖	5	1	4	0
6		较好砖	4		2	2
7		较差砖	4	4		

从表中可以看出：

（1）经过几十次冻融循环后的砖质量损失都很小，平均质量损失只有0.42%。这与前一节中的冻融循环质量检测试验结果是一致的。

在工程中，通过砖的质量损失来判断砖的损坏程度是没有必要，也是无法做到的。通过观察砖的破损程度，作为判断砖破坏的指标之一，应是可行和实用的。因此，在评判砖的破损和耐久性检测时，可以不进行质量测试。

（2）不同批次的好砖和较好砖在冻融过后的质量损失率在0.2%以上的居多，而较差砖和差砖在冻融循环结束后的质量损失率都在0.2%及以下。

（3）有趣的是第一批60次循环后，在冻融试验前存在较为明显的外观缺陷，54号差砖条面有宽约150mm的裂缝（图15-8a），经过60次循环后并未明显增加，质量损失率为0.2%。71号较差砖冻融前大面及条面明显有蜂窝及砂质情况，经过60次循环后质量损失率为0.16%，并未明显增加。说明外观质量有缺陷的砖并不一定经不起冻融循环。

(a)　　　　　　　　　　　　　　　　　(b)

图 15-8　有缺陷的砖经过 60 次循环后

(a) 54 号差砖外观；(b) 71 号较差砖外观

5. 砖的破坏

第一批砖在经历循环 60 次过程中，有 1 匹较好砖 34 号破坏。第二批发砖在经历循环 60 次过程中，有 1 批较好砖 61 号和 1 匹较差砖 93 号破坏。这 3 匹砖的破坏情况见图 15-9、图 15-10、图 15-12。

(a)　　　　　　　　　　　　　　　　　(b)

图 15-9　34 号砖破坏情况

(a) 砖破碎块及损伤砖；(b) 砖破损断面

(a)　　　　　　　　　　　　　　　　　(b)

图 15-10　61 号砖破坏情况

(a) 端头起皮起层；(b) 大面脱皮落块

93 号砖是参加第二批冻融循环的砖，我们观察到了，它从冻融裂缝、起皮、表皮脱落直至破坏发展过程（图 15-11），有一定的参考价值：第 17 次循环，条面出现宽约 0.5mm 冻纹，长约 5cm，顶面有起皮现象；第 20 次循环，顶面、条面均出现不同程度的脱落现；第 25 次循环，砖表面脱落继续发展，顶面大部分已完全剥落，条面长约 5cm 部分脱落，厚度约 1mm；第 29 次循环，顶面砖皮完全剥落，厚度约 2mm，条面约 5cm 部分脱落。

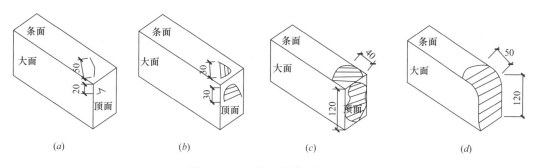

图 15-11　93 号砖损伤破坏过程
（a）第 17 次循环；（b）第 20 次循环；（c）第 25 次循环；（d）第 29 次循环

图 15-12　93 号砖破坏情况
（a）砖表面起皮起层；（b）砖端头成馒头状

此次砖的冻融破坏有如下情况（表 15-9）：

砖体破坏过程发展情况描述　　　　　　　　　　　　表 15-9

砖编号	砖等级	出现损伤时		发展趋势	破坏时	
		次数	现象		次数	现象
34-1	较好	35	砖顶部约 50mm 位置出现完全冻裂裂缝	破坏面积加大	45	约 1/2 体积的砖完成块状脱落、砖成屑状
61-2	较好	36	距顶面 6cm 处凹进 2mm 处有掉落	凹陷面积加大	42	大面前 100mm 范围内厚约 150mm 砖皮掉落、端头起皮
93-2	较差	35	大面及顶面约 1/3 处砖皮酥化掉落	掉落面积增大	42	大面及顶面约 1/2 砖皮全部掉落、端部成馒头状

（1）砖在冻融循环期过程中，表现出破损迹象后，破坏来得比较迅速，一般不超过10次冻融循环。

（2）砖破坏时，端头必然损伤或破坏。砖的破坏是以层状、片状或块状剥落，由表及里。

（3）砖的破坏先后顺序，不一定与强度和外观的重大缺陷有直接关系。

（4）在冻融循环过程中，五块差砖没有一块破坏，是值得注意的情况。

6. 砖的化学成分

（1）样品

测试样品共4个，1、2号样品取自天主教慈母堂，3、4号样品取自重庆渝中区马鞍山抗战时期旧建筑，外观及编号见图15-13。1号样品是冻融循环破坏了的34号砖，破坏后成块片状（图15-13），验证这种情况是否是砖成分变化影响。2号样品是从现场取回后没有做冻融试验的砖，以便与1号样品比较。3号、4号样品取的地点与1号、2号样品有数十公里距离，制造时间也晚约二、三十年。3号样品是砌实心墙的砖，从建筑上取出。4号样品是砌空斗墙的砖，从围墙上取出。

图15-13　各种砖样品外观

砖的色泽并没有太大差异，但按要求制作成为粒径小于0.075mm的干燥粉末试样，颜色就各不相同，产生这种情况的原因除了矿物成分有微小差别影响颜色外，主要是氧化铁的还原程度不相同引起的。

（2）化学成分

采用X射线荧光光谱测试砖的化学成分，其原理是：用X射线照射试样时，试样可以被激发出各种波长的荧光X射线，荧光的能量或波长具有特征性，与元素有一一对应的关系。因此，只要测出荧光X射线的波长或者能量，就可以知道元素的种类，这就是荧光X射线定性分析的基础。此外，荧光X射线的强度与相应元素的含量有一定的关系，据此，可以进行元素定量分析。

表15-10是砖样品的化学成分，基本满足烧结砖化学成分范围。4个样品的化学成分在SiO_2和CaO上有较大区别，其中，样品3和样品4的SiO_2含量高于样品1和样品2，而CaO含量则反之。

四种砖的化学成分　　　　　　　　　　　　　　　　表15-10

成分	砖的化学成分范围	样品1	样品2	样品3	样品4
SiO_2	50～70	64.0322	63.0451	70.3693	70.9500
Al_2O_3	10～20	15.7123	16.7441	14.3715	13.6699

成分	砖的化学成分范围	样品 1	样品 2	样品 3	样品 4
Fe_2O_3	3~10	6.7772	6.8778	6.9583	5.3848
CaO	0~10	5.1825	6.1733	1.1611	3.2889
MgO	0~3	2.8361	2.1466	1.6163	1.8729
SO_3	0~1	0.1103	0.7322	0	0.1859
K_2O		3.3091	2.8166	3.1484	2.7192
TiO_2		1.0487	0.8985	0.9271	0.8627
Na_2O		0.4608	0.1696	1.0206	0.7104
P_2O_5		0.2215	0.1665	0.1002	0.1602
MnO		0.1314	0.0945	0.1073	0.0643

（3）矿物成分

采用 X 衍射方法测试砖的矿物成分，是利用 X 射线的波长和晶体内部原子面之间的间距相近，晶体可以作为 X 射线的空间衍射光栅，即一束 X 射线照射到物体上时，受到物体中原子的散射，每个原子都产生散射波，这些波互相干涉，结果就产生衍射。衍射波叠加的结果使射线的强度在某些方向上加强，在其他方向上减弱。分析衍射结果，测定物质的晶体结构，织构及应力，精确地进行物相分析，定性分析，定量分析。

XRD 图谱表面 4 个样品中的主要晶体矿物为石英（SiO_2），与化学成分对应。从衍射强度分析样品中石英的含量，4 个样品中石英的衍射峰的强度都很高，说明石英含量高，同时 4 个样品的衍射强度基本相当，说明样品中的石英含量基本一致，见图 15-14。

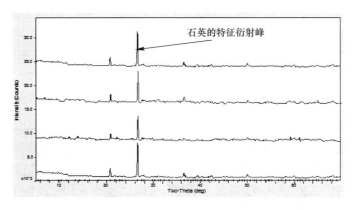

图 15-14　四个样品 XRD 图谱

通过化学成分分析表明，这种烧结砖经过数十年、上百年的风雨，化学成分是稳定的，虽然它们相互间存在差异。从 1 号砖与 2 号砖的主要化学成分基本相同说明，1 号砖破坏时内部成块片状，不是冻融循环引起化学成分的变化，而是制作时造成的。

7. 砖的孔结构与吸水率

我们都知道，砖的孔结构影响砖吸水率和耐久性的重要因素。图 15-15 告诉我们，物体微观的孔洞可以通过显微镜观察它的存在，但是无法确定孔洞的大小，更无法跟踪了解孔洞受到风化时的变化规律。要系统的研究砖的孔结构，以及随时间变化的规律，现在还不可能。

图 15-15 各种方法能观察到孔的大小

目前检测微孔结构常用的方法是低温氮吸附法。低温氮吸附法测定孔径结构利用的是毛细冷凝现象和体积等效交换原理，即将被测孔中充满的液氮量等效为孔的体积。毛细冷凝指的是在一定温度下，对于水平液面尚未达到饱和的蒸气，而对毛细管内的凹液面可能已经达到饱和或过饱和状态，蒸气将凝结成液体的现象。

这次砖孔结构测试采用的是 ASAP2020 快速比表面及孔径分布测定仪，测得的孔径范围为：$2\sim200nm$。因为 $1nm=10^{-6}mm$，采用低温氮吸附法测得的砖的孔洞最大不到 $1/5000mm$。这次共取了 6 个样品进行测试。通常待分析样品能提供 $40\sim120m^2$ 表面积，最适合氮吸附分析。从表 15-11 看到，这次测出的砖样比表面积小于 $40m^2$。少于它会带来分析结果的不稳定或者吸附量出现负值，导致软件会认为是错误的值而不产生分析结果。测试结果没有出现负值和不产生分析结果的情况，说明测试数据是可以作为分析使用。

6 个样品孔结构参数 表 15-11

砖部位	砖状况	比表面积（m^2/g）	平均孔径（nm）	孔径分布（%）		
				$<20nm$	$20\sim50nm$	$50\sim200nm$
45-表面	好砖	1.1148	17.49989	2.0	46.1	52.0
45-中部		1.2448	12.49696	17.1	41.9	41.0
93-表面	破坏砖	5.6744	19.85836	19.2	46.5	34.3
93-中部	35 次冻融循环	9.9065	10.56066	42.1	41.2	16.7
58-表面	差砖、60 次冻融循环	0.8233	11.96981	5.3	49.8	44.9
97-表面	差砖	0.4893	14.35382	0.0	51.2	48.8

比表面积是指 1g 固体物质的总表面积，即物质晶格内部的内表面积和晶格外部的外表面积之和。砖的风化是由表及里，表面风化程度往往比中部严重，因此对砖表面与砖中部孔结构进行了对比试验。一种是好砖，未进行冻融试验；一种是进行了冻融试验，破坏了的砖，从表中数据可以看出，中部样品较表面样品具有较高的小孔径孔比率：45 号中部样品小于 20nm 的孔比率达 17.1%，而表面样品仅为 2.0%；93 号样品相应测试值为 42.1% 和 19.2%。砖的表面孔与中部孔相比，孔体积更大，孔比表面积更小，小孔比率更低，平均孔径更大，说明砖表面比内部的孔隙更易受到损坏，包括纳米孔在内。

选取了未冻融的 45 号好砖，冻融破坏的 93 号砖，外观质量差经过冻融循环的 58 号砖，因砖没有破坏，其砖表面的孔结构参数虽有差别，主要与制作的差异有关。93 号砖是分层酥松破坏。测得的比表面积，平均孔径都比其他砖大，这是孔结构破坏导致砖破坏。当然砖的破坏还有其他形式，如 34 号砖的破坏。

这次测试孔结构的砖已使用 100 年以上，其中经过数十次冻融循环没有破坏的砖与没有冻融的砖之间的微孔结构比较，微孔结构变化不显著，也就是说，砖的微孔具有良好的稳定性。

吸水率试验的目的是希望了解，砖经过上百年时间，吸水率是否会随砖的变化而有较显著的变化。从两批砖的吸水率试验可以看出（表 15-12），吸水率与砖的好坏没有显著关系。也就是说，砖使用后这么多年孔隙率或孔结构状态没有发生太大变化，即使变化也只是在砖表面。也证实了微孔结构的检测结果。

砖的吸水率　　　　　　　　　　　　　　　　表 15-12

批次	评价	砖数量	最大值	最小值	平均值	均方差	离散率
一	好砖	5	19.07	15.15	18.55	1.94	10.46
	较好砖	5	21.70	17.63	19.15	1.57	8.18
	较差砖	5	19.00	15.18	17.46	1.20	6.86
	差砖	5	18.68	16.52	17.38	1.05	6.02
二	好砖	10	21.44	15.91	18.37	1.65	8.96
	较好砖	5	17.17	13.76	15.81	1.42	8.98
	较差砖	5	17.17	13.25	16.27	1.69	10.42

砖是一种多孔的墙体材料，在制作测试砖孔结构的样品过程中，用游标卡尺测量了用肉眼能观察到的砖最大孔径是 1.5mm 左右。而这次采用氮吸附法测得的孔结构直径只有这个孔的数千到数万分之一之间。这表明，烧结砖的孔洞是非常丰富的，大小是有层次的，作为墙体材料它具有很好的呼吸功能。

第三节　砌体耐酸试验

1. 工程背景

一个工厂的砖烟囱，使用 3 年多，烟道内渗流出的物质使筒身由红色变为了酱色，这不但使烟囱变得极为难看，也给人没有安全感。厂方拟对该烟囱进行防腐处理，在处理前为了解该烟囱的主体结构安全性及受腐蚀影响情况，委托我们对该烟囱的现状进行检测、鉴定。

该圆形砖烟囱烟囱高度为 50m，坡度 2.5％，分为五段，从下至上 1～5 段的高度分别约为 7m、2.6m、12.1m、8.3m、20m。其中第 1～4 段由筒壁、隔热层、内衬组成；1～2 段内衬厚度为 240mm、3～4 段内衬厚度为 120mm、第 5 段无内衬。烟囱底部外直径为 5m、壁厚为 490mm、隔热层为 50mm、内衬为 240mm 厚；上部外直径为 2.5m、壁厚为 240mm。烟囱设计筒身和内衬采用 MU7.5 砖、M5 水泥混合砂浆砌筑；隔热层为空气层。烟囱筒身设置受拉环箍，温度按 250℃考虑，环向钢筋沿筒壁全高设置。该烟囱按 7 度抗震设防考虑，筒身在 20～50m 范围配置竖向钢筋，钢筋直径为 $\phi8mm$，长度约为 3m，布置在距离筒壁外侧 120mm 处。

2. 情况调查

筒身外部从下到上不均匀的分布着污迹附着物，颜色有灰白色、灰褐色、黑色等；筒身外表面有局部潮湿现象。检查发现，筒身外壁的附着物是烟气通过筒身砂浆灰缝渗漏出来后的结晶体（图 15-16a）。检查烟囱筒身，未发现砌体砂浆和砖起皮、粉化，以及严重变形、开裂等异常情况。

 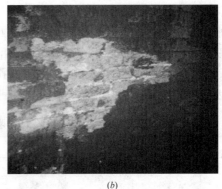

(a) (b)

图 15-16　砖烟囱筒壁细部

(a) 筒外壁灰缝中渗漏出物；(b) 筒内壁沉积物及砖体

进入烟囱内观察，发现内衬壁附着大量沉积物，砖未见开裂、起层、脱落等异常情况。从砂浆的颜色可以判断为混合砂浆，灰缝中砂浆有潮湿、发泡、体积膨胀等异常现象（图 15-16b）。观察烟囱筒身内壁，未发现筒身砖有腐蚀、风化、截面削弱及筒壁开裂等情况。烟囱内壁上的附着物，在烟囱底部的含水量较大些。

根据化验结果，烟气主要成分为 SO_2 和 NO，是否还存在其他对砖或砂浆耐久性有害的物质并不清楚；烟气温度为 172℃，从水幕除尘塔上部进入烟囱的温度约 50℃；现场测量烟囱附近废水为酸性，pH＝5。

3. 强度检测

(1) 砖强度

为了解烟囱内部酸湿气体对砖砌体强度的影响程度，避免有薄弱部位没有发现，影响安全。同时考虑到，这样做也有利于耐久性的评估。在烟囱底部、烟道外侧上口及烟囱内侧不同的部位随机抽取了砖样进行含水率和强度检测。从表 15-13 中数据可见，烟囱内的砖长期处于高湿度的环境条件下，虽然含湿率各不相同，但强度变化规律并不明显。第 6 组砖的含水抗压强度平均值是绝干抗压强度平均值的 0.84 倍，相当于是这批砖的软化系数。

不同部位湿度条件下砖的抗压强度　　　　　　　　　　　表 15-13

编号	砖取样部位	试验砖块数	含水率（%）	砖强度（MPa）				离散率（%）
				平均值	最大值	最小值	均方差	
第1组	烟囱内侧底面	10	15.7	16.1	18.0	14.5	1.0	6.5
第2组	烟囱内侧 0.00 处烟道口底部	5	15.6	16.7	20.9	14.8	—	—
第3组	烟囱内侧 10m 处	5	17.0	14.0	19.5	9.1	—	—
第4组	烟囱内侧 20m 处	10	15.6	13.2	16.5	9.7	2.04	15.4
第5组	烟囱内侧 30m 处	5	21.6	14.7	18.3	9.9	—	—
第6组	外侧烟道口上部（未腐蚀）	10	12.0	15.6	21.3	8.8	4.20	26.9
		10	0	18.6	23.3	13.3	4.73	25.4

(2) 砂浆强度

筒身外侧：现场采用回弹法对在 25m 以下范围内烟囱筒身外表面砂浆强度进行了检

测，结果平均值为5.8MPa。在检测筒身外侧砂浆强度过程中，发现砂浆外表面是干燥的，向里即为潮湿的，出现上述现象主要是由于烟囱为高耸构筑物，表面在风作用下易于干燥。

筒身内侧：进入烟囱内侧，发现筒身砂浆均是潮湿的，由于是石灰混合砂浆，砂浆有疏松现象，无法进行强度检测。

（3）其他

地基基础、混凝土等检测情况在这里忽略。

4. 砖干湿循环试验

通过化学分析，对排出烟气的成分有一个大致了解，这些物质对砖的腐蚀作用，无资料可查。因此，进行了砖的溶液浸泡试验。试验是参照《砌墙砖试验方法》GB/T 2542—2012中的冻融试验方法，通过现场检测和干湿循环结果综合分析，烟气对筒身砖的强度影响判断。

（1）浸泡砖的溶液

烟囱受到侵蚀的溶液气体，成分复杂，主要为SO_2和NO。烟气温度为172℃，从水膜除尘塔上部进入烟囱的温度约50℃。烟气及其凝结溶液对砖的损伤作用无法搞清楚。如果采用水作为浸泡的溶液，有可能对砖的损害作用偏弱。因此，砖的浸泡溶液采用取自现场水膜除尘塔下流出的酸性介质废液，经测试废液的pH=5。

（2）温度和时间制度

考虑到烟囱修建在南方，环境温度一般很少低于0℃；烟囱工作温度又在50℃左右，因此采用加温试验的方法。为增加其严酷性制定了较长的循环时间。砖样在酸性介质中浸泡24h后取出，并擦拭干净，测量每块砖的外观尺寸、重量；然后将砖样放入干燥箱中干燥24h，干燥箱的温度控制为50℃、相对湿度为50%。上述浸泡和干燥过程为一个循环，持续时间为2d。

（3）砖的循环试验安排

在经过15个循环、30个循环、45个循环、60个循环后，分别进行砖的抗压强度试验。从浸泡和干燥后，观察砖样外观有无开裂、剥蚀、局部脱落等异常情况；砖样重量在每次的浸泡和干燥后有无明显的变化；砖的抗压强度有无明显降低。

（4）试验安排

耐久性试验砖样从烟囱烟道口外侧顶部（外露、未腐蚀、标高约6m）共取50匹整砖，即部位为第6组砖的位置，每10匹为一组，共分为5组。

第1组留作对比试件，第2组~第5组试件在生产车间取来的弱酸性废液中浸泡和烘干循环试验，具体步骤如下：

将第2~5组试件（共4组）放入从现场所取回的弱酸性废液中浸泡24h，然后取出砖样，擦干表面的浮水，放入恒温箱中干燥24h，干燥箱的温度为50℃、相对湿度50%，上述操作过程为一个循环。

在分别对第2组~第5组砖样浸泡15个循环（30d）、30个循环（60d）、45个循环（90d）、60个循环（120d）进行了抗压试验。

对砖样经过浸泡和干燥循环后进行观察，外观未见开裂、剥蚀、局部脱落等异常情况。砖样重量在每次的浸泡和干燥后未见明显的变化。各组的抗压强度结果见表15-14。

各组砖浸泡循环后抗压强度值   表 15-14

试件编号	循环次数	抗压强度（MPa）				离散率（%）
		最大值	最小值	平均值	均方差	
第1组	未浸泡	29.7	8.7	14.7	6.6	45
第2组	15（30d）	25.5	10.0	17.4	6.1	29
第3组	30（60d）	21.2	10.6	15.1	3.7	25
第4组	45（90d）	21.7	9.9	14.3	4.2	29
第5组	60（120d）	23.9	11.6	15.6	3.7	24

5. 烟囱的耐久性评定

（1）受腐蚀分析

从检测情况和砖、砂浆的试验结果可以确定，在该工程中砌体的强度和耐久性问题，主要是砂浆的问题。含有酸性物质的烟气，水分较多，通过灰缝中混合砂浆浸透至筒身外侧的过程中，使砂浆潮湿、疏松、体积膨胀，且强度降低。烟气中的二氧化硫和其他物质与混合砂浆中的相关成分发生反应，生成的液体污物就附着在烟囱筒壁外侧表面上。

综合评价：在该工程中采用混合砂浆砌筑显然是不恰当的。烟囱筒身砂浆受到了烟气一定程度的腐蚀，强度有所降低，但未危及烟囱结构的安全性。砖受烟气腐蚀影响较小、其强度未发生明显变化。同时，烟囱未出现开裂、砖块掉落、倾斜等异常情况，可以正常使用。

（2）可靠性分析

根据《工业建筑可靠性鉴定标准》GB 50144—2008 中关于烟囱评定等级的有关规定，结合检测结果及数据、经综合分析，对烟囱的可靠性进行如下评定：

1）筒身：从承载力、裂缝和倾斜三个方面进行评级：

通过砖耐久性试验结果可知，烟气腐蚀对砖抗压强度未产生明显影响，对筒身砂浆有一定程度的腐蚀，但未影响到烟囱的安全；同时烟囱未出现开裂、砖块掉落、倾斜等异常情况。经综合分析，烟囱承载力评定为 b 级。

现场查看烟囱筒身内、外壁外观结果，筒身未出现开裂现象及其他异常情况，按裂缝子项评定为 b 级。

按烟囱倾斜子项评定，烟囱的倾斜综合评定为 b 级。

综合上述三项，筒身的可靠性等级可评定为 B 级。

2）内衬：通过检查，1~4 段内衬未出现破损现象，评定为 B 级。

从烟囱帽、烟道及附属设施项目方面，评定为 B 级。

通过综合评定，该烟囱单元评定为二级。通过对烟囱内壁进行防腐蚀处理后，烟囱能满足正常安全使用要求。

6. 关于耐久性试验

从表 15-14 中可以看出，砖即使通过 60 次干湿循环，其抗压强度并没有显著变化，外观未见开裂、剥蚀、局部脱落等异常情况，砖样质量也未见明显的变化。这表明用弱酸对砖进行干湿循环的损伤作用，不如前两节的冻融循环对砖产生的损坏效果。

通过砖根据干湿循环试验结果可知，烟气腐蚀对砖抗压强度未产生明显影响，对筒身砂浆有一定程度的腐蚀，使其强度有所降低。为避免烟气对砂浆进一步腐蚀，从而引起筒身砌体强度降低，甚至影响烟囱结构的安全性，应对烟囱内壁作防渗透和防腐蚀处理，以阻止烟气和水分的浸透，保持砂浆干燥及不受烟气腐蚀。

这次试验，砖的现场抽样对砖有一定损伤，有些损伤用肉眼不一定观察得到，因此，试验误差较大，这是应注意的问题。此外，这次选取砖样进行试验前，没有先通过敲击砖发出的声响，来大概对砖作个分类，是考虑不周的地方。这一教训，为我们进行慈母堂的老砖耐久性研究（见上一节），提了个醒。

第四节　砂浆耐腐蚀试验

1. 砂浆的耐久性问题

从砌体结构受损伤的角度来看，砌体结构的耐久性在多数情况下是取决于砌筑砂浆的耐久性。造成砂浆耐久性较砖低的原因是：

（1）砖是烧结制品，属粗陶类，耐久性好，而多数砂浆品种抗风化能力差，如泥草砂浆、混合砂浆、低强度的水泥砂浆。

（2）在一般情况下，砌体中的砂浆强度比砖低，也造成两者耐久性之间的差异。《砌体结构设计规范》GB 50003—2011 的设计取值表明，提高砌体承载力，提高砖的一个强度等级比提高一个砂浆强度等级的作用更大，同时经济上更划算。因此，砌体工程中，砖强度高于砂浆强度是一个自然规律。当然这是 20 世纪"厉行节约"的观点，虽然现在砌体设计中砂浆的强度等级不断提高，但既有建筑中，这种情况还不少。

（3）从砌体的构造上看，处于砌体外层的砂浆与砖的棱角边相接触，正是含水量较大，受冷热温差最敏感的部位，更易出现损坏情况。而砂浆的风化损伤，可能加快了砖的风化损伤的速度。

如何通过试验来评价既有建筑中砌体砂浆的耐久性还没有具体的方法。直接从砌体灰缝中取出砂浆块，进行冻融或干湿循环试验，观察试样的剥蚀程度，检测强度变化，仔细分析起来是有很大困难，试验结果也不可靠，并且还没有评判的标准。有关砂浆某一方面耐久性的试验方法，主要是针对砂浆还未应用于工程之前的一个检测判断。

在工程中，评定某种液体（或气体）对砂浆的腐蚀作用，可以通过了解砂浆在使用过程中前后程度的变化情况，以及检查砌体砂浆在墙面上的风化情况，进行综合分析做一个定性的评定。但有时也可以通过对比试验，来了解某种液体（或气体）的腐蚀性。在上一节中，烟囱内的砂浆是否受到酸性气体的腐蚀，我们参照《建筑砂浆基本性能试验方法标准》JGJ/T 70—2009 抗冻性能试验、《耐酸耐温砖》JC/T 424—2005 和国外的耐久性试验方法，制定了对比试验方案。

近年来一些国家采用酸蚀试验来研究砖块的耐久性，即将试样放入饱和的硫酸钠溶液中浸泡一个时间 t_1（如 2h），然后取出在温度 20℃ 和相对湿度 50% 的条件下干燥一个时间 t_2（如 48h），如此循环进行，记录剥蚀程度或比较酸蚀前后的强度来确定耐久性。英国标准《Code of practice for the use of masonry——Part 3：Materials and components, design and workmanship》5.6 中，砌体处在长期潮湿环境和饱和硫酸盐溶液中时，会发生侵蚀现象，从而影响砌体结构的耐久性。

这次试验采用同品种的砂浆试块，在不同的溶液中浸泡进行干湿循环试验，对砂浆受到的腐蚀作用进行评价，这是一个间接的试验方法，是一次探索性的试验。

2. 试验方案

（1）浸泡的溶液

硫酸钠溶液：配置 7.5％硫酸钠溶液，采用 1-14 广范试纸测试 pH＝8.0。

酸性介质废液：取自厂内水膜除尘塔下流出的酸液；采用 1-14 广范试纸测试 pH＝6.0。

清水：取自自来水。

（2）浸泡循环的温度和时间制度

砂浆试件在溶液中浸泡 24h 后取出称重，然后将试件放入恒温箱中干燥 24h，恒温箱的温度控制为 60℃、相对湿度为 50％，上述浸泡和干燥过程为一个循环，持续时间为 2d。

循环时间比其他相应的试验方法定得长，主要是考虑到砂浆强度偏低，被溶液浸泡后更易损坏，通过延长时间，减少循环次数的办法来减小试件的损伤。

（3）合格判定

三种溶液分别同时浸泡 5 组试件。五次循环后进行一次检查，将试件表面浮水擦拭干净，测量外观尺寸、重量，并记录试件的破坏情况。不同品种和浸泡条件的试件各压一组，未浸泡的自然含湿状态的试件也压一组。

浸泡后的抗压试件在 105±5℃的条件下烘干，然后进行称量、试压。如砂浆试件表面破坏较为严重，应采用水泥净浆修补，找平后送入标准环境中养护 2d 后同时进行试压。砂浆抗压试验后，应分别计算其强度损失率的质量损失率。当试验试件的抗压强度损失率不大于 25％，且质量损失率不大于 5％时，说明该组砂浆试件，在已循环的次数下，耐腐蚀性能可定为合格，否则为不合格。

（4）试验终止条件

在我们没有微观检测、鉴定能力的条件下，采用比较法确定溶液对砌体砂浆的腐蚀程度。当该组试件 6 块中的 4 块出现明显破坏（分层、裂开、贯通缝）时，则该组试件的耐腐蚀性能试验终止，并按第（3）条进行检查、照相。

3. 砂浆试件及性能

试验采用混合砂浆和水泥砂浆两个品种，每个品种有 M5 和 M10 两个强度等级。砂浆试件采用 70.7mm×70.7mm×70.7mm 的立方体试件，一组 6 个。每种砂浆（同品种、同强度等级）有 22 组，同时成型，拆模后在试验室内自然养护，直到试验。四种试件用 3 组进行抗压强度试验，其余 19 组，三种溶液每种浸泡 5 组，剩余 4 组仍然方在实验室内处于自然状态，以便与浸泡后的砂浆试件强度进行对比，具体见表 15-15。

砂浆试件成型数量及试验安排 表 15-15

砂浆品种	砂浆强度等级	试件组数	砂浆性能试验	耐久性试验试件分配情况			
				硫酸钠溶液	酸性废液	自来水	对比试件
混合砂浆	M5	22	3	5	5	5	4
	M10	22	3	5	5	5	4
水泥砂浆	M5	22	3	5	5	5	4
	M10	22	3	5	5	5	4

为了解试验砂浆的物理性能，每种砂浆取1组试件，分别进行了干容重、自然含水率、饱和含水率、吸水率、吸水速度试验，具体数据见表15-16。测试完成后，将该组试件浸入水中使其达到"饱和状态"；第2组试件烘至"绝干状态"；第3组试件处于"自然含湿状态"，三组砂浆试件同时进行抗压强度试验，具体结果见表15-17。

砂浆试件的饱和含水率、吸水率和吸水速度 表 15-16

砂浆品种	砂浆强度等级	砂浆干容重（g/cm³）	自然含水率（%）	饱和含水率（%）	吸水率（%）	吸水速度（g/h）
混合砂浆	M5	1.72	4.3	17.3	13	90
	M10	1.76	4.6	16.8	11.7	48.1
水泥砂浆	M5	1.79	4.9	15.7	10.3	57.8
	M10	1.85	5.3	14.7	8.9	37.4

不同含湿状态下的砂浆试件强度 表 15-17

砂浆品种	强度等级	自然状态抗压强度 f_z（MPa）	饱和状态抗压强度 F_b（MPa）	绝干状态抗压强度 F_j（MPa）	软化系数 F_b/F_j	f_z/F_j
混合砂浆	M5	6.9	3.9	7.2	0.55	0.96
	M10	14.3	8.3	15.3	0.57	0.93
水泥砂浆	M5	10.8	6.5	10.2	0.71	1.06
	M10	16.2	10.7	14.1	0.83	1.15

从表15-16中的数据可以看出：水泥砂浆的干容重大于混合砂浆，水泥砂浆的干容重为1.82g/cm³，混合砂浆的干容重为1.74g/cm³。自然含水率在4.3%～6.3%之间，平均值为5%。这批砂浆试件的饱和含水率大约为16%。混合砂浆试件的吸水率较水泥砂浆试件的大。砂浆试件的吸水速度很快，因此1h测一次砂浆试件含水率的变化，是无法画出含水率曲线的。

从表15-17中的数据可以看出：砂浆的软化系数较低，混合砂浆试件的软化系数比水泥砂浆的低，低强度的砂浆比高强度砂浆的低。自然含湿状态下的砂浆强度与绝干状态下的砂浆强度比较，混合砂浆相当，水泥砂浆偏高，但在15%以内。

4. 溶液浸泡试验

试验历时54d，共完成25个循环，其中有4d停歇。砂浆试件浸泡和恒温干燥情况见图15-17。

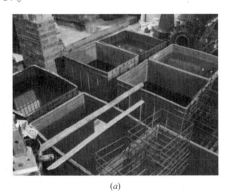 

（a） （b）

图 15-17 砂浆试件的循环试验

（a）试件浸泡在溶液中；（b）试件在恒温箱中

(1) 试件外观变化

第五个循环后,在 7.5% 硫酸钠溶液中浸泡的 M5 水泥砂浆和混合砂浆试件表面有轻微粗糙、起砂现象。

第七个循环后,在 7.5% 硫酸钠溶液中浸泡的 M10 水泥砂浆和混合砂浆个别试件表面有起砂现象。在 7.5% 硫酸钠溶液中浸泡的试件,不论水泥砂浆还是混合砂浆,低强度的砂浆试件经过七次循环后,表面已显得酥松、掉砂、棱角线开始模糊。

第十个循环后,在 7.5% 硫酸钠溶液中浸泡的试件,从恒温箱中取出放置在室内环境中的第三天发白毛,即硫酸盐析出;试件表面粗糙,有较大坑蚀情况(图 15-18a)。

 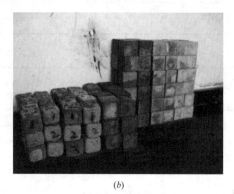

(a)   (b)

图 15-18　循环试验后试件的外观情况
(a) 15 次循环硫酸盐试件;(b) 25 次循环后三种试件比较

第十六个循环后,在 7.5% 硫酸钠溶液中浸泡的水泥砂浆试件,多数表面也显得酥松、掉砂、棱角线模糊。低强度砂浆试件情况更为严重。

第二十五个循环结束后,从图 15-18(b)试件颜色就可区分出来,用硫酸钠溶液浸泡过的试件,表面损害最严重(左边);用自来水浸泡的试件,表面基本完好如初(右边);采用工业酸液浸泡过的试件,表面损伤在两者之间(中间)。从图 15-18 可以看到,用硫酸钠溶液浸泡过的试件,失去了棱角、边,表面变得圆滑,与第十三次循环后试件的外观相比较,试件表面损伤的速率明显增快。

(2) 试件压坏后内部情况

第 10 次循环后,每种溶液浸泡过的其中一组砂浆试件,没有继续参加循环试验,放置 4d 后进行抗压强度试验。

图 15-19 是二十五次循环后,砂浆试件抗压试验后的破坏情况。用硫酸钠溶液浸泡过的试件和采用工业酸液浸泡过的试件,压后多数破碎成小块。而自来水浸泡过的试件,破坏后仅开裂。这表明前两种溶液对试件中的水泥胶凝材料有破坏作用。从图中还可以看到,自然状态试件抗压破坏后没有自来水浸泡试件抗压破坏后完整,这表明满足混凝土使用条件的水,对试件有养护作用。

(3) 试件抗压强度

经过各种溶液浸泡的砂浆在进行抗压强度试验之前,从溶液中取出后静置至少 4d,以便砂浆试件中的大部分水分蒸发掉。试件的抗压强度试验结果见表 15-18、表 15-19,表中数据为 6 个试件平均值。

图 15-19 二十五次循环后试件抗压破坏情况

(a) 硫酸钠溶液浸泡试件；(b) 工业废酸浸泡试件；(c) 自来水浸泡试件；(d) 自然状态试件

硫酸钠溶液浸泡的试件强度　　　　　　　　　　　　　　　　表 15-18

强度等级	砂浆品种	自然状态砂浆强度（MPa）	10 次循环		16 次循环		20 次循环		25 次循环	
			强度（MPa）	损失率（%）	强度（MPa）	损失率（%）	强度（MPa）	损失率（%）	强度（MPa）	损失率（%）
M10	水泥砂浆	24.8	23.1	6.9	18.6	25	10.2	59	6.1	75
	混合砂浆	18.9	18.1	4	11.4	40	10.2	46	5.7	70
M5	水泥砂浆	16.4	13.1	20	8.5	48	6.7	59	3.3	80
	混合砂浆	10.4	9.4	10	6.3	39	4.9	53	5.3	49

工业酸液和自来水浸泡的试件强度　　　　　　　　　　　　　　表 15-19

强度等级	砂浆品种	砂浆强度（MPa）								
		工业酸				自来水				
		自然状态	10 次循环	16 次循环	20 次循环	25 次循环	10 次循环	16 次循环	20 次循环	25 次循环
M10	水泥砂浆	24.8	16.9	28.2	29.0	11.4	24.1	25.1	16.7	24.2
	混合砂浆	18.9	18.7	19.1	16.9	12.4	18.0	18.1	15.7	15.7
M5	水泥砂浆	16.4	12.8	11.5	9.7	6.8	12.0	12.3	12.1	13.0
	混合砂浆	10.4	12.4	13.7	11.8	5.4	13.8	12.2	9.8	13.7

　　为了便于比较，表中自然状态条件下的试件与经三种溶液 10 次循环后的试件是一道进行的抗压强度试验。从表中数据可以得出如下结论：

1）表 15-18 中，硫酸钠溶液浸泡的砂浆试件随循环次数的增加，强度损失的规律很明显。

2）表 15-19 中，M5 混合砂浆的试件经过数次湿热循环后，试件抗压强度平均值比自然状态的还高，反复查找没有查到试验过程中存在问题的原因，只有暂时归咎于试件强度的不均匀性造成的。

3）在硫酸钠溶液和工业酸液浸泡的水泥砂浆试件比混合浆试件的强度降低得更多。

4）用硫酸钠溶液浸泡的试件强度损失率最高。自来水浸泡的试件强度损失率低。M10 水泥砂浆试件经自来水浸泡 25 次循环，强度没有降低。

（4）试件质量损失率

表 15-20 中三种溶液浸泡砂浆试件质量损失率的测试值为 6 个试件平均值，正值表示试件质量增加，负的表示质量减少。从表中可见硫酸钠溶液浸泡的试件质量损失最大，这给它的外观受损最严重是一致的。

三种溶液浸泡砂浆试件质量损失率 表 15-20

强度等级	砂浆品种	硫酸钠溶液				工业酸液				自来水			
		10 次	16 次	20 次	25 次	10 次	16 次	20 次	25 次	10 次	16 次	20 次	25 次
M10	水泥砂浆	−2.9	−5.4	−12.7	−25.2	−1.2	−1.5	−2.2	−1.7	−5.5	−5.7	−6.3	−5.0
	混合砂浆	−3.6	−8.8	−10.0	−26.8	−0.3	−2.0	−2.1	−2.2	−6.9	−7.2	−7.5	−8.1
M5	水泥砂浆	−3.6	−10.0	−22.0	−40.9	−2.0	−2.9	−2.8	−10.0	−6.1	−7.4	−8.7	−8.0
	混合砂浆	−4.9	−13.1	−17.8	−31.2	−1.4	−1.7	−2.1	−12.4	−5.7	−6.9	−7.7	−6.3

5. 试验结果分析

（1）试件强度计算

经过耐久性循环的砂浆试件在进行抗压试验前，没有进行修补，而强度计算时，是按 $70.7mm \times 70.7mm$ 原面积取值，因此，计算得到的砂浆抗压强度，应高于计算值。而在试验过程中，试件的反复搬动和碰撞（虽然尽量避免，也在所难免），使试件受到损伤，降低了试件的强度。两者谁的影响更大，给试验时的条件有关。

（2）试件耐腐蚀判定

由于这次试验测得的试件质量损失率只能作参考，因此主要以试件的抗压强度损失率来定耐腐蚀试件的合格性。从表 15-20 看到，用硫酸钠溶液浸泡的试件，第 16 次循环不合格；用工业酸液浸泡的试件，第 25 次循环不合格；用自来水浸泡的试件，25 次循环后仍然合格。

从试件的质量损失率分析，用硫酸钠溶液浸泡试件，第 16 次循环不合格；用工业酸液浸泡的水泥砂浆试件第 25 次循环不合格；其余的结果与一般规律不相符。

（3）溶液对砂浆腐蚀的影响

硫酸钠溶液对砌体砂浆的腐蚀最严重。厂内的工业废酸液对砌体砂浆具有腐蚀性，因此影响砌体的耐久性。自来水对水泥砂浆没有腐蚀性，强度还有一定增加。在该类工程中采用混合砂浆砌筑显然是不恰当的。

（4）砂浆含湿率对强度的影响

绝干状态下的砂浆强度最高，自然含湿状态下的砂浆强度约微偏低，饱和状态下的砂浆强度明显低于其他含湿状态下的砂浆强度。混合砂浆试件的软化系数大于水泥砂浆试件的软化系数。这个结果为在房屋鉴定时，确定砌体承载力或安全性计算提供了数据取值的参考依据。

（5）砂浆耐久性差的分析

从砂浆的物理力学性能试验可以看出（表 15-16、表 15-17），砂浆的吸水率较砖的吸水率快得多，因此砌体在潮湿的环境中，砂浆首先吸收大量的水分，而砂浆的软化系数又较砖低很多，因此压缩变形大，影响砌体的整体性和砂浆与砖的粘结强度都造成不利影响。砂浆在外界风、冻融等自然条件的作用下，更易出现损伤。

6. 试验中发现的问题

这次进行的基于砌体结构的砂浆耐久性试验仅仅是一个探索，因此制定出的试验方案看似完整，实施起来却发现一些问题，为便于今后借鉴和改进，做如下说明。

（1）关于试件质量损失的确定

由于本次耐腐蚀试验循环前后的试件质量，没有按绝干条件下称取，因此试件质量损失率的计算结果是不准确的。循环试验前的试件质量由于砂浆试件不是处于绝干状态，因此称得的重量不是试件的质量。也就是说，要保证试件处于绝干状态，测得试件的重量有可比性，而试件的抗压强度已不是自然含水状态下的强度。为达到统一，只有比较试验前后绝干状态下的砂浆试件强度。

（2）关于试件损伤的修补

试件经过耐腐蚀试验循环后，虽然失去了棱角、边，表面变得圆滑，但外形尺寸变化并不大；当时制定方案时，并没有考虑用什么材料修复，如何修复；如果用水泥砂浆修复，效果也不一定好，也许数据更为混乱，因此试件抗压试验前没有进行修补。

（3）关于试件的破坏特征

试验方案规定："当该组试件 6 块中的 4 块出现明显破坏（分层、裂开、贯通缝）时，则该组试件的耐腐蚀性能试验终止"。在试验过程中，砂浆试件并没有出现"分层、裂开、贯通缝"等情况。而是立方体试件失去了棱角、边，表面变得圆滑。

（4）循环检测次数

参考砖的耐腐蚀试验情况原考虑：五次循环后进行一次试件的检查，每 10 次循环压一次试件。当试验进行到 16 次循环时，从试件外观感到，试件受到的损伤变得严重，因此，改为每 5 次循环压一次试件。从试验的结果来看，检查测量的次数还应缩短，最好 2、3 个循环一次，甚至每循环一次，检查一次。

（5）试验数量

本次试验砂浆的品种虽然不多、溶液种类不多、设计的工况也不多，但总合起来数量则大，不但增加了工作量，也使设备不能完全满足使用要求，这是试验前没有预估到的。也就是说，通过这次试验，我们认识到试验一次的试件数量不宜太多。

（6）试验评判标准

本次试验具/有探索的性质，循环多少次算合格，并没有一个具体的规定。只用试件强度降低的比例和质量损失率来判定合格与否，那么，试验继续做下去，都会不合格。当然，我们也思考过，要确定判断循环合格的次数的确很难。本次试验最后就是采用相对比较的方法，进行的判定。

第十六章　砌体的耐久性

第一节　砌体损伤及病害

1. 砌体的损伤

我们从砌体损伤的特点来分析作用的因素。把砌体的损伤分为三类：表面损伤、强度降低、局部破损，其作用因素和造成的后果见表 16-1。

砌体的损伤特点及作用因素　　　　　　　　　　　　　　　　　表 16-1

损伤特点	作用因素	发展过程	后果
表面损伤	水的固态、气态，腐蚀物，风，植被	由表及里	粉化、墙体截面损失
强度降低	水，块材稳定性、砂浆稳定性，低强度	材料结构变化	体积膨胀、丧失承载力
局部破损	超载，沉降，滑移，温差，收缩，植物根系	刚度降低，错位	严重变形、破坏

造成砌体的损伤由表及里的作用因素中，水是以湿气、降雨、降雪、霜冻、冻结等气态或固态形式；腐蚀物是以酸雾、对砌体有腐蚀的材料以及侵蚀性的土壤等气态或固态的物质作用，对砌体表面逐渐造成损伤。

引起砌体强度降低的全截面损伤作用因素中，水是以流体的形式渗透到砌体全截面造成影响，它包含海水、有腐蚀性溶液的侵蚀。砌体块材或砌筑砂浆因含有体积不稳定物质；或因生产工艺不满足要求；或自身强度过低，这些因素都会使整个砌体的材质逐渐失去强度导致破坏，影响结构安全，不能满足耐久性要求。

由于温差，材料收缩，超载，沉降，滑移或植物根系的作用，其中，超载包括设计承载力不足和使用不当两个方面；沉降和滑移包括，地基基础和建筑物本身的变形不协调。这些因素造成砌体裂缝、错位、严重变形影响建筑的使用功能和安全，而不能满足耐久性要求。

砌体结构的任何损伤，从广义上说，都会影响结构的耐久性。但因为损伤的情况不一样，造成的后果不一样，处理的方法就不相同。

局部破损在很多情况下不及时处理，就会影响砌体结构的使用和安全性，因此不可能等待继续恶化。

砌体强度降低，一种是自然退化或材质水作用，另一种情况是砌体材料的稳定性有问题，后者必须进行处理，否则影响安全和耐久性。

砌体表面损伤是随时间缓慢进行，有一个较长的过程，最后才影响结构的使用和安全。我们讨论砌体结构的耐久性问题，是后面两种情况。

从宏观上讲，砌体建筑的耐久性问题可分为两大类：一类是在使用过程中其功能或外观不能满足使用要求，也就是建筑的耐久性问题；另一类是砌体给人一样也会生病，性能也会退化，影响其使用和安全，也就是结构的耐久性问题。

2. 砌体的病害

砌体的耐久性问题，可以认为是受到病害的作用造成的损伤，按照砌体病害的不同表现，大体可分为类：稳定性问题，水的渗漏侵蚀问题和风化问题。

（1）稳定性

因病害出现的稳定性问题，是制作砌体的块材或砂浆原材料不合格，或生产工艺不满足要求，使用一段时间后，强度下降、疏松、膨胀、甚至粉化，从而导致砌体出现鼓凸、倾斜变形，砌体强度降低等不良现象。稳定性破坏的问题是砌体自身的缺陷造成的，相关情况在本篇第一章第四节已做了讨论。

（2）水作用

水的渗漏侵蚀问题和风化问题则是外部环境因素对砌体的耐久性造成的影响。水的渗漏侵蚀是指地下水、地表水或冷凝水引发的一系列对砌体结构破坏问题。水的来源不同，对建筑影响的部位不一样。地下水主要是对地基基础和底部墙体造成影响，使基础沉降，砌体受水浸泡后强度降低，软化，结冰。雨水主要是对外墙和屋顶造成影响，引起渗漏，屋面或外墙变形，墙体承载力降低。室内用水，主要是对卫生间、厨房、生产车间内的墙体造成污染，渗漏、变形等情况。

水除了直接对砌体的耐久性有损害作用外，还对砌体的稳定性和风化作用有催化作用。例如，砌体材料的不稳定性出现问题，首先表现在经常遇水侵蚀的厨房、卫生间、外墙面和女儿墙等部位

（3）风化作用

风化作用是砌体受到外部环境的影响出现的耐久性问题。风化作用对砌体的破坏特点是由表及里。根据风化作用的性质，一般分为物理风化作用，化学风化作用和生物风化作用。其中物理风化作用对砌体的耐久性影响最大，最广。

物理风化作用，主要是自然环境中的太阳、水、风、砂对砌体建筑的影响。因太阳的日出昼落，形成的温差使砌体膨胀和收缩交替进行，久而久之则造成表层的损伤。水在砌体孔隙中的存在，当环境温度下降到 0℃ 时会冻结成冰。水结成冰时，体积可比原来增大 9％ 左右。由于体积的增大，对裂隙可产生很大的压力，这种冻融的反复作用，使孔结构遭到破坏。风中带有的细小砂粒能使砌体表面粗糙。风的流动，将其疏松层带走，砌体表面出现破损。盐化结晶也属于物理风化作用。

化学风化作用，主要是有害质对砌体的侵蚀，改变了材料的化学成分。大气中的二氧化碳，造成砌体表面碳化。工业废液造成砌体表面的水解。

生物风化作用是植物及微生物影响下对砌体所起到破坏作用。要注意的是，砌体建筑的病害往往是多种原因造成的，因此在分析时应综合分析判断。

第二节　墙体风化调查

在修编《民用建筑可靠性鉴定标准》GB 50292—1999 时，为增加"砌体结构耐久性评估"一章，西安建筑科技大学、湖南大学和重庆建科院的参编组成员对各自地区砌体结构建筑的耐久性进行了调查。调查前，参编组进行了专题讨论，制定了调查方案。每项工程包括：工程名称、所在地区、建造年代、使用年限、砖和砂浆的种类、现场检测的强

度、使用条件、块材风化深度、块体（砂浆）风化及腐蚀情况。

西安建筑科技大学调查了 36 个建构筑物，湖南大学调查了 48 个建构筑物，重庆建科院调查了 18 个建构筑物。西安建筑科技大学和湖南大学调查的工程是不同年代烧结砖外墙风化情况，只有一幢建筑是室内内墙情况。重庆建科院调查了 6 个不同年代烧结砖外墙风化情况工程；1 个烧结普通红砖和 6 个灰砂砖建筑中砖的稳定性不合格工程；5 个砖烟囱的风化检测情况，共计 102 栋建筑和构筑物

砌体建筑的风化问题是最容易引起人们注意的问题。因为它就发生在建筑的表面，不但使建筑的表面很难看，也会给人产生不安全感。砌体风化严重会影响建筑的使用功能和安全性，因此它是砌体建筑耐久性的一项重要评判指标。

砌体建筑的墙体风化现象主要出现在外墙面。在这次标准编制调查的 102 栋建构筑物中，有 90 栋是外墙的风化问题。为了便于后面的讨论分析，也为了使这些宝贵的资料能做它用，现将其主要的调查、检测内容列于表 16-2 中。为了精简丰富的调查内容，适宜写书的需要，我做了一些简化。每个工程省去了"建筑年代"。整个调查工作都是在 2010年进行的，表头 2010 年调查时间加上使用年限就是建筑年代。表中指明的是烧结砖外墙，每一个工程也不再重复表述。表中的文字与原始报告相比，也做了一些简化和调整，但尽量能保留原有的意思。

2010 年调查不同年代烧结砖外墙风化情况表　　　　　　　表 16-2

序号	工程名称	所在地区	使用年限	块体强度等级	砂浆种类	砂浆推定值（MPa）	块体风化深度（mm）	块体（砂浆）风化及腐蚀情况
1	南门瓮城	榆林	640 年				大于 100mm	冻融与风化交织；剥蚀损伤严重
2	1 号碑亭基座		明代	MU10	石灰砂浆		0～28mm	长期潮湿状态，受冻融影响较大，分层呈现阴面严重，阳面轻
3	东侧展廊		清代	MU10	黄土砂浆		0～30mm	石灰勾缝，底部砖体表面分层严重，南侧墙体处于向阳面
4	一展东部西墙		72 年	MU10	石灰砂浆		0～28mm	墙体处于阳面；砖体分层严重，砂浆出现粉化现象
5	二展正厅北墙	西安碑林	近 80 年	MU10				北墙处在建筑物的背阴面，砖体表面状况较好
6	三展正厅南墙		近 80 年	MU10				南墙向阳面，表面状况较好，底部砖体表面有潮湿现象
7	仪门			MU10	石灰砂浆			仪门东侧墙体无水影响，环境良好；砖体表面状况良好
8	石刻艺术室		47 年	MU15	石灰砂浆		11～25mm	墙土底部分化分层严重，局部泛碱导致砖体表面粉化严重
9	贡院外墙	长沙	290 余年	MU7.5 MU15	不详	无	6～15mm	砂浆粉化严重；多处墙体裂缝；砖水侵蚀严重；局部风化，多处剥落
10	东木头1 号院	西安	132 年	MU10	石灰砂浆		25mm	受冻融影响墙体底部砖体分层剥落严重
11	东木头2 号院		新中国成立前	MU10	石灰砂浆		20mm	部分砖体分层剥落严重

序号	工程名称	所在地区	使用年限	块体强度等级	砂浆种类	砂浆推定值（MPa）	块体风化深度（mm）	块体（砂浆）风化及腐蚀情况
12	丰图义仓	陕西大荔	128 年				大于100mm	底部冻融与碱腐蚀
13	天主堂及钟楼	长沙	109 年	MU7.5 MU15	不详	7.1	不详	局部外墙装修层开裂、脱落；屋面局部漏水；砌体不同程度粉化
14	原海关公廨	长沙	99 年	MU15	不详	1	大于5mm	室外无粉刷，砂浆粉化
15	天主教慈母堂	重庆	99 年	MU10	石灰砂浆	3.85	砖9mm；石5mm	一层护栏压顶条石最大风化；10mm，一层墙面风化最大60mm
16	吉祥巷同仁里	长沙	晚清民国	MU7.5 MU10	不详	4.1	大于5mm	砖风化严重，严重处程度达6～10mm，砂浆多出粉化
17	原咨询局大楼	长沙	97 年	MU7.5 MU10	不详	无	4～10mm	局部砖墙受水侵蚀；外墙多处出现裂缝；部分抹灰层脱落
18	原三一教学楼	长沙	95 年	MU7.5	不详	2.8	3～6mm	个别墙轻微开裂；个别墙渗水；个别外墙装饰条钢筋外露腐蚀
19	北正街基督堂	长沙	95 年	MU15	不详	7.1	3～8mm	室内（砖及砂浆）
20	门诊楼	原湘雅医学院	95 年	MU25 MU30	不详	6.2	大于5mm	室外无粉刷。处于潮湿环境中的粉灰层砂浆多处起鼓剥落
21	外教楼		90 余年	MU7.5	不详	2.5	5～10mm	2005返修。个别墙渗水腐蚀较重；部分砌筑砖表面脱漆粉化
22	礼堂		60 年	MU10	不详	3.4	3～6mm	少数室外砖墙轻微侵蚀（水）
23	基督教城北堂	长沙	93 年	MU15	不详	2.5	3～6mm	部分墙体砖风化、剥落
24	裕湘纱厂大门	长沙	91 年	MU10 MU15	不详	19	大于6mm	室外，粉刷存在脱落，局部风化较严重
25	真耶稣教堂	长沙	88 年	小于MU7.5	不详	2.4～3.3	不详	个别砖表面粉化掉落；个别墙开裂水腐蚀严重；部分粉刷层脱落
26	政府办公楼	重庆	80 多年	MU10 MU15	石灰砂浆		无	外墙抹灰
27	二院	长沙湖南大学	超过80年	多数MU20	不详	5.6	局部超10mm	室外无粉刷，局部存在风化脱落现象
28	科学馆		74 年	MU15	不详	22.9	2～3mm	室外无粉刷，无明显风化现象
29	九舍		64 年	MU7.5	不详	1.3	2～8mm	部分外墙砖面出现剥离及老化现象
30	七舍		60 余年	MU10	不详	2.2	2～8mm	一层局部砖风化腐蚀；部分墙体渗水腐蚀；部分砂浆呈粉状
31	工程馆		63 年	多数MU15	不详	6	2～3mm	室外无粉刷，无明显风化现象
32	图书馆		60 年左右	多数MU15	不详	19.1	3～5mm	室外无粉刷，无明显风化现象

序号	工程名称	所在地区	使用年限	块体强度等级	砂浆种类	砂浆推定值（MPa）	块体风化深度（mm）	块体（砂浆）风化及腐蚀情况
33	一舍	长沙湖南大学	58年	MU10 MU15	不详	0	3～6mm	墙体风化较轻；砂浆强度低；第一层3个槽间砌体强度为0.60MPa，0.80MPa和0.70MPa，对照规范，此强度砂浆强度为0；砌体弹模分别为753MPa，792MPa和820MPa
34	胜利斋		50余年	MU10	不详	1.0	1～5mm	2004年修缮。部分墙体受生活用水及雨水等侵蚀，面临风化腐蚀
35	神职人员寓所	长沙	超过80年	MU10 MU15	不详	3.3	2～3mm	室外，外墙有装饰层，无明显风化现象
36	28中红楼	重庆	81年	16.8 MPa	石灰砂浆	1.83	砖5mm；石4mm	外墙砖，特别一层最大风化深度砖：10mm；基础条石：80mm
37	原李觉公馆	长沙	近80年	MU15	不详	无回弹值	3～10mm	砂浆粉化严重，多处砖水侵蚀严重；部分墙有风化；门窗口裂缝
38	明德中乐诚堂	长沙	79年	MU7.5 MU10	不详	无	1～6mm	局部外墙砖有裂缝，脱落现象；砂浆已粉化，无法进行回弹测试
39	小吴门邮电楼	长沙	73年	MU7.5	不详	2.5	不详	有粉刷层部分墙体轻微开裂，渗水
40	中南大民主楼	长沙	超过70年	MU15 MU20	不详	7.5	1～2mm	室外无粉刷，无明显风化现象
41	中南大和平楼	长沙	超过70年	MU15	不详	6.3	10～15mm	室外无粉刷，外墙粉刷层多出空鼓、剥离，局部砖表面风化严重
42	交通银行旧址	长沙	不详	未达等级	不详	3.60～5.15	1～4mm	现航运公司宿舍。外墙抹灰，受长时间侵蚀，外立面粉刷层剥落
43	基督教堂	长沙	70余年	MU10 MU15	不详	5.3	6～10mm	外墙大面积风化，多处剥落；墙体有开裂；门窗口有修补痕迹
44	圣经院教学楼	长沙	60年以上	MU10 MU15	不详	7.0	3～10mm	局部砖有风化现象
45	原唐生智公馆	长沙	60年以上	MU7.5	不详	1	大于10mm	
46	美孚洋行别墅	长沙	60年左右	MU7. MU10	不详	1	5～10mm	室外无粉刷，外墙砖破损严重，部分呈粉状
47	办公建筑	湖南师范	近60年	MU7.5	不详	5.0	2～6mm	多处外墙砖渗水腐蚀
48	设计院办公楼	重庆	近60年	17.2 MPa	混合砂浆	1.7～14.5	无	一层墙体外立面做水泥砂浆防水层，但局部仍有潮湿现象
49	省委办公楼	长沙	近60年	MU10 MU15	不详	19.6	2～5mm	基本完好
50	原省政府大门	长沙	57年	MU10 MU15	不详	22.9	2～5mm	有粉刷层。砖墙上部多处开裂；局部有水侵蚀，装修层有脱落
51	民主大厦旧址	长沙	57年	MU10	不详	1.5	不详	有粉刷层，部分墙体有轻微裂缝

序号	工程名称	所在地区	使用年限	块体强度等级	砂浆种类	砂浆推定值（MPa）	块体风化深度（mm）	块体（砂浆）风化及腐蚀情况
52	烈士园纪念亭	长沙	57年	MU10 MU20	不详	3.4	小于2mm	室外无粉刷，无明显分化现象
53	南院中楼	西安省委	57年	MU7.5	混合砂浆	M2.5	无	外粉，无风化现象
54	建工路楼		55年	MU7.5	混合砂浆	M2.5	8mm	外粉，女儿墙根部，腐蚀5~15mm
55	红楼	重庆交大	57年	13.7MPa	石灰砂浆	1.8（点荷）	10mm	外墙表面、特别一层外墙表面，最大风化深度10~20mm
56	青楼		56年	11.9MPa	石灰砂浆	1.2（点荷）	10mm	主要山墙表面风化，一层室外基础条石表面砖20mm、条石20mm
57	橘子洲文化宫	长沙	56年	MU7.5	不详	2.5	不详	个别墙体轻微开裂；部分墙体渗水腐蚀
58	湘江宾馆中栋	长沙	56年	MU10 MU15	不详	13.8	2~6mm	墙体多处出现裂缝，粉刷层都不同程度脱落
59	医学院病房	西安	55年	MU7.5	混合砂浆	M1	无	清水勾缝，有墙裙，无风化
60	医学院库房	西安	55年	MU7.5	混合砂浆	M1	无	清水勾缝，有墙裙，无风化
61	科技大住宅	西安	54年	MU7.5	石灰砂浆	M1	无	清水勾缝，有墙裙，无风化
62	老厂房	闫良	54年	MU7.5	混合砂浆	M1	无	清水勾缝，无风化
63	工商行办公楼	长沙	54年	MU10	不详	1.3	4~10mm	南面外墙砖多处风化腐蚀，部分砖表面剥落和开裂，甚至空洞
64	中南大采矿楼	长沙	52年	MU7.5 MU10	不详	无回弹值	1~6mm	砂浆碳化大于3mm；扁顶法测砌体强度平均值为3.4MPa
65	礼堂	闫良	52年	MU7.5	混合砂浆	M1	无	清水勾缝，无风化
66	中南大办公楼	长沙	51年	MU7.5 MU10	混合砂浆	M1.1~M7.5	3~8mm	有粉刷层，砂浆的碳化深度均大于3mm，设计MU7.5，M1
67	老省委办公楼	西安	51年	MU7.5	混合砂浆	M3.4	10~20mm	无粉刷，西山墙地表以上1.0m，最大风化深度10~20mm
68	厂房	户县惠安	51年	MU7.5	混合砂浆	M2.5	10~50mm	清水勾缝，配筋，部分墙根部，风化最深130mm
69	设计院办公楼	长沙	近50年	MU10 MU15	不详	4.6	不详	基本完好
70	财政厅西楼	西安	48年	MU7.5	混合砂浆	M2.5		清水勾缝。女儿墙根部、落水管处风化，个别处脱皮、风化，墙泛白
71	冶设院办公楼	长沙	46年	MU7.5	不详	1.0	2~6mm	有粉刷层。个别墙轻微开裂；部分墙空调滴水受不同程度腐蚀

序号	工程名称	所在地区	使用年限	块体强度等级	砂浆种类	砂浆推定值（MPa）	块体风化深度（mm）	块体（砂浆）风化及腐蚀情况
72	办公楼	长沙省博物馆	45年	MU7.5	不详	4.2	2～5mm	
73	陈列楼			MU7.5	不详	2.5	2～5mm	局部外墙风化腐蚀
74	陈列大楼			MU10	不详	2.5	不详	
75	马钢金工车间	安徽	45年	MU7.5	混合砂浆	M2.5	0.5mm	清水勾缝。常年较潮湿，风化个别处，小面积，最大深度2mm
76	办公及医院楼	陕西宝鸡	45年	MU7.5	混合砂浆	M2.5		清水勾缝。下雨较潮湿，风化墙根部表面起灰，个别处，小面积
77	食堂	西光	45年	MU7.5	石灰砂浆	M1	10～30mm	墙根部局部，脱皮、风化10～30，最深50mm
78	10号办公楼	空工西安	42年	MU7.5	混合砂浆	M2.5	10～30mm	女儿墙、外粉，面积较大风化、脱皮、冻融最深70mm
79	明星里22号	长沙	40余年	MU7.5 MU10	不详	1.1～2.8	不详	有粉刷层，砂浆的碳化深度均大于3mm
80	科技大办公楼	西安	34年	MU7.5	混合砂浆	1.7		有粉刷层，砖完好，砂浆强度偏低，原设计M5
81	原表厂教学楼	西安	30年左右		混合砂浆			墙面砖体泛碱严重，有白色物质析出
82	幼儿园	陕西宝鸡	30年	MU7.5	混合砂浆	M2.5	2.5mm	清水勾缝，下雨湿，风化落水管处，小面积
83	办公楼	陕西宝鸡	29年	MU7.5	混合砂浆	M2.5	无	清水勾缝
84	劳教所	西安	22年	MU7.5	混合砂浆	M2.5	10～40mm	女儿墙、外粉，局部，脱皮、冻溶，10～40，最深60
85	医院	庆安	20年	MU10	混合砂浆	M5		露雨处泛白
86	计量楼	凤县航天六院	20年左右	MU7.5	混合砂浆	3.86	10mm	部分墙段遭受冻融损伤，墙裙砂浆层剥落严重
87	宿舍楼					1.63	20mm	外墙底部遭受冻融损伤严重，水泥砂浆墙裙大面积开裂剥离，砖表层剥落
88	8～10家属楼	河南永城	15年	MU7.5	混合砂浆	M1	10～30mm	清水勾缝，下雨较潮湿，风化个别处，小面积
89	1～7家属楼			MU7.5	混合砂浆	M1	10～20mm	清水勾缝，下雨较潮湿，风化个别处，小面积
90	电视大原球馆	长安区	15年左右	MU7.5	混合砂浆	强度极低	20mm	雨水管附近砖冻融剥蚀严重，瓷砖脱落，砂浆含泥量大

226

第三节　外墙风化调查结果

调查的 102 栋建筑和构筑物的使用功能包括：住宅、宿舍、办公楼、教学楼、礼堂、教堂、医院、博物馆、厂房、烟囱、城墙等 15 种类型。建造年代从明朝洪武初年（公元 1370 年前后）到 20 世纪末，前后相差 625 年左右。地区包括：陕西、湖南、重庆、河南、安徽等地的建构筑物。

调查表中 90 栋建筑，70% 的建筑使用年限超过了 50 年，近 20% 的建筑超过了 90 年，除个别超过 200 年的建筑破损较严重外，基本都能正常使用。也就是说，砌体结构建筑的正常使用年限应在 100 年以上。若维护得当，时间更长。这与我们在前一章的试验结论与调查的结果是一致的。在"注意乡土味道，保留乡村风貌，留得住青山绿水，记得住乡愁"的情深影响之下，全国各地都在积极打造名街、名镇、名村。要有"名"，最有说服力的就是留存下来的各类历史建筑，这其中，砌体建筑是最多的，不乏 100 年以上的老宅，也是耐久性的证明。

调查结果显示，砌体中砂浆的风化速度比砖快。砌体中砖规整度高，灰缝砂浆层薄或有勾缝，墙体表面受风化影响的腐蚀速度相对较慢。若砂浆强度低、灰缝厚，墙体表面受风化影响的腐蚀速度相对较快。

调查的结果表明，各地的环境情况不同，风化的特点也不一样。在南方，超过 50 年的砌体建筑，墙面风化一般小于 10mm，个别超过 30mm，风化严重的部位出现在接近地面干湿循环交替部位、水浸泡的地方；在北方冻融地区，墙面风化比南方地区严重，墙面深度最大超过 100mm；而对砌体结构有侵蚀作用的气体和液体，有的在使用后不到 20 年就必须进行加固处理（重庆建科院厂房调查的案例，表中没列出）。

外墙墙体凡是经常有水出现的地方，都会给墙体表面造成污染或腐蚀。若是寒冷地区，由于水的存在会造成墙面的冻融破坏。

外墙抹灰层对墙体的风化有显著的保护作用和装饰作用，但抹灰层容易受到损伤，给人以破旧的感觉。而没有抹灰的墙体受到风化作用的影响不大时，却会给人一种悠久的历史感觉。

这次调查没有要求拍摄照片来配合文字的表述，使其更加生动，更利于理解，是个遗憾。这次调查也没有要求记录风化的面积和损伤的长度，有时不利于外观损伤程度和危险性判断，也是今后应考虑增加的内容。

第十七章 砌体的耐久性评定

第一节 环境调查及分类

砌体建筑出现各种病态和老化迹象往往与所处的环境有关。因此，在进行评估工作的调查时，必须查找其病因，从前面的调查结果已经表明，环境对建筑物的耐久性影响很大。在《民用建筑可靠性鉴定标准》GB 50292—2015 中，对建筑物的使用环境进行了分类，包括周围的气象环境、地质环境、结构工作环境和灾害环境，见表 17-1。

建筑物的使用环境调查　　　　　　　　　　　　　　　　表 17-1

项次	环境类别	调查项目
1	气象环境	大气温度变化、大气湿度变化、降雨量、降雪量、霜冻期、风作用、土壤冻结深度等
2	地质环境	地形、地貌、工程地质、地下水位深度、岩土中的有害物质、周围高大建筑物的影响等
3	建筑结构工作环境	潮湿环境、滨海大气环境、邻近工业区大气环境、建筑或其周围的振动环境等
4	灾害环境	地震、冰雪、飓风、洪水；可能发生滑坡、泥石流等地质灾害的地段；建筑周围存在的爆炸、火灾、撞击源

在这四类环境中，气象环境对砌体结构的风化影响最大。因此，当知道建筑的使用时间较长，或墙面已出现风化迹象，不但应按表 17-1 中的气象环境内容进行调查，还应增加建筑的用途、建造时间、发现耐久性问题的时间，结构所处环境的历年年平均温度的平均值，年平均相对湿度的平均值等内容。以便分析影响风化的主要原因，估计风化的速度和应采取防护的合理措施。

地质环境的调查。近二、三十年城市新建的建筑，在设计前都做过地勘，可索取地勘资料了解地质情况。当建筑周边地形环境改变较大，或因改造还应进行补勘。对于没有地质资料的建筑，检测时注意观察周边的地质环境情况，根据委托需要，应进行地勘。

在表 17-1 中笔者增加了岩土中的有害物质调查，这些有害物质对建筑的危害很大，最好提前采取措施。有些建筑因外界条件的变化，或因修建时间久远地基或基础的微小变化，也会影响建筑的耐久性和安全性。

案例 1：陕西韩城党家村，地处黄河流域的古韩塬上，1851 年基本形成村落格局。村中墙体表面剥离破损严重（图 17-1），分析原因，巷内墙体受风砂影响小，墙脚冻融影响不明显，主要是地下含盐量高造成的。这是严重的泛霜现象，造成的具体原因和预防措施，可见第十三章第四节的内容。

案例 2：彬县大佛寺始见于唐贞观二年，为国家重点文物保护单位。通向大佛的明镜台台基，近年来因集中降雨和地震等因素作用出现了蠕动变形和局部沉降。台基下砂岩层为陡坡面，局部倾角达 48°，坡脚岩体与台体间有裂缝存在，产生滑坡的可能性很大。台基中通向大佛的甬道因变形挤压进行了支撑和监测，图 17-1 (b) 是西安建筑科技大学王庆霖教授在察看监测情况。

(a)　　　　　　　　　　　　(b)

图 17-1　地质环境对建筑的影响

(a) 主要因盐析损伤的情况；(b) 通向大佛的甬道支撑和监测

建筑结构工作环境对建筑耐久性的影响，前面已经讲了很多，这里就不再讨论了。关于震动对建筑的影响问题，后面会提到。

灾害对建筑的破坏很多时候是严重的。因此去调查或检测时首先应注意安全，应避免因次生灾害的发生，造成人员或财产损失。

从上节对建筑物风化情况的调查可以看出，环境因素不同，对建筑物的影响结果是不一样的。有些环境对建筑物影响要小些，有些环境对建筑物影响则很大，也就是说，影响大导致墙体的风化速度快，否则相反。对于风化速度是评定砌体结构耐久性的一个重要因素，《民用建筑可靠性鉴定标准》GB 50292—2015 把民用建筑环境类别、环境条件和作用进行了分级，见表 17-2。

民用建筑环境类别、环境条件和作用等级　　　　　　表 17-2

环境类别		作用等级	环境条件	说明与示例	腐蚀机理
I	一般大气环境	A	室内正常环境	居住及公共建筑的上部结构构件	由混凝土碳化引起钢筋锈蚀；砌体风化、腐蚀
		B	室内高湿环境、露天环境	地下室构件、露天结构构件	
		C	干湿交替环境	频繁受水蒸汽或冷凝水作用的构件，以及开敞式房屋易遭飘雨部位的构件	
II	冻融环境	C	轻度	微冻地区混凝土或砌体构件高度饱水，无盐环境；严寒和寒冷地区混凝土或砌体构件中度饱水，无盐环境	反复冻融导致混凝土或砌体由表及里损伤
		D	中度	微冻地区盐冻；严寒和寒冷地区混凝土或砌体构件高度饱水，无盐环境；混凝土或砌体构件中度饱水，有盐环境	
		E	重度	严寒和寒冷地区盐冻环境；混凝土或砌体构件高度饱水，有盐环境	

环境类别	作用等级	环境条件	说明与示例	腐蚀机理
Ⅲ 近海环境	C	土中区域	基础、地下室	氯盐引起钢筋、钢材锈蚀
	D	轻度盐雾大气区	涨潮岸线 100～300m 以内的室外无遮挡构件	
	E	重度盐雾大气区	涨潮岸线 100m 以内的室外无遮挡构件	
	F	潮汐区及浪溅区	涨潮岸线 100m 以内的室外无遮挡构件	
Ⅳ 接触除冰盐环境	C	轻度	受除冰盐雾轻度作用	氯盐引起钢筋、钢材锈蚀
	D	中度	受除冰盐水溶液溅射作用	
	E	重度	直接接触除冰盐水溶液	
Ⅴ 化学介质侵蚀环境	C	轻度	大气污染环境	化学物质引起钢筋、钢材、混凝土或砌体腐蚀
	D	中度	酸雨 pH>4.5；盐渍土环境	
	E	重度	酸雨 pH≤4.5；盐渍土环境	

注：冻融环境按当地最低月平均气温划分为微冻地区、寒冷地区和严寒地区，其月平均气温分别为：−3～2.5℃、−8～−3℃和−8℃以下。最低月平均气温在 2.5℃以上地区的结构可不考虑冻融作用。

该表将环境类别分为 5 类，危害程度划分成 6 个等级，用大写英文字母 A 至 F 表示。作用程度分类是参考国外相关资料和我国工程经验制定的，这也就是大家的共识。

从作用的等级来看环境对建筑危害的程度：一般大气环境的作用是最低的，等级从轻微到中度，即Ⅰ－A、Ⅰ－B、Ⅰ－C 级；其他环境的作用程度则为中度到重度，即 C、D、E 级；特别是近海环境的潮汐区及浪溅区，环境最复杂、恶劣，定为 F 级。

从表中可以看出，所谓环境调查，主要是建筑物的外部环境调查。室内受环境影响是最小的，作用等级是 A、B 级。

从砌体角度而言，表中的有些环境对无筋砌体结构是基本没有影响的，整个环境影响的程度也比混凝土结构小。结构中的钢筋锈蚀是影响耐久性的重要因素。

第二节　耐久性检测

1. 材料强度

新建建筑为了保证其耐久性，对砌筑块材强度等级和砂浆强度等级都有明确规定，按要求执行就可以。

既有建筑砖和砂浆的强度可以采用原位检测的方法。若需要判断更准确，块材可以现场取样，送回实验室按相应的产品标准中的试验方法进行检测。若有修建时的检测资料，可以了解强度退化的快慢情况。

案例：一幢两层楼库房，于 1981 年用灰砂砖修建，建筑面积 2082m^2。2014 年业主更换，需要了解房屋的安全状况，以便进行改造。我接受鉴定工作后，首先考虑的是 20 世纪 80 年代正是重庆地区大量使用灰砂砖修建楼房的时候，其后，灰砂砖耐久性出现问题的工程不少。因此，该建筑墙体的耐久性是否满足继续使用要求，是必须要确定的工作。抽取砖样进行强度试验，平均抗压强度 20.82MPa，强度等级评定为 MU15。20 世纪 80 年代，重庆主城区灰砂砖强度一般不低于 20MPa，该灰砂砖使用 33 年后，最低一块灰砂砖的强度为 18.42MPa，表明砖的稳定性没有发现问题。采用回弹法测得砂浆强度 2.65MPa，因此墙体满足耐久性要求。

2. 墙材的稳定性

烧结砖出现稳定性问题，主要是制作烧结砖的原料黏土或页岩，在制作成型过程中，混入了石灰岩颗粒，在砖坯烧结时会生成氧化钙。当这种砖砌筑上墙后，在容易遇到水的部位，随着水分慢慢渗入墙体，氧化钙生成氢氧化钙，墙体发生体积膨胀、变形。凿开墙体，可看见砖上有白色斑点，其周边往往伴有放射状的裂纹。当不能判定安定性或需进一步证实时，可在现场取回砖样，按《砌墙砖试验方法》GB/T 2542—2012进行"石灰爆裂"试验。

蒸压砖和蒸养砖同样存在体积的稳定性问题。造成的原因是，一些生产厂因生产原料不合格或任意改变养护制度（温度、压力和时间），使二次水化反应进行得不完全，影响了砖的质量。砖稳定性不合格问题，首先出现在外墙，楼梯间，厨房，卫生间等潮湿或干湿循环较频繁的部位。砌体损伤现象为：砖的表面发"毛"，棱角模糊，严重的几乎完全没有了强度。虽然严重的情况可用肉眼观察判断，但当不能判定或需进一步证实时，可在现场取回砖样，按《砌墙砖试验方法》GB/T 2542—2012进行"抗折强度和抗压强度试验"，这种砖的强度下降很快，甚至低于了产品最低强度标准。

砂浆出现稳定性问题，是灰缝中的砂浆体积膨胀、外凸，甚至造成墙体变形，严重的情况是砂浆失去强度。判断时要注意到是，不仅灰缝中砂浆表面失去强度，灰缝中部的砂浆强度也很低。仅是灰缝表层失去强度，可能是风化作用。

3. 风化程度

一般墙面有抹灰层和没有抹灰层两种情况。不论墙体是否有抹灰层，我们这里所说的砌体风化情况，不包括抹灰层。若墙面有抹灰层，砌体是否风化，应把抹灰层剔掉进行检查。

墙体风化和冻融程度的检测，包括对砌体中块体、砂浆的色泽，疏松、粉化、剥蚀所在墙体中的部位、面积、最大深度情况进行检查和记录。在检查过程中，最好留取图像资料，以便在形成鉴定报告时进一步分析比较。

调查风化或冻融在建筑物中的部位，朝向，与周边建筑的关系；最先出现轻微损伤的时间以及规律，以便估计风化、冻融的速度和特点。

当墙体风化较快，估计不能满足建筑的耐久性要求时，可在现场取回砖样，按《砌墙砖试验方法》GB/T 2542—2012进行"冻融试验"。由于块材的抗风化性包括抗冻性能，若为烧结砖，建筑又在非严重风化区，可按《烧结普通砖》GB 5101—2003或《烧结空心砖和空心砌块》GB/T 13545—2014的要求首先进行"抗风化试验"。

4. 水源检查

在对砌体建筑耐久性检测中，我们发现绝大部分工程案例与水有关。墙体材料（包括块材和砂浆）自身具有微细孔隙，水容易渗入，水在材料的孔隙中，使材料疏松，体积膨胀，强度降低，时间长了，墙体必然受到损坏，因此是检查的重点。

水以地下水、雨水、生活用水、生产用水以及雾、露、冰的形式，广泛存在于建筑环境中的各个角落。重点检查的部位是，地下室底板和墙面，一层与地面接触墙体，屋面和屋檐部位，落水管位置，室内的厨房、卫生间等。找到水侵蚀、损坏的部位，除了进行修补，切断水的来源也是治理的一个重要手段

5. 耐腐蚀评估

在检测过程中，当怀疑不明污染物对结构的耐久性有影响时，宜取样进行化学分析。若是厂房，还应调查生产工艺流程的情况，生产过程中使用的材料，产生中生产和排放的物

质成分。当不清楚生产物质成分，又估计对结构的耐久性有影响时，宜取样进行化学分析。

当我们不能判定废液是否对砌体的耐久性有影响时，也可从现场取回废液，把砖和砂浆分别放入，废液、浓度 7.5％的硫酸钠溶液和水中各自进行循环浸泡，观察砖样外观损伤情况、重量损失和抗压强度的变化，从而判定其对耐久性是否有影响。

第三节　砌体的耐久性评定

砌体结构虽然使用已有数千年的历史，但还没有建立起一个适用的耐久性模型。因此，评估是基于经验、检测数据、经济的发展水平和要求确定的。

1. 强度要求

一般情况下，砌体构件的耐久性，是随时间的增长，而逐步退化，这一过程，因条件不同，往往需要几十年，甚至数百年，上千年的时间。但是，当块材的稳定性特别差、块材的强度特别低、使用环境的腐蚀性特别严重的情况下，砌体构件因耐久而损坏，短到只有十几年、几年、甚至数月时间。根据调查和实践经验表明，砌体的耐久性与块材和砂浆的强度高低有密切关系，以保证砌体结构 50 年使用要求为基准，块体与砂浆最低强度等级见表 17-3。

保证 50 年使用要求的块体与砂浆最低强度等级　　　　　　　　表 17-3

环境作用		烧结砖	蒸压砖、蒸养砖	混凝土砖	混凝土砌块	砌筑砂浆	
						石灰	水泥
一般大气环境	室内干燥	MU10	MU10	MU10	MU5	M2.5	M2.5
	室内潮湿	MU10	MU15	MU10	MU10	M5	M2.5
干湿交替；冻融轻度		MU15	MU15	MU10	MU15	—	M7.5
冻融中度；化学侵蚀中度		MU15	MU20	MU15	MU15	—	M10
冻融重度；化学侵蚀重度		MU20	MU20	MU15	MU20	—	M15

2. 灰缝中钢筋

在砌体灰缝中放置钢筋，可以提高墙体的整体作用和承载力。以前，由于我国经济实力薄弱，钢材产量也低，因此很少在砌体结构中配置钢筋。在砌体灰缝中放置钢筋，在国内还是近二十年来的事情。由于应用的时间不长，在工程中发现的问题很少，国内也没有单位对这种情况进行过系统的研究。《民用建筑可靠性鉴定标准》GB 50292—2011 附录 F 中，关于灰缝中钢筋的耐久年限，是根据工程经验，依据推断的砂浆强度等级和实测砂浆保护层厚度按表 17-4 近似推断。

灰缝中钢筋耐久年限推断　　　　　　　　表 17-4

环境作用等级	耐久年限（a）					
	30		40		50	
	f_k(MPa)	C(mm)	f_k(MPa)	C（mm）	f_k(MPa)	C(mm)
ⅠA	M7.5	35	M10	35	M10	40
ⅠB	M10	35	M10	40	M15	45
ⅠC、ⅡC	M15	35	M15	45	M15	50
ⅠD、ⅡD	M15	40	M15	50	M15	60

注：1. 实测保护层厚度可计入水泥砂浆粉刷层厚度；
　　2. 外墙内、外墙面应按室内、室外环境分别划分环境作用等级。

砌体的孔隙较混凝土大，吸水性强，因此就钢筋的防锈起不到很大作用。另外，砂浆的防锈蚀性能通常较相同厚度的密实混凝土差，因此在相同暴露情况下，要求的保护层厚度应比混凝土构件截面保护层大。

目前钢筋锈蚀的问题还没有解决，在砌体中放置普通钢筋的锈蚀情况不会更好。为了保证砌体结构的耐久性最好放置耐锈蚀的优质钢材，重镀锌钢筋或不锈钢。

3. 评定方法

所谓砌体的耐久性就是因砌体材料的劣化，影响结构的使用性和安全。砌体构件影响建筑的耐久性程度分为 4 个等级，见表 17-5。前三级主要影响建筑的观瞻和使用性，只是影响的程度不同，而第四种是影响结构的安全性。

砌体构件耐久性损伤评定

表 17-5

等级	程度	判断方法	对策
Ⅰ	轻微	表面个别、小范围起皮；泛霜不轻微；墙面显污迹、水迹	可不处理
Ⅱ	较严重	大面积起皮、风化；泛霜严重；墙面损伤面积≤15%、深度<10mm；砂浆强度偏低或有局部粉化；墙面严重污渍；抹灰大面积脱落；砌体非受力裂缝<2mm	可采取措施
Ⅲ	严重	大面积风化，墙面损伤面积>15%、损伤深度>30mm；块体强度降低、砂浆粉化；砌体非受力裂缝>5mm	应采取措施
Ⅳ	损坏	石灰爆裂试验不满足要求；墙体局部膨胀变形；块体强度明显降低；块体强度低于产品和设计规范最低标准；墙体膨胀、严重变形；倾斜、局部崩塌；块体粉化	加固、拆除

Ⅰ级的影响程度"轻微"或基本完好。墙体有色差的变化，基本不影响使用。如建筑砌体表面颜色不均匀退变，改变了设计者的初衷意愿属于耐久性问题的一种。因墙面轻微的泛霜、污迹、水迹，影响一定的观瞻。

Ⅱ级的影响程度"较严重"。墙体表面出现风化、冻融等损伤情况，需要通过现场检查和检测来确定影响的程度，以便确定是否需要进行修缮，避难进一步恶化。

Ⅲ级的影响程度"严重"。一般要通过现场检测或室内试验结果进行综合判断分析得出结论。由于建筑外表损伤严重，往往会给人造成不安全感，因此应考虑对墙体采取处理措施。

Ⅳ级的损伤程度是"损坏"。有时在现场通过检查就能直接判断。若存在险情，应考虑是否在处理前，立即采用支顶措施，避免墙体损坏加剧或失稳。但在多数情况下，还是要通过现场调查检测结果，才能作出损坏程度的结论。

当砌体构件耐久性等级为Ⅰ级时：块材和砂浆强度等级满足表 17-3 的要求，砌体的耐久性能保证 50 年；块材和砂浆强度等级低于表 17-3 一个强度等级，砌体的耐久性能保证 30 年。

当砌体构件耐久性等级为Ⅱ级时：块材和砂浆强度等级满足表 17-4 的要求，砌体的耐久性能保证 30 年；块材或砂浆强度等级低于表 17-3 一个强度等级，砌体的耐久性能保证 20 年。

当砌体构件耐久性等级为Ⅲ级时，应采取处理措施，以保证使用性和耐久性。

当砌体构件的耐久性损伤达到Ⅳ级时，砌体构件已经不满足耐久性要求，存在严重的安全隐患，应进行加固或局部拆除。

4. 几点说明

（1）砌体中砂浆的耐久性一般比块体差，主要原因是：砂浆的强度比块体低；砂浆的密实度比块体差；砌体构件砂浆灰缝又是容易"存水"的地方，因此，砂浆的耐久性较块材差。在砌体结构中，结构受力主要由块材承担，因此，评定主要以块体耐久性为依据。

（2）根据工程调查情况表明，墙面的抹灰层，对砌体结构有很好的保护作用，也就是说，能提高砌体构件的耐久性。当墙面抹灰层脱落或砌体的耐久性等级达到Ⅱ级时，采用墙面抹灰是一种价廉，而有效的方法。

（3）砌体结构构件的耐久性不满足要求，并不表明整幢建筑的安全性一定存在问题。若需要了解结构的安全性，应按《民用建筑可靠性鉴定标准》GB 50292—2015 或《工业建筑可靠性鉴定标准》GB 50144—2008 进行鉴定。

（4）随着我国综合国力的提高和地震灾害的教训，配筋砌体结构使用会越来越普遍。关于配筋砌体结构的耐久性评定，在工程中遇见的还不多，相关经验还有待总结。《民用可靠性鉴定标准》GB 50292—2015 已增加这部分内容。

第四节　各种结构的耐久性比较

用单一的材料建造房屋虽然也有，但并多。因为一种材料的优点是有限的，如取材便捷、强度高、耐久性好、施工操作方便、保温效果优越、价格低廉等优势一种建筑材料都具有是很难做到。房屋建筑一般都采用混合结构，这样可以充分利用不同材料的优点，使建筑的功能达到最佳效果。在传统建筑中，常用生土结构、石结构和砖砌体结构做房屋的下部墙体，木结构做屋架和梁板（柱），因此有土木结构、石木结构、砖木结构房屋。在砖混结构房屋中，砖砌体作竖向承重构件，混凝土作水平承重构件是传统的做法。

在 20 世纪 60 年代前，这些结构的房屋一般层数在三层以内，五、六层的不多，建筑平面形式简单，若房屋受到损伤，一般采用偷梁换柱或拆除重建的办法。随着钢筋混凝土的大量使用，建筑变得越来越高、越来越大、越来越复杂，而钢筋的锈蚀问题随之显现出来，采用拆除的方法很多时候已不是最佳选择，混凝土结构的耐久性问题提上了议事日程。现在砌体结构的耐久性问题也提上了议事日程。随着绿色建筑理念的提出，建筑节能，循环利用，保护历史建筑的需要，使各类结构形式建筑的耐久性都提上了议事日程。

不同种类结构构件因材质不一样、物理力学性能不一样、构件间的连接不一样，易受环境影响的程度是不一样的。也就是说，其结构的耐久性也不一样的。为了比较之间的差异，我按环境影响、耐久性、维修方法和使用年限四个方面，每个方面分为四个等级，对各类结构进行评价，具体情况见表 17-6。

不同结构的耐久性及维护比较　　　　　　　　　　　表 17-6

结构种类	生土结构	石结构	木结构	砖砌体结构	混凝土结构	钢结构
环境影响	大	小	大	较小	较大	较大
耐久性	差	好	差	较好	较差	较差
使用年限	短	长	较短	较长	短	较短
维护方法	较麻烦	不需要	较简单	较简单	麻烦	较麻烦

根据工程调查，受环境影响最大的是生土结构和木结构。生土结构最怕水，木结构最怕潮湿和干湿循环影响。混凝土结构和钢结构受环境影响较砖砌体结构和石结构大。相应结构的耐久性性能，石结构好，砖结构较好，混凝土结构和钢结构较差，生土结构和木结构最差。自然，使用年限与耐久性直接相关，石结构年限较其他结构长，砖砌体结构较

长，采用这两种结构的建筑，有的修都修了几十年，上百年才修好。维护方法是指通过简单的维护手段，有效提高其耐久性能的效果比较。

目前，砖结构、混凝土结构和钢结构的耐久性都是各自进行评估。在混合结构建筑中，结构整体的耐久性问题，还需要进一步研究分析。

案例：聚兴诚银行创建于民国四年，即 1915 年，是四川、重庆最早成立的一家民营商业银行。聚兴诚银行建筑样式仿照日本三井银行修建，1916 年竣工。外观见图 17-2，平面形式见图 17-3，建筑的基本情况见表 17-7。目前银行旧址为国家重点文物保护单位，因破损较严重保护维修前进行了安全性评估。该建筑历经百年，包含了除生土建筑外的各种结构，摘录其中部分内容，作为不同结构的耐久性比较案例。

(a)　　　　　　　　　　　　　　　(b)

图 17-2　原聚兴诚银行外观

(a) 银行原貌；(b) 旧址现状

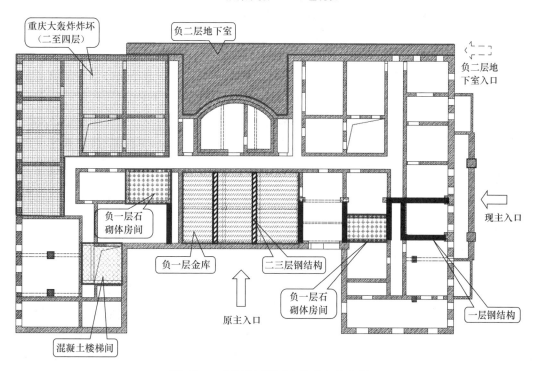

图 17-3　建筑平面形式和结构相关位置

建筑基本情况　　　　　　　　　　　　　　　　　　　　　　　　表 17-7

房屋概述	房屋用途	办公		修建时间	1915～1916 年
	建筑层数	4+(−2)F		建筑面积	5500m²
地基基础	地基土	老土层		地下水	无
	基础型式	条形基础		基础埋深	1m
	基础截面	条石扩大基础			
主体结构	结构型式	混合结构：含砖、石、木、混凝土、钢结构			
	砂浆类别	石灰砂浆、混合砂浆		砌块规格	三种青砖
图纸资料		无：地质勘探、建筑图、结构图、修缮设计资料			
改造修建推断	年代	原因		主要改造修建部分	
	1937 年	抗战爆发、国民政府外交部搬入		拆除屋面圆顶、增加右侧入口、并用钢结构改造门厅	
	1946 年	日本对重庆进行大轰炸，1941 年炸坏，1946 年修复		破坏墙体、楼屋面修复，增加负二层撤离通道	
	1965 年	更名"望江大楼"作为经营性饭店		屋面大修、室内改造	
	1984 年	改变功能作"重庆农联家电市场"		部分墙体分隔拆除、增夹层，部分楼面改为混凝土	
	1990 年	屋面破损严重		屋面修缮、室内维修	

　　通过查阅历史资料、现场检测、对比分析，该建筑最初修建时，主体结构为砖、木、石结构。石砌体结构用于负一层外墙和个别重点房间。砖砌体结构从负一层到四层，用了四种规格尺寸的砖。楼面和屋架采用木结构。金库位于负一层，采用钢筋混凝土结构，仅承受一层楼面荷载，就像放在柜内的保险箱。初建时预留的电梯间采用混凝土结构。钢结构是 1937 年为改造需要增加的，相关部位见图 17-3。该建筑其间主要进行过 5 次大的改造和维修，具体时间和改造修建情况，见表 17-7。

　　墙体的墙体使用的材料及墙体厚度情况见表 17-8。表中两种大尺寸砖为最初修建时采用，两种小尺寸砖为后期改造修建时增加。该工程砌体砂浆主要为石灰砂浆，局部后期改造部分有极少数混合砂浆。采用贯入法检测砂浆强度，高于 1.0MPa。

墙体使用的材料及墙体厚度情况　　　　　　　　　　　　　　表 17-8

类型	外形尺寸（mm）	强度等级	外墙		内墙（含柱）	
			厚度（mm）	使用层数	厚度（mm）	使用层数
条石	1000×300×240	MU40	600	负一层	500	负一层局部
	600×300×240					
青砖	330×160×65	MU7.5	500	一、二、三	330	负一层～四
	270×140×65	MU7.5	420	四层被炸部分	270	负一层～四
	220×105×55	MU10	—		330	被炸部分
	240×115×60		—	—	500×620	负一层～三层

　　验算砌体结构承载力满足抗力/效应大于 0.9 的要求。内外墙面均有抹灰层，没有发现墙体风化的情况。未发现负一层石材墙体、柱有因下部不均匀沉降引起的明显开裂、变形等异常，墙体裂缝主要出现在一～四层，分为三种类型：（1）沿拱券的环向裂缝和上层窗台到下层窗顶间的竖直裂缝（图 17-4a）。该建筑所有的门窗洞口均为砖砌拱券，因拱开

裂变形，引起门窗洞口间的变形、开裂。（2）施工连接不当，造成的裂缝。如内墙与外墙的接槎连接差，存在的裂缝。这种裂缝没有打开墙面抹灰层没有发现。（3）在使用过程中随意改造，打墙、增加夹层引起的安全隐患。图 17-4（b）就是在改变使用功能做商场时，商户任意加夹层，增加荷载造成个别墙体局压破坏的情况。这些问题也是在施工时剔掉抹灰层发现的。

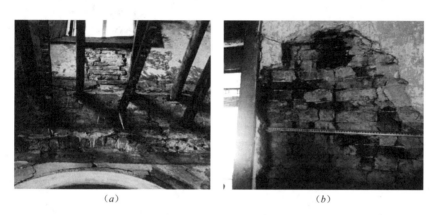

（a）　　　　　　　　　　　　　　　　　（b）

图 17-4　典型墙体裂缝

（a）室内窗下墙体裂缝；（b）抬梁下的局压破坏

在该建筑修建时，采用混凝土结构做金库显然是为了保证安全，也是当时先进的新思想。电梯间采用混凝土结构，是保证电梯功能的要求。其余的混凝土结构都是后来改造时逐步增加的。如何判断混凝土的年代，是根据使用的部位，钢筋的类型、混凝土中采用的粗骨料的情况等综合分析确定的（表 17-9）。从表中我们可以看到，就是在一幢建筑中，环境因素对混凝土的耐久性都有很大影响。

各区域混凝土检测及龄期推断　　　　　　　　表 17-9

序号	所属部位	钢筋类型	粗骨料粒径（mm）	建造时间（年）	钢筋锈蚀情况	构件外观完好程度
1	金库	方形竹节筋	50～80	1915	严重	破损较严重
2	楼梯间（电梯间）	竹节筋	50～80	1915	一般	保存较好
3	负一层顶板	竹节筋	5～25	1937	轻微	保存较好
4	负二层	方形竹节筋	10～50	1940	严重	轻微损伤
5	第四层楼顶	光圆钢筋	5～30	1965	严重	保存较好

虽然钢结构构件已使用了 80 年的时间，表面有一定锈蚀，但与图 17-5 中的两处钢筋相比，要好得多。通过检测和承载力复核，可以继续使用，仅需进行一定的维护。钢结构保持比较完好的原因是在一层，环境湿度相对较低，同时钢结构表面涂有红丹漆，外部又用灰板条墙体包裹，起到了保护作用。

该建筑修建时，木结构主要用于楼层和屋面。因抗日战争，屋架维修改造了一次，1965 年又大修了一次。虽然已有 50 年时间，但损伤变形不严重。这次主要是为恢复抗战时的屋面原貌，再进行重建。这次保护性修缮，木楼盖能保留下来的构件估计不足40％。

(a)　　　　　　　　　　　　　　　　(b)

图 17-5　混凝土损伤钢筋锈蚀情况

(a) 金库梁柱钢筋；(b) 四层屋顶钢筋

(a)　　　　　　　　　　　　　　　　(b)

图 17-6　钢构、木梁的使用情况

(a) 钢结构结点；(b) 木大梁与墙搭接

　　该案例主要介绍了在一幢建筑中，同一结构处于不同位置的耐久性是不一样的，不同材料的结构耐久性是不一样的，结构的耐久性与正确使用有很大关系。

第 四 篇

结构构件现场检测

第十八章 检测概要

本书虽然是研究砌体结构,当用它组建成建筑时,必然要和其他结构形式相结合,因一幢建筑是一个整体,也为了本书的整体性,本篇增加了,地基基础、夯土结构、木结构、混凝土结构方面的检测内容,但不包括高强混凝土、钢管混凝土方面的内容。砌体结构建筑中用钢结构比较少,也比较简单,若需检测,可查阅相关书籍和标准。

第一节 检测依据

标准是检测鉴定的依据,建设工程标准规范规程现在已有 6000 多个,正在形成建筑标准体系。由邸小坛和陶里主编的《既有建筑评定改造技术指南》[10]把既有建筑标准体系分为四个层次:第一层次,综合标准;第二层次,基础标准;第三层次,通用标准;第四层次,专用标准。既有建筑标准体系的架构及各层次的关系见图 18-1。

《既有建筑评定改造技术指南》把检测类标准分为六类:房屋测量标准、勘察与地基基础检测标准、建筑材料与制品检测标准、建筑结构及构件检测标准、维护结构与装修检测标准和建筑功能与设备检测标准。

现在的建筑工程从地勘选址,建筑设计,建筑施工,入住使用到维修改造都包含有检测的内容,也就是用检测的"数据说话",来分析和判断工程质量的好坏、结构的安全可靠性。现在检测的标准、规程、规范种类较多,为了便于掌握,首先可以通过名称来了解用途,编号来了解标准颁布的部门和时间。国家标准的代号是"GB";建筑工业行业标准代号是"JG";建筑工程行业标准的代号是"JGJ";建筑材料行业标准的代号是"JC";工程建设标准化协会标准的代号是"CECS";地方标准的代号是"DB"。在代号后加"/T",为推荐性标准。具体示例结合表 18-1 中的编号。

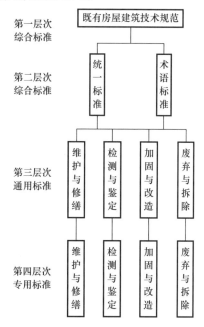

图 18-1 既有建筑标准体系框图

建筑结构的现场检测,可以分成五部分:建筑测量;勘察与地基基础;结构设计;施工验收;结构与构件检测,表 18-1 列出了各类别的主要一些标准规范,以供使用参考。

序号	检测类别	标准名称	编号	备注
1	建筑测量	工程测量规范	GB 50026	试验室检测结果的依据，既有建筑检测结果的参考依据
2		工程摄影测量规范	GB 50167	
3		建筑变形测量规范	JGJ 8	
4		近景摄影测量规范	GB/T 12979	
5	勘察与地基基础	建筑地基检测技术标准	JGJ 340	
6		岩土工程勘察规范	GB 50021	
7		建筑地基基础设计规范	GB 5007	
8		建筑桩基技术规范	JGJ 94	
9	结构设计	建筑结构可靠度设计统一标准	GB 50068	
10		建筑结构荷载规范	GB 50009	
11		木结构设计规范	GB50005	
12		砌体结构设计规范	GB 50003	
13		混凝土结构设计规范	GB 50010	
14		钢结构设计规范	GB 50012	
15		建筑抗震设计规范	GB 50011	
16		混凝土小型空心砌块建筑技术规程	JGJ/T 14	
17	施工验收	建筑工程施工质量验收统一标准	GB 50300	
18		建筑地基基础工程施工质量验收规范	GB 50202	
19		砌体结构工程施工质量验收规范	GB 50203	
20		混凝土结构工程施工质量验收规范	GB 50204	
21		钢结构工程施工质量验收规范	GB 50205	
22		木结构工程施工质量验收规范	GB 50206	
23	结构与构件检测	建筑结构检测技术标准	GB/T 50344	既有建筑检测结果的依据，试验室检测结果的参靠依据
24		砌体结构现场检测技术标准	GB/T 50315	
25		贯入法检测砌筑砂浆抗压强度技术规程	JGJ/T 136	
26		非烧结砖砌体现场检测技术规程	JGJ/T 50371	
27		钻芯法检测砌体抗剪强度及砌筑砂浆强度技术规程	JGJ/T 368	
28		混凝土结构现场检测技术标准	GB/T 50784	
29		混凝土结构试验方法标准	GB/T 50152	
30		回弹法检测混凝土抗压强度技术规程	JGJ/T 23	
31		钻芯法检测混凝土强度技术规程	JGJ/T 384	
32		超声法检测混凝土缺陷技术规程	CECS 21	
33		超声回弹综合法检测混凝土强度技术规程	CECS 02	
34		拔出法检测混凝土强度技术规程	CECS 69	
35		混凝土中钢筋检测技术规程	JGJ/T 152	
36		混凝土结构耐久性评定标准	CECS 220	
37		高强混凝土强度检测技术规程	JGJ/T 294	
38		建筑工程裂缝防治技术规程	JGJ/T 317	
39		钢结构现场检测技术标准	GB/T 50621	
40		房屋裂缝检测与处理技术规程	CECS 293	

需要说明的是：国家的标准规范没有列完，材料及检测标准没有列出，即便这样，列

出的一些标准也超出了本书所要讲的内容，主要是便于大家查找；一些设计规范，技术标准中也包括了检测部分，如：《混凝土小型空心砌块建筑技术规程》JGJ/T 14 中就有施工验收时的检测内容，使用时要注意阅读，这类标准还不少；地方上还有检测规程，也是当地进行建筑工程检测的依据。

选用有相应标准的检测方法时，一般都遵守下列原则：

（1）对于通用的检测项目，应选用国家标准或行业标准；

（2）对于有地区特点的检测项目，可选用地方标准；

（3）对同一种方法，地方标准于国家标准或行业标准不一致时，有地区特点的部分宜按地方标准执行，检测的基本原则和基本操作要求应按国家标准或行业标准执行。

第二节　室内试验及抽样

从建筑的使用功能和性能出发，一幢房屋可分为：建筑，结构，装饰，绿色环保以及水、电等五部分，其中的每一部分都有检测的内容。一般既有建筑进行可靠性鉴定时，考虑的是结构的安全性和适修性，因此主要是对结构及其相关部分进行检测。绿色建筑的检测评定开始不久，很多方法还在探索中，现在还属于专项评定。水、电在一般房屋检测鉴定中没有涉及，多数情况是在维修时作单项局部检测。具有保护价值的文物建筑，不受正常使用期 50 年的限制，在资料不其全的情况下需要对建筑、结构、装饰部分进行全面检测鉴定，以便建立完整的档案，便于维修和保护。

为了便于检测技术和相关标准规程的掌握应用与理解，按试验环境将检测分为室内试验室试验和现场检测两类。室内的检测试验，也称为材料性能检测，主要是确定在建筑工程中所使用材料的强度、表观密度、施工性能、化学成分、以及含水率等性能指标是否满足产品标准，相关规范和设计要求。这些数据的获取都有相应的检测方法和标准。如：空心砖力学性能检验试件的取样数量、取样方法、试验方法和评定标准应符合表 18-2 的规定。

空心砖力学性能及外观检验项目及评定　　　　　　　　　　　　表 18-2

检验项目	取样数量（块/组）	取样方法	试验方法	评定标准
强度等级	10	随机取样	《砌墙砖试验方法》GB/T 2542	《烧结多孔砖和多空砌块》GB 13544
外观质量	20			
压折比	10			《墙体材料应用统一技术规范》GB 50574
软化系数	10			

又如：钢材力学性能检验试件的取样数量、取样方法、试验方法和评定标准应符合表 18-3 的规定。

钢材力学性能检验项目及评定　　　　　　　　　　　　　　表 18-3

检验项目	取样数量（个/批）	取样方法	试验方法	评定标准
屈服点、抗拉强度、伸长率	1	《钢及钢产品　力学性能试验取样位置及试样制备》GB/T 2975	《金属材料 拉伸试验方法》GB/T 228	《碳素结构钢》GB/T 700；《低合金高强度结构钢》GB/T 1591；其他钢材产品标准
冷弯	1		《金属材料 弯曲试验方法》GB/T 232	
冲击功	3		《金属材料夏比摆锤冲击试验方法》GB/T 229	

不同的产品和材料有不同的抽样方法和数量、试验方法、评定标准，都可以查找到，这里就不一一列举。而既有建筑使用的材料性能指标的确定，可以在现场按室内试验室试验的方法抽样，按相应的试验方法进行检测和评定。如果不宜多取，也可通过间接的检测方法在现场进行试验获取相关数据，试验室数据作为验证。

结构或构件的性能试验是一种产品的检测性试验：若有图集的按图集的要求进行试验；若没有图集的按相应的检测方法和标准制定试验方案进行试验；若是新结构带有研究性质，指导设计和施工的试验，应根据设计和相关要求制定方案，批准通过后进行试验。结构构件性能试验的件数一般很少，试验地点可以在试验室，在构件生产厂，在施工现场，甚至在既有建筑的结构主体上。当在既有建筑的结构主体上进行试验时，试验部位应有代表性，应有可靠的安全措施和应急方案。

第三节　现场检测及抽样

现场检测与试验室检测的情况相比要复杂得多。其中抽检数量的多少是与检测的目的，检测的方法，数据的离散特征，需求的精度，以及结构构件的状况有关，因此，是一个技术性和经验性要求很高的工作。为了便于理解和掌握，我们分解讨论。

建筑结构的现场检测，可分为新建建筑施工中的质量检测和既有建筑使用中的安全性、适修性、耐久性，加固改造等目的的检测。

新建建筑施工中的质量检测一般都有方法。施工中使用的产品和材料按要求抽样，直接送到有检测资质的试验室进行检测。现场的施工质量按现行国家标准《建筑工程施工质量验收统一标准》GB 50300 或国家现行的相应的施工验收规范，以及相应的技术规程规定的抽样方案进行抽样检测。

既有建筑施工质量和材料可以参照新建建筑施工中的质量检测方法。但是，材料抽样到试验室进行检测，除应满足相关的抽样试验要求外，还应满足现场取样的代表性。

材料性能检测都有抽检数量、试验方法和评定标准。而非材料性能检测项目，即结构和构件的尺寸偏差、缺陷、损伤、构造连接、破坏等情况，只会发生在实体的建筑结构上，因此只能进行现场检测。

结构构件的几何尺寸偏差的检测，可选择现行国家标准《建筑结构检测技术标准》GB/T 50344 中的一次或二次计数抽样方案。

结构的检测应将初始情况相近但存在下列问题的构件确定为重要的检测批或重点检测的对象：

(1) 存在变形、损伤、裂缝、渗漏的构件；

(2) 受到较大反复荷载或动力荷载作用的构件和连接；

(3) 受到侵蚀性环境影响的构件、连接和节点等；

(4) 容易受到磨损、冲撞损伤的构件；

(5) 委托方怀疑有隐患的构件等。

建筑结构检测的下列项目宜采取全数检测方案：

(1) 结构体系的构件布置和重要构造核查；

(2) 支座节点和连接形式的核查；

（3）结构构件、支座节点和连接等可见缺陷和可见损伤现场检查；

（4）结构构件明显位移、变形和偏差的检查。

现场结构的检测方法没有涵盖所有结构构件的性能，此外，新型的结构还在不断涌现，如装配式结构，钢管混凝土叠合结构等。如何抽样检测应按现行国家标准《建筑结构检测技术标准》GB/T 50344 中的有关规定执行。

既有建筑进行检测时，检测单元的划分考虑的因素比较多。为了逻辑条理清楚，层次分明，首先可根据使用功能的不同、结构形式的不同、使用的材料不同、施工工期或施工段的划分不同，将其划分成若干个独立进行结构分析的结构单元。每一结构单元又划分成若干个检测单元，按这样的步骤作出抽样检测的数量可能相对较少，得到的检测数据也便于分析处理。

此外还要注意的是，检测的抽检数量在建筑的不同阶段规范有不同的要求。如：施工中材料进场是按检验批抽样，《砌体结构工程施工质量验收规范》GB 50203—2011 中规定：砖抽检数量：每一生产厂家的砖到现场后，按烧结砖 15 万块、多空砖 5 万块、灰砂砖及粉煤灰砖 10 万块各为一验收批，抽检数量为 1 组。当砖砌筑上墙形成建筑后，则《砌体工程现场检测技术标准》GB/T 50315—2011 中规定：当检测对象为整栋建筑物或建筑物的一部分时，应将其划分为一个或若干个可以独立进行分析的结构单元，每一结构单元应划分为若干个检测单元。每个检测单元内，不宜少于 6 个测区，应将单个构件（单片墙体、柱）作为一个测区。

虽然称为非材料性能检测的项目，实际上与材料的性能和结构形式有时会有很大关系。如：木材的受剪破坏就分横纹和顺纹，而其他材料就不必考虑这一情况。因此，在下面章节是以结构使用的材料来分析讨论检测的项目。

第四节　抽样技巧

我们在检测工作中，经常会遇到这四个词，观测、检查、检测和监测。理解它们的含义，对我们的工作是很有帮助的。

观测是在现场对结构构件仔细观看、对比了解构件及结构构造间的差异，以及是否存在色差、色变、变形、裂缝、损伤等情况。由于是观看，速度比较快，了解的面比较广，可以作为一个宏观判断。如果事情比较简单，也可作为依据。观察事发环境，也可以说是调查的一部分，为进一步的检测鉴定制定方案，也是必不可少的内容。

检查是利用简单工具和观测，仔细查看，发现是否构件连接松动、构件是否满足正常使用、什么地方渗漏、损伤部位及程度等问题作出判断。使用的工具一般是，小锤、锥子、直尺、吊线锤等工具。如用小锤敲击构件，是否有空响，若木构件是否有虫蛀，若砌体构件是否有脱空等情况。从建筑物的常规检查发现问题，也往往是为进一步的维修、检测鉴定提供依据。

检测是对结构构件的性能或使用的材料性能进行检验测定。这种检测一般要使用通过计量的设备仪器，按相应的方法和标准进行，测得的数据经过统计处理，具有 90% 或 95% 的保证率，是设计、验收、鉴定的依据。为了保证数据的可靠性，提供检测数据应该是经过实验室认证的专业单位和经过培训取得上岗证的专业人员。

监测是利用检测设备监视检测结构构件应力、位移、变形、振动的变化情况。在建筑工程中主要通过监测比较，科研、新结构开发理论与实际差异，施工安装，加固效果情况，结构和构筑物的安全稳定判定。监测需要埋置测试元件，元件的稳定性、埋设的部位、监测数据的采集都是技术性很强的工作。

我们把这四个词的含义方法列于表 18-4 中，在建筑工程现场检测时，这几种方式经常是共同采用的。如，我们要回答在建筑中出现裂缝的最大宽度和部位时，首先是通过观测或检查，选出几条最宽的部位再进行检测，这样既回答了问题，又没有浪费更多的精力和时间。监测方案的制定往往是在观测、检查或检测基础上制定的。我们也可以说，检测是一个总称，包括观察、观测、检查、检测、监测等内容。

各种方法的应用特点比较　　　　　　　　　　　　　　　　表 18-4

项目	方法	主要工具	依据	数据
观测	仔细观察测量	肉眼	对比、经验	定性
检查	仔细查看，发现问题	小锤、锥子、吊线锤	经验、标准	定性
检测	检验测定	回弹仪、超声仪、原位压力机	规范、标准	定量
监测	监视检测	应变仪、全站仪、裂缝测定仪	标准、限定值	定量

结构构件抽样检测的取样部位是有技巧的。抽样的部位正确，才能反映问题的真实性，抽检或监测的测点数量才相对较少，对构件的损伤也就最小。

案例： 图 18-2 是一幢具有 100 年历史的重点文物保护建筑。检测人员在抽检砖样时，为了取样方便，在底层的门洞处打墙取样，不但严重地破坏了主体结构，也严重损伤了文物建筑。此外，表明这位检测人员缺乏基本常识。

图 18-2　抽样造成的严重破损

抽样检测应注意如下一些问题：

（1）抽检应选择符合检测目的，受力小，不影响结构安全，满足检测条件、便于操作的部位。如：准备用原位轴压法测受水浸泡过的墙体抗压强度，试验则是压的干燥墙体，取得的数据显然参考价值不大。

（2）在因损伤或材料劣化导致结构或构件承载力降低较大的情况下，为保证检测人员和建筑的安全，在检测前，应进行仔细的观察，根据发现的问题，制定安全保护措施和合适的检测方法，然后再进行检测，或者选择类似的部位进行检测。

（3）一个工程，当检测数量较大，时间较长时，应尽量固定检测设备和人员，避免造成系统误差，减少不必要的工作量。

（4）对于无法检测的部位，有时不能做到随机抽检，可减少或不检，如：空间狭小无法进人，或太危险等。这种情况应在报告中说明原因，以便分析时考虑这一因素。

（5）抽检造成建筑外观及结构损伤时，应考虑检测后的及时修复方案。如：在梁、柱上钻取芯样检测强度，对构件的截面尺寸有较大影响时，不及时修复可能造成安全隐患。

（6）对于有争议的检测，检测抽样应根据相关各方在检测前事先达成文字协议后，再进行抽检。在整个抽检和试验的过程中，应有见证方在场。

（7）采用自行开发或引进检测方法应用于工程检测时，应事先与已有成熟方法进行比对试验；应有相应的检测细则；具有工程检测实践经验；并必须通过技术鉴定。在检测方案中应予以说明，必要时应向委托方提供检测细则。

第十九章　结构及构件共性检测

第一节　建筑物变形监测

建筑物是由各种材料和构件组合而成形成的整体空间，当它出现变形过大的情况，往往预示着存在安全隐患，即使可以证明结构是安全的，但从人的视角感受能力去观察，有时也会引起不安全感。因此，建筑物的变形在检测鉴定中，是一个重要的项目。

建筑物的变形主要由外力作用，内部间不均匀变形的累计及周边地坪的不均匀沉降引起的，其结果是容易造成建筑物倾斜、水平位移、地面沉陷、墙体变形开裂、结构裂缝等情况。建筑物变形检测主要是指对建筑结构的整体或局部进行的变形测量，它包括垂直沉降、水平位移和倾斜变形。

案例： 2016 年 1 月 31 日摘录新华网报道。深圳龙华新区新区大道及民宝路交界处的创业花园内，原本相距不足一米的两栋"农民楼"，日前却"头挨着头"，楼顶紧紧地贴在了一起。楼下，贴有一张盖有民治办事处执法队、安监科等部门公章的告示写道"根据现场勘查情况，创业花园 13—14 栋、15 栋均出现倾斜，存在重大安全隐患。为加强城市危楼安全管理，防止房屋垮塌事故发生，确保人民生命和财产安全，结合实际情况，特通知创业花园 13—14 栋、15 栋的所有住户 30 日内必须撤离危楼。"两栋楼楼底相距只有 80cm 左右，是典型的"握手楼"，倾斜导致两栋楼楼顶已经紧挨着，成了"接吻楼"。29 日起已经组织楼内租户搬至临时安置点，200 余人被转移。

1. 监测时间

在工程事故中，为了分析变形对结构造成的影响，减小和避免过大变形的发生，其检测可分为变形检测和监测两类。

当建筑物已经因变形造成影响，需要确定变形量的大小和变化情况，以便分析事故原因，采取措施，就需要进行变形检测。

但当遇到如下情况时需要进行变形监测，掌握时间与变形的关系，也就是说，随着时间的增长，变形是否收敛或稳定：

（1）当变形发生后，为了掌握变形随时间变化的规律，确定处理措施或已实施的方法是否得当，需要监测来判断。如：地基沉降变形造成了建筑倾斜或墙体裂缝，确定地基变形是否已经稳定，需要进行监测；因建筑年代久远，材料老化，为避免造成结构局部变形过大或坍塌，需进行监测。

（2）在施工之前，对周边的重要建筑、历史建筑设置监测点，观察在施工过程中是否引起过大的变形，以便及时采取措施，避免造成损失。如：现在在城市人口密集地区，经常出现靠近既有建筑很近的地方挖深基坑，因基坑开挖，侧壁应力状态改变常常引起房屋周边地坪变形、墙体开裂。施工前就制定预案，开始监测，不但可以在事故发生前就及时采取措施，也可以用监测数据告之居民放心；

（3）由于新的建筑或构筑物的修建改变了周边环境，为了证实其安全可靠，也为了避免造成影响，进行监测。如：边坡加固施工完毕后，为了检验加固的效果是否可靠，往往要求进行一段时间的观测或监测。

2. 监测目的

变形检测的依据，可以按《建筑变形测量规范》JGJ 8—2016 的要求，设计的要求，施工方案以及委托方的要求制定方案。

（1）沉降监测

沉降观测的目的主要是为了判定地基基础的承载力和稳定性，以及结构和构件之间的相对变形引起的安全和正常使用的可行性。这里所说的相对不均匀沉降或变形，不一定是处于边坡或地基基础引起的，也可能是楼面、屋面或结构。沉降观测点的选取和布置，应反映相对不均匀沉降或变形对房屋结构影响最大的部位。因为不均匀沉降容易使结构产生较大的内应力，造成变形、裂缝等情况。设置观测点是寻找变化的规律，判断是否已经稳定。

观测点可选取房屋同一水平面的标志面（如未作改建或装修的窗台面、楼面及女儿墙顶面等）作为基准面，在该基准面上布置观测点量测建筑物的相对沉降，为建筑物结构性能评估提供辅助依据。

建筑物的沉降，宜用水准仪测量，测量数据的处理、相对沉降的计算和相关的技术要求可参见《建筑变形测量规范》JGJ 8—2016。

（2）水平位移监测

建筑物的倾斜检测，应测定建筑物顶部相对于底部或各层间上部相对于下部的水平位移，分别计算整体或各层的倾斜度以及倾斜方向。

从建筑物的外部观测其整体倾斜时，宜选用经纬仪或电子全站仪进行观测；利用建筑物顶部与底部之间的竖向通视条件（如电梯井）观测时，宜选用吊垂球法、激光铅直仪观测法、激光位移计自动观测法或正垂线法。不同方法的测点布置、技术要求和数据分析可参见《建筑变形测量规范》JGJ 8—2016。

（3）垂直度监测

建筑的垂直度观测是为了判断结构整体因倾斜引起的安全问题，以及为维修的方法提供依据，尤其是建筑的纠偏。整体垂直度观测点的选取应能反映结构不同部位、不同方向上的倾斜，为找到根源，确定处理方案是很必要的。建筑物发生倾斜往往与基础沉降变形与滑移有直接联系，因此在进行倾斜观测时也要配合考虑进行沉降观测。

竖直构件（如柱）的垂直度应采用经纬仪或电子全站仪进行检测，测定构件顶部相对于底部的水平位移，计算倾斜度并记录倾斜方向。

3. 注意事项

（1）测点的部置应与检测目的一致。如：若建筑物上有因不均匀沉降引起的裂缝，为观察沉降对裂缝是否还有影响，可在裂缝两侧设置观测点。

（2）基准点选择要变形小，便于观测，设置标志要明显、牢靠。

（3）确定监测时间应结合建筑物的变形情况，施工情况（若施工监测），环景变化情况，气候变化情况等因素。

（4）数据分析时应考虑施工误差，以及意外情况的影响。

第二节　构件及结点变形检测

单根构件连接组合形成满足建筑功能的结构，因此，构件和连接结点的变形直接影响结构的可靠性，即建筑物的安全。由此可见，在房屋可靠性检测鉴定中，构件和结点的变形检测是一项重要工作。在一般检测标准或相关书籍中，将构件、结点检测与建筑物的变形检测放在一起，其实两者还是有一定差异，将其分开便于叙述和理解。

建筑构件和结点变形是由于施工误差，受力过大，相对沉降，内外温差，环境腐蚀，材料性能退化等因素造成的。构件或结点的变形容易引起位移、弯曲、扭曲、倾斜、裂缝等情况。建筑物的变形，多数时候是其组成的构件或结点变形的叠加。为了掌握构件或结点变形的变形情况，以便为分析提供数据，需要根据情况进行以下检测。

1. 位移检测

建筑物在使用过程中，不论是构件还是构件间的结点变位，都是相对于周边的某一点或某一构件的相对位移。如，在砌体结构中，往往把一片墙作为一个构件，当墙体顶部相对于墙体底部发生水平位移时，这片墙体就发生了倾斜。

为了便于检测可把位移分解为：水平位移，垂直位移和旋转。柱和墙的水平位移引起倾斜或扭转，梁和板的垂直（上下）位移引起倾斜。位移测量对于一般建筑可采用卷尺、卡尺等器具直接量测，对于大型建筑可采用水准仪、全站仪测量，精度一般为 0.1mm 或根据要求确定。

2. 弯曲检测

弯曲是构件中部相对于端部产生的变形。柱的弯曲一般称为侧弯。梁的弯曲一般称为挠度。墙体表面的弯曲一般说是外凸。板的弯曲向下一般称为下凹，向上称为上拱。

构件的弯曲变形量检测是测量构件弯曲处与原始轴线位置间的移动距离。一般常用的测量仪器有，水准仪、激光放线仪、吊线锤、直尺、卷尺等工具。测量方法是在确定其构件原始轴线位置后，测量构件变形后轴线位置与原始轴线的垂直偏移量。一般用测得的最大偏移量，作为弯曲变形量。当构件是墙体或板时，往往测量多点，看其变形情况。有时为了解变形的对称性，从最大变形位置等距离的向周边测量。测得的变形量应注意是否含有施工误差或其他因素的影响，数据分析时应考虑这些影响因素。

3. 连接检测

结构构件可分为：杆件和平面构件。杆件包括：梁、柱、拱。平面构件包括：板、墙、曲面拱等。杆件之间的连接，或杆件与平面构件之间的连接形成"结点"；平面构件之间的连接形成的"结点"，它可连成为一条线。如：砌体结构纵横墙交接处的"竖缝"，或称"阴角"、"阳角"；楼面板与墙体交接处的"地脚线"等。结点是建筑物中不可缺少的部分，它起到保证构件间协调工作的作用。

各种结构构件的连接，因为结构形式不同，使用的材料性能不同，因此连接的方式有很大差异。图 19-1 分别是木结构、砌体结构和钢筋混凝土结构的连接方式：图 19-1（a）木梁柱连接称为"藕批搭掌"，是宋《营造法式》中规定的大木作榫卯作法之一，是木结构梁柱连接的一种方式。为两个相对的梁枋，通过柱子时的结构形式，在两个相反方向垂直凿刻，插入柱头卯口，则用木质穿销固定；图 19-1（b）是在 20 世纪 80 年代，毛石墙体与砖墙连接的一种做法。毛石砌体与砖墙交接，为保证其整体性，施工时要求两个墙体交接处要同时砌筑，并采用锯齿形连接，俗称"马牙槎"；图 19-1（c）是在 20 世纪 80、90 年代，用于装配整体式民用建筑和多层工业厂房，框架结点的一种连接方法。是混凝土结构中，上柱带榫头的浇注整体式梁柱节点做法。由于时代的进步和为了满足各种结构的需要，连接方式也在不断地发展变化，千差万别。虽然图中的这些连接构造已经不用了，但是，我们在检测古建筑和历史建筑时，还会见到，因此有参考学习价值，也是便于对比说明。

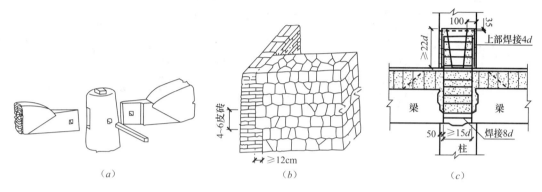

图 19-1　不同材料的连接构造

（a）木梁柱连接；（b）毛石与砖墙交接；（c）带榫头柱梁连接

　　从图 19-1 中就不难看出，这三种连接的刚度是不一样的；若进行结构计算，连接假设条件也就不相同；现场进行检测，变形、损伤、破坏的情况也不相同。现在的结构形式远远不止这几种，钢结构、木混结构、砖木结构、砖混结构、钢混结构、预应力结构等等，相应的连接方式多种多样。由于连接部位受力复杂，往往容易产生变形、裂缝、松动、腐蚀等情况，因此应注意观察，理解连接构造方式，当发现问题时应进行检测。对木结构、砌体结构、混凝土结构以及钢结构连接节点的变形情况，可用卷尺、卡尺等器具直接量测。有时结点不一定检测得到，如，一些木屋架的支座。这时，只有通过支座周边情况，以及与其他可见支座的检测情况作出判断。关于位移的检测在前面已经论述，裂缝的检测在下一节也要讨论，与材料和结构形式相关的检测将在下一章进行讨论。

　　4. 支撑检测

　　支撑的功能是改变结构的传力路径，起到卸载或支挡（在多数情况下，两者是分开的，这里主要便于讨论简化）的作用。支撑一般给结构主体或构件连接比较弱，主要是通过压力或摩擦力传递荷载。

　　支撑有临时支撑和永久支撑之分。临时支撑体系在施工过程和排危抢险中应用得比较多。但支撑有时也成为建筑的一部分，如我们在景区常见的牌坊，多数都通过斜撑来保证其牌坊的稳定性。在不少的历史建筑中，应急支顶或支护，有时却变成了建筑的一部分。在工程中，支撑起了很重要的保证结构安全的作用，因此在检测鉴定时，应作为其中的一项内容，不要轻易遗漏。

　　支撑或支挡按采用的几何形式不同可分为：体积堆码，如：边坡滑移采用土体反压；墙体支挡，如：采用砌砖墙或浇筑混凝土墙阻止建构筑物的侧向变形或开裂；杆件或形成的框架支撑。由于采用杆件支撑，速度快，支顶方便、效果显著，成本低，因此用得最多。支撑保护文物建筑的案例：柬埔寨吴哥窟巴肯寺采用木构架支撑保护遗址风貌，见图 19-2（a）；汶川地震后北川县城为警示后人，保护原址现状，采用钢支撑使房屋不至坍塌，见图 19-2（b）。

(a)　　　　　　　　　　　　　　　　(b)

图 19-2　支撑保护文物建筑

(a) 吴哥窟巴肯寺；(b) 北川县城震后

为了保证支撑的可靠性和有效性，应检查支撑轴线位置是否正确；关于支撑的位移和弯曲变形情况，可按前面讨论的方法检测；表面是否有裂缝，裂缝的长度、宽度，可按下一节的方法检测；有时还应分析支顶形成的新的受力体系是否处于平衡状态。对于支撑支顶到的结构主体部位应检查支顶是否与被支顶部位接触密实，可用观察或塞尺检测；被支顶处有无压力过大产生开裂、局部较大变形等情况。支撑杆件下部传力应牢实可靠，不能有过大变形、滑移等情况出现。若支顶的部位有用肉眼能观察到的变形或裂缝等情况，应考虑立即采取措施。

第三节　裂缝检测

我们所指的裂缝，是建筑结构或构件上的，人能用肉眼观察到的，长度大于宽度的缝隙。人用肉眼能观察到的最小裂缝宽度在 0.05mm 左右。虽然裂缝产生的原因从本质上讲，都是因作用的应力大于材料的强度引起的，但为了便于大多数人的理解，一般把裂缝分为受力裂缝和非受力裂缝。受力裂缝是因结构或构件承受拉、压、剪、扭或疲劳作用产生的裂缝。非受力裂缝是因材料收缩、温差作用、基础沉降、结构或构件变形引起的裂缝、连接部位的因收缩或变形差异引起的裂缝。这样划分要注意的是，非受力裂缝不一定不会导致结构的安全问题，如后面所说到的严重的基础沉降裂缝导致房屋的安全问题。

裂缝检测或表述的项目包括：长度、宽度、深度、走向、部位、位置、形态、错距。裂缝长度，一般以裂缝两端直线距离定为裂缝长度。裂缝宽度，一般以裂缝的最宽处间距定为裂缝宽度。裂缝深度，一般是从构件表面裂缝到最大垂直深度的距离定为裂缝深度。裂缝的走向，是指裂缝竖直、水平、倾斜方向和发展方向。裂缝的部位，是指裂缝在结构或构件的上部、中部、下部或左右，以及距边缘的距离。裂缝的位置，是指裂缝出现的楼层或标高。裂缝的形态，是指裂缝的形状如：枣核形、下宽上窄、上宽下窄等特征。裂缝的错距，是裂缝的两边不在一个平面上，出现了高差，这种情况，往往是因为剪切错动引起的。

检查裂缝的长、宽、深度可以判断裂缝对结构和构件损伤的程度。对裂缝走向、部位、位置、形态的描述和分析，可以判断裂缝是受力裂缝或非受力裂缝，当然有时还要结合荷载大小、裂缝出现的时间等因素进行综合分析。

裂缝长度的检测可以用：直尺、卷尺、激光测距仪等工具，测量精度一般是1mm。裂缝宽度的检测可以用：裂缝宽度测量卡、直尺、游标卡尺、塞尺、裂缝读数放大镜等工具，测量精度为0.05mm。一般是以裂缝最大宽度地方的测量结果作为裂缝的宽度。若需重复测量，在已测量裂缝宽度部位应做上记号以便下次找到同一位置进行测量。裂缝深度的检测可以用：游标卡尺、超声仪、钢丝塞进裂缝受阻不能继续伸入后用直尺测量其长度等方法，测量精度一般是1mm。贯穿性裂缝可以用：超声仪，构件两侧裂缝的对称性，以及裂缝形成的原因来判断。裂缝错台可以用手在裂缝表面移动来感受裂缝的两边不平，用直尺或游标卡尺来测量错台的差值。裂缝的深度和走向，也可以通过钻取芯样来观察。

裂缝的监测是通过观察裂缝随时间是否变化，来判定裂缝的稳定性。若裂缝在变化，说明变形还在继续。裂缝监测有以下几个目的：

(1) 需要进一步确定裂缝的性态，是否与判断一致；

(2) 确定裂缝是否稳定，以便采取后续的措施；

(3) 加固处理是否取得效果。

裂缝长度的监测可按图19-3（a）的方法。裂缝宽度是否变化的监测可采用粘贴玻璃片、石膏饼或砂浆饼、安装开裂计的方法。需要较细致的了解裂缝变化规律可按图19-3（c）的方法。

裂缝长度变化监测：是在已观察裂缝两端划线作为裂缝的端点，并在旁边（或记录纸上）记上观测日期。定期观察，看裂缝伸出端点没有。若伸出裂缝端部，表明裂缝在发展，参见图19-3（a）。裂缝宽度变化监测：粘贴玻璃片是一种在房屋建筑中常用的监测裂缝的方法，若裂缝宽度增大，会拉断玻璃片。但也有技巧，玻璃片一般长100～200mm、宽15mm、厚2mm左右，使用前，在玻璃片中部用金钢刀划一道痕，粘贴时将玻璃片反置划痕朝下对到裂缝，玻璃片两边用胶粘结。检查玻璃片被拉断的方法，是用手指在玻璃片表面滑动，有刮手的感觉，当然玻璃片被拉得较宽，用肉眼也能看见，见图19-3（b）。在隧道、涵洞、挡墙这些地方的裂缝比较宽，构件表面比较粗糙，平整度较差，受环境因素影响比较大，常用的监测裂缝宽度变化的方法是采用"粘饼"或设开裂计的方法。"粘饼"，一般是把抗拉强度低的石膏或砂浆调成糊状，涂在裂缝表面，做成中间厚四周薄的"饼"，见图19-3（c）。若需对裂缝宽度随时间变化有较准确的测定。可采用开裂位移计固定于裂缝上，直接读取数据，见图19-3（d）。固定测点法是采用游标卡尺、杠杆引伸仪或专门装置用百分表或千分表测试，每次测试后就卸下，对仪器起到保护作用，见图19-3（e），或用开裂位移计检测，见图19-3（f）。

图19-4（a）是西安城墙裂缝，该部位为玉祥门至安定门墙体。裂缝变化采用不锈钢直尺监测，简单易行，不怕风雨，精度能满足城墙监测要求，见图19-4（b）。

在现场经常看见采用粘贴纸条的方法监测裂缝宽度变化的情况，这是不妥当的。纸有延展性，而且遇湿变长，不能准确判断裂缝是否发展。

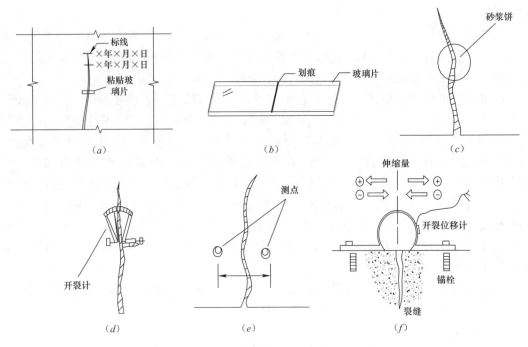

图 19-3　裂缝变化监测的方法

(a) 裂缝长度监测；(b) 玻璃片及划痕；(c) 粘"饼"法；(d) 开裂计法；(e) 固定测点法；(f) 开裂位移计

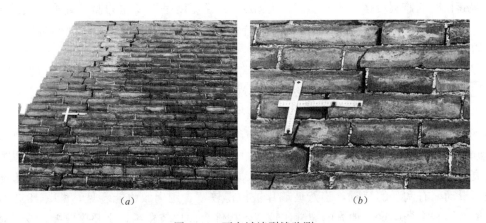

图 19-4　西安城墙裂缝监测

(a) 城墙裂缝情况；(b) 裂缝变化监测点

第四节　构件形式检测

1. 构件尺寸

建筑施工阶段，构件制作有两种方式，一种是在现场制作，如，砌筑墙体，浇筑混凝土梁板柱等。另一种方法是工厂制作，现场安装，如，混凝土预制构件、木屋架等，以及现在推广的建筑构件产业化技术。在现在的建筑施工过程中，构件的尺寸偏差是按相应的现行施工验收规范，构件安装标准，以及设计要求进行检测和验收。

既有建筑进行检测鉴定需要了解结构及构件的尺寸以及偏差时，当有设计图纸，可以按照现行施工验收规范的检测方法和要求对图纸的尺寸进行复核，并作出是否满足原有图纸要求的结论，并根据评定结果取值。当既有建筑没有图纸时，需要对结构及构件进行测绘，测绘的范围可根据委托的要求确定。测量可按相关标准规范的要求进行。

文物建筑若没有图纸需要检测和评估，其测量的内容一般应包括整幢房屋的建筑、结构和装饰等内容，因此往往工作量还是很大的，要做到能满足文物评估要求，还需要专业测绘和建筑师的配合。结构及计算所需的尺寸测量，可按本节的方法进行。

当采用被检测构件的尺寸作为计算构件承载力的依据时，可参考下面的情况取值：

（1）当需确定某一类构件的承载力时，应以这类构件尺寸代表值的平均值作为计算依据。而构件的每个尺寸在构件3个部位量测，取3处测试值的平均值作为该尺寸的代表值。

（2）当对事故进行检测鉴定时，应以破坏截面的尺寸作为复核计算值。

（3）当评估构件的最小承载力时，应以受力最不利处的尺寸作为计算值。

结构构件的尺寸测量一般采用直尺、卷尺、激光测距仪等工具，精度以 mm 为单位。

2. 缺陷和损伤

缺陷一般是在施工阶段或施工完成后初期出现的质量问题。缺陷的表现包括，空洞、裂缝、构件轴线与设计轴线不一致、结件或结构垂直度不满足要求、连接不满足要求等问题。如，砌体纵横墙间没有马牙槎或拉接筋，木结构间的榫卯连接不紧密，混凝土构件蜂窝、空洞、梁柱结点不密实等。

损伤是构件或结构受到外界作用造成的。如，自然侵蚀、使用不当、人为破坏、自然灾害等。损伤表现包括，表面破损、缺棱掉角，构件倾斜、结点松动破损，形成孔洞，构件裂缝、断裂、脱落，严重的甚至导致结构破坏。如，汽车撞墙，造成墙体裂缝、孔洞、倾斜；火灾造成木结构屋架，有效截面尺寸减小、坍塌。

缺陷和损伤在结构及构件上的表现有很多地方相似，也有不同的地方。如，墙体马牙槎没有砌筑一定是在施工阶段，混凝土构件内部的孔洞一定是在浇筑阶段形成的，木构件腐朽一定是出现在使用阶段。

结构构件的缺陷和损伤引起的，变形、倾斜、错位、裂缝、尺寸变化检测有共性的地方，为了简化叙述在前面作了统一介绍。

构件的缺陷和损伤，根据问题的特点、出现的部位和严重的程度，直接影响外观质量、受力性能或耐久性。使用不同材料制作的构件，其缺陷和损伤有不同的特点，其检测评判方法也有差异，因此在下面分别讨论。这里要说明的是，缺陷和损伤检测虽然多数都有如何检测的方法，但并不完全具体，因此不同的人测出的数据相差可能较大。如，墙体的风化面积；木材腐朽的长度；混凝土构件孔洞的大小等。

损伤检测时，应注明出现的轴线位置、楼层或标高，以及在构件上的部位、面积大小、深度、构件截面损失的程度，以及损伤特性等基本数据和情况，为承载力验算和耐久性评估提供依据。

第二十章　地基基础

第一节　不检测的条件

地基基础的功能是承载上部主体结构以满足使用要求，因大部分基础都埋在土壤或岩石中，因此增加了检测的难度，甚至根本无法检测。但是，不是所有的情况都要进行地基基础的检测，下面几种情况可不挖探坑或地勘检测基础。

（1）当委托方要求仅对建筑的上部或其中的某一部分进行检测鉴定，而这些部分的检测鉴定与地基基础毫无关系。如：上部结构的施工质量不满足要求，或使用材料的强度等级不满足要求等情况。

（2）虽然委托方要求对整幢建筑进行检测鉴定，也包含基础，但在今后的维修改造中不改变基础原有的使用荷载。在这种情况下，没有发现因基础不均匀变形引起的地坪和墙体裂缝，可以认为该建筑的地基基础使用正常，也就是说，能保证安全使用，可以不挖探坑检测。若这个建筑的基础有部分外露在大气环境中，受到风化腐蚀，则应根据情况，建议进行处理。

（3）委托方因加层、增加使用荷载进行检测鉴定时，在检测中，没有发现因基础不均匀变形引起的地坪裂缝和墙体裂缝；有完整可信的设计、竣工资料；根据复算能够满足改造要求时，可不进行地勘或挖探坑检测基础。修建在土质较好厚度大匀质软土上的建筑，层数四、五层，采用的条形基础，修建时间超过10年，基础没有发现不均匀沉降变形和裂缝，表明地基固结变形较好，可以增加一层。

第二节　常见问题

地基基础是建筑最容易出现问题的部位之一，产生的原因主要是变形，承载力不足，滑移等情况，由此造成地表下陷，地面、墙体裂缝，建筑倾斜，滑移等现象。

当地基出现不均匀变形，而基础和墙体又不能完全跟随地基形变时，就容易使基础和墙体失去有效的支垫而产生裂缝，图20-1是一个地基变形引起墙体开裂的典型示例图。从图中的沉降曲线可以看出，墙体裂缝出现在沉降变形较大的区域，而墙体裂缝向上的方向，其下部沉降量必然较大。在工程中，常常通过这种方法来初步确定房屋变形沉降量较大的部位。如果房屋的沉降变形是对称，其墙体上会出现对称裂缝。

地基基础沉降变形在墙体上引起裂缝的常见原因有：

（1）建筑下部的地基软硬不均，变形协调不一致；

（2）在使用过程中，地基受到振动、因场地变化形成空洞、地下水的侵蚀等情况造成局部塌陷；

256

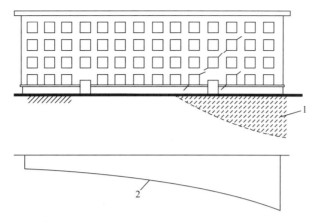

图 20-1　地基不均匀变形引起的墙体裂缝
1—相对软弱部分；2—沉降曲线

（3）同一建筑采用了不同的基础形式，而没有考虑到两者之间的变形协调的问题；

（4）建筑物自身的高差或平面形式的复杂部位导致地基基础受力不均；

（5）新旧建筑之间相隔太近引起地基基础的附加应力变形。

在多层或高层楼房中，地基基础变形引起的裂缝，主要出现在楼房的下部，多数为斜裂缝，裂缝宽度的大小、发展的高度与房屋的整体刚度、沉降量大小有直接关系。

案例1：当建筑平面形式较复杂，容易造成基础受力不均，地基存在较大的不均匀变形，从而引起墙体裂缝，这是在检测中常会遇到的情况。图 20-2 是一幢平面较为复杂的建筑，从图中的沉降曲线可以看到，房屋的转角部位的沉降量明显大于两侧。该建筑外立面的窗户开的较大，整体刚度较差，造成墙面上的裂缝也较多、较密。

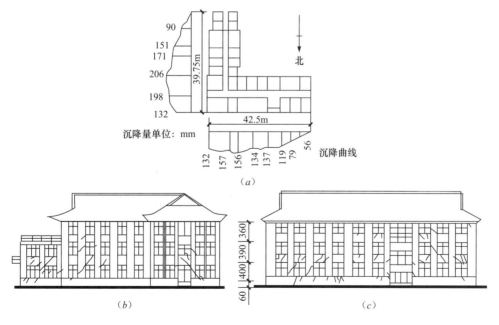

图 20-2　复杂平面和不均匀沉降引起的裂缝
（a）相对沉降曲线；（b）东立面；（c）北立面

257

案例 2：建筑鳞次栉比的修建是经常会发生的事情，如，为城镇规划形成新的街区，既有的相邻建筑进行改扩建等。由此而造成已有建筑墙体裂缝，引发争议的事常有发生，这都是没有正确认识或忽略了地基的受力性能惹的祸。

以低矮层房屋的修建为例。在既有房屋 A 旁新建房屋 B，因新建房屋 B 地基中的土压应力分布与既有房屋 A 的地段相交，导致既有房屋一侧土的附加应力增大，因地基软弱，既有房屋出现沉陷裂缝。在新建房屋 B 其他部分土受荷沉降时，靠近既有房屋 A 的土层尚未压缩，结果造成新建房屋倾斜见图 20-3（a）。图 20-3（b）是两幢紧邻建筑，修建在缓坡上，因沉降变形不均右侧一幢建筑出现了向前、向右倾斜的情况。

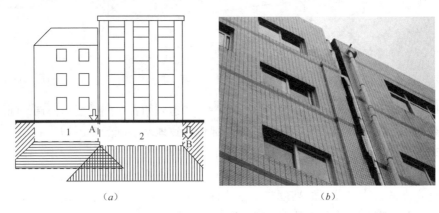

图 20-3　紧靠房屋间的地基变形
（a）基础的附加应力变化；（b）房屋出现错位和倾斜

案例 3：同一地基条件采用不同的基础形式，因地基基础变形的不一致，也容易引起墙体、地面裂缝。图 20-4 是一幢综合办公楼，修建在回填土层上，回填土层最小厚度超过 30m，地基进行强夯处理后，主体结构采用筏板基础，而其中局部半跨外伸部分采用条形基础。房屋还未完工，条形基础和地面就出现大量的沉降裂缝。

图 20-4　同一建筑两种基础变形不一致
（a）主体与外伸部分的关系；（b）地面出现的沉降裂缝

案例 4：地基土的承载力丧失，容易产生土从基础四周向上挤出这一破坏现象，这时建筑物下沉，可能发生倾斜，甚至滑移。图 20-5（a）是土基因承载力不足破坏的一个基

258

本模式，当在基础附近堆放了过大的附加荷载，土体形成里了破坏的滑移面，柱下土破坏时形成棱柱体，地表土层隆起的现象。

图20-5（b）是一个正在修建的厂房，因暴雨积水长时间无法排出，土基受水浸泡，承载力降低，该厂房建在斜坡上，为平基要求在旁边修建了一个4m多高的挡墙，因同时受雨水浸泡，产生滑移，两者共同作用，造成地面隆起的情况。

岩石地基承载力不足破坏，会把基础下部的岩体压碎，但地面隆起现象不如土基明显。

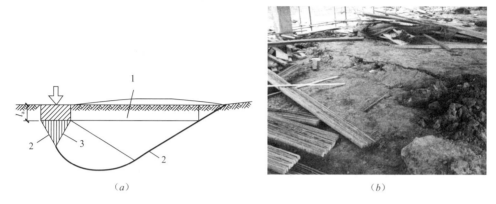

图 20-5　地基承载力不足引起的破坏

（a）地基承载力不足破坏模型；（b）地面隆起承载力丧失

1—高于基底土的附加荷载；2—滑动面；3—土破坏时的压实土楔体；4—基础埋置深度

案例 5：桩的承载力不足或变形较大，容易造成桩及周边土体下陷，上部结构开裂。这种情况也包括，因桩周负摩阻力较大造成桩的破坏。图20-6（a）混凝土桩身出现水平环向裂缝，是因成桩区域是新近回填土，成桩后因周边建设出现了地下水，造成土体固结沉降对桩周产生垂直向下的摩擦力，从而大大超过了桩的实际承载能力造成的。负摩阻力的大小不易准确计算，随着土体固结的完成，负摩阻力也就会减小消散。

图 20-6　桩和地下车库裂缝情况

（a）桩水平环向裂缝；（b）地下车库上浮开裂

现在高层建筑修建很多，地下作为车库或商场，底部为混凝土筏板基础，四周为混凝土挡墙，实际形成一个"筒体"。当出现地下水后，底板和墙体上浮，结构变形，破裂渗水的情况时有发生。图20-6（b）地下车库上浮开裂，图中左侧柱顶部出现水平环向裂缝，后面墙体下部出现多条斜裂缝。

第三节 地基基础检测

1. 检测目的

当出现如下情况时，应考虑对地基基础进行检测：

（1）既有建筑进行安全性评估需要了解地基基础的基本情况，当然，有图纸或使用正常，能作出判断地基基础没有问题，也可以不开挖基础检查。

（2）需要鉴定建筑物的变形和裂缝是否是因地基基础引起的。

（3）地基引起基础不均匀沉降变形、局部滑移、地基承载力不足进行检测。

（4）基础不能满足承载力要求需要提供加固处理依据。

（5）建筑改造需要了解基础的承载能力。

（6）地基基础加固处理后的效果检测。

2. 测点布置

当需要检测基础时，挖探坑时应考虑以下情况：

（1）观察建筑物的周边环境。建筑物位于水边、坡地、沟壑处，还是在平地，这是布置检测点需要考虑的因素。根据环境情况可以判断，挖的探坑是否便于检测，在开挖后会不会造成建筑的安全隐患，或检测人员的安全。

（2）探坑布置主要考虑的因素是：

1）根据设计或测绘图纸，确定基础受力最大、具有代表性和特殊的部位，作为挖探坑的选择点。

2）根据竣工资料或知情人员介绍了解到的情况，在地质条件复杂、施工质量差、意外因素影响的部位，作为挖探坑的选择点。

3）建筑物基础高差变化大，基础类型不同，基础材料不同的区域，考虑选择不同类型的探坑点比较其差异。

4）基础与上部结构连接处倾斜、错位、沉降不均等情况，引起的斜向阶梯形裂缝、水平裂缝、竖向裂缝状况的部位，作为挖探坑的选择点。

5）因建筑物的维修改造需要确定地基基础情况的部位，作为挖探坑的选择点。

（3）有地勘报告的工程，应充分利用地勘资料，了解其地质状况，地下水位的高度，滑坡等情况，这样有利于检测方案的制定。

挖探坑除上述要求外，还有如下技巧。根据基础对称性的特点，挖探坑一般单侧开挖。有经验的检测人员喜欢在建筑物转角处开挖，这样一个探坑能多看到一个基础的侧面，并且是受力较复杂的位置。

当探坑挖得较深时，应考虑是否对探坑壁进行支护、加固处理，以保证施工、检测人员的安全。探坑直径的大小，应考虑施工、检测人员便于操作，以及满足试验检测需要，如在基坑内进行承压板试验就需要较大的空间。

不要忘记，开挖基坑时，很多时候土的自然平衡状态已经遭到破坏。因此，选择探坑位置应考虑是否会影响建筑物的安全，若估计会有影响时，可重新选择地方，或是采取安全防护措施。

开挖探坑的数量及深度，以能满足检测目的为准。挖探坑前，最好查明地下管网的位置，避免损坏。探坑位置宜选择人流少的区域。探坑开挖直到回填，在探坑周围应有明显标志，夜间应有灯光照明，以免过路行人摔倒。

桩基检测，挖探坑有时困难很大，甚至无法挖探坑。有的桩 40～50m 深，或更深，挖探坑是非常危险的。这时，主要是通过地勘，桩上部检测情况、建筑上部监测点的变化情况，裂缝是否与基础沉降变形有关，以及设计、竣工资料进行综合分析判断。

3. 检测内容

（1）地基检测

在挖基坑时，可以通过探坑壁观察土层或风化岩层的密度、孔洞、粒径和厚度等情况。

地基若是原生土，可测定土的类型，压缩系数，c、φ 值等指标；地基若是回填土层，一般进行密实度检测。当需要了解土层的承载力可进行触探试验；或承压板试验确定其强度和弹性模量。

地基通过加固处理成为复合地基后，是否达到加固效果，可根据加固设计要求进行检测。

若是岩石地基，首先可以判定岩石的节理走向、破碎情况、风化程度，若需要确定岩石的强度可钻芯取样。

（2）基础检测

一般房屋基础使用的材料是条石、砖、素混凝土、钢筋混凝土。

基础形式、截面尺寸、埋置深度可以使用卷尺、激光测距仪等工具测量。

基础外观检查包括，酥松、腐蚀、风化、裂缝、破损的部位、面积、深度。

基础的强度检测，砖砌体可以采用前面介绍的砖砌体的检测方法；岩石可以采取钻芯取样的方法；素混凝土、钢筋混凝土基础的检测可按后面介绍的钢筋混凝土构件检测的方法。

基础检测时，应按上述的内容有完整的记录，图示，照片和摄像资料，以便整理分析。

在对基础探坑检查时，还应注意建筑周边的排水系统是否完善，是否存在对墙体影响的有害溶液及其他污染源。周边排水系统是否完善是保证地基基础稳定，避免水浸及潮湿对结构耐久性造成影响。

第二十一章 生土结构

生土建筑主要指未经改变其物理属性，以原状土作为主体结构或被用作填充、覆掩的建筑。按结构形式和建造工艺可分为：土坯建筑、夯土建筑、生土窑洞、土坯窑洞、掩土建筑、混合泥土建筑等。我们这里所指的生土建筑是土坯建筑和夯土建筑两种。由于土坯建结构与砌体结构比较接近，有些概念可以采用，因此介绍较多的是夯土建筑。两者相比较，夯土建筑也应用得更普遍些。

第一节 生土墙体

我国古人用泥土修筑的生土建筑存留下来的主要是台基和城墙，由于它们是当时的重要建筑，做工精细，体量大，因此得以保存。随着人类生产技术的进步，以及新型建筑材料和建筑形式的出现，近数百年来，生土建筑主要用于民居建筑的墙体和围墙。目前我国的土墙类型主要包括：土筑墙、三合土筑墙和土坯墙。

土墙的材料，一般是根据所处地区的具体条件，因地制宜，就地取材。土采用轻亚黏土和亚黏土类，其中以亚黏土为好。土块要破碎、过筛、最好粒径不应超过 20mm。为改善土墙的物理力学性能，减少干缩变形量，会在土中加入适量的石灰、水泥、骨料、纤维和炉渣等掺合料。水不能使用污水、工业废水或含有有害杂质的水。土的含水量，以达到手握成团，落地开花为宜。由于土墙材料和使工方法的地方性较强，各地区都有一定的特点。关于生土墙体的建造，前面已有介绍．

生土承重墙体从基础顶面至室外地面以上 500mm 及室内地面以上的 200mm 的部分称为墙根，也称下碱。生土墙体本身防潮性能差，这部分墙体又位于墙体下部，容易返潮或受雨水侵蚀而酥松剥落，削弱墙体截面并降低墙体的承载力。生土墙体下一般设置条形基础，根据当地的材料资源及自然条件，有毛条石基础、卵石基础、砖基础和灰土基础等。基础埋深约 300～800mm，宽度根据基础材料不同而各不相同，但每边超出勒脚至少 150mm，露出地面高度一般为 200～300mm。生土墙体承重房屋一般采用硬山搁檩型。夯土墙厚一般为 400～800mm 不等。当然也有不少例外，如福建华安县二宜楼，底层土墙厚度达 2.5m。室内分隔墙也有做 300mm 厚的。墙顶上搁檩建顶，大多为双坡屋顶。夯筑过程中，在门窗洞口上方，一般要预埋木质过梁，门窗洞口与墙体一起夯筑，拆模后，再凿出洞口，保证其完整性。

我国于 1955 年正式颁布执行的《砖石及钢筋砖石结构设计标准及技术规范》HMTY 120—55 中，对土坯墙的强度有简略的规定，但缺乏构造措施。关于土筑墙没有规定。在 1973 年颁布的《砖石结构设计规范》GBJ 3—1973 中，考虑到土墙在我国民间有较普遍的使用，对原规范作了补充，增加了附录一土墙房屋的设计。我国 1988 年颁布的《砌体结构设计规范》GBJ 3—1988，根据当时的建设情况取消了土坯墙的设计内容。目前需要检测鉴定的生土建筑多为 20 世纪 70 代以前修建，当时还没有规范可循。好在生土建筑，一般不高，结构比较简单，检测鉴定时，对设计的要求，可参照《砖石结构设计规范》GBJ 3—1973 的规定。

在 GBJ 3—73 规范中规定：确定土筑墙（包括三合土筑墙）抗压强度的试件，一般采用试件为 300×600×900mm 的棱柱体或边长 200mm 或 150mm 的立方体块。制作试件应采用施工现场的操作方法，试件数量 3 个。立方体试件应分三层夯实。试件在室内自然养护 28d 后，进行轴心抗压试验。取 3 个试件试验结果的平均值，作为土筑墙的抗压强度。当采用立方块试验时，抗压强度应按试验结果乘以换算系数后采用。200mm 及 150mm 的立方体块的换算系数，分别为 0.8 及 0.7。

土坯砖的标号（强度等级），在《砖石结构设计规范》GBJ 3—1973 中规定：尺寸接近普通黏土砖的土坯，其标号的确定和普通黏土砖相同。厚度大于 53mm 的土坯，其标号的确定和厚度大于 53mm 的空心砖相同，即用整块土坯的平压极限强度乘以 0.8 后的强度指标，作为土坯的标号。

龄期为 28d 的土坯砌体的抗压强度，可按表 21-1 所列数值采用。

土坯砌体的抗压强度（MPa）　　　　　　　　表 21-1

土坯标号	砂浆标号		砂浆强度
	1	0.4	0
3.5	1.2	1	0.6
2.5	1	0.8	0.5
1.5	0.9	0.7	0.3
1	0.8	0.6	0.3
0.7	—	0.5	0.2

在《砖石结构设计规范》GBJ 3—1973 规范的编制说明中提到，"关于土墙的物理力学性能，近年来各单位虽有一定研究，但还不够系统，成熟，尚有待进一步发展、提高"。但实际情况是，20 世纪 70 年代后，我国修建生土建筑越来越少，20 世纪 80 年代颁布的《砖结构设计规范》GBJ 3—1988 规范，取消了土坯墙的内容，表明系统的研究也相应停止了。

第二节　生土房屋

现在，生土房屋对很多人都比较陌生，为了有利于对既有生土房屋的检测和鉴定，我们介绍一点这方面的常识。关于成形工艺可见第一章的相关内容。

1. 建造要求

生土墙体一般用做房屋的围护或承重部位。由于土墙耐水性差，房屋宜建在地势较高，地下水位较低，地基土质较好和场地易于排水的地方。

土墙房屋的体型应力求简单，尽量避免立面高低起伏和平面凹凸曲折，开间布置宜规则统一。生土墙楼房应采用横墙承重结构方案，尽可能使墙体承受均布荷载，并且避免偏心受压，必要时应采取适当措施，以减少荷载偏心距。

关于墙体的砌筑，土坯墙水平泥缝厚度过薄或过厚都会降低墙体强度，夯土墙应分层交错夯筑，夯筑应均匀密实，不应出现竖向通缝。施工时沿墙体高度方向每隔 30mm 左右应设置有木条、竹片或其他拉结条，每边伸入长度不宜小于 60mm。拉结材料使用前应先在水中充分浸泡，以加强与墙体的拉结。

生土墙体的转角处和交接处砌筑接槎，对力的传递、保证墙体整体性能有很大作用。加强和转角处和内外墙交接处墙体的连接，可以约束该部位墙体，提高墙体的整体性，因此仅有拉结材料的不够的。现在砖砌体砌筑为图快和方便取消了接槎，实际减弱了砌体结构的整体性。

土墙的允许高厚比值 β 不宜超过 12。

生土建筑房屋门窗洞口过梁一般采用木过梁，木过梁的截面宽度与墙体厚度相同。新建房屋木过梁的支承处应设置垫木。

当梁板构件的两端分别支承在土墙和砖砌墙、柱（或钢筋混凝土柱）时，以防止土墙的较大压缩变形对结构的不利影响。土墙的压缩变形量可采取 0.1％～0.3％。

有阁楼的生土建筑，阁楼楼板一般都没有直接铺设在生土墙上，而是在生土墙上，而是铺设在支承于墙体上的木梁上。新建的生土建筑支承木梁的生土墙宜在支承高度设置木卧梁，卧梁与木梁应有可靠连接。

生土承重墙体的挑梁一般采用木挑梁，生土房屋的挑梁设置在山墙和承重墙内。生土房屋挑梁系统承担着屋盖体系挑出部分的荷载并负责将荷载有效传给墙体，因此，挑梁系统对屋盖体系的稳定和保证墙体轴心受压都有很大关系。

生土房屋屋盖的民间做法有双坡屋面和单坡屋面。其中，单坡屋面不对称，屋面前后高差大，高墙易首先破坏引起屋盖塌落或房屋倒塌。因此一般情况下不宜用单坡屋顶，双坡屋顶的坡度角不宜大于 30°。

2. 构造特点

生土房屋外墙是夯土或土坯墙体，内部分隔可能是生土墙体，也可能给木构架相结合形成室内空间，屋面一般为小青瓦或草屋面。图 21-1 为两层楼民居，外墙裂缝已用水泥砂浆修补，室内布置很简单，木楼梯上二楼，木楼板，竹篾夹壁分隔墙。

(a)　　　　　　　　　　　　(b)

图 21-1　二层土楼民居

(a) 房屋外观及裂缝修补；(b) 室内二楼楼面和墙体

图 21-2 是一幢较大的土楼民居，修建时间已在 80 年以上。该建筑在 20 世纪 60、70 年代曾作为粮仓。该楼外墙风化脱落较严重，裂缝导致墙体局部变形、破损。院内为三层木构架建筑，底部抬空，尽量避免潮湿侵入屋内，天井下沉很低，以利于水的排出，整个木结构内架基本完好，牢靠，庭院中的石缸可盛水用于消防。该院落位于重庆的涪陵区，建造方法与福建土楼大体相似，说明生土建筑的结构构造处理方法变化不大。

(a)　　　　　　　　　　　　　　(b)

图 21-2　三层土楼民居

(a) 外墙风化、裂缝情况；(b) 院内木结构构架楼房

生土建筑的屋面悬挑得比较远，主要是保护墙体尽量少受雨水影响。单体生土建筑的墙体间没有连接，这保证了两这间的相对自由变形。图 21-3 (a) 是建在边坡处的两幢生土房屋，没有因地基不均匀沉降造成相互的墙体开裂和相互受雨的浸蚀。木构件在生土建筑中起了很重要的作用，它保证了墙体上门窗洞口的开启，以及墙体间的连接和力的传递。图 21-3 (b) 是一幢生土房屋转角处变化的细部构造，拉结和传力都是通过木梁来完成。右边转角处的门洞离山墙太近，用木框架做了加强处理，保证了墙体的稳定性。

(a)　　　　　　　　　　　　　　(b)

图 21-3　房屋间关系及构造示例

(a) 两幢房屋间的关系；(b) 墙体之间的构造处理

生土建筑墙体普遍存在贯穿性裂缝，为了尽量保证室内舒适，住户也会采取各种方法修补裂缝。图 21-1 (a) 是用水泥砂浆修补。图 21-4 (a) 是用泥浆粉刷修复墙面，图中吊玉米以上墙体没有粉刷，裂缝依旧存在。图 21-4 (b) 的墙体是用片石堵塞修补。室内可

以通过抹灰、糊纸等方式避免空气、光线的穿透。

生土建筑的墙体一般较厚重，墙体出现倾斜变形，为保证其稳定性，一定要采取方法支顶。图 21-4（b）是一庙宇的山门采用的夯土墙体，因为倾斜严重，砌了两个条石挡墙进行支顶，照片中看到的是其中一侧。

（a）　　　　　　　　　　　（b）

图 21-4　墙体的裂缝和倾斜
（a）外墙用泥浆粉刷效果比较；（b）山门墙体用石砌体支顶

3. 破坏案例

生土建筑的破坏案例现在已经很少了，通过这两个案例，希望对生土建筑构造的作用有所理解。

案例 1：图 21-5 是一幢已被遗弃数年的农村民居，这样的房屋在农村也不是很多。为了解生土建筑的破坏情况，我特地去观察了两次。从远处望去，该房屋并没有完全破坏。青瓦屋面虽然已显得有点波浪起伏，但并不严重，坍塌面积也不大。墙体垮塌也不严重，只是裂缝较大（图 21-5a）。近处观察东面，图右侧墙体（图 21-5b）。左侧挑梁下墙体已被剪掉，整个山墙面竖直贯穿裂缝有数条，最大裂缝宽度超过 0.5m。从图中还可以看到，使用期间住户用片石修堵墙体上裂缝，肯定是当时最宽的一条裂缝，其他裂缝的宽度是后来超过它的。进入室内观察，木结构的梁、柱、屋架的拉结功能还没有完全丧失，所以没有垮下。该房屋已经破坏，不能居住是不容置疑的。

（a）　　　　　　　　　　　（b）

图 21-5　被遗弃的夯土墙房屋
（a）房屋外观情况；（b）东面墙体裂缝情况

案例 2：图 21-6（a）是 100 多年前的农居内隔墙垮塌一瞬间拍到的照片。我们可以看到，垮塌是因为墙体下部开了洞无法支撑上部墙体的重量造成的。垮塌时上部墙体形成了一个拱券，但卸载已不起作用。从垮塌后的情况可以看到（图 21-6b），屋面不是传统的木屋架，肯定经过改造，而现在整体的拉结作用很弱，这与图 21-8 中的屋架构造完全不同。墙体中夹的起拉结作用的竹筋基本完好，没有被虫蛀（图 21-6a）。

（a）   （b）

图 21-6 土墙房屋垮塌现场
（a）内隔墙垮塌一瞬间；（b）垮塌后情况

4. 维护与装饰

生土墙体在建筑中也常用与其他结构形式组合，这时生土墙体只起维护结构的作用。图 21-7（a）是一木结构的民居建筑，夯土墙起的是维护作用。该建筑虽然年久失修显得破旧，但是整个构架和墙体还是基本完好，作为历史建筑，修缮后可以继续使用。图 21-7（b）是 80 年前的一个两层楼的仓库。抗战期间，故宫博物院的一批文物曾经暂时存放在这里。该楼中部是木柱、木屋架承重，外墙是砖柱和拱承重，生土墙是填充墙体。从建筑的外立面可以看出，虽然该建筑的功能只是一个库房，但肯定是由专业技术人员精心设计的。

（a）   （b）

图 21-7 生土墙体的围护作用
（a）土木结构房屋；（b）土木砖结构房屋

图 21-8（a）是一个古镇中的生土建筑，正在排危修复的过程中，因墙体裂缝大、稳定性差，拆除了上部墙体，留下的石砌拱门和土墙。不经意中才发现，土和石的结合是如

此匹配的感觉。图 21-8 （b）是一幢生土建筑的山墙，该建筑已有 100 多年的历史，据考证上面的画是建设时画的。虽然有人为的严重破坏，但留存下来的线条和色彩还是很清楚。它至少证明，在生土墙上作画，即使在室外受到风雨影响，只要用料精细、工序到家，也能留存很久。

（a）　　　　　　　　　　　　　　　　　　　　　（b）

图 21-8　生土墙体的装饰
（a）条石砌筑的门洞；（b）山墙上的绘画

第三节　生土墙体检测

随着全国名街、名镇、名村的大量建设，生土建筑成了其中的宝贝，但是，目前国家对生土建筑的检测鉴定还没有标准。作者查阅相关的资料、考察实际工程，根据自己多年积累的检测鉴定经验，提出以下方法供参考。

1. 强度检测

在建造的生土建筑，土坯墙、土筑墙和三合土筑墙的强度检测方法在第一节已做了介绍。

既有生土建筑的墙体强度如何检测，若是土坯墙体，可考虑在墙体上抽取土坯砖进行抗压强度试验检测；若是土筑墙和三合土筑墙体，目前还没有看到一种检测方法。

笔者本想建议采用土工的"无侧限抗压强度试验"方法检测夯土的强度，但用原状夯土制作直径 40mm，高为 100mm 的试件很困难，基本无法满足试验要求。又想采用土工"击实试验"的方法，将夯土取到试验室捣碎，按击实试验的要求成型，然后把击实试件放在压力机上进行抗压强度试验，其强度值作为夯土墙体的强度，因条件差异太大，可参考性差。

既有土筑墙和三合土筑墙，当不需要准确的夯土抗压强度值时，可通过土工试验检测墙体的干容重指标，参照干容重的大小（15～16kN/m³），采用 0.8～1.2MPa 的强度值。要注意的是，当检测干容重部位墙体含水量低，验算部位墙体含水量高时，其强度取值应有折减。

2. 变形检测

生土建筑墙体的变形检测包括，墙体倾斜、挠曲鼓闪等情况。

生土墙体之间的连结效果往往很差，甚至没有连接，因此影响房屋的整体稳定性。但从生土墙体的特性看，一般高厚比大，墙体自重较大，又增加了墙体的稳定性。在乡间，我们还看得见，一些独立的土墙残壁站在那里不倒，表明自身有较大的稳定性。因此，当发现墙体有较大的倾斜，甚至造成墙体挠曲鼓闪、出现水平裂缝等情况，一定要重视，有忽然倒塌的可能。必要时应采取支顶、降低墙体高度或拆除等措施，以避免人员和财产的损失。

墙体变形测量可采用直尺、激光水准仪、吊线锤等工具，测量精度可为1mm。

3. 裂缝

生土建筑的墙体裂缝主要有：干缩裂缝、受力裂缝、不均匀变形裂缝等。

干缩裂缝是土体干燥受缩产生的裂缝。这是生土建筑最主要的裂缝，几乎每幢房屋的墙体上都有。干燥收缩产生的原因是：土的空隙较多、较大，刚成型的夯土墙体水分均匀地分布其中，随着表面水分的蒸发，逐渐形成内部与表面的湿度差。于是，墙体内部的水分，因扩散作用向表面移动，至表面而汽化。随着夯土墙体水分的减少，黏土颗粒互相靠拢，尺寸发生缩小的现象。收缩值的大小与黏土的性质、各种参料的比例、成型时的水分等因素有关。图21-9（a）是20世纪70年代从江苏省昆山一砖瓦厂测得的砖坯脱水收缩曲线。整个干燥周期约20d，总的收缩7.5%，余水5.6%。说明土坯的收缩量是相当大的，虽然夯土墙成型含水率要低些，但收缩量依然很大。图21-9（b）是云南香格里拉藏族居民在建造夯土建筑的壮观场面。显然房屋还在修建，但从图中可以看到门旁和窗上都有了竖直收缩裂缝，也就是说，这种收缩裂缝有时在建造时就已出现了。墙体在干燥收缩过程中，内部湿度的不均衡分布是难免的，内外的相对收缩是不同的，外层的收缩量大于内层的收缩量，而在外层造成较大的应力，当这种应力超过土体自身的强度时，会使墙体外表面产生裂纹。

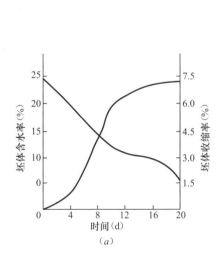

图 21-9　坯体失水收缩情况

（a）砖坯脱水收缩曲线；（b）夯土墙上的收缩裂缝

干燥收缩可分为线收缩、面收缩和体积收缩，由此形成两类裂缝，一类是墙体表面细微网状裂纹，另一类是竖向贯穿性裂缝。墙体表面网状裂纹，主要是墙体表面失水引起到。图21-10（a）墙体表面的网状裂纹分布得比较均匀，还有饰面效果。这类裂纹贯通的不多。竖向贯穿性裂缝主要出现在墙体纵向的长度方向，因是体积收缩，这一方向的收缩量最大，墙体受到的约束也较大，因此容易产生裂缝。图21-10（b）墙体上的数条竖直裂缝是贯穿线性收缩裂缝，最大裂缝宽度50mm。裂缝基本是垂直的，墙体截面没有严重损伤，各部分连接未发现异常，没有忽然垮塌的危险，但裂缝太大，需要进行处理。

图21-10　墙体的两种收缩裂缝
（a）墙体上的网状裂缝；（b）墙体上的贯穿性裂缝

墙体上的受力裂缝主要出现在支撑梁和屋架的部位，裂缝在荷载的长期作用下，一般为支撑处下缘的竖向裂缝。生土墙体一般很少在搁置木梁下部的墙体上放置梁垫，而生土墙的抗压强度又很低，木梁又是圆木，因此容易造成墙体局压开裂。图21-11（a）是一生土建筑墙体上的局压裂缝，这种裂缝是常见裂缝。在生土建筑的转角处，有时会因为交接处的两个墙体受压变形不一致，引起裂缝。图21-11（b）是长城嘉峪关墙体转角处出现的剪压裂缝。

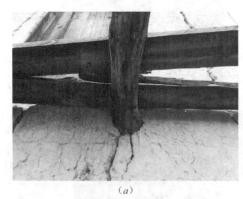

图21-11　墙体的受力裂缝
（a）梁下局压裂缝；（b）墙角压剪裂缝

因地基不均匀变形、构件受力不均匀变形不协调、徐变变形等因素引起的裂缝没有上面两类裂缝多和普遍。

生土墙体裂缝检测主要是，贯穿性的长裂缝、较宽的裂缝、受力较大部位的裂缝，检测的方法与其他结构检测的方法相同。检测生土墙裂缝时，应记录下影响正常使用和可能造成安全的典型裂缝的位置、长度、深度、宽度和走向。

4. 风化损伤

生土建筑墙体的损伤检测包括，墙面风化、裂缝（已在前面讨论）、剥落，泥浆粉化等情况。

水是造成生土建筑损坏的重要因素，水的直接浸湿与浸泡容易使生土墙体软化，抗压强度降低，截面削弱，造成安全隐患。因此在检测时，应注意容易受水侵蚀的部位，如墙脚、靠近屋面部位、厨房、卫生间等地方，是否受到损坏。图 21-12（a）是一幢 100 多年的夯土建筑，因墙体基础太低，旁边又修建了洗衣槽，水使墙体底部被掏蚀。

生土建筑的外墙长期暴露在大气中，容易受到风雨、霜冻、温度变化等综合物理化学作用，引起墙面酥松、风化、表层剥离脱落。造成墙体蜂窝、麻面、削弱墙体截面面积。自然因素引起墙体风化的主要原因与地域有关。我国北方地区风沙大、温差大、年降雨量小，墙体以风蚀作用为主，雨蚀作用为辅，如新疆、甘肃、宁夏、陕北、河南等地。我国南方地区风沙相对较小，年降雨量大，墙体以雨蚀作用为主，风蚀作用为辅，如东南沿海地区、湖南、安徽等地。图 21-12（b）是一幢生土建筑墙面严重风化的情况。该墙体置于条石基础之上，旁边道路用石板铺成，有坡度利于排水，地下水对墙体不会有太大影响。观察条石基础，从条石上的纹饰可以推断，是以前大户人家的房屋拆除后搬来的，再看房屋的构造特点，可以确定该建筑是 20 世纪 60～70 年代建的，修建时间不太长就损坏这样严重，应与夯土材料和夯筑质量差有关。

(a)　　　　　　　　　　　　　(b)

图 21-12　墙体因水、风化导致的损伤

(a) 水对墙脚的浸蚀；(b) 墙面的风化变形

部分生土遗址进行过修复或改造，在此过程中加入了如砌体、钢筋混凝土、型钢等结构元素，这需要检测人员在现场检测时仔细观察。对这种建筑的检测还应包括对不同材料构件之间的连接情况是否可靠，还有什么问题。

关于生土墙体垂直度、倾斜、裂缝、风化、损伤和构造连接检测，与其他墙体的检测方法基本一致，可参考执行，总结经验。对生土墙体受风化、水浸、裂缝和构造连接存在的，影响正常使用和安全的部位应做好测量和记录，以便在报告中提出，采取措施。

第二十二章 石砌体结构

第一节 砌体和石构件

石砌体结构随着混凝土结构的出现，逐渐从建筑和构筑物的基础、挡墙、水池、拦水坝中减少，甚至在一些地方或领域消失。而另一方面，由于建造技术、开采和切割技术的进步，石材显现的庄重性、色泽高雅、华贵、稳定，材质经久耐用，是各种材料不可替代的，因此，现在石材作为覆盖材料制作成薄板，被大型办公楼、酒店、银行，以及大型公共建筑广泛应用。在我国，虽然新建的石砌体结构已经很少，但因石材的耐久性，留存下的却还很多，因此对这类结构的检测还会经常遇到。

1. 毛石砌体

在我国，石结构建筑的技艺和水平，不能给木结构和砖砌体结构相比。在世界上，虽然我国的石结构建筑也有像赵州桥这样优秀的作品，但数量很少，结构型式相对简单，主要建造的是普通民居。20 世纪 80 年代前，我国的建筑施工机具缺乏、落后，因此大型构件的生产和运输是一个很大的问题。大型石材重量大，开采、运输、安装都是很困难的事，因此，毛石砌体较条石砌体应用得更多、更广泛。条石砌体一般用于有钱人家的建筑、重要建筑，以及建筑的特殊部位，如条石基础、柱础等。毛石砌体虽然单块石块表观看起不规整，但砌成墙体后，墙面会有更多的变化，有时具有很强的艺术效果。图 22-1 (a) 是贵州一座修在山崖上的古镇小道，道路蜿蜒曲折，路边的墙体采用山体的岩石顺势堆砌，高高的凹凸墙体让人恍惚穿行在不稳定的墙体间。图 22-1 (b) 顺坡用毛石砌体修建的农舍建筑，虽然有点简陋，显得还自然大气。

(a) (b)

图 22-1 毛石砌体的应用

(a) 石墙小道自然和谐；(b) 毛石砌体农居

毛石砌体多采用交错组砌方式，因块材不规则，砌筑中容易造成左右、上下、前后没有有效交搭，甚至形成通缝，尤其在墙角及丁字墙接槎处更多见。此外，墙体里外互不连接，自成一体，也是容易产生的弊病。这些情况使石砌体的承载力降低，稳定性不好，受到水平推力易倾倒。在现场检测时，应注意观察毛石砌体的砌筑情况，是否存在严重的质量问题，需要整治。毛石常见的错误砌法见下图22-2。

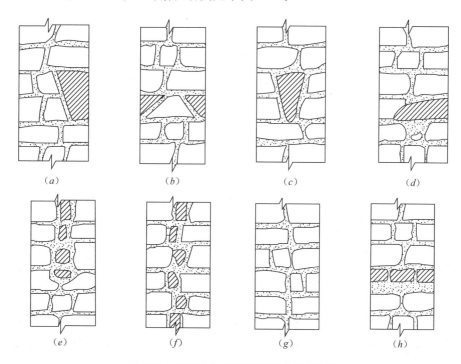

图 22-2　毛石砌体常见不正确的砌筑方法
(*a*)、(*b*) 刀口型；(*c*) 劈合型；(*d*) 桥型；(*e*) 马槽型；(*f*) 夹心型；(*g*) 对合型；(*h*) 分层型

2. 重力式挡墙

石砌体挡土墙是用自身重力作用保持墙体稳定，支挡土压力，作为制造空间和平台的手段，因此也称重力式挡墙。由于石砌体挡土墙有就地取材，施工方便，经济效益好，曾广泛用于建筑、铁路、公路、水力、港湾、矿山工程场地。21世纪以来，随着支挡结构形式的多样化，石砌体结构造价的增高，石砌体挡土墙的应用有所减少，但它仍不失为石砌体结构的重要组成部分。

重力式挡土墙一般采用梯形；通常顶宽约为高度 $H/12$，且不小于 0.5m；底宽约为高度 H（0.5～0.7）倍；高度不超过 6m。砌筑挡土墙时，在墙体上间隔一定距离应留置小孔，俗称泄水孔。它的作用是自然泄出墙内的流水，避免挡土墙后积水会形成静水压力；土体湿度增大会使挡土墙承受的主动压力加大。当达到一定压力后，使挡土墙体开裂，滑移，坍塌，甚至倾覆。挡土墙的泄水孔当设计无规定时，施工应符合下列规定：泄水孔应均匀设置，在每米高度上间隔 2m 左右设置一个泄水孔；泄水孔与土体间铺设长宽各为300mm、厚 200mm 的卵石或碎石作疏水层。干砌挡墙可不设泄水孔。挡墙后的回填土一定要利于排水，否则泄水孔形同虚设，留下质量隐患。

石砌体挡土墙容易出现如下的质量安全问题：

（1）挡土墙的尺寸，砌筑方法和构造措施不满足要求，容易出现裂缝、倾斜、垮塌等情况；

（2）基础承载力不足，容易引起墙体不均匀沉降变形，墙面产生阶梯形裂缝；

（3）因未设泄水孔，挡墙背面的填料和构造不利于排水，泄水孔堵塞，容易造成水压力过大，墙体裂缝、鼓凸、外倾、位移等情况；

（4）在挡墙上或下部增加额外荷载，如堆土、砌墙等，容易使墙体开裂、倾斜、甚至垮塌；

（5）在挡墙附近挖坑，产生较大的振动荷载，积水，容易使挡墙产生变形、裂缝。

3. 石材构件

由于石材强度较高，有时也单独制作成梁、板、柱构件应用在建筑结构中。这些构件的尺寸没有正规设计，一般是根据经验制作的。图 22-3（a）是海南岛上的民居。墙体、柱、门及走道过梁都是用当地火山石建造的。图 22-3（b）是搭设在溪流上的石板桥。用石板搭桥，结构形式简单，不怕水，耐久性好。

(a)   (b)

图 22-3　石材受力构件的作用
(a) 石结构中石柱、过梁；(b) 溪流上的石板桥

这里讨论的石材构件与石砌体的区别是：石砌体是由若干块材通过垒砌、连接而形成的结构，石结构构件受力是靠单独自身的能力；石砌体受力性能的大小是整体组合体的综合能力，个别石材的损坏一般不会导致结构的破坏，石构件破坏会引起结构的破坏；石材的风化、裂缝对石构件的影响比石砌体的大。

石构件属于承重构件，因此在选材上应特别注意，尤其是石材的裂痕（也称暗缝，夹纹等）从外观不易看见，其判断方法有：

（1）听声音：石材敲打时，没有裂痕的石材声音清脆，反之，则沙哑；

（2）敲打：沿有怀疑的石面上用锤敲打，石材有时会沿裂痕面脱开；

（3）浇水：可用清水（最好用热开水），将石面淋湿后，细心观察，出现细丝条纹，或用锤轻敲而冒出水。

当石构件上当出现裂缝、因风化或使用中磨损截面减小时应引起重视，需要判断是否存在安全隐患，以便及时消除。石构件的破坏是突发性的，没有任何先兆，容易造成事故。

第二节　砌体的损坏

石砌体建筑和构筑物中，挡墙的事故概率最高，除了上节谈到的5点容易出现的问题外，不重视挡墙的日常维护；因周边环境改造改变了挡墙的受力状态；受暴雨、泥石流、地震等自然灾害的影响。这里举两个工程实例。图22-4（a）是一条新建的条石挡土墙，因墙体上部堆了大量弃土，经雨水浸泡，墙体产生位移，墙面弯曲、倾斜、裂缝。图22-4（b）是条石挡墙的顶部因整治过程中荷载过大，发生局部垮塌的事故。

(a)　　　　　　　　　　　　　　　　　(b)

图22-4　条石挡墙受外载破坏

(a) 挡墙推移破坏；(b) 挡墙上部压垮塌

因为石结构建筑的耐久性年限相对于其他建筑要长得多，因此受环境条件的影响也就要长得多。风化作用在石结构上的表现的类型也就较多。用于建筑岩石的风化程度的快慢与岩石的种类和强度有关。沉积岩较其他两类岩石风化速度要快些。强度低的岩石比强度高的岩石风化速度要快些。图22-5（a）是石砌体长期受到风化作用表面出现、疏松、分层、剥落、泛碱，以及裂缝顺砌体竖缝发展的情况。关于裂缝成型发展，见图中部靠左侧，连通一块岩石断裂的缝。图22-5（b）是全国重点文物保护单位，隆昌石牌坊群中的"李吉寿德政坊"，建于1855年，距今170多年。岩石未崩落缺损部分表面光滑，这种情况可能给构件本身存在暗裂、周边没有约束有关。在国内，砌体结构中用得最多的是砂岩，图中的两例都是砂岩风化的情况。

(a)　　　　　　　　　　　　　　　　　(b)

图22-5　风化引起砌体疏松、分层、脱落、缺损

(a) 墙体疏松、分层、剥落；(b) 岩石崩落缺损

岩石砌体表面的风化虽然有时较严重，但并不一定影响结构的安全，到是增加了历史的厚重感，这是其他建筑材料所不能相比的优点。图 22-6（a）是已建成 150 年左右古镇寨墙，砌体表面泛碱、粉化、剥落、变形、裂缝等风化现象都很严重，但并没有给人造成不安全感，前来参观的人还很多。当然，为了保证其耐久性，砌体需要维修。图 22-6（b）是四川乐山大佛九曲栈道石梯旁的条石挡墙，长期受水蚀形成了不少孔洞，参观行走其间，给路人以惊奇与疑问。

（a）   （b）

图 22-6 风化引起砌体的裂缝、水蚀
（a）墙体裂缝、变形；（b）水蚀成孔洞状

石结构砌体受风化影响产生的变形情况，我们通过两个工程的对比来了解它们的一些特点。图 22-7（a）是重庆的用砂岩砌筑底条石挡墙，从外表颜色、风化程度的区段看出，挡墙分几次修建加高。建筑年代最久的部分，距今 80～90 年。挡墙上部表面风化程度较中部严重。由于条石表层风化较严重，感觉条石间间隙较大，相互间出现松动，变形协调能力减弱，造成整体性较差。这种情况与图 22-7（b）的相同。图 22-7（b）是福建的用砂岩砌筑底石拱桥，拱内圈的外表与图 22-7（a），两者在不同的地方，结构形式也不一样，但外观的情况却很相似。挡墙在靠近右边部的地方有一条竖直裂缝，拱圈在靠近左边部的地方有一条环向裂缝。说明石结构砌体的边部交接处是一个薄弱的地方。

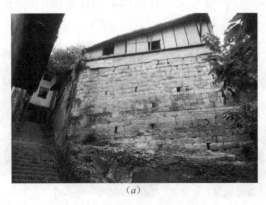 

（a）   （b）

图 22-7 风化引起砌体变形
（a）条石挡墙外观；（b）石桥拱外观

石砌体建筑一般留存年限很长，因此容易受到微生物植物的侵袭，造成建筑损坏的情况比较常见。图 22-8（a）是挡墙在潮湿的环境中长满了苔藓，不但对石材有侵蚀作用，多数时候给人脏的感觉。图 22-9（b）是世界著名文化遗产，柬埔寨的吴哥窟中大吴哥的一幢庙宇被树破坏的情况。很显然，在修建寺庙的时候这棵树还很小，甚至还没有栽，大树是后来者居上，占据了寺庙的地盘。

（a）   （b）

图 22-8　石砌体受植物侵蚀

（a）挡墙表面长满了苔藓；（b）寺庙被大树摧毁

第三节　石结构检测

石砌体结构和构件的检测包括：强度、砌筑质量、损伤，裂缝和变形等内容。

砌筑石砌体的石材强度检测，在前面"砌体和材料强度的检测方法"中已经介绍。

料石砌体，由于尺寸规整、块大、体重，砌筑时有采用砂浆和干砌两种方法。毛石砌体因使用石材块小、表面不规整，一般采用砂浆砌筑。毛石砌体的受力结构若是干砌，一般厚度较大。石砌体砂浆强度的检测可参照砖砌体砂浆的检测方法。石砌体的砌筑方式，对保证砌体的整体性，结构受力的大小都有很大关系，检测时一定要重视检查是否砌筑合理。

石砌体损伤检测包括破损、砌体裂缝、块体和砂浆的风化等情况时，应测定块体和砂浆的破损、粉化、裂缝深度和范围，并记录下部位和周边的环境条件，以便在修复时考虑采用的方法。

石砌体结构构件的变形检测包括，倾斜、位移、错位、外凸等内容。在检测过程中发现变形较大时，应及时支顶或拆除以消除安全隐患。石砌体所用石材，多数块体较大，重量较重，倾覆、垮塌造成的后果严重，采取拆除既可避免事故的出现块材的损坏，修复时可以继续使用，保持砌体原貌。

第二十三章 木 结 构

第一节 木材的强度

　　树是伴随人类生存的材料，木材索取便宜，轻质高强，柔韧性好，便于加工成型，组成的构架具有很强的张力，自古以来就是我国建筑使用的主要材料，也表现出中华民族顽固的亲地倾向和"恋木"情结。数千年来的消耗，由此造成森林植被的大量减少，自20世纪60年代后，我国就很少用木材来修建木结构的房屋。现存的木结构建筑，多为砖木结构建筑。不论是木结构房屋还是砖木结构房屋，保存至今，多数已是历史建筑，通过检测鉴定进行维护修缮，是现在一般的程序要求。近年，我国开始从国外购进木材，修建木结构建筑，但数量还太少，木材的加工和修建的方法，与我们传统做法有很大区别，因此，本节的检测方法是针对我国传统的木结构建筑体系。

　　木材的一些缺点，比如容易干缩湿胀和变形开裂；易受木腐菌、昆虫或海生钻木动物的危害而变色、腐蚀或蛀蚀；易燃；干燥缓慢，易发生开裂、翘曲、表面硬化、溃烂等缺陷，是影响木结构建筑安全的重要因素，成为我们防护和检测的重点。因此，木结构及构件损伤检测就是针对这些问题制定的，包括：腐蚀、蛀蚀，构造缺陷、结构构件变形、失稳状况，木屋架端节点受剪面裂缝状况，屋架出平面变形及屋盖支撑系统稳定状况。

　　由于对木结构的使用远离了我们数十年时间，因此很多人对木材的性能很陌生，在这里有必要结合检测需要作适当介绍。

　　我们都知道，树木的成长是环向长粗、竖向长高，树的截面构造型式见图23-1（a）。通过观察不难发现，木材不是一种匀质性材料。由于木材含有大量的水分，因此当水分变化时，它的体积也会随之改变（图23-1b），因木材的这些特性，决定了它的性能。

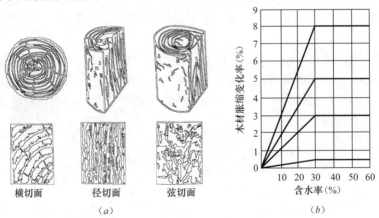

横切面　　径切面　　弦切面
(a)　　　　　　　　　　　　　(b)

图 23-1　木材的主要特性
(a) 树的截面构造型式；(b) 木材的体积变化与含水率关系

由于木材的不匀质性，使其强度具有异向性的特点，即使木材的树种、产地、品质和受力种类都相同，但力的作用方向与木纹方向之间的角度不同，它的强度仍有很大差别。当力的方向与木纹方向一致，称为顺纹受力，强度最高。当力的方向与木纹方向垂直，称为横纹受力，强度最低。当力的方向介于顺纹和横纹之间时，称为斜纹受力，木材强度随着力于木纹交角的增大而降低。图 23-2 描述了木材在不同木纹方向的受力形式，表 1 列出了木材在不同木纹方向受力形式的各强度大小关系。

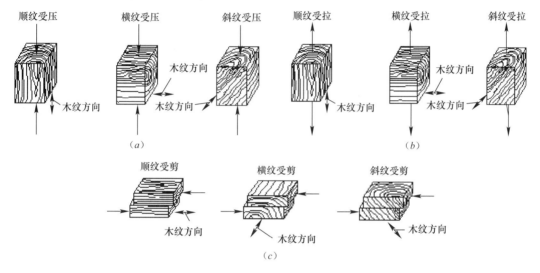

图 23-2　木材在不同木纹方向的受力形式
（a）受压；（b）受拉；（c）受剪

不同木纹方向受力形式的各强度大小关系　　　　　　　　　　　　表 23-1

抗压		抗拉		抗弯	抗剪	
顺纹	横纹	顺纹	横纹		顺纹	横纹切断
1	1/10～1/3	2～3	1/20～1/3	1.5～2	1/7～1/3	1/2～1

由于木材是有机质材料，组成结构复杂，因此，木材的强度还受到含水率、温度、时间、木节、裂纹等因素的影响，而这些因素的作用往往是不能忽略的。

（1）含水率：木材在自然状态下，含水率稳定，称为平衡含水率，与所处地区的气候条件有关。在平衡含水率状态下，木材的强度稳定。当木材含水率每增加 1%，它的抗压强度、受弯强度和受剪强度较原来降低 3%～5%。随着含水率增加，强度降低趋于稳定。

（2）温度：试验表明，当温度由 25℃增加到 50℃时，木材的受压强度降低 20%～40%，受拉拉、受弯和受剪强度降低 12%～20%。对于承重木结构高温容易造成木材开裂和变形。

（3）时间：长期受力情况下的木材强度仅为短期受力情况下木材强度的 1/2 左右。在规范中取木材长期强度为短期强度 2/3，就考虑了有长期受力和短期受力共同作用的实际情况。

（4）木节：木节是包含在树干或主枝木质部中的枝条部分。按连生程度可分为活节和死节。节子降低木材物理力学性能。因节子的纹理方向（纤维方向）与锯材纵向成一角度，同时还使周围木材纤维或年轮弯曲，产生涡纹、乱纹等，改变了木材各向的物理力学性能。含节子的锯材，明显降低了抗弯强度、抗冲击强度和弹性模量等力学指标，降低的程度比同类带孔锯材大，但含节锯材能提高横向抗压强度。节子对抗弯强度和顺纹抗压强度降低情况见表 23-2。

节子对强度的降低率　　　　　　　　　　　　表 23-2

节径率（%）	抗弯强度降低（%）	顺纹抗压强度降低（%）	节径率（%）	抗弯强度降低（%）	顺纹抗压强度降低（%）
5	10	7	30	33	32
10	14	12	35	37	37
15	18	17	40	42	42
20	23	22	45	46	47
25	28	27	50	51	52

木节尺寸按垂直于构件长度方向测量。木节表现为条状时，在条状的一面不量（图 23-3），直径小于 10mm 的活节不量。

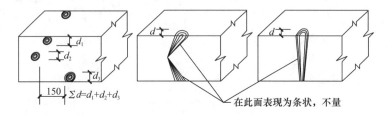

在此面表现为条状，不量

图 23-3　木材木节的测量

需要说明的是，古建筑用材不允许有死节（包括松软节和腐朽节）。

（5）裂纹：木材纤维与纤维之间的分离顺纹理方向所形成的裂隙。按类型和性质裂纹可分为径裂、环裂、冻裂、干裂、炸裂、劈裂和贯通裂。

我国部分常用树种的木材主要物理力学性能列于表 23-3 中，一般情况下阔叶树材的气干表观密度、强度和抗弯弹性模量要高于针叶树材。气干表观密度大的树材，强度要高些，抗弯弹性模量要大些。

部分常用树种的木材主要物理力学性能　　　　　　　　　　　表 23-3

树种名称		产地	气干表观密度（g/cm³）	顺纹强度（MPa）		抗弯（MPa）	顺纹抗剪强度（MPa）		抗弯弹性模量（×10²MPa）
				抗压	抗拉		径向	弦向	
针叶树材	杉木	湖南	0.371	37.8	77.2	63.8	4.2	4.9	96
		四川	0.416	36.0	83.1	68.4	6.0	5.9	96
	红松	东北	0.440	33.4	98.1	65.3	6.3	6.9	100
	马尾松	湖南	0.519	44.4	104.9	91.0	6.7	7.2	105
	落叶松	东北	0.641	57.6	129.9	118.3	8.5	6.8	145
	云杉	四川	0.459	38.6	94.0	75.9	6.1	5.9	103
	冷杉	四川	0.433	35.5	97.3	70.0	4.9	5.5	100
阔叶树材	柞栎	东北	0.766	55.4	155.4	124.0	11.8	12.9	155
	麻栎	安徽	0.930	52.1	155.4	128.6	15.9	18.0	168
	水曲柳	东北	0.686	52.5	138.1	118.6	11.3	10.5	146
	白桦	黑龙江	0.607	42.0		87.5	7.8	10.6	112

第二节 木材的腐蚀

木材腐蚀是由于木腐菌的侵入分解，使细胞壁受到破坏，其颜色、结构以及物理、力学和化学性质改变，最后变得松软易碎。按类型和性质，腐蚀可分为白腐、褐腐和软腐三类。

白腐：主要由白腐菌破坏木质素和纤维素所形成。受害材白色或浅黄白色，多呈海绵状、纤维状、筛孔状或大理石状的腐朽。白腐后期，材质松软，容易剥落。

褐腐：主要由褐腐菌破坏纤维素所形成。受害材呈红褐色，质脆，中间有纵横交错的棱状裂缝，呈裂块状腐朽。褐腐后期，很容易捻成粉末。

软腐：系木材在非常高湿的条件下，受软腐菌的侵害，破坏次生细胞壁的纤维素所形成。受害材表面层软化、变黑，干燥后外观类似烧焦的木材，其薄层常成为细小的块状开裂，容易粉碎。

木材的腐蚀（图 23-4）对木材物理力学性能的影响：腐蚀初期，木材的冲击韧性稍有下降，吸湿性（或渗透性）提高。其他指标无明显变化。腐蚀中期，木材的密度降低，吸湿性（或渗透性）增加很显著，力学强度明显降低，尤其是木材的韧性下降最甚，其次为抗弯强度和硬度。腐蚀后期，木材仅为健全木材的 $1/17 \sim 1/35$，几乎完全丧失木材的力学强度和利用价值。不同腐朽类型对木材力学强度的损害：褐腐材的强度损失较白腐材严重。原因：（1）白腐菌主要分解木质素，褐腐菌主要分解纤维素，后者对木材强度的影响大于前者。（2）腐蚀初期，褐腐菌对纤维的降解大于白腐菌。（3）褐腐菌对纤维素的分解速度远超过本身的代谢作用，故分解的产物聚集于细胞中，重量仅稍有变化，但纤维素已被破坏殆尽。白腐菌分解纤维的速度与代谢作用基本一致，故强度损失较褐腐小。总之，腐蚀依据不同类型和阶段以及腐朽部位和尺寸，对木材物理力学性能的影响很明显。

(a) (b)

图 23-4 木材的腐蚀

(a) 木楼面的腐蚀；(b) 室外木柱的腐蚀

根据木腐菌生长所需要的条件，重点检查木构件所处的环境，查明木材的现状，如被封闭的屋架支座处，处在潮湿和通风不良的木柱脚，木地板、梁、搁栅等。观察被检查木材变色、发软；用电工刀或凿刀插入木材表层，且撬起时木纤维易折断；用小锤敲击木材表面听到模糊不清的声音，则认为木材已腐朽，木材腐朽深度用空心钻取出木纤维检查局部撬开确认。被腐蚀位置、范围、以及构件截面削弱程度和长度应有准确测量和描述，以便维修时的替换。

第三节　木材的虫蚀

木结构的蛀蚀主要是白蚁。白蚁通常活动于南北纬 45°之间气候温和的地方。白蚁胃中含有可消化纤维素和其他植物的微生物，它们起着分解有机物的作用。现有的白蚁可分为三大类 2400 种。

（1）湿木白蚁：湿木白蚁主要侵害正在腐烂的木材，并且需要有保持木材潮湿的湿气源，比如漏水的淋浴设施、管道、屋顶和厕所等。腐烂是首要问题。一旦腐烂修好，湿源被消除，湿木白蚁就不会再入侵。如果没有湿气，湿木白蚁就不会是一种祸害，也不会成为危害建筑物完整性的主要问题。

（2）干木白蚁：干木白蚁不需要很多湿气，它们能飞入建筑物，在干木材中建立群落。它们通常通过阁楼或通风孔进入建筑物并寄生于窗户、门框和家具内。它们的群落很小，因此即使对干白蚁不加控制，其危害还是很有限。干白蚁只有在长大成熟后才能飞行，所以用昆虫网就能防止它进入。干白蚁不侵害经过防腐处理过的木材，通过熏蒸或热处理可以很容易地消灭它们。

（3）地下白蚁：地下白蚁通常以大群落的形式居住在土壤中。它们需要稳定的湿气来源，一旦暴露于干燥空气中，就极易脱水。为了避免脱水，地下白蚁就会进入建筑物，它们通常用泥土在惰性物质上（如基础）修建藏身管道。地下白蚁是破坏性最大的一类白蚁。该类白蚁中的台湾乳白蚁所造成的危害又是最严重。乳白蚁长 0.5mm，其群落占地可达 0.4 公顷，数量可达数百万个。在我国乳白蚁一般分布于一月份 3℃ 等温线以南地区。根据白蚁危害程度的不同，我国可分为三个主要分区：北方地区，无散白蚁危害；中东地区，只有散白蚁危害；华南地区，散白蚁和乳白蚁危害。

(a)　　　　　　　　　　　　　(b)

图 23-5　白蚁蛀蚀楼面的情况

(a) 木枋已蛀成蜂窝状；(b) 白蚁在吊顶内的痕迹

木质构件的蛀蚀检查，重点有屋架的支座结点、檩条、梁、搁栅等入墙部位和易受湿的柱脚，注意观察由泥土和排泄物等筑成的蚁路、蛀孔（图 23-5b）；用小锤敲击，可听到空鼓的声音；用凿刀插入木材表面且撬起，可见蛀道或白蚂蚁活动。木材被蚁蛀的程度，位置、范围以及构件截面削弱程度和长度应有准确测量和描述。

第四节 木结构检测

木结构的构件检测包括：强度、疵病、裂缝、腐朽和损伤。木结构的检测主要是连接节点的可靠性及损伤。对承重的木结构及构件都应逐根、逐个检查或观察，以确定是否存在缺陷，需要检测的内容和方法。

1. 强度检测

现存的木结构建筑通过现场取样来检测物理力学性能指标，有时确有实际困难，并且多数时候也没有取样的必要。若有需要，木材的强度和弹性模量可根据木材的材质、材种、材性和使用条件、使用部位、使用年限等情况进行综合分析。强度标准值宜按《木结构设计规范》GB 50005—2003 规定的相应木材的强度乘以折减系数 0.6～0.8，弹性模量宜按《木结构设计规范》GB 50005—2003 规定的相应木材的弹性模量乘以折减系数 0.6～0.9。具体折减系数参考了现行《民用建筑可靠性鉴定标准》GB 50292—2015。

2. 疵病检测

木构件疵病的检测应包括木节、斜纹、翘曲和扭纹等都是木材的缺陷，这些缺陷难以避免，且随其尺寸大小和所在部位的不同对木材的强度会产生不同的影响。

木结检测：方木、板材、规格材的木结尺寸，按垂直于构件长度方向量测。木结表现为条状时，可量测较长方向的尺寸；原木的木结尺寸，按垂直于构件长度方向量测。检测可用精度 1mm 的卷尺量测，直径小于 10mm 的活结可不量测。

斜纹检测：方木和板材，在两端各选 1m 材上量测 3 次，计算平均倾斜高度，以最大的平均倾斜高度作为木材斜纹的检测值；原木，在小头 1m 材上量测 3 次，以平均倾斜高度作为扭纹的检测值。

翘曲检测：可采用拉线与尺量或用靠尺与尺量的方法检测。

3. 裂缝检测

木构件裂缝是一个相当普遍的现象，而且裂缝是会发展的。特别是原先用湿材制作的结构，在其干燥过程中，几乎都会产生新的裂缝，或者原先的裂缝会开得更大，这是木材固有的特性。判断裂缝的危害性，往往不在于裂缝的宽细、长短或深浅，关键是裂缝所处的部位。木材的干缩裂缝主要是顺纹裂缝，一般对受压影响不大。但由受力引起的裂缝应特别注意裂缝的方向，木材横纹受压强度较低，约为顺纹受压强度的 1/4～1/6，而且受压时容易变形。横纹抗剪强度只有顺纹抗剪强度的 1/2 左右。如果裂缝在结构中的受剪面上，即使非常轻微也可能引起危险，必须加以重视。对这种裂缝一定要深入检查分析，并及时进行必要的加固处理。至于不处在结构中重要受剪面附近的裂缝，则其尺寸及其走向的斜度只要在规范选材标准允许范围内，一般是不会影响结构安全承载的。木结构构件裂缝检测应包括裂缝宽度、裂缝长度和裂缝走向。构件的裂缝走向可用目测法确定。裂缝宽度可采用目测、游标卡尺、读数显微镜、裂缝宽度检测规（精度 0.05mm）相结合的方法进行检测。裂缝长度可用卷尺量测。裂缝深度可用探针测量，有对面裂缝时取两次量测结果的结果之和作为裂缝的深度。

4. 腐朽及损伤检测

木构件因病虫害造成的腐蚀和蛀蚀对结构稳定性造成了很大影响，房屋中最易发生的地方：经常受潮通风不良的部位，如：屋架支座、立柱的底部、搁栅等；渗漏雨水的部位，如：天沟下杆件、节点屋面板、椽条、天窗立柱等；有冷桥、通常受冷凝水侵蚀的部位，如：北方高寒地区的屋盖内冷凝水常侵害支座。检测可采用外观检查或用锤击法首先确定位置，然后通过尺量，测定构件的腐朽范围、长度，用除去腐朽层、探针或电钻打孔的方法结合尺量确定构件截面的削弱程度。

损伤检测：火灾、侵蚀性物质影响或因外力作用造成的损伤，可参照"病虫害检测"的方法测定。

5. 连接检测

木结构往往是以桁架的形式实现建筑的跨越，如木结构的桥或屋架。因此，木结构的连接出现问题，容易使结构产生变形，甚至造成安全隐患。木结构构件间的连接，若是采用的榫卯结构，应注意检查是否因干缩变形或受力过大，构件间产生松动、滑移、撕裂、错位等情况，可通过观察发现问题。木结构构件间采用齿连接的损伤检测包括：压杆轴线与承压构件轴线偏差；压杆端面和齿槽承压面的平整度、齿槽深度；实际受剪面、抵承面面积，以上检测用尺量测。当齿槽承压面和压杆端部存在局部破损现象，或齿槽承压面与压杆端部完全脱开，应进行结构杆件受力状态的检测与分析。

6. 木屋架检测

木屋架在夯土建筑、木结构建筑、砖石建筑中应用得相当普遍，有必要提及。

从 20 世纪 50 年代开始，在桁架建造过程中，为了充分利用木构件的抗压和截面回转半径较大的性能，钢构件的抗拉、抗剪强度大的优点，出现了成钢木组合结构的形式。图 23-6 的三角形钢木屋架，就是当时既省木材又省钢材比较有代表性的结构，因此为了保证其可靠性必须检测。

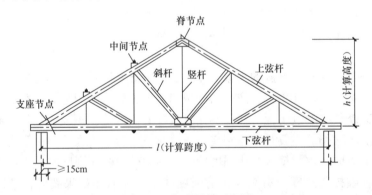

图 23-6 钢木屋架示意图

木构件与钢筋、钢板构件连接节点缺陷包括：连接松动、滑移，剪切面开裂，螺栓松动，垫板变形，铁件严重锈蚀等情况，可采用外观检查、手摇动拉杆和旋转螺帽松紧进行检测。结构及构件变形、失稳状况检测包括：下挠、侧移、拉杆变形、支撑失效等，可采用外观检查或用量尺进行检测。

木屋架检查除上述的内容检测外，还应检测，屋盖渗漏、冷凝等迹象；屋架端节点受剪面裂缝状况；屋架出平面变形及屋盖支撑系统稳定状况。但木屋架有时检测非常困难，甚至无法接近需检测的部位，如屋架高度过矮，吊顶刚度差，检测人员无法踩踏，这时只有通过观察屋面外观的平整度，屋盖的渗漏、屋架支撑和支座的变形来综合判定。

第二十四章　砖砌体结构

第一节　检　测　内　容

砌体结构和构件的检测包括：强度检测、变形检测和损伤检测和三部分内容。

砖和砂浆，以及砌筑成的构件，组合成的结构的强度检测方法在前面已有专门章节讨论，这里就不再论述。

砌体结构构件的变形包括，倾斜、位移、塌陷、外鼓等情况。结构及构件变形的检测方法在前面已有统一论述，完全适合砌体结构的检测。在检测时应注意的是，砌体是用砂浆把块材粘结砌筑而成，当砂浆强度较低，砌体间构造连接措施又较差的情况下，这种变形常常造成墙体忽然失稳垮塌。因此，在检测过程中如果发现墙体倾斜较大或外鼓严重时，不应等检测后再在报告中提出，应及时要求支顶消除安全隐患，避免财产和人员的损失，事后引起纠纷。最常见的例证就是围墙垮塌，直到现在这种事故也时有发生。围墙虽然有时砌筑的高度并不大，甚至用的砂浆强度也不低，但因砌体长度长，连接差，随地形水平、高低变化，自身存在水平平推力和扭矩的作用，在不大的外力或基础不均匀变形的作用下，往往发生垮塌。

砌体结构构件损伤包括，裂缝、损坏、腐蚀、块体和砂浆的粉化等内容。其成因分析及检检测方法是本节讨论的内容。关于墙体的裂缝分为受力裂缝和非受力裂缝。非受力裂缝又可分为变形裂缝、收缩裂缝和温度裂缝。结构及构件的损坏往往是外力作用的结果。而腐蚀、块体和砂浆的粉化则是外部环境的作用。

第二节　受　力　裂　缝

为了便于理解砌体结构受力破坏的特点，首先对砌体构件的基本力学性能试验和试件的破坏情况作一个简要介绍。砌体构件的力学性能试验是为了获取砌体的基本力学参数，给设计计算提供合理的取值。力学性能试验按《砌体基本力学性能试验方法标准》GB/T 50129—2011进行试验。砌体构件的基本力学性能试验包括：砌体抗压强度试验；砌体沿通缝截面抗剪强度试验；砌体弯曲抗拉试验。试验砌体构件形式及破坏情况，见表24-1。砌体抗压试件的第一批裂缝一般出现在破坏荷载的50%～70%左右。随着荷载增大，单砖内裂缝不断发展，逐渐连接成一段段的竖直裂缝。接近破坏时，裂缝很快加长、加宽、砌体终于被压碎或因丧失稳定而完全破坏；砌体抗弯试验，当发现裂缝后，很快就断裂破坏，甚至没有发现裂缝就突然破坏，当块体强度不是特别低时，一般是沿灰缝破坏；砌体抗剪试件，几乎是在没有观察到裂缝先兆的情况下就沿灰缝破坏；砌体沿通缝弯曲抗拉也与砌体抗剪类似的破坏情况。砌体结构构件破坏时，变形小、忽然丧失承载力的现象表明，砌体受力时的破坏属脆性破坏。这里要说明的是，砌体"沿灰缝破坏"不一定是砂浆破坏，也可能是砂浆粘结处的块体破损。

砌体构件的基本力学性能试验及破坏形态　　　　　　　表 24-1

受荷状况	抗压	沿通缝抗剪	沿通缝弯曲抗拉
试件样式	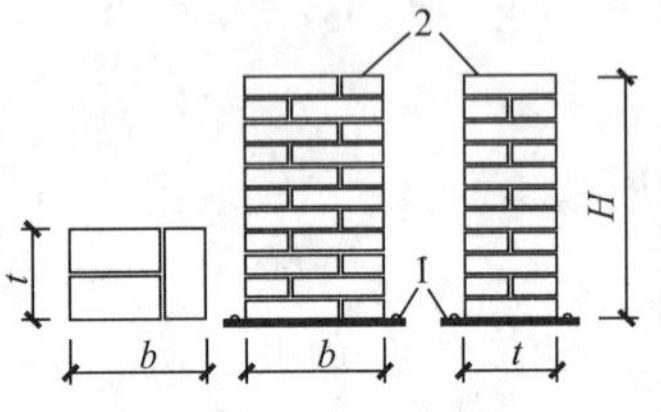	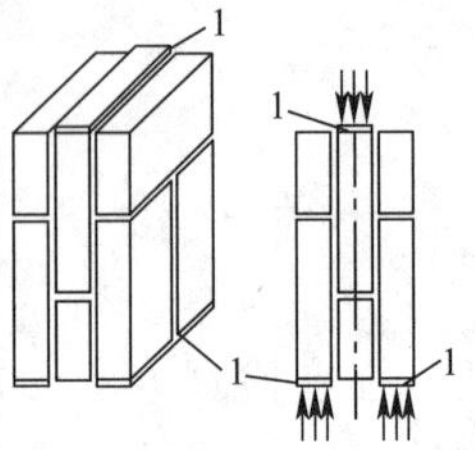	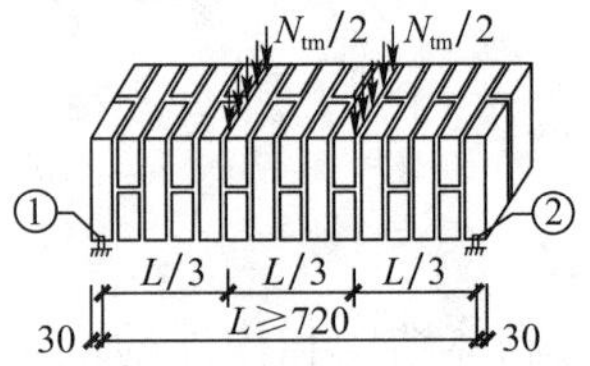
破坏形态	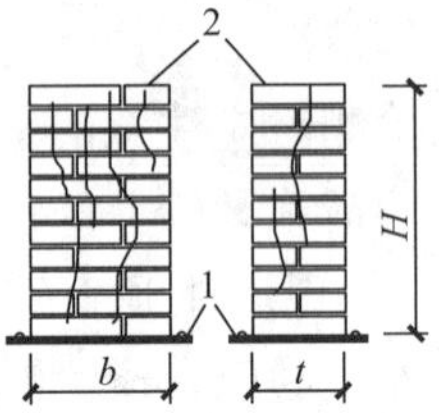	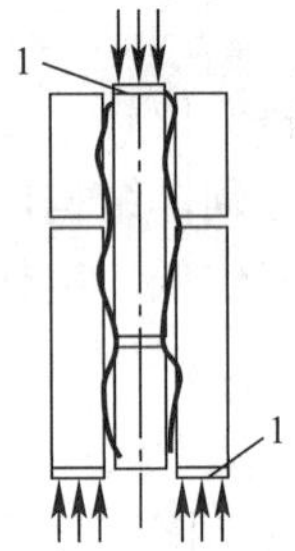	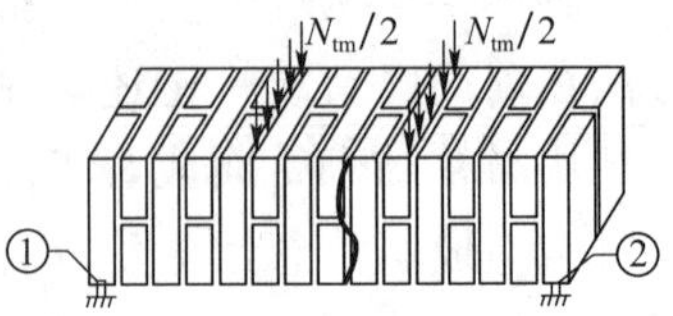

砌体建筑是由砌体构件组合而成，在结构中，砌体构件的受力状况不像上述单个基本力学性能试验的构件那样简单，因此，砌体的受力裂缝因荷载组合不同，产生的裂缝形态和部位有较大区别，为了便于理解和对比区分，表 24-2 列出了常见荷载引起砌体破坏的裂缝特征。表中的图示及说明只是一个简要的表达，还要结合工程的实际情况进行分析判断。如砌体的局部受压就包括：中心局压、边缘局压、中部局压、端部局压和角部局压等五种情况。剪压裂缝在地震发生后，房屋的窗间墙和柱上出现较多，容易判断。

常见荷载引起砌体破坏的裂缝特征　　　　　　　表 24-2

荷载类型	开裂情况	裂缝形态	破坏特征
中心受压及小偏心受压	裂缝平行于压力方向，先在砖长条中部出现，然后沿竖直缝上下灌通，条数增加，达到破坏荷载的 50%～70%	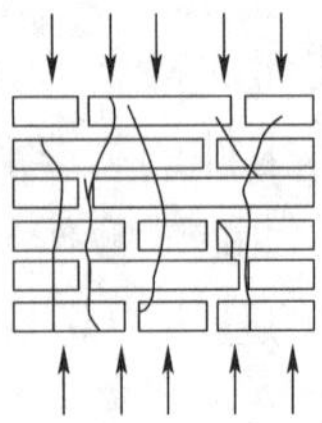	随着荷载加大，裂缝变长、加宽、变密，压碎，或因失稳破坏
局部受压	荷载作用在砌体部分截面上时，砌体处于局部受压。在其受压面下部，出现竖直裂缝	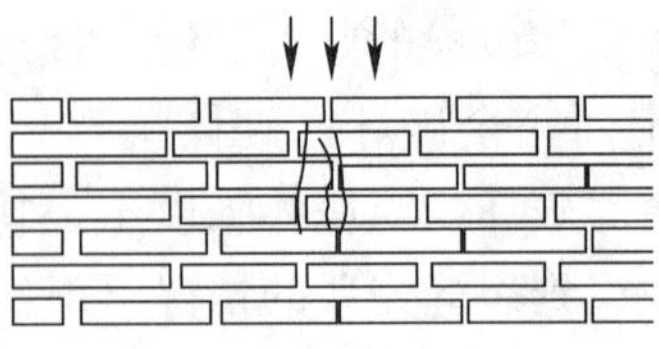	破坏时，形成平行于压力方向的密集竖向裂缝，甚至压酥

荷载类型	开裂情况	裂缝形态	破坏特征
大偏心受压	裂缝发生在远离压力作用一侧，在砂浆水平灰缝与砖界面间形成水平裂缝		水平裂缝深度达数厘米，墙体已出现竖向变形。随时有失稳可能
轴心受拉或偏心受拉	裂缝垂直拉力方向，沿竖向砂浆缝和水平砂浆缝形成锯齿缝。或由于砖拉断，沿断缝和竖向灰缝形成通缝。多出现在水池、筒仓的墙体		裂缝的出现可能造成水或物料的渗出。裂缝加宽，可能出现垮塌
直剪	裂缝平行于剪力方向，因承受剪力的砖断裂而形成多出现于悬挑和柱等部位		可能没有任何裂缝先兆，变形也极不明显，属完全的脆性破坏
剪压	正应力和剪应力组合后，主拉应力大于砌体强度而发生45°方向形成的斜裂缝。这种裂缝在地震作用时极易发生		裂缝宽度超过数毫米，裂缝间的砌体有压碎的现象。墙、柱有错位的情况
弯剪	裂缝发生在弯曲受拉一侧，在砖的顶面与砂浆界面上形成通缝。挡墙容易出现		墙体变形严重，出现位移或倾覆迹象

由于砌体受力过大后是脆性破坏，在现场检测过程中，若出现如下情况，应立即采取支撑、卸载等措施，以免造成不必要的损失。

（1）当发现墙体上产生的裂缝是竖向受力裂缝，裂缝宽度较大，条数较密较多，或有外倾、鼓凸等情况。

（2）当墙体出现水平裂缝，要分析是否是因偏心荷载引起的。若是因偏心荷载引起的水平裂缝，应分析危险性的大小，主要考虑：受力作用点是否会造成偏心距更大；偏心荷载作用力的大小。

（3）柱是长细比大的独立构件，周边没有墙体约束，当发现有竖向或水平裂缝、倾斜、错位等情况。

（4）对于受拉、弯、剪的砌体，应注意是否有大量超载的情况，砌体块材和砂浆强度有明显降低的情况，以及使用有不当的情况。

（5）砌体的软化系数较低，当受到水的浸泡后承载力大幅降低，引起受力裂缝，甚至垮塌。如洪灾浸泡的砌体房屋容易垮塌，往往是砌体承载力降低，额外荷载的增加，以及基础变形造成的。

东南大学敬登虎、曹双寅、陈红，在《砖砌体受水长期浸泡及风干后轴压性能试验研究》一文中，得到的以下几点结论，对于因水灾或受水长期浸泡的砌体承载力的估计有很大的参考价值。

（1）浸泡时间在 1～50d 范围内，混合砂浆强度整体呈现下降的趋势，下降幅度约为 20%～40% 左右，高强度的混合砂浆浸泡后强度下降幅度略低于低强度的混合砂浆。

（2）混合砂浆受水浸泡 4d 后，其强度整体上得到一定程度的恢复，但都无法恢复到非浸泡（正常状态）时的强度；相对正常状态下，其强度下降 5%～20% 左右；高强度的混合砂浆风干 4d 后，强度下降幅度略低于低强度的混合砂浆。

（3）石灰砂浆在浸泡状态下抗压强度值基本为零；不同浸泡时间的石灰砂浆风干后强度变化不大，总体上变化趋势呈水平直线；风干 4d 和风干 7d 的石灰砂浆强度值均小于不浸破砂浆强度值，风干 4d 后强度下降幅度约为 26%～30%，风干 7d 后强度下降幅度约为 7%～11%；随着风干时间的增加，石灰砂浆的强度逐渐增长。

（4）砖砌体随着浸泡时间的增加，浸泡、风干 4d 后的抗压强度整体呈下降趋势；混合砂浆砌体在浸泡 3～23d 后，其抗压强度下降幅度约为 24%～38%；石灰砂浆砌体在浸泡 3～16d 后，其抗压强度下降幅度约为 24%～36%；风干 4d 后，混合砂浆砌体和石灰砂浆砌体的抗压强度均得到不同程度的恢复；相对浸泡强度，最大恢复幅度达到 20%。但是，风干 4d 后的抗压强度仍比未浸泡的抗压强度下降约 15%～25%。

第三节 非受力裂缝

1. 变形裂缝

墙体的变形裂缝主要是砌体变形不一致造成的。砌体是由块材和砂浆组砌而成，因砂浆抗拉强度和抗剪强度较低，块体之间的变形主要靠块材之间的咬合作用，因此，砌体的变形协调能力较差，容易出现裂缝。关于地基基础变形引起墙体的裂缝在前一节已讨论。

砖拱能增加砌体结构空间的跨度，对建筑立面能起到良好的装饰作用，在 20 世纪 50 年代前的砌体建筑中用得很多。砖拱支座及拱圈的裂缝多数是因为拱长期受力轻微变形，以及砌体收缩、沉降变形、徐变等综合因素的作用造成。拱圈松动，开裂、支座位移等情况（图 24-1），而失去了拱的作用，多数情况与拱受上部荷载大承载力不足无关。但是，这种现象的出现，表明这个砖拱已失去了承载能力。而在拱圈逐步变形丧失承载力的过程中，周边砌体又形成了"新的拱作用"，因此不易全部垮塌。

(a) (b)

图 24-1　砖拱的典型裂缝

(a) 拱上部竖向裂缝；(b) 拱圈的环向裂缝

　　砌体建筑常见的变形裂缝还有：楼层间相对变形不一致；纵横墙间受力大小不同；一幢房屋错台或高差较大，都容易造成砌体间的变形协调不一致，产生裂缝。这种裂缝减弱了墙体的整体性，除了加快墙体的变形，也使其承受外力的作用减弱。图 24-2 是因外墙受力不均引起裂缝的示意图。图 24-3 是一幢居民住宅因错台，室内墙体产生的裂缝。

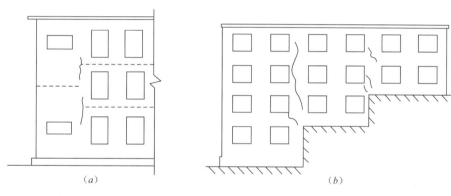

(a)　　　　　　　　　　　　　　　　　(b)

图 24-2　外墙受力不均引起的裂缝

(a) 楼层荷载不一致；(b) 房屋利用错台地形

(a) (b)

图 24-3　一住宅楼因错台室内墙体产生的裂缝

(a) 室内墙体的竖向和水平裂缝；(b) 楼梯踏步处的斜裂缝

2. 温度裂缝

墙体的温度裂缝是因材料热胀冷缩的属性造成的。温度裂缝分为均匀温度裂缝和温差裂缝两种。均匀温度裂缝是屋面或墙面因温度膨胀或收缩受到周边墙体或屋面的约束产生的，如平屋面女儿墙上的水平裂缝，就是屋面层受温膨胀或收缩，因与女儿墙体线胀系数不一致，受到约束引起的（图24-4a）。温差是指房屋内外温度不同，造成屋面和墙体内外表面的收缩或膨胀不一致，而导致墙体产生内应力引起的裂缝。一幢房屋温差容易发生差异较大的部位是屋面和西墙（图24-4b）。因此，温差裂缝一般出现在屋顶上几层，尤其是顶层内、外墙，房屋西面墙体。当然，很多时候是两种情况的综合，所以习惯都称为温度裂缝。图24-5是温度引起房屋顶层内墙开裂的典型例子。图24-5（a）是墙体产生斜裂缝，预制混凝土屋面板板间产生水平裂缝。图24-5（b）是另一幢建筑因温度引起的斜裂缝、剔开抹灰层检查，沿墙体为锯齿状。从房屋的外形来看，平屋面温度裂缝较突出，坡屋面要少得多。房屋出现温度裂缝后，容易引起屋漏渗水的现象，墙面非常不美观，修复处理不当，随温度变化又会开裂。

(a)　　　　　　　　　　　　　(b)

图 24-4　因温度引起房屋上部的裂缝

(a) 女儿墙上的温度裂缝；(b) 平屋面顶层的温度裂缝

(a)　　　　　　　　　　　　　(b)

图 24-5　因温度作用顶层墙体裂缝

(a) 墙体斜裂缝和板的水平裂缝；(b) 剔开抹灰后墙体的齿状裂缝

3. 收缩裂缝

墙体的收缩裂缝主要是由墙体块材的收缩造成的。烧结墙体材料，如烧结普通砖、空心砖、空心砌块，在干燥、烧结过程中自身的收缩已经完成，因此，收缩率较其他墙材低。而砌筑成墙体后因水分蒸发产生的收缩，大部分在几天内就已完成，因此墙体上的收缩裂缝很少。而蒸压制品、蒸养制品、非烧结制品等墙体材料，如灰砂砖、粉煤灰砖、加气混凝土、混凝土砌块其收缩量都比烧结制品大。砌筑成墙体后，随着材料自身的水化反应还在缓慢继续和水分的蒸发，收缩速度也很慢，大约需要 2～3 年时间。这时墙体早已受到周边墙体和楼面的约束，无法正常收缩，因此产生裂缝。收缩裂缝主要出现在窗台下的中部；门窗角部的斜裂缝；横墙和山墙，中部的竖直裂缝，如果墙长，会对称的处现数条裂缝。收缩裂缝一般出现在墙体砌筑好后的 1、2 年内，大约 3 年后也就稳定了，很少有新的收缩裂缝发生。

4. 体积不稳定裂缝

墙体的体积不稳定变形裂缝，及外鼓、倾斜，主要是砌筑墙体块材体积不稳定。其造成的原因在前面块材的耐久性一节中已作了分析。墙体的体积变形引起墙体开裂，外鼓等现象，容易出现在女儿墙、厨房、卫生间、外墙等容易受潮的部位。

检查裂缝首先要了解裂缝的分布规律，也就是，所在楼层、轴线位置的情况。如，裂缝主要分布在楼顶一、二层，端部墙体更严重，就可以考虑是温差引起的裂缝。其次，在观察时，应注意裂缝在墙面上所处的位置、形态及走向。如墙体比较长、裂缝是竖直裂缝、出现在墙体中部附近、采用的又不是烧结砖，这种裂缝有可能是收缩裂缝。在检查裂缝时应注意，墙体表面的抹灰层，很容易出现裂缝，当不能判断是抹灰层裂缝，还是墙体裂缝时，应凿开抹灰层进行检查。通过调查，当对裂缝有了初步了解后，应对以下典型裂缝进行测绘或照像记录以便分析时使用：影响结构安全；需要观察裂缝变化；对鉴定分析问题有帮助的裂缝。有时，为了分析时更有说服力，还将建筑物陪面随楼层的裂缝分布情况画出来。

第四节　砌体的损伤

墙体的损伤的原因，主要是受到外力造成的损坏，以及年久失修的局部破坏。墙体的损伤主要检测，受损部位发生的位置，面积大小，截面损失情况，对损伤部位四周墙体是否造成鼓凸、倾斜、裂缝等影响。检测时，若发现存在较严重的安全隐患，应立即采取支顶，卸载等措施，以免进一步恶化，造成安全事故。如砖柱碰撞受损，应高度重视，一定要到现场去仔细观察，作出判断。

墙体腐蚀、块体和砂浆的粉化是评定砌体耐久性的表征。引起墙体耐久性的原因是，水，对墙材有腐蚀性的液体、气体、碱蚀，风雨的长期侵蚀，关于这方面的内容在前面已有较详细的讨论。墙体腐蚀、块体和砂浆的粉化主要检测，发生的部位，截面损失最大深度和程度，面积大小。最好能有照片予以辅助说明，对后期的维护作一个参考。

关于墙体中的砌筑块材和砂浆强度检测，可参考前面专门章节。这里要说明的是，根据我们的试验研究，50 年以上的砌体，不宜采用回弹法检测砖和砂浆强度不适用。因为，数十年的风蚀，砖和砂浆表面强度与里层强度不一致，不满足回弹法的使用要求。若只是做参考，可将墙体表面的风化层磨掉，并满足回弹条件要求。对于历史建筑，由于墙体的砂浆强度一般较低，因此抽取砖样进行室内试验检测比较方便。同时，对砖的强度有准确了解，便于分析墙体的耐久性。

第二十五章 混凝土结构

钢筋混凝土结构在我国的使用已上百年时间，但大量的使用还是从 20 世纪 70 年代开始。相应的框架结构形式适宜用钢筋混凝土结构建造；可怕的汶川地震，表明了钢筋混凝土结构更具抗震的优越性。几十年来，钢筋混凝土结构的应用和研究一直是各种建筑结构中最成熟的技术。因此，在历史建筑的加固、维护修缮中也时常采用。

混凝土结构及构件检测包括：混凝土强度、变形（包括位移）、裂缝、耐久性、缺陷和损伤等项目。

第一节 强 度 检 测

混凝土的抗压强度是混凝土结构的最本的力学指标，目前，国内已颁布的混凝土现场检测标准见第十八章表 18-1。

1. 回弹法

回弹法的原理、仪器、测试方法和维护内容已分别在在前面的砖回弹法和砂浆回弹法中进行了介绍，在这里就不再重复。《回弹法检测混凝土抗压强度技术规程》JGJ/T 23 和《高强混凝土强度检测技术规程》JGJ/T 294 都是采用回弹法检测混凝土强度，只是检测混凝土抗压强度的范围不同，前者是普通混凝土，而后者是高强混凝土。也就是说，抗压强度等级低于 C50 的混凝土采用后一本规程。

在实际结构工程中，有设计强度等级低于 C50 的混凝土，结果实际强度等级高于 C50。也有设计强度等级高于 C50 的混凝土，实际强度等级却低于 C50 的情况。因此，在检测时一定要注意，当发现回弹值有问题时，应改换回弹仪进行测试，避免造成误判。

案例 1： 一批长 30m 混凝土 T 形梁，采用回弹法在现场进行实体强度检测，结果发现混凝土强度不满足设计强度等级 C50 的要求。抽取其中 8 片梁，分别在梁端 10m、15m 和 20m 处钻取芯样进行抗压强度试验，回弹强度与芯样强度结果见表 25-1。由于部分芯样试件内有钢筋，或垂直偏差较大，没有计算平均值。但从表中可以看到，除一个芯样的抗压强度较低而外，其余强度都大于 50MPa。再进一步地了解，检测人员用普通回弹仪进行的混凝土强度检测。

T 形梁回弹强度与芯样强度比较　　　　　　　　　　　　　　表 25-1

编号	设计强度等级	龄期(d)	回弹强度推定值（MPa）	芯样抗压强度（MPa）		
				1	2	3
1	C50	618	44.4	74.9	61.4	—
2	C50	523	30.1	54.0	73.9	51.6
3	C50	425	44.8	57.7	50.4	—

编号	设计强度等级	龄期(d)	回弹强度推定值（MPa）	芯样抗压强度（MPa）		
				1	2	3
4	C50	180	43.9	90.9	71.3	—
5	C50	171	41.0	52.3	—	—
6	C50	173	42.0	67.9	69.1	51.8
7	C50	131	38.7	40.7	58.6	—
8	C50	159	39.1	58.2	82.0	53.0

案例 2：一混凝土框架结构，柱设计强度等级为 C55，抽取 14 根柱按照《高强混凝土强度检测技术规程》JGJ/T 294—2013 检测混凝土强度。发现 14 号柱的强度最低，为 55.9MPa，具体数据见表 25-2。

采用钻芯法对回弹检测结果进行修正，取芯位置与回弹测区重合，钻芯法检测柱混凝土抗压强度结果见表 25-3。按照《混凝土结构现场检测技术标准》GB/T 50784—2013 附录 B 的规定，对芯样混凝土抗压强度异常数据进行判别和处理。首先将芯样抗压强度值按从大到小进行排序，然后分别对芯样抗压强度的最大值、最小值进行异常值检验，即计算统计量 t，并与临界值 t_{α} 进行比较；当计算统计量 t 大于临界值 t_{α} 时，可认为该数值系粗大误差构成的异常值。经过异常值检验，发现 14 号柱的芯样抗压强度属于低端异常值（表 25-3）。对 14 号柱再次钻取芯样复测，依然为低端异常值，判定 14 号柱混凝土抗压强度不满足设计强度 C55 要求。

剔除 14 号柱的抗压强度数据后，按照《混凝土结构现场检测技术标准》GB/T 50784—2013 附录 C 的规定，采用总体修正量法对混凝土换算抗压强度进行钻芯修正，测区混凝土换算强度、对应芯样抗压强度及总体修正量见表 25-4，钻芯修正回弹检测结果后框架柱混凝土抗压强度推定值见表 25-5。

回弹法检测柱混凝土抗压强度结果表　　　　　　　　表 25-2

编号	各测区换算强度及推定值（MPa）												
	1	2	3	4	5	6	7	8	9	10	平均值	标准差	推定值
1	60.8	61.9	60.4	60.9	61.6	59.8	59.4	60.3	59.9	62.1	60.7	0.92	59.2
2	63.8	66.1	65.8	64.1	64.8	66.3	63.9	65.6	63.6	66.1	65.0	1.08	63.2
3	65.8	60.9	61.8	66.8	63.2	62.8	62.3	62.0	59.4	61.1	62.6	2.23	58.9
4	63.4	63.1	65.5	66.9	62.1	62.7	64.1	62.1	63.3	62.1	63.5	1.59	60.9
5	62.1	59.6	62.6	59.6	64.9	63.8	63.2	62.9	61.9	62.4	62.4	1.69	59.6
6	66.9	65.3	63.6	64.8	64.3	62.9	66.2	65.0	62.9	64.1	64.6	1.32	62.4
7	65.0	69.2	67.1	66.4	64.3	70.7	69.9	69.9	67.3	64.7	67.4	2.31	63.6
8	65.1	63.2	63.1	63.4	64.1	67.5	66.8	68.2	63.9	65.9	65.1	1.88	62.0
9	59.4	60.4	59.6	61.6	61.6	64.8	63.9	60.8	61.6	63.1	61.6	1.79	58.7
10	64.1	66.5	64.4	66.3	66.1	68.2	65.4	69.2	65.4	66.6	66.2	1.57	63.6
11	66.5	67.4	65.0	66.2	64.3	64.8	64.5	66.3	67.4	66.7	65.9	1.17	64.0
12	63.1	59.9	58.9	61.9	61.4	62.1	59.3	60.9	64.3	61.9	61.4	1.68	58.6
13	65.9	69.5	69.0	63.1	65.3	67.4	65.3	66.7	64.8	66.2	66.3	1.93	63.1
14	62.1	57.5	61.7	58.8	56.3	59.9	60.4	57.0	62.2	58.5	59.4	2.16	55.9

表 25-3

芯样抗压强度异常数据判别结果表

编号	芯样抗压强度（MPa）	7 个芯样			6 个芯样		
		统计量 t	临界值 t_α	判定结果	统计量 t	临界值 t_α	判定结果
11	63.7	0.68		正常值	1.87		正常值
13	62.2	0.51		正常值	0.65		正常值
2	61.8	0.46		正常值	0.43		正常值
6	60.3	0.30	2.02	正常值	0.33	2.13	正常值
4	59.3	0.20		正常值	0.63		正常值
3	58.4	0.10		正常值	1.63		正常值
14	36.3	11.56		低端异常值	异常芯样剔除		
	37.9	10.81		低端异常值	复检，异常芯样剔除		

表 25-4

混凝土换算抗压强度钻芯修正时总体修正量

编号	芯样抗压强度（MPa）	抗压强度平均值（MPa）	钻芯对应测区混凝土换算强度（MPa）	换算强度平均值（MPa）	总体修正量（MPa）
2	61.8		64.1		
3	58.4		61.8		
4	59.3	61.0	62.1	64.0	−3.0
6	60.3		64.3		
11	63.7		66.2		
13	62.2		65.3		

表 25-5

钻芯修正回弹检测结果后柱混凝土抗压强度推定值

编号	钻芯修正后各测区换算强度及推定值（MPa）												
	1	2	3	4	5	6	7	8	9	10	平均值	标准差	推定值
1	57.8	58.9	57.4	57.9	58.6	56.8	56.4	57.3	56.9	59.1	57.7	0.92	56.2
2	60.8	63.1	62.8	61.1	61.8	63.3	60.9	62.6	60.6	63.1	62.0	1.08	60.2
3	62.8	57.9	58.8	63.8	60.2	59.8	59.3	59.0	56.4	58.1	59.6	2.23	55.9
4	60.4	60.1	62.5	63.9	59.1	59.7	61.1	59.1	60.3	59.1	60.5	1.59	57.9
5	59.1	56.6	59.6	56.6	61.9	60.8	60.2	59.9	58.9	60.1	59.4	1.69	56.6
6	63.9	62.3	60.6	61.8	61.3	59.9	63.2	62.0	59.9	61.1	61.6	1.32	59.4
7	62.0	66.2	64.1	63.4	61.3	67.7	66.4	66.9	64.3	61.7	64.4	2.31	60.6
8	62.1	60.2	60.1	60.4	61.1	64.5	60.2	65.2	60.9	62.9	62.1	1.88	59.0
9	56.4	57.4	56.6	58.6	58.1	61.8	60.9	57.8	58.6	60.1	58.6	1.79	55.7
10	61.1	63.5	61.4	63.3	63.1	65.2	62.4	66.2	62.4	63.6	63.2	1.57	60.6
11	63.5	64.4	62.0	63.2	61.3	61.8	61.5	63.3	64.4	63.7	62.9	1.17	61.0
12	60.1	56.9	55.9	58.9	58.4	59.1	56.3	57.9	61.3	58.9	58.4	1.68	55.6
13	62.9	66.5	66.0	60.1	62.3	64.4	62.3	63.7	61.8	63.2	63.3	1.93	60.1

检测结果：14 号柱混凝土抗压强度推定值为 36.3MPa，不满足设计强度 C55 要求；其余 13 根柱混凝土抗压强度推定值介于 55.6～60.1MPa 之间，满足设计强度 C55 要求。

超声回弹综合法是指采用超声仪和回弹仪，在结构混凝土同一测区测量声时值及回弹值，然后利用已建立起来的测强公式推算该测区混凝土强度的一种方法。这种方法是利用超声速度能反映材料的弹性性质，同时，由于它穿过材料，因而也反映材料内部构造的某些信息。回弹法反映了混凝土表面状态的弹性性质，同时在一定程度上也反映了材料的塑性性质。因此，超声与回弹值的综合，既能反映混凝土的弹性，又能反映混凝土的塑性；既能反映表面的状态，又能反映内部的结构，自然能较好地反映混凝土的强度。

图 25-1 NM-4A 非金属超声检测分析仪，可用来作为超声回弹综合法中，混凝土的超声检测仪器。它的主要功能包括检测：混凝土的强度、裂缝宽度、混凝土匀质性、损伤层厚度、混凝土厚度、结构内部缺陷以及桩的完整性（声波透射法）。接收灵敏度 $\leqslant 10\mu V$，声时读测精度 $\leqslant \pm 0.05\mu s$。

图 25-1 NM-4A 非金属超声检测分析仪

2. 贯入法

贯入法检测混凝土强度就是用针贯入仪的冲击撞针，在混凝土构件的表面平整、密实位置冲击一深度，用深度测试仪测出撞针贯入深度后，根据贯入深度推算出试块的抗压强度。贯入仪的主要技术性能指标和仪器外貌，见表 25-6 和图 25-2。检测时，测点应有足够的边距、间距和试件厚度。如果不符合最小尺寸的要求，可能出现局部破裂的情况，达不到分析破坏的模式。笔者曾两次采用该法进行系统的试验，建立专用曲线，未得到满意的结果。

贯入仪主要技术性能指标 表 25-6

项目	指标	项目	指标
仪器贯入力	1500N	工作冲程	20mm
测针直径	3.5mm	长度	30.5mm
针尖锥度	45°	仪器重量	3.5kg

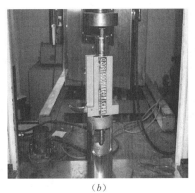

(a)　　　　　　　(b)

图 25-2 针贯入仪标定中

(a) 全景图；(b) 居部放大

3. 拔出法

拔出法是把一根螺栓，或者是相类似的装置埋入混凝土的试件里，从它的表面拔出来，测定拔出力大小的一种方法。这种试验方法主要分为两类：一类是把锚头预埋在混凝土内；另一类是在硬化的混凝土表面上钻孔，后装上锚头。预埋法必须先制定计划，一般仅适用于工程验收试验的需要，而钻孔后装法，更适合于现场硬化的结构混凝土的检验。由于拔出法只对混凝土构件表面有损伤，因此常用于构件钢筋比较密或采用其他方法都不太适合的情况时采用。

型号为 PL-1J 型混凝土拔出仪，标称最大拔出力为 50kN，配套使用设备附件有电钻、扩槽用金刚石磨头、定位圆盘、胀簧、拉杆、水冷却装置等，整套装置见图 25-3。

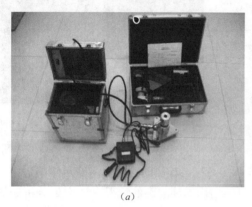 

(a) (b)

图 25-3 PL-1J 型拔出仪、拔出支架及配套工具
(a) 拔出仪；(b) 圆环和三点支撑拔出支架

我在编制重庆市地方标准《高强混凝土抗压强度检测技术规程》DBJ 50/T-195-2014时，进行了回弹法、超声回弹综合法、拔出法和钻芯法的系统对比试验。图 25-4 是拔出试验的情况。圆环拔出后的孔洞呈倒圆台型，拔出面比较光滑。后装拔出法的成孔有时比较困难，胀簧容易损坏，因此试验费用较高。

 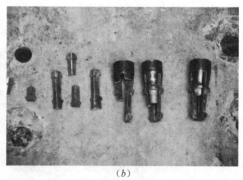

(a) (b)

图 25-4 拔出法对比试验情况
(a) 抗拔试验的试件和构件；(b) 试验后的孔型和损坏的胀簧

拔出力是作为一种什么性质的力作用于混凝土以及拔出时的破坏过程，国内外已有不少人进行了研究，而这些理论研究都是采用预埋拔出法为依据。国内的学者认为，在拔出力的作用下，混凝土破坏是由压应力和剪应力组合而成的拉应力造成的。这种破坏

和立方体（或圆柱体）块在承压面上有约束的条件下的破坏本质上是一样的。所不同的是，立方体边缘开裂后立即到达极限状态，而拔出试验的极限状态需在开裂进行到一定程度方才到来。此外，国内外学者的研究都认为：拔出强度和抗压强度之间有很好的相关性；试验强度的相关关系与混凝土的水灰比、养护条件、水泥品种、骨料性质等因素无关。

后装拔出法规程 CECS 69 是在已硬化的混凝土表面钻孔、磨槽、嵌入锚固件并安装拔出仪测定极限拔出力，并根据预先建立的极限拔出力和混凝土抗压强度之间的相关关系推定混凝土抗压强度的检测方法。后锚固法规程 JGJ/T 208 是在已硬化混凝土中钻孔，并用高强快速固化胶粘剂植入锚固件，待胶粘剂硬化后检测拔出力，根据拔出力值来推定该结构或构件混凝土强度的方法。比较这两种方法，主要区别是锚固的方式不一样。

4. 钻芯法

采用钻芯法直接从混凝土构件钻取芯样进行抗压强度试验，人们普遍认为检测数据更可靠，更能代表构件的实际强度。但是，钻芯法对混凝土构件或结构造成损伤。因此，工程中常用的做法是，首先采用非破损检测的方法对结构的混凝土强度进行检测，当有争议或需要进一步校核检测结果时，再采用钻芯法，用芯样抗压强度值对间接测试方法的结果进行修正。有时，为了减少钻芯量，也与其他方法结合使用。

钻芯法是从结构或构件中钻取圆柱状试件检测混凝土强度的方法。抗压芯样试件使用公称直径为 100mm 的芯样，且其公称直径不宜小于骨料最大粒径的 3 倍；也可采用小直径芯样，但其公称直径不应小于 70mm，且不得小于骨料最大粒径的 2 倍。由芯样试件得到的结构或构件混凝土在检测龄期相当于边长为 150mm 立方体试件的抗压强度。

案例 3：一混凝土框架剪力墙结构，在施工过程中发现试件强度不满足 C60 的设计要求，采用钻芯法从墙柱钻取 30 个试件，换算抗压强度（MPa）：

58.6、65.7、64.2、70.7、55.7、66.6、61.3、53.6、52.9、57.3、
59.7、64.7、52.6、58.7、54.8、57.8、61.2、58.1、60.4、58.7、
40.6、56.7、60.0、61.2、61.1、55.4、53.3、55.6、49.0、59.5

按《钻芯法检测混凝土强度技术规程》相关规定进行推定（需要了解以下取值见规程）：

样本数：$n=30$

平均值：$f_{cu,cor,m}=58.2MPa$

标准差：$s_{cor}=5.71MPa$

推定区间上限值系数（置信度为 0.85）：$k_1=1.332$

推定区间下限值系数（置信度为 0.85）：$k_2=2.220$

混凝土抗压强度上限值 $f_{cu,e1}=f_{cu,cor,m}-k_1\times S_{cor}=50.6MPa$

混凝土抗压强度下限值 $f_{cu,e1}=f_{cu,cor,m}-k_2\times S_{cor}=45.5MPa$

根据《数据的统计处理和解释正态样本离群值的判断和处理》相关规定剔除异常值 40.6MPa，并对剩余数据进行推定。

样本数：$n=29$

平均值：$f_{cu,cor,m}=58.8MPa$

标准差：$s_{cor}=4.72MPa$

推定区间上限值系数（置信度为 0.85）：$k_1=1.327$

推定区间下限值系数（置信度为 0.85）：$k_2 = 2.232$

混凝土抗压强度上限值 $f_{cu,e1} = f_{cu,cor,m} - k_1 \times S_{cor} = 52.5\text{MPa}$

混凝土抗压强度下限值 $f_{cu,e1} = f_{cu,cor,m} - k_2 \times S_{cor} = 48.3\text{MPa}$

$$f_{cu,e1} - f_{cu,e2} = 52.5 - 48.3 = 4.2\text{MPa} < 0.1 f_{cu,cor,m} = 5.88\text{MPa}$$

按《钻芯法检测混凝土强度技术规程》JGJ/T 384—2016 混凝土抗压强度上限值 $f_{cu,e1}$ 作为检验批混凝土强度的推定值，因此，实测混凝土抗压强度不满足设计强度 C60 要求。

5. 强度推测法

历史建筑或需要保护的纪念性建筑中的混凝土构件强度检测，应采用非破损检测方法，不应采用微破损检测方法。当无法使用这些方法进行检测时，可以通过对结构建造年代的调查，当时使用的原材料情况和目前构件的外观质量等信息对混凝土的强度做出一个大致的判断。

案例 4： 为了解重庆市 20 世纪中期建筑结构使用混凝土强度的情况，以便历史建筑的维护修缮，笔者采访了重庆市 20 世纪 40 年代和 50 年代就在做设计的工程师。据他们回忆，20 世纪 40 年代，混凝土采用体积比，水泥∶砂∶卵石＝1∶2∶4。20 世纪 50 年代，现浇混凝土构件的设计强度是 11MPa，预制构件的设计强度是 14MPa。20 世纪 60 年代，现浇混凝土构件的设计强度是 14MPa，预制构件的设计强度是 17MPa。查《钢筋混凝土结构设计规范》TJ 410—74，第 4 条提到："钢筋混凝土结构的混凝土标号不宜低于 150 号（即 15MPa）；当采用Ⅱ、Ⅲ级钢筋时，混凝土标号不宜低于 200 号；对承受重复荷载的构件，混凝土标号不得低于 200 号（即 20MPa）。"结合当时的口号是"励行增产节约"，设计也不例外，因此多是取偏低值。可以确定，20 世纪 70 年代前，重庆地区混凝土构件的设计强度一般没有超过 200 号（即 20MPa）。回忆我检测到的工程情况是一致的。此外，重庆目前混凝土中使用的是碎石或破碎卵石，而 20 世纪 90 年代前用的是未破碎的卵石，这也是一个判断混凝土年代的依据。

第二节 缺陷及损伤检测

混凝土结构及构件的缺陷和损伤检测应包括：外观缺陷，内部缺陷，外来作用力造成的破损等情况。

1. 施工缺陷案例

施工造成的缺陷不少，这里举几个常见的工程案例的图片及检测鉴定要求。图 25-5 (a) 是一筒体在浇筑上部混凝土时脚手架垮塌。需要对垮塌部分的影响范围进行确定，可继续使用部分的结构进行安全性鉴定。图 25-5 (b) 是一已浇筑成型的框架结构，在施工过程中，因边坡没有提前治理发生突然垮塌，造成框架的局部破坏。需要对框架周边未垮塌部位进行检查，评价损伤程度，为设计的加固方案提供依据。图 25-5 (c) 是一现浇混凝土框架，采用商品混凝土，拆模后，发现个别柱中间有软弱夹层，要求分析造成的原因，并提出处理方案。这类情况在商品混凝土施工中比较常见。图 25-5 (d) 是现浇混凝土柱根部出现露筋，混凝土疏松、孔洞等情况，俗称"柱烂根"。这种情况在现浇混凝土时常有发生，很多时候要求对柱的缺陷程度进行鉴定，并提出处理方案。

图 25-5　施工中的缺陷损伤案例

(a) 施工现场脚手架垮塌；(b) 混凝土框架被土压垮；(c) 柱中部夹软弱层；(d) 柱脚混凝土酥松露筋

2. 使用损伤案例

建筑的结构构件在使用中的损伤原因有，人为的、一般自然条件影响的、自然灾害造成的。这里用图片举的几个案例是人为因素造成的，以及提出的检测鉴定要求。图 25-6 (a) 是生产车间发生火灾，混凝土梁板被火烧情况。图中可见，吊扇被烧变形，梁板变成灰白色或黑色，需要检测鉴定梁板的承载力是否满足原设计要求。建筑物发生火灾是常见事情，调查可以通过燃烧材料的种类，时间长短，环境开放、封闭程度，混凝土颜色、破损等情况，初步判断结构的危险程度。图 25-6 (b) 是工厂生产的新产品，行车起吊力不够，用吊车起吊不慎，吊背将厂房的混凝土屋架下弦节点处撞击破坏。需要判断厂房屋盖是否有突然垮塌的可能性，以及如何排除险情和加固处理。图 25-6 (c) 是一场发生在城区的天然气爆炸，造成数幢临街建筑受到损坏，图中一居民住宅室内楼面凸起，形成"锅底状"板破坏，窗间墙体产生裂缝，窗户及玻璃震坏，家具破损情况。因此需要评价评价街区的损伤情况，建筑的安全性以及提出加固修复的方案。图 25-6 (d) 是厂房主体施工完成，在进行装修时，翻斗卡车卸货后没有放下后货箱撞在墙上，造成门洞处墙体损坏。事情发生后货车没敢移动，需要判断货车移动后，墙体是否会垮塌以及是否会影响整幢厂房安全。要求检测鉴定损伤情况，并提出修复方案。

3. 检测内容

混凝土结构构件外观缺陷的检测可分为施工不当造成的缺陷和使用中造成的损伤缺陷两类。施中的缺陷可参照表 25-7，采用目测与量测相结合的方法进行。对严重缺陷处还应详细记录缺陷的部位、范围等信息，以便在抗力计算时考虑缺陷的影响。

图 25-6　使用中的损伤案例

（a）火灾后梁板情况；（b）混凝土屋架下弦被撞坏；（c）天然气爆炸造成室内损坏；（d）汽车操作不当造成梁墙损伤

混凝土结构构件外观缺陷的检测内容和评定　　　　　　　　　　表 25-7

缺陷名称	现象	损伤程度	
		严重缺陷	一般缺陷
蜂窝	混凝土表面缺少水泥砂浆而形成石子外露	构件主要受力部位有蜂窝	其他部位有少量蜂窝
露筋	构件内钢筋未被混凝土包裹而外露	纵向受力钢筋有露筋	其他部位有少量露筋
孔洞	混凝土中孔穴深度和长度均超过保护层厚度	构件主要受力部位有孔洞	其他部位有少量孔洞
夹渣	混凝土中夹有杂物且深度超过保护层厚度	构件主要受力部位有夹渣	其他部位有少量夹渣
疏松	混凝土中局部不密实	构件主要受力部位有疏松	其他部位有少量疏松
连接部位缺陷	构件连接处混凝土缺陷及连接钢筋、连接件松动	连接部位有影响结构传力性能的缺陷	连接部位有基本不影响结构传力性能的缺陷
外形缺陷	缺棱掉角、棱角不直、翘曲不平、飞边凸肋等	清水混凝土构件有影响使用功能或装饰效果的外形缺陷	其他混凝土构件有不影响使用功能的外形缺陷
外表缺陷	构件表面麻面、掉皮、起砂、沾污等	具有重要装饰效果的清水混凝土构件外表缺陷	其他混凝土构件有不影响使用功能的外表缺陷
外表色差	现浇梁、柱、板间的结合部位，混凝土外观出现色差	强度低的混凝土在浇筑时流入强度高的部位	强度高的混凝土在浇筑时流入强度低的部位

使用中造成混凝土构件表面缺陷及损伤包括：因有害物质的侵蚀造成的局部损伤；因风化作用造成表面疏松、脱落；火灾造成的表面爆裂、崩塌；碳化使混凝土表面硬化，钢筋锈蚀体积膨胀引起混凝土开裂、脱落；受到外来物体的撞击造成的破损；放炮、爆破和地震作用造成的损坏。

混凝土结构构件内部缺陷的检测包括：内部不密实区、孔洞、裂缝；混凝土二次浇筑形成的施工缝；加固修补结合面的质量、表面损伤层厚度清除、混凝土各部位的相对均匀性。

混凝土结构的缺陷和损伤的检测方法有：观察比较法，仪器检测法和微破损法。

观察比较法是通过眼睛对混凝土结构的外观变化、颜色比较来判断混凝土强度、损伤情况。如，混凝土结构遭受火灾，其表面颜色会发生变化，当温度在200℃以下，颜色不变；800℃左右为灰白色；在1000~1100℃为白色。

仪器检测方法，在对结构构件表面的缺陷和损伤检测时，可采用卷尺、直尺、角尺、游标卡尺等工具进行测量。对内部的缺陷可采用超声仪、雷达仪、电眼窥视仪进行检测。超声检测可按《超声法检测混凝土缺陷技术规程》CECS 21—2000进行。

微破损法包括剔打和钻芯法。对表面的缺陷可采用剔打的方法，凿开表面观测。钻芯法除了能通过钻取标准芯样检测混凝土的强度外，钻取的芯样还有以下的作用：

（1）检查混凝土的施工质量，如：蜂窝、孔洞、密实、匀质性等情况；

（2）观察混凝土构件表面损伤程度，如：火灾后混凝土烧伤深度，混凝土受风化、腐蚀的深度，以及范围；

（3）构件裂缝的深度及走向测试和判断；

（4）验证超声测缺的准确性，或作其他现场强度检测结果的修正依据。

当然，这些检测可以不采用标准芯样，根据检测条件和需要采用50mm或10mm直径的芯样，以减少构件的损伤。

第三节　构件裂缝

近年来，混凝土结构的裂缝较其他结构形式的裂缝更容易给人造成不安全感，引起争议和恐慌。这可能给混凝土楼房越修越高，使用者对其性能的了解不多，"维权"意识的增强等因素有关。其实，混凝土结构产生裂缝的原因是多样的，包括：水泥越磨越细收缩量增大，配制混凝土的材料不合格，配合比有问题，施工质量差，温度收缩变形，结构构造不合理，荷载超过设计要求，使用不当，自然灾害，混凝土因环境因素劣化等等。也就是说，混凝土结构及构件裂缝可能出现的时间，从成型硬化、到使用直至废弃的全过程。混凝土结构及构件出现裂缝是混凝土存在一定问题的表观现象。要搞清裂缝产生的成因，首先应对裂缝的情况有所了解。因此在现场一般需从开裂时间、裂缝的性态、裂缝的分布和裂缝发展变化进行调查。

1. 开裂时间

裂缝的开裂时间对分析开裂原因有一定的帮助。通过开裂时间的确认，可以排除一部分开裂的原因。如：混凝土结构还没有拆模就发现裂缝，显然，这些裂缝不是结构受力过大产生的。混凝土结构和构件上的裂缝多数发生时都较细，不一定会及时发现，因此，应注意发现裂缝的时间不一定就是开裂时间。

案例 1：一个隧道工程穿过喀斯特地貌，造成靠近它顶部山上湖泊中的水几乎渗漏干净。湖泊四周有楼房，本来估计因地下水的流失会很快出现裂缝，结果数月后居民才发现自己家里的裂缝有增加和发展。经分析，新增的裂缝和原有裂缝的发展，还是因这次地下水流失引起的基础沉降产生的。图 25-7 是其中的一幢混凝土框架结构建筑，一户住宅的客厅，左右砌体填充墙体和电视墙上都有斜裂缝，从两张图比较可以看到，墙体上裂缝的倾斜方向是一致的，表明了基础沉降的方向。

(a)　　　　　　　　　　　　　　　(b)

图 25-7　电视墙和左右墙体裂缝

(a) 左侧墙体斜裂缝；(b) 右侧墙体斜裂缝

2. 裂缝的性态

裂缝的性态主要是指，裂缝的长度、宽度、深度、形状、位置等。

（1）长度和宽度

裂缝的长度和宽度是两项最基本的指标之一。裂缝比较长又比较宽，往往给人造成不安全感。按照《混凝土结构设计规范》GB 50010—2010 的规定，允许出现裂缝的构件，最大裂缝宽度应小于 0.3mm。裂缝的长度一般是用钢尺或卷尺测量，裂缝的宽度是用裂缝卡、裂缝读数镜检测。一般是以测量到的裂缝直线距离长度，作为裂缝长度；裂缝的最大宽度，作为裂缝宽度。

（2）裂缝的深度

如果裂缝的深度就在表面、裂缝的长度和宽度都较小，一般是混凝土表面与内部变形不一致引起的可能性较大。如果是贯穿性裂缝，裂缝在构件的两面应是对称的，通过两边观察就可以确定。如果需要确定裂缝的深度，可以采用超声法、钻芯法方法。采用超声仪检测，可参考《超声法检测混凝土缺陷技术规程》CECS 21—2000 的要求。

（3）形状和位置

裂缝形状的描述，上宽下窄，下宽上窄，中间大两端小的"枣核形"，分支状"鸡爪形"，网络状等等。裂缝的形状与在构件上出现的位置，对裂缝性态的判断有较大关系。

裂缝出现在梁端部附近的上表面，由上向下发展，上宽下窄，应考虑是负弯矩引起的；裂缝出现在梁跨的中部附近底面，由下向上开展，下宽上窄，应考虑是正弯矩引起的；裂缝出现在梁端侧面中部，倾斜、贯通，应考虑是剪力引起的裂缝。

裂缝中间大两端小的"枣核形"、竖直贯通，出现在梁或墙体的中间，裂缝前端没有延伸到梁或墙的上下顶面，距梁或墙的两端距离基本相等，应考虑是收缩裂缝。

3. 间距和数量

对受力裂缝而言，当裂缝的间距和数量在增加，裂缝的长度和宽度也在发展，这是一个危险的信号，表明承载力不能满足现有荷载要求，应采取措施。如：梁跨中附近出现了第1条从梁底开始下宽上窄的竖直受弯裂缝，当荷载增加，该条裂缝要向上发展，同时在裂缝的两侧，逐渐有下宽上窄的竖直裂缝出现。又如：构件受压时，开始出现1条与荷载方向平行的裂缝，随着荷载的增加，数量增多，间距变密，直至被破裂。

若梁或墙较长，当中部出现收缩裂缝后，有可能在第1条收缩裂缝与端部之间出现新的收缩裂缝。虽然，随着时间增长，裂缝的数量在增加，裂缝间间距减小，但对结构的安全影响一般不大。

4. 方向和开展

一般裂缝的开展方向同主应力方向垂直，因此，裂缝的方向为分析裂缝的成因和裂缝的处理提供了依据。

人能用肉眼观察到的最小裂缝宽度是 0.05mm。也就是说，裂缝宽度小于 0.05mm，人是看不见的，一般也就认为没有裂缝。但从物质的微观状态看，裂缝在结构中早已存在，只是需要一种诱因去激发它继续发展，让我们能看得见。当裂缝发展到一定程度，它的长、宽、深度不再发展，即使随温度和湿度的变化而有细微的改变，但也是可逆的，这种裂缝我们认为已经稳定了，与激发的诱因平衡，或诱因已经消失。当裂缝的长度、宽度、深度、数量会随时间变化，这类裂缝是不稳定的，需要判定它的危害性。

案例 2：我们通过工程中构件上常见的四种竖直裂缝出现原因，比较裂缝形态的差异，理解分析的方法：

梁承受正弯矩的裂缝。第一条出现在跨中附近，裂缝下大上窄，随着荷载的增加，从梁底边缘向上延伸，荷载继续增大，裂缝向两边发展，见图 25-8 (a)。

构件受拉裂缝。当拉力大于构件的抗拉强度，构件表面出现环向裂缝，随着拉力增大，裂缝宽度和条数增加，见图 25-8 (b)。

混凝土收缩裂缝。因混凝土收缩引起梁（或墙）的裂缝，首先出现在中部，裂缝中间宽两端窄，一般没有延伸到构件的上下边缘；若构件较长，随着时间增长，在 1/4 处附近可能出现同样类似的裂缝，见图 25-8 (c)。

箍筋处裂缝。因构件的箍筋保护层较薄，引起的裂缝，因裂缝在箍筋位置，用钢筋保护仪就能测出，有时出现多条与箍筋间距一致，见图 25-8 (d)。前三类裂缝是贯穿性裂缝，因此构件两侧的裂缝基本是对称的，检测时，也是判断的一个依据。第四类裂缝不一定是贯穿裂缝。

为了便于分析裂缝发生的原因，混凝土构件裂缝宜首先全面查看，做到心中大致有数，然后对能分析说明问题的典型裂缝进行检测。检测结果应绘制成裂缝分布图并标记典型裂缝的宽度。根据检测或委托需要，对主要裂缝进行监测。

引起混凝土结构构件裂缝的原因很多，常见的结论有：

(1) 混凝土。水泥安定性不合格，流动性差，凝结时间快；

(2) 设计。配筋少、间距稀，建筑平面复杂，承载力偏低，结构间约束及不同材料连接变形的差异等；

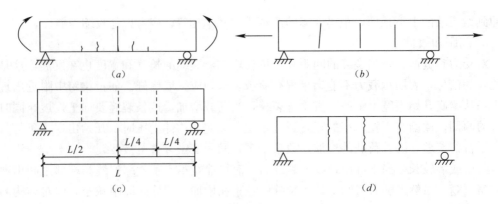

图 25-8　竖直裂缝形态比较

(*a*) 梁受弯裂缝 (*b*) 构件受拉裂缝；(*c*) 混凝土收缩裂缝；(*d*) 箍筋处裂缝

（3）施工。支撑变形，钢筋保护层过薄、间距大，浇筑方法不当，拆模过早，养护不到位，大体积混凝土内外温差大等；

（4）环境及使用。使用不当，房屋温差超载，腐蚀，振动等；

（5）人为和自然灾害。火灾，爆炸，地震等；

（6）混凝土构件劣化。钢筋锈蚀，混凝土强度降低，疲劳等。

混凝土结构构件裂缝的出现可能是上述其中的一种原因，也可能是多种原因的组合。由于结构构件形状、尺寸和所处的部位不同，更增加了裂缝出现的复杂性。

关于裂缝的性态和成因分析以及处理方法已有不少的专著，每年的各种学术会议上还有这方面内容的论文发表，读者可以去查阅。此外，《房屋裂缝检测与处理技术规程》CECS 293—2011 和《建筑工程裂缝防治技术规程》JGJ/T 317—2114 提供了裂缝原因的判定方法，可以作为重要的参考依据。

第四节　耐久性检测

原来混凝土有个名字叫"砼"，意思是人造的石头。我以为真的像石头一样经久耐用，结果比较之下还不如砖。影响混凝土结构的耐久性因素很多，其中钢筋锈蚀造成结构失效、损坏占第一位，这真是"成也萧何，败也萧何"。要使混凝土结构的钢筋锈蚀一般要经过三道关。首先是混凝土构件所处的大气环境，其中的湿度、冻害、盐、有害物质等因素，对第二道防线混凝土保护层的影响，当混凝土保护层完全碳化，最后是钢筋表面钝化膜的保护。现代的理论认为，混凝土保护层厚度是钢筋的重要保护屏障，混凝土碳化深度是判断钢筋锈蚀剩余年限的依据，因此混凝土耐久性检测是按这一思路。

1. 钢筋保护层厚度检测

合适的钢筋保护层厚度，不但是保护钢筋免遭大气层中的氧气锈蚀，也是避免因保护层超过设计厚度过大，影响结构的承载能力。保护层厚度检测的数据就是对这两种情况进行评价。一般是采用钢筋位置测定仪对保护层厚度进行普遍检测，因是非破损检测，为了确定其准确性，有时需要凿开 1～2 个测点的混凝土保护层进行校核和修正。

2. 混凝土碳化测定

混凝土碳化深度的测定，不但是判断混凝土中的钢筋免遭大气层中的氧气锈蚀的风险程度，也是混凝土回弹法中作为强度修正的依据。测定混凝土碳化的酚酞是一种弱有机酸，呈白色或微带黄色的细小晶体，可在空气中稳定存在，难溶于水，易溶于酒精。酚酞在酸性和中性溶液中呈现无色，在碱性溶液中呈现红色。通常将酚酞溶于酒精配制酚酞指示剂（浓度为1%），可用于检测酸碱。当混凝土层已碳化，呈中性，滴入酚酞指示剂，呈无色；如未发生碳化，呈碱性，滴入酚酞指示剂，呈红色，见图25-9。

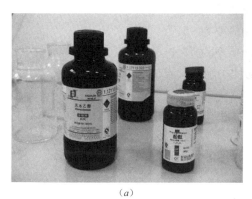
（a）

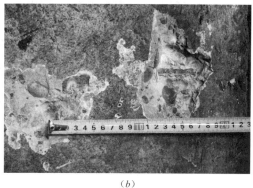
（b）

图 25-9　酚酞和混凝土碳化测试
（a）配制溶液的酚酞和酒精；（b）混凝土碳化检测

混凝土碳化深度测定，是在被从混凝土构件上打下来的混凝土块的破损面，或构件凿孔后的孔截面滴上酚酞溶液，混凝土变成红色的边线到表面的距离即为碳化的深度。碳化深度可用游标卡尺测量。要说明的是，"酚酞法"是一种间接测量混凝土碳化深度的方法，实际测量的是混凝土的碱度。目前在实际工程中，由于酸性脱模剂的使用，气候环境的影响、养护不当及外加剂和掺合料的大量加入等原因都可能会使混凝土表面"碱度"降低而出现"假性碳化"和"异常碳化"的现象，这是要注意判定的，否则检测值会影响计算分析结果。

混凝土碳化深度可采用喷射酚酞或彩虹剂的方法进行测试，具体方法可参见《回弹法检测混凝土抗压强度技术规程》JGJ/T 23—2011。当混凝土碳化深度检测与回弹法测强相结合时，单个构件30%的回弹区代表性位置均应设置碳化深度测点。当评定混凝土耐久性做碳化深度检测时，单个构件炭化深度测点数不应少于3处，对每个检测构件，取测点的平均值作为碳化深度的代表值。

3. 钢筋锈蚀检测

在混凝土结构中，钢筋锈蚀生成三氧化二铁，体积膨胀，使握裹钢筋的混凝土产生顺筋裂缝，因三氧化二铁物质的增加，裂缝不断加大，混凝土崩落。钢筋锈蚀不但使混凝土结构造成破损，也因钢筋锈蚀直径变细、变脆，使结构的承载力降低，造成安全隐患。

根据检测需要，混凝土中钢筋锈蚀状况的判断与检测可分为钢筋锈蚀可能性的判断、钢筋锈蚀率或钢筋锈蚀速率的检测，具体可以根据构件状况、现场测试条件和测试要求，选用自然电位法、混凝土电阻法、电流密度法、锈胀裂缝法或破损检测的方法进行判断和检测。

钢筋锈蚀状况检测时，对每一个结构单元，应根据构件的环境条件和外观检查结果确定检测单元，每个检测单元的样本不应少于6个。

对于混凝土表面完好、未发现有锈迹和锈胀裂缝的构件，但有理由怀疑混凝土中钢筋可能已经锈蚀时（如检测发现混凝土的碳化深度超过混凝土保护层厚度），可采用自然电位法或混凝土电阻法对混凝土中的钢筋锈蚀情况进行初步判断。

（1）自然电位法

采用自然电位法检测时，根据构件表面的实测腐蚀电位等值线图，可按以下标准或检测设备的操作规程，定性判断混凝土中钢筋锈蚀的可能性。

1）350～500mV，有锈蚀活动性，发生锈蚀概率为95%；

2）200～350mV，有锈蚀活动性，发生锈蚀概率为50%；

3）200mV以上，无锈蚀活动性或锈蚀活动性不确定，发生锈蚀概率为5%。

（2）混凝土电阻法

采用混凝土电阻法检测时，可根据实测混凝土电阻率按以下标准或设备操作规程，定性判断混凝土中钢筋锈蚀的可能性。

1）100kΩ·cm以上，即使高氯化物浓度或炭化情况下，锈蚀速率极低；

2）50～100kΩ·cm，低锈蚀速率；

3）10～50kΩ·cm，钢筋活化出现中高锈蚀速率；

4）低于10kΩ·cm，混凝土电阻率不是钢筋锈蚀的控制因素。

（3）电流密度法

采用电流密度法检测时，可根据实测电流密度计算钢筋年锈蚀深度 $\delta_a = 11.64 i_{corr}$（mm）。

对于已经锈胀的结构构件，可根据锈胀裂缝宽度按式（25-1）推算钢筋锈蚀深度，但宜用直接破型法进行校核和修正。

$$\delta = k_w \omega + k_{cd} c/d + k_{cu} f_{cuk} + k_k \qquad (25-1)$$

式中： δ——钢筋锈蚀深度（mm）；

ω、c、d、f_{cuk}——分别为锈蚀裂缝宽度（mm）、保护层厚度（mm）、钢筋直径（mm）和混凝土立方体抗压强度（MPa）；

K_w、k_{cd}、k_{cu} 和 k_k——分别为锈胀钢筋裂缝宽度与钢筋直径之比、保护层厚度与钢筋直径之比、混凝土立方体抗压强度标准值的影响系数及常数项，见表25-8。

系数的取值   表 25-8

钢筋类型	钢筋位置	ω	K_w	k_{cd}	k_{cu}	k_k
光圆钢筋	角部	$\omega < 0.3mm$	0.35	0.012	0.00084	−0.013
		$\omega \geq 0.3mm$	0.07			0.08
	非角部	$\omega < 0.3mm$	1.00	0.026	0.0025	−0.032
		$\omega \geq 0.3mm$	0.69			0.074
螺纹钢筋	角部	$\omega < 0.1mm$	0.35	0.008	0.00055	−0.013
		$\omega \geq 0.1mm$	0.086			0.015

（4）锈蚀钢筋测量

混凝土结构中钢筋锈蚀状况检测时，宜选择保护层空鼓、锈胀开裂或剥落，钢筋露出混凝土与大气接触的部位，也就是说，应选择钢筋锈蚀最严重的部位。钢筋锈蚀程度测定，首先凿除混凝土保护层，并刮除钢筋表面的锈蚀层后，采用游标卡尺测量钢筋在两个正交方向锈损后的有效直径，然后近似按照椭圆计算锈蚀钢筋的有效截面积。根据锈蚀钢筋的有效截面积和锈蚀前公称截面积计算钢筋的截面锈损率。

4. 氯离子含量检测

混凝土中氯离子的侵入，引起钢筋锈蚀、结构破坏，成为较为普遍的情况。当怀疑混凝土构件中含有氯离子时，可按下列要求检测混凝土中氯离子含量及其侵入深度：

（1）混凝土中氯离子如属掺入型，则仅需检测混凝土中氯离子含量，如属于外渗型，则需检测混凝土由表及里的氯离子浓度分布，从而判断侵入深度。

（2）在混凝土中氯离子含量及其侵入深度检测时，根据工作条件及混凝土质量划分检测单元，每个检测单元的样本数不应少于3个，当均匀性很差时应增加检测样本。

（3）混凝土中氯离子含量可采用钻芯检测，芯样直径100mm，长度50~100mm。将混凝土芯样破碎后剔除大颗粒骨料，研磨至全部通过0.08mm筛子，用磁铁吸出试样中的金属铁屑，置于105~110℃烘箱中烘干2h，取出后放入干燥皿中冷却至室温，然后采用硝酸银滴定法或硫氰酸钾溶液滴定法检测单位质量混凝土中的氯离子含量，再根据配合比可换算为氯离子占水泥重量的百分比。

（4）混凝土中氯离子浓度分布或侵入深度可采用钻芯切片法或分层取粉法进行检测：

1）钻芯切片法：在抽样检测位置钻取长100~150mm的芯样，然后将芯样切割成厚度50~100mm的薄片，每一薄片按照第3款测定其氯离子含量。

2）分层取粉法：用取粉机由表及里向内分层研磨，每隔2mm、5mm或10mm磨粉一次，然后测定粉末的氯离子含量。

3）取几个同层样品氯离子含量实测值的平均值作为该层中点氯子含量的代表值，绘出沿深度变化的氯离子浓度分布规律曲线。

案例：原重庆钢铁集团公司搬迁，部分厂房留作建立工业博物馆，为了研究厂房中混凝土柱钢筋锈蚀的原因，其中取样进行了抗氯离子试验。

1）按《普通混凝土长期性能和耐久性能试验方法》GB 50082—2009第7章抗氯离子渗透试验7.2条电通量法进行试验。试验步骤如下，试验情况见图25-10。

 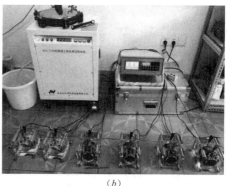

（a）　　　　　　　　　　　　　（b）

图 25-10　混凝土电通量测试

（a）试样真空保水；（b）接通电源及数据测试

① 将切割成 Φ100mm×50mm 的混凝土试样进行真空保水；

② 试样真空保水后，把试样安装在夹具上，并将试样侧面进行封蜡；

③ 检查夹具不漏水后，在负极（黑接线柱）夹具中加入 3％的 NaCl 溶液，正极（红接线柱）夹具中倒入 0.3mol/L NaOH 溶液；

④ 用测试线连接测试主机与试样夹具的正负极，接通主机电源；

⑤ 实验完毕后，拷贝实验数据，关闭主机电源，清洗试验夹具。

2）抗氯离子渗透性能等级划分

根据《混凝土耐久性检验评定标准》JGJ/T 193—2009 第 3 章 性能等级划分与试验方法的规定，采用电通量划分抗氯离子渗透性能等级见表 25-9。

抗氯离子渗透性能等级划分 表 25-9

电通量 C	等级	自定义-抗氯离子渗透性
>4000	Q-Ⅰ	差
2000~4000	Q-Ⅱ	一般
1000~2000	Q-Ⅲ	好
500~1000	Q-Ⅳ	很好
<500	Q-Ⅴ	非常好

3）数据分析

原重钢 3 个厂房，9 个样品的试验数据见表 25-10。

样品抗氯离子渗透性能等级评价 表 25-10

编号	厂房功能	厂房修建年代	检测混凝土年限	电通量 C	抗氯离子渗透性能评价		抗氯离子渗透性	芯样抗压强度 MPa
					范围	等级		
1 内	等温炉	20 世纪80 年代	30 年	624	500~1000	Q-Ⅳ	很好	45.3
2 内				1286	1000~2000	Q-Ⅲ	好	31.6
3 内				732	500~1000	Q-Ⅳ	很好	34.0
9 内				183	100~500	Q-Ⅴ	非常好	61.3
10 内				970	500~1000	Q-Ⅳ	很好	51.9
18				191	100~500	Q-Ⅴ	非常好	71.5
19	轧钢厂	20 世纪30 年代	50 年	547	500~1000	Q-Ⅳ	很好	65.0
23 内				95	100~500	Q-Ⅴ	非常好	62.1
26 外	机修		80 年	561	500~1000	Q-Ⅳ	很好	69.3

从表 25-11 的结果可以看出，混凝土抗氯离子的性能与混凝土强度有一定的关系，即，混凝土强度高，抗氯离子渗透的性能相对较好，但与混凝土结构建造的时间没有关系。

5. 硫酸盐和碱骨料检测

混凝土中硫酸盐含量及其侵入深度检测时的测区布置、试样制取参照前面氯离子含量的检测方法，混凝土中硫酸盐含量可采用硫酸钡重量法测定。

当怀疑混凝土结构中发生了碱骨料反应的损伤破坏，可按《混凝土耐久性检验评定标准》JGJ/T 193—2009 附录 D 进行检测。在 20 世纪 80 年代，北京某立交桥发生破坏分析原因时，认为是碱-集料反应产生的裂纹引起钢筋严重锈蚀，在工程界引起不小震撼。当时，很多新建的大型工程在施工前都要求进行碱—骨料反应的相关试验，以判断骨料对混凝土是否有潜在隐患。现在来看，这种情况还是比较少见，主要跟地区使用的材料有关，断绝水源是重要的措施。

第二十六章 建筑装饰

第一节 建筑装饰的意义

目前，房屋建筑的检测鉴定，主要是评定房屋的安全性和适用性，一般对建筑的装饰问题不考虑。即使个别建筑需要考虑，也只是在结构检测中从使用的安全角度出法，评定是否会脱落、损伤造成安全隐患。

建筑装饰在建筑中的地位，犹如我们穿的衣衫一样。建筑装饰中的学问涉及建筑学、社会学、民俗学、心理学、人体工程学、土木工程、建筑物理、建筑材料、建筑施工等学科，也涉及家具陈设、装饰材料的质地和性能、工艺美术、绿化、造园艺术等领域。因此，装饰不仅考虑的是建筑六面体的问题，而是运用多学科知识，综合地进行多层次的空间环境设计，是对建筑设计的深化。图 26-1（a）山墙上装饰的主要作用显然不是为了防漏，而是为了提升整个宅院的气势，来体现住在宅内主人的身份和地位。装饰形式表明这个宅子已有上百年历史。图 26-1（b）木梁上的雕塑不但没有影响梁的主要承重功能，还增加了梁的趣味性和故事性，与周边建筑细部更加协调，或暗喻主人的处世哲理、对后人的教诲。图 26-1（c）建筑是 1850 年美国大来银行的中西结合、折中主义，并带有巴洛克风格。建筑正立面，窗台线的叠涩砖如花篮，大门两侧直立的壁柱从视角上增加了门的挺拔感，并与不同弧度的门拱和窗拱交接有起伏变化，横砖线条既是楼层分隔的暗示，也增加了立面横竖线条的分割，使门面别具一格更加醒目。图 26-1（d）是 20 世纪 40 年代美国大使马歇尔在华居住和工作过的地方，楼梯弯折向上，伴随扶手的蜿蜒起伏，行走在上有轻盈放松的感觉。由此可见，建筑装饰是建筑的重要组成部分，它常常能表现出建筑的等级地位、具有时间性、地区性、地方性、民族性等特点。也正因为如此，随着历史建筑和重要建筑的修缮保护越来越受到各方的重视的时候，建筑装饰就成为一个不可或缺的部分。

（a）

（b）

图 26-1　建筑装饰的作用（一）

（a）空斗山墙上的装饰；（b）木梁上的雕刻

(c) (d)

图 26-1 建筑装饰的作用（二）
（c）外墙立面砌筑的装饰；（d）楼梯及扶手的曲线

第二节 装饰的分类

现在建筑的装饰装修很多时候采用材料或饰物与建筑构造和结构是分离的，这样可以提高施工的速度，降低建设造价。在使用过程中因需要改变装修也更容易。因此，现在的建筑装饰装修定义为：为保护建筑物的主体、完善建筑物的使用功能和美化建筑物，采用装饰装修材料或饰物，对建筑物的内外表面及空间进行的各种处理。

现代建筑装饰装修按照建筑部位、材料特点和施工方法的不同分为：抹灰工程、门窗工程、吊顶工程、轻质隔墙工程、装饰板（砖）工程、涂饰工程、幕墙工程、涂饰工程、裱糊与软包工程、细部工程和地面工程等 10 项。对于新建、扩建、改建和既有建筑的装饰装修使用后，前 9 项可参照《建筑装饰装修工程质量验收规范》GB 50210—2001，后 1 项可参照《建筑地面工程施工质量验收规范》GB 50209—2010 中的方法进行质量验收。除古建筑外，对于历史建筑和一般建筑装饰的使用材料规定，允许偏差和检测方法，可参照这两本规范。

由国家文物局提出，上海房地产科学院主编，2014 年 6 月 1 日颁布实施的《近现代历史建筑结构安全性评估导则》WW/T 0048—2014 中，关于"近现代历史建筑"定义为：近现代（1840~1978 年）建造，经县级以上人大确定公布的，具有一定保护价值，能够反映历史风貌和地方特色的建筑物。《导则》中对重点保护部位主要包含以下几个方面：

（1）外立面重点保护部位可为外墙面、外墙花饰、线脚及雕塑等；

（2）屋面重点保护部位可为屋面瓦、烟囱、檐口花饰及雕塑等；

（3）室内重点保护部位可为特色的内墙面、楼地面、木装修、天花吊顶、花饰线脚及雕塑等；

（4）其他重点保护部位可为建筑的平面部局、结构体系、重要事件和重要人物遗留的痕迹等。

从《导则》的内容可以看出，所谓的重点保护部位的评估，主要就是检测勘察与建筑装饰有关部位的破损情况的评价。装饰体现了建筑的历史特色，的确需要重点保护。还要注意的是，由于以前建筑的装饰很多时候是与建筑构造或结构构件连为一体的，这种情况除了要保护建筑装饰的外观，还要考虑构件的受力状态，因此检测时遇到这种情况，要搞清构造之间的关系，以免在维修保护时受到损坏。

《导则》中主要包含了与建筑结构有关的一部分内容，与建筑有关的屋面构造型式、门窗及孔洞型式、建筑彩绘以及建筑配件等都没有涉及，而这些往往带得有时代的标志，是维护修缮应该考虑的内容。以图 25-2 为例，图 25-2（a）是一个办公用房的楼梯公共通道，这种空间型式以 20 世纪 80 年代前居多。人流交汇处的楼梯斜对面墙上挂有一个 20 世纪 30、40 年代的电话机，更定位了建筑时间。图 25-2（b）木门、拉手、门扣和锁的式样，以及木门的颜色说明至少是 20 世纪 70 年代前的建筑。由此可见，随着时间的变迁，一些构件已经成为建筑装饰中不可分割的部分，在检测勘察中也是不能放过的对象。

(a)　　　　　　　　　　　　　　　　　(b)

图 26-2　建筑装饰的饰物

(a) 楼梯走道和电话机；(b) 木门的色彩及五金件

建筑装饰检测涉及的内容是：建筑中的屋顶、屋面，建筑墙面的花饰、线脚及雕塑等；吊顶，楼、地面、廊道和楼梯间，门窗、栏杆及廊道中的建筑雕塑、花式及式样；建筑雕塑、建筑的色调、彩绘与标语；建筑配件等四个方面。

第三节　装　饰　检　测

建筑的装饰部分是为了便于彰显、喻义、观赏、典故和使用方便，因此，基本上都是外露的，给我们进行初步全面考察提供了方便。由于大多数历史建筑的体量较小，在检测前全面查看，了解装饰和破损情况，做到心中有数是可能的。因这些建筑修建时间久远，基本上没有正规的设计图纸，为了便于修复和留存档案资料，对这些装饰部件首先采用外观普查和测量手段，然后照相、摄像、测绘，并了解使用材质、破损、变形、腐朽、色泽等情况。使用的检测工具还包括：尺子、吊线锤、裂缝卡、建筑色卡、锥子、万能刀、美工刀、刷子、偏头凿、细长尖头凿、锤子等。

建筑门窗、护杆和扶手的检测包括：造型、花饰、使用的材质、开裂、变形和损坏程度等项目。建筑门窗检测包括：

(1) 门窗框的尺寸、外轮角线、缺损、变形等情况，可采用尺子进行测量和测绘，在此同时可搞清楚制作或砌筑方式，为维护整修提供依据；

(2) 门窗扇与门窗框的连接是否牢固，以及门窗框或门窗扇的变形情况，可通过开关闭合检查，或用尺测量；

（3）门窗扇基本是用木材制成，应检测构件腐朽、榫头松动、脱落等情况。

护栏分室内和室外，包括楼梯栏杆和扶手。历史建筑多使用木栏杆、石栏杆、砖栏杆和金属栏杆，现在还使用混凝土栏杆、玻璃栏杆、塑料栏杆和 FRP 栏杆等。木制栏杆的检测可参照门窗的方法。扶手应测绘造型和曲线的形式，以便维修时恢复。石栏杆和砖栏杆的外观形式、损伤、耐久性检测，可分别参照前面章节的石结构检测和砖砌体检测。石栏杆和砖栏杆上的雕塑可参照下面的建筑雕塑检测。

建筑雕塑起到了装饰、象征和教化的作用。建筑雕塑按使用的材质分类，有砖雕、石雕和木雕。根据雕刻材质的重量不同，耐水、耐风雨、耐腐蚀的不同，雕刻的难易、显示的厚重度不同，这三种雕刻在建筑中根据各自的特点使用的部位也有不同。砖雕，一般在屋顶、屋面、墙体上使用；木雕，一般在室内使用，或能遮风避雨的屋檐下，墙面上使用；石雕，一般在墙体的下部，门窗洞口处，容易受水浸湿的墙基、地面、台基上使用。建筑雕塑检测包括：开裂，腐朽，缺损等项目。检测中应确认使用的材质，采用的工艺，用照相或素描的方法留下影相，以便为维修保护提供依据。对于破损特别严重的雕刻，在维修时可通过对比，尺寸比例关系，地方特点尽量恢复原样。在这里说恢复原样是对"历史建筑"而言。对于古建筑、国家重点文物保护单位，这种做法是错误的。

建筑的色调尤其是建筑的外观色调和色差，反映了当地人的喜好、地理环境和历史条件的要求。若外墙材料用的是砖、石材或水泥石，而表面没有抹灰，墙体的原有色彩可找不受风雨侵蚀的阴角部位进行比较。若墙体上有砂浆抹灰层，应观察并记录抹灰层和表面的粉刷层使用的材料、厚度、颜色及破损情况等。房屋在翻修时，外墙的抹灰层若粘结牢固都铲不掉，这些抹灰、粉刷层经过日积月累，也就成为遗址本身不可分割的一部分。检测时可观察抹灰层的层数来推断最少维修次数，同时可以分析墙面色彩的变化，为修复方案提出参考。

建筑构件上的彩绘包括绘画、图案等内容，检测包括：褪色、线条模糊、起皮、脱落等项目，应检测面积大小、破损程度，用建筑色卡确定图案颜色，以便指导修复。建筑上的标语、口号具有很高的历史价值，不能轻易地破坏它。它留在建筑上，就像著名国画上留下的历代名家的印章一样。检测时，应用照相等手段记录下来，以及在墙面上的位置大小，写字用的材料，字底面所用的材料和处理方法也应尽量搞清楚，为修补提供依据。

建筑配件如门扣、门栓、把手、栏杆花式、扶手，各个时期是不一样的，除了形式上有区别，甚至材质也不一样，因此，它带得有时代的标志，虽然小，但不能忽视。建筑配件的检测包括：使用的材料，与其他构件的连接是否松动，使用功能是否丧失，以及磨损、翘曲、变形、锈蚀等情况。

第 五 篇

建筑物的鉴定与评估

第二十七章　鉴定方法概述

第一节　鉴定的必要性

1. 设计的缺陷

建造房屋首先要有设计。即使在原始社会，也会有设计，建造的房屋做什么用，建在什么地方，建多大。现在发掘出来，复原的原始古村落，表明我们祖先早已具有这方面的意识。当然，现在这一部分属于规划学的范畴。接下来修房子，则是建筑和结构的事。建筑的形式，则与使用功能，建造者的个性和需求，建筑所处地区的地理、气候特点，民族的理念与性格等因素有关。而支撑建筑的结构，则与使用的材料，建筑技术水平，社会经济状况的发展有关。自古，人类一直采用大自然创造的土、木、石为建筑材料；数千年前，有了烧结砖和少量铁件在建筑中使用，建筑的形式更多样化；200多年前，因工业革命，带来了混凝土、钢、玻璃的广泛使用和建筑技术的发展，催生了大跨度、大空间、超高层建筑的出现；20世纪50年代后，随着新型高强材料的开发，计算机的广泛应用，新思维、新潮流的冲击，建筑已不仅仅满足使用功能的要求，它更愿意彰显其个性，成为地区和时代的标志。由此可见，人类为了更美好的生活，建筑还在不断地创新，最初的探索难免没有缺陷。

建筑结构设计理论是一门正在发展的试验科学，一直处在不断的完善之中，因此，相应指导应用的技术规范也在不断更新。在本书第七章的第四节"砌体结构设计规范"一节中就介绍了，砌体结构设计规范发展和演进的过程。建筑规范的编制原则还与当时国家的经济实力有关。由徐有邻和周氏编著的《混凝土结构设计规范理解与应用》一书中说到："21世纪以前，我国建筑结构的安全水平是比较低的。表现在结构设计方面主要是：荷载标准值偏低；荷载分项系数较小；材料分项系数偏低，因此设计强度偏高；设计计算和构造措施都普遍比国外规范安全储备少。进入21世纪，我国国情有了很大变化，钢产量已位列世界之首，并已造成积压而不得不限产。在这种情况下，《混凝土结构设计规范》GB 50010在修编过程中，适当加大结构设计安全度而在混凝土结构中多配一些钢筋，引起建筑成本的增加实际上较小而安全度则能较大幅度地提高"[9]。新建筑的结构安全度提高，也表明既有安全度的偏低或不足，这是一个既要面对，又无法完美解决的矛盾。

为了保证结构的可靠性，在结构设计时，首先要根据设计荷载的取值，设定构件及结构的截面尺寸，按照计算模型确定材料强度的取值。虽然设计荷载和材料强度值都是根据大量数据的统计结果得出的，并在95%保证概率的条件下获得的，看起来十分可靠科学，但设计时的计算模型，为了便于计算作了简化，这种简化或假设，容易使模型变得十分粗糙。越是复杂的结构，假定的条件往往越多，它的计算正确性就很难通过实验来验证。虽然设计为了安全，根据理论和经验，规定都是"保守"的，但未必全都可靠。因此，一些结构难免会存在隐患，只有当事故或灾难发生时，人们才醒悟过来。例如：渐次倒塌是由最初的局部破坏在构件之间引起的渐进式蔓延扩展而最终导致整个结构或其大部分的一种倒塌。近几十年来，经过不断的这类事故，人们才意识到，原设计没有考虑提供这能起到悬链作用的整体束缚力，或提供这能替补的传至基础的候补传力途径来预防可能会发生的渐次倒塌，这一问题现已成研究的热点。

在设计过程中，因为地勘的失误，设计方案不合理，设计建模与工程实际情况出入较大，设计人员的粗心等因素也会给建筑结构造成隐患或造成不必要的浪费。下面一个案例表明有些设计单位在设计过程中，建筑和结构没有很好的协调，设计完成后也不认真审查，造成不必要的失误。现在这类事情时有发生，一些设计单位内部审图很粗糙，把纠错寄托在审图公司审查上，结果都没有把好关。

案例： 一小区的商品住宅楼，顶上两层为跃层，+21m 层为客厅，+24m 层为餐厅。+24m 层梁净跨 4.2m、高 800mm、宽 200mm，配 5Φ20 钢筋。+24m 层楼面梁浇混凝土板一侧为餐厅，另一侧未浇楼面板，增加了客厅的层高，梁底与客厅楼面距离为 2.14m。

在交付前业主提出异议，因梁底高度太低不便使用。设计进行了变更：跨度为 4.2m 梁，原 800mm 修改为 500mm，在梁的高度减少 38％的情况下，钢筋数量也减少了，表明梁承载力富裕太大。设计既没有注意使用功能的要求，梁的设计也存在严重失误。

2. 施工的问题

建筑施工是将建筑设计的蓝图变为实物实施的过程，由于建筑是要占据土地和空间的，它的建造和出现会给所在区域的周边环境产生影响。这些影响包括：

（1）多数情况下、破坏了原有环境、植被、耕地、溪流；

（2）因施工爆破、强夯产生的振动、冲击波、噪声、造成建筑的损伤，居民的正常生活和工作受到影响；

（3）建筑的平场，若处于坡地，可能造成滑坡，引起房屋、道路、挡墙开裂；

（4）地基基础开挖，因地下水作用，造成坑体变形、坍塌，周边房屋损伤。

施工中使用不合格材料是经常会发生的事情，使用不合格的材料容易使建筑构造、装饰装修不能满足设计要求，给建筑质量留下隐患，减少使用寿命。若使用不合格的材料制作的结构构件，其承载力可能不满足设计要求，甚至造成严重的安全隐患。出现的主要原因有：生产厂家提供不合格产品；施工单位或建设单位为降低成本，购置不满足规范或设计要求的产品或材料；产品进场时是合格的，但在使用时过期，或放置环境条件不满足要求材料性能改变，如水泥购进后长期没有用或保管不好，结了块后仍然使用的情况。

建筑施工是结构构件的搭建和结构体系形成的过程，在此过程之中结构构件的传力和受力与实际使用时可能相差很大，若对力的转移和传递认识不清，控制不严，颠倒了施工顺序，就会使实际受力状态与最初的设计考虑不一致甚至出现安全事故。造成的主要原因是：施工人员对设计的认识和理解不够深入，施工组织方案不周全，甚至是错误的，施工计算条件考虑不充分，操作不当造成的。

自古以来的建筑施工少不了，挖垒、搭架、爬高、吊装等工作项目，而这些工作也是最容易出现安全事故的地方。脚手架垮塌，施工人员被淹埋，操作人员从高处落下，因高空坠物下面的人被打砸，这些事故在施工现场中一直没有停止过。造成事故的主要原因有：施工没有严格的组织计划和方案；不遵守有关施工规范的规定；管理不善或因把关不严格，没有及时的处理安全隐患；操作人员粗心大意，疲劳施工等。

从建筑结构使用的材料分类有：木结构、砖石结构、混凝土结构、钢结构，这些结构的组合形成了建筑结构，近几十年新材料的出现与应用还影响了其他的建筑形式。各种结构的形成需要适合各自特点的施工方法，严格按照施工方法施工，才能保证结构的质量、整体性。以砌体砌筑为例，砖砌体砌筑常用的方法有：瓦刀披灰法、抹浆法、挤浆法、铺浆法、坐浆法、"三·一"砌砖法、"二三八一"操作法等。其中：铺浆法是在所砌墙体的操作面上，先将砂浆满铺一定长度范围，然后逐一将砖摆放到位，并填实竖缝砂浆。"三·一"砌砖法是指一铲灰、一块砖、一揉挤这三个"一"的动作过程。陕西省建筑科学研究院采用这两种砌筑方法进行了砌体抗剪强度对比试验，试验结果见表27-1。

砌砖法对砌体抗剪强度的影响　　　　　　　　　　　表27-1

砌筑方法	砂浆强度（MPa）	抗剪强度试验值（MPa）	抗剪强度规范值（MPa）
"三·一"砌砖法	4.1	0.421	0.253
铺浆法	4.1	0.218	0.253

从表27-1中可以看出，采用"三·一"砌砖法的砌体抗剪强度大大高于铺浆法的砌体抗剪强度。表中砌体抗剪强度规范值依据《砌体结构设计规范》GB 50003—2011附录B砌体抗剪强度平均值计算公式计算得出。"三·一"砌砖法的砌体抗剪强度比规范值高，而铺浆法的试件的砌体抗剪强度相当。这个试验说明，施工方法对结构的性能的影响是很大的。虽然"三·一"砌砖法砌筑的砌体质量更高，但铺浆法施工速度快、较省力，经调查在砌砖施工中，工人一般多采用铺浆法，因此，施工规范对铺浆法的铺浆长度作了规定。

建筑施工出现工程质量、事故往往是多个原因造成的。下面这个房屋出现安全性问题的案例就是因为地质勘查的反复误判；楼房长度大，平面复杂，构造措施少，房屋刚度差异较大；任意更改图纸，施工质量差等综合因素造成的。该工程施工速度快也是出问题的重要原因，在20世纪60年代，那样的设备条件，5个多月修建这样大一幢楼，抢工期是不可避免的。在我国的建筑业界，抢工期是一个普遍现象，现在也是如此。抢工期本质上就是要不按规定的技术要求或工序施工，因此，造成质量安全事故也就是在所难免的。

案例：一教学楼建筑面积为11000m²，平面呈工字形，东西长136m，南北宽15m。两翼长14m，宽31.6m。中部为6层，两边分别为5、4、3层，砖墙承重，钢筋混凝土梁、板、楼板均为预制。基础设计除中厅采用钢筋混凝土基础，东西采用C9素混凝土条基外，其余均为3:7灰土条基。埋置深度除局部加深外，一般在室外地坪下1.1m，地基设计压力170～190kPa。

该建筑1960年6月开工，同年11月中旬完工。因施工进度太快，砌体质量差，施工通缝很多，并取消多道混凝土圈梁。大楼建成后地基沉降一直没有稳定。1965年前后，勘测单位再次进行地质勘测，认为湿陷已完成，地基已稳定。后来经三次加固，但裂缝破坏仍未停止。确定此项工程再次加固后，首先进行了地基勘测，发现本工程地基为堆积黄土，其允许承载力75kPa，只有原设计的1/2.3～1/2.5[9]。

3. 使用中问题

自然和人为灾害的影响。房屋修建好后，一般可以使用几十年，甚至上百年时间。当然，现在国家规定，房屋在正常设计，正常施工，正常使用条件下，使用年限不低于50

年。但是，房屋在使用过程中，可能会遇到自然灾害，如风灾、水灾、泥石流、滑坡、地震等情况；人为造成的灾害，如：环境污染、火灾、爆炸、震动、撞击等情况。这些灾害的后果是引起建筑开裂、变形、甚至垮塌。遭遇到这些情况，为了确认建筑的损坏程度、安全状况，以便确定排危抢险和维修加固方案，需要检测鉴定。

私自改造造成的危害。房屋改造自古有之，但是，以前的房屋结构简单，楼层低矮，房屋之间间距大，发生事故影响小。近现代建筑结构多数较复杂，楼层高，密度大，改造易对周边及自身建筑造成较大影响。除了安全问题还有环境问题。因此，随着社会进步，管理越来越规范。所谓私自改造，就是不经过规划批准、通过对房屋进行检测鉴定后，进行正规设计和施工，而对建筑自行进行的改造。如：为了在楼房下部临街面形成商铺，直接将底层纵墙或横墙打掉；自行在不上人屋面加层，或修建水池、花园、种菜；为了扩宽房间，把墙体打穿，诸如此类的事件，经常可在媒体上见到。其结果不但损害了其他业主的利益，缩短了建筑的使用寿命，甚至造成严重的安全隐患，需要鉴定后进行加固处理。

建筑功能、装修改造的需要。房屋在使用的过程中，因建造年代较长，一些房屋的居住、工作条件较差不能满足要求，如："背包"增加建筑面积；调整平面布置增加厨房、卫生间；因房屋业主的改变或使用者变更，而趣味爱好、装修理念的不同需要重新装修改造；近年来，随着建筑节能的要求，既有建筑的绿色改造。在进行建筑功能、装修改造前，需要检测鉴定。

使用荷载增加、结构形式改变需要。为增加建筑面积增加楼层，或房屋高度与周边环境不协调需要增加高度调整，或因改变房屋的原使用功能都会使建筑的荷载增加，如：办公室改变为档案室、库房；商场改为酒楼等。因建筑荷载增加，使用或建筑功能的需要改变房屋原结构形式或传力路径，如：小开间变为大开间。改变结构跨度，如：框架结构割柱，排架结构断柱。这些情况都必须首先对建筑进行检测鉴定。

4. 材料的老化

建筑的老化是指建筑随着时间的延续；使用功能不满足要求；装饰装修成旧、腐朽、破损，使用的材料性能退化、强度降低，导致结构变形、破坏，在前面已经讨论过。这里要说的是材料的耐久性不合格，很多时候也需要通过检测鉴定来做出判断，为整改、处理提供依据。此外，也想说明，可以通过构造或其他手段延长材料的使用寿命。

使用的建筑材料不满足建筑规定使用年限的要求，在建筑的使用过程中就需要更换。目前有如下两种情况，一类是材料的使用年限本身就比较短，如：小青瓦屋面，新建一般使用 10～20 年后就要换瓦、补瓦，随着房屋使用年限的增长，补漏、补瓦的维护周期还会越来越短。现在使用较多的平屋面，因防水材料老化问题，保质期规定不低于 5 年。另一类情况，是对新型建筑材料研究不充分，没有在建筑上使用的经验，使用中发现材料的耐久性问题。如：为节省资源，利用废旧材料，在对其性能研究不充分的情况下，制作墙体材料、添加在砂浆或混凝土中，使用数年后才发现有问题，影响了使用和结构安全，需要进行置换或加固处理。

案例： 一灰砂砖厂，10 多年来产品稳定，后开始在灰砂砖中掺硫铁矿渣（硫酸厂的废渣），在试验工作尚未全面完成的情况下，就开始成批生产。一段时间后，陆续发现砖爆裂，部分砖块丧失强度，墙体出现裂缝的情况。经检测，砖生产时，计量不严格，硫铁矿渣掺用量为 15%～30%，有的掺旧渣，有的掺新渣。化学分析表明，新渣中的三氧化硫

（SO₃）含量高达 7.39%；旧渣因雨水冲洗等原因，三氧化硫含量较低。砖材中掺渣量较少或掺旧渣的砖，强度等级可达 MU10，抗冻指标也合格；当掺新渣或掺量较大时，砖材即爆裂，强度下降，甚至完全丧失强度。这种不合格的砖用在了 4 个工程和私人建房中，造成部分房屋拆除，部分房屋加固的质量事故。硫渣制砖属于"三废治理、变废为宝"的工作是有利于环保，出现的教训，还在陆续发生。

构造处理不当或不能满足材料使用性能的要求，会加速材料老化变质。为减速材料老化变质、丧失使用功能，延长建筑的使用寿命，建造师都会根据当时的条件和技术采取措施。以前的建筑通过台基来防止墙体下部的木结构受潮、冻融损坏，墙体下部用条石砌筑，或柱下柱础用石头制作，都是增长墙体耐久性的处理方法。现在用防水材料阻断地下水对墙体的侵蚀，在墙体表面采用防水砂浆，虽然起到防潮、保温等作用，但也延长了墙体的耐久性。

建筑最初最基本的目的就是保护人的生存，免遭风雨、寒暑、猛兽的侵害。人的生活环境变舒适了，而修建建筑的材料替我们忍受环境的折磨，老化是必然的。环境不同，对材料的影响不同，一般来说影响材料的环境包括：大气环境、海洋环境、地质环境、工业环境和微环境。不同的材料，在相同的环境条件下，不同的材料老化的速度不同。所谓微环境，主要是指因建筑物的建造形成的一个特殊的局部环境条件，对某种材料有促进老化的作用。如在木结构房屋中，构造通风不良或易受水浸湿的部位，木结构总是首先从这些地方开始腐朽变质破坏。因为材料的老化会给结构造成严重的安全隐患和巨大的经济损失，因此越来越受到各方重视。新近重新修编的《民用建筑可靠性鉴定标准》GB 50292—2015 增加了耐久性的鉴定内容，《工业建筑可靠性鉴定标准》GB 50144—2008，也增加了关于耐久性的鉴定内容。

第二节 鉴定方法的发展

工程鉴定的目的是通过现场测试和理论分析，找出薄弱环节，揭示存在隐患，评价其安全性、适用性和耐久性，为工程维护、维修、加固和改造提供依据。工程鉴定方法按时间发展分类有三种：传统经验法、数据标准法和未来鉴定法。

1. 传统经验法

自从有了建筑，就有了对建筑的维护和修缮。如，建筑在使用中变形过大，不维修就有可能垮塌，这是安全问题；屋顶漏雨，不维修居住就不舒适，这是适用性问题，因此维护和修缮是建筑在使用过程中必不可少的环节。这种需要对建筑进行维修的判断，用现在的话来说，就是一种鉴定。

数千年来人类主要使用的建筑材料是木材、生土、竹、石材和砖。这类材料修造的建筑，相对于现代建筑来说，建筑高度一般不高、跨度不大、结构不复杂、构件受力明确，因此传力和受力分析比较简单。在我国，建筑技术在工匠中以口传心授的方式流传和演变，建筑的结构与艺术的体系早已成熟，对建筑结构的可靠性判定是有经验可循。建筑的维修、改造是居住生活中常有的事。

传统经验法并不是不使用检测工具，而是使用的工具比较简单罢了。首先是人自己的眼睛，通过观测来判断建筑周边环境的变化、位移情况，屋架、墙体、柱的倾斜和裂缝的严重程度。有时也借助施工时用的吊线锤、角尺、墨线、尺子等工具来量化倾斜、位移、裂缝的大小等情况，在此基础上作出可靠性判断，也就是说，不是完全没有"科学"依据。这些方法我们至今仍在采用，只是使用的仪器原理更先进，精度更高，测试的数据更多。

宋代李诚撰写的《营造法式》一书，就是现在知道的我国最早一部关于房屋建造的"规范"。这部书在他开篇的剳子中提到编写的目的是"关防工料，节省开支，确保质量"，也就是，为了控制皇家的工程造价、防止贪污腐败而编写的。为了确定工程量，他将工匠心藏口述的尺度概念和习惯作法进行了系统的总结，提供的虽然不是计算公式而是具体的尺寸规定，但能保证建筑的安全可靠。在清代，官式作法所沿袭成俗的建筑风格和比例概念，部分被录在《工程做法则例》中。可见，我们的先辈在不断地总结建造经验。刘大可先生在其编著的《中国古建筑瓦石营法》中说道："了解官式作法，也就领悟了中国建筑的真谛"。这是很有道理的，这些书籍是历史经验的总结，相当于我们现在的标准规范，是修建、维护时判定工程质量的标准和依据。当然，在古代民间的做法与官家相比还有很大差异，不同地区、不同民俗、不同阶层都不相同，房屋的质量、安全鉴定主要还是凭工匠的个人经验和主人的财富来确定。

传统经验法是依赖有建筑经验的个人，通过调查、现场目测检查或简易的测量，借助个人拥有的知识、经验和定值验算进行评估的一种方法。这种方法的缺点是过多地依赖个人经验，缺乏一套科学的评估程序和现代测试技术，因此鉴定结果具有较大的随机性和主观性。但是，由于这一方法简单、节约时间和鉴定费用，至今仍广泛采用。如，在工程中遇到疑难问题，召开专家评审会，就是借助专家的知识和经验，减少工程的风险。

2. 数据标准法

笔者认为现在常说的"实用鉴定法"叫作"数据标准法"更准确。从前面的分析可以看到"传统经验法"也是一种很实用的方法，对于一般的普通建筑也经常在采用。因此将现在常用的方法定义为"实用鉴定法"有点不妥，也没有体现出方法的特点。现在的鉴定方法是以数据为依据，概率理论为基础，标准为准绳的鉴定方法。因此，可称为"数据标准法"。

我们处在是一个重数据的时代，数据分析法是在传统经验法的基础上发展形成的，该法的形成是得益于科学技术和社会文明在如下几方面的进展。

（1）新型材料的涌现

英国工业革命后，钢材广泛用于建筑，混凝土结构、预应力混凝土结构的出现，使得结构型式越来越复杂、跨度越来越大、高度越来越高。玻璃、合金材料、碳纤维、复合材料的应用，使建筑变得更多样化。由于新材料的应用，建筑形式的复杂，光凭经验已经不能满足结构鉴定的要求。

（2）检测技术的进步

现代的检测方法采用力学、光学、声学、电学、化学和计算机技术，使我们对建筑材料的成分、强度、性能有更深入的了解，以利于合理的应用。检测能够及时地发现结构及构件的变形、缺陷，老化以及损伤程度，使建筑的质量更有保障，减少各类事故的发生。检测使我们更能优化结构的形式和受力，以及掌握建筑结构的动力特性，提高建筑结构的性能。也就是说，现代检测技术为我们的建设和使用提供了数据的支撑，也满足了采用各种新结构的可能。

（3）概率理论的应用

20 世纪 70 年代以来，国际上在结构设计方法的趋向是采用以概率理论为基础的极限状态设计法。该法对结构可靠度赋以概率定义，以结构的失效概率或可靠指标来度量结构可靠度，并建立了可靠度与极限状态方程之间的数学关系。在计算可靠指标时考虑了基本的概率分布和采用了线性的近似手段，在结构构件截面计算时一般采用分项系数的实用设计表达式，即近似概率的方法。

我国 1984 年制定发布了《建筑结构设计统一标准》GBJ 68—1984，2001 年修订后改为《建筑结构可靠度设计统一标准》GB 50068—2001，以及 1985 年前后制定的各类结构设计规范和 21 世纪修订的规范均采用近似概率法。

（4）标准体系的建立

目前，国家正在建立一个完整的建设标准规范体系，到 2015 年底，国家颁布各种标准、规范、规程 5000 多部，涉及建设的各个方面。现在的建设程序较以前更规范，制度更完善，从选址、设计、建设到使用，从室外到室内都有相应的标准所遵循。

理论力学、材料力学、结构力学以及弹塑性力学理论的成熟，为木结构、砖石结构、混凝土结构、钢结构提供了计算支撑，根据建筑材料的特性，编制的相应规范，使我们能明确地了解结构的受力状态，为分析鉴定提供依据。

传统的施工方法和工艺已不能满足现代建筑的要求，相应的是工人和技术管理人员的素质要求更高，为保证工程的质量和施工的安全，已完备的操作制度和施工验收标准，是必须遵守的依据。

（5）法制社会的需要

仅凭个人的经验和智慧，已不能完全满足建筑可靠性鉴定的要求。用数据说话，用相应的标准规范作依据，是建筑安全使用的保证。

案例： 2015 年 20 日，深圳市光明新区发生山体滑坡，造成 33 栋建筑物被掩埋或不同程度受损害，附近西气东输管道发生爆炸，失联人员 59 人。光明新区垮塌体为人工堆土，原有山体没有滑动。人工堆土垮塌的地点属于淤泥渣土受纳场，主要堆放渣土和建筑垃圾，由于堆积量大，堆积坡度过陡，导致失稳垮塌，造成多栋楼房倒塌和掩埋。这起事故生动地表明，在现今社会，个人对风险认识（判断）不足，没有按要求进行鉴定给出警示，就会造成如此大的损失。

我们现在是一个法治的社会，事事要讲依据，是社会文明进步的表现。因此，建筑方面的检测鉴定必须按照建筑方面的法规、标准、规范的要求进行，这是个人、单位、也是司法鉴定的要求。

数据标准法是检测鉴定单位根据委托方的要求，明确调查项目，根据调查结果制定方案，利用现代检测手段和检测技术，测定材料强度以及相关的性能，找出结构缺陷，判断损伤程度。该方法特点是作用荷载大小由实际调查确定，材料取值以实测结果为准，并对测试数据运用数理统计方法加以处理，以规范为依据进行理论分析，判断其与实际结构存在的差异程度。此法有时需对工程结构多次调查，分析检验，逐项评价和综合评价，才能对结构物做出较准确的鉴定，这也是目前最常用的结构鉴定方法。

3. 未来鉴定法

有人认为概率法是未来的鉴定方法。这一思路是依据结构可靠性设计理论，用结构失效概率来衡量结构的可靠度。但是由于结构的作用效应 S，结构抗力 R 等都是在一定范围内波动的随机变量，采用定值法去分析结构物的随机变量显然是不尽合理的，应当采用非定值理论对影响结构功能的各种随机变量进行调查统计，计算出结构物的失效概率。由于影响实际结构作用效应和结构抗力的因素多变，数据庞大，各类结构构件可靠性指标存在差异，工程结构施工中质量离散性较大。显然，进入实用阶段仍存在很大的困难，但是否又看到了希望，随着大数据时代的到来，这些问题可能会迎刃而解。

概率法虽然是从理论和概念上对可靠性鉴定方法的完善，但是否有必要把房屋的可靠性计算得如此精准，首先时间和环境就是无法禁止的动态变量。传统经验法，基本上适用于砖石结构的可靠性的鉴定，世界各地遗存下来的数百年、上千年的砖石结构建筑就证明了这一点。生土建筑、木结构建筑主要是因材料的耐久性问题，保存下来的不多。

混凝土结构、钢结构的出现使建筑抵抗灾害的能力大大加强，但仍然有新的问题不断出现，需要研究和解决。如：随着城市建筑密度的增大，结构形式的复杂，当灾害发生时，个别结构的破坏，引发周边建筑的渐次倒塌。

人类从山洞走出来，现在又开始走进去。芬兰利勒哈梅尔奥体中心修建的冰球馆就是为了避免破坏自然环境在岩层下建造的。有人说，21 世纪是地下空间的时代。排水系统、地铁、隧道是最早利用地下空间的项目；现在不少建筑和地下相连，上下形成一体（图 27-1）；山区建筑利用地形顺坡而建；它们的检测鉴定是否需要整体考虑是摆在我们面前的课题。

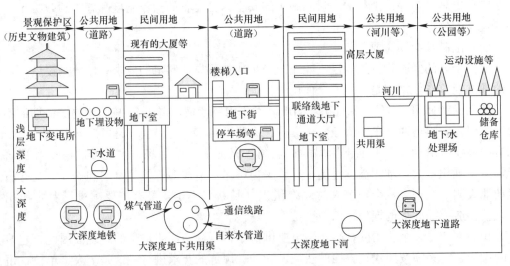

图 27-1　地下设施与地上建筑关系图[11]

第三节　鉴定的需求分类

在 20 世纪 80 年代，很少有建筑工程的检测鉴定，但在 30 年后的今天，建筑工程中的检测鉴定越来越多。以致在 2016 年，房地产业萎缩，全国设计院的产值处于滑坡的情况下，检测鉴定部门的产值还在上升。现在，各种类型的鉴定多种多样，为了便于检测鉴定人员通过鉴定分类，掌握各类鉴定工作的特点，以有利于鉴定工作的开展。按需求进行分类，也就是按目的分类，按照这种分法进行检测鉴定工作时思路可能更明确。

1. 紧急鉴定

紧急鉴定是突发重大灾害或事故，对建筑物造成大面积的损伤和破坏后，根据灾害的特点，需要及时甄别建筑物的破坏程度，以便采取措施尽量避免因灾害的重复发生或过于危险，导致建筑物的进一步破坏，以及环境的变化对人起居、正常生活的影响，避免给人员和财产造成更大的伤亡和损失需要进行的鉴定。它涉及的范围很广，情况更复杂，需要分析的问题更综合。也就是说，为政府的决策提供依据。这种鉴定的另一目的是，为在灾害处置过程中，能迅速、科学、有效地贯彻执行国家的有关法规及相关条例，使受灾害建筑在应急处置和灾害后恢复重建的鉴定与加固过程中，做到科学有序、技术可行、安全适用、经济合理、确保质量。

2008 年 5 月 12 日四川汶川发生里氏 8.0 级强烈地震，使 44 万余平方公里土地、4600 余万人口遭受灾害突袭。其中重灾区面积达 12.5 万余平方公里，房屋倒塌 778.91 万间，损坏 2459 万间。当时组织检测人员对破损房屋进行鉴定，一些检测人员按《危险房屋鉴定标准》JGJ 129 进行检测鉴定，一些检测人员按《民用建筑可靠性鉴定标准》GB 50292 进行检测鉴定，而一些检测人员按《建筑抗震鉴定标准》GB 50023 进行检测鉴定，使检测结果相差很大。为此，住房和城乡建设部下达了制定《地震灾后建筑鉴定与加固技术指南》（以下简称《指南》）的紧急任务。笔者也参加了《指南》的编制。《指南》适用于地震灾害后救援抢险阶段的应急评估与排险处理，并适用于恢复重建阶段，为恢复正常生活与生产而对地震损伤建筑进行的结构承载能力的鉴定和加固。

住房和城乡建设部在 2008 年 7 月 23 日，"关于印发《地震灾后建筑鉴定与加固技术指南》的通知"（建标［2008］132 号）中指出，该《指南》主要用于指导汶川地震灾后恢复重建地区房屋建筑鉴定和受损房屋加固的技术工作，各地可结合本地实际和有关政策要求参考使用。新的国家相关标准规范发布后，《指南》中的相应要求以新的国家有关标准规范为准。

2015 年 8 月 12 日天津港瑞海公司危险品仓库特别重大火灾爆炸事故，是由硝化棉积热自燃引发爆炸为基本危害特征，其后果以爆炸核心区内大量危险化学品污染为主。原本化学品燃烧爆炸的救援不同于普通的火灾救援，其应对的方法很大程度上取决于化学品种类。而天津港 8·12 现场化学燃爆品种类不明，致使消防应急存在极大的不确定性，爆炸现场的情况复杂程度远超以往的任何一种危化品事故，致使现场救援人员发生重大伤亡。爆炸威力等同 450t TNT 炸药，造成 165 人遇难，798 人受伤，304 幢建筑物、12428 辆商品汽车、7533 个集装箱受损。爆炸造成了严重的环境污染，核心区地面有些土壤呈现油状液体浸润痕迹，有些土壤表面呈现黄、绿、白等多种颜色。在大量积水坑内，水体表面有油状光斑，有的水体呈现白色、褐色，有的还有泡沫。燃烧产生的空气污染物成分复杂，空气中不时飘浮着白色、青色、黑色、黄色的烟尘，除对人员立即产生刺激作用的物质外，还含有大量缓效作用的有毒有害物质。

天津港 8·12 大爆炸，对其周边住宅小区楼房、办公楼和库房的应急鉴定，显然依据的标准和相关的政策与汶川地震是不一样的。除了鉴定房屋的可靠性，还应考虑有毒物质对环境、居住和生活的影响以及居民对爆炸后的灾害承受能力。

2. 危险房屋鉴定

为了保证房屋的正常使用和人身安全，发现危险房屋后，能及时采取拆除或整修措施而进行的鉴定。目前国家颁布的标准有《危险房屋鉴定标准》JGJ 125 和《农村住房危险性鉴定标准》JGJ/T 363。我国危险房屋鉴定主要通过房屋的构件变形、裂缝、倾斜、截面损伤等表观变化，以及可能存在的局压、偏压、承载力不足等情况，来确定房屋的危险程度。检测主要以观察为主，辅以简单的检测工具，因此，具有检测速度快、鉴定时间短等特点。若鉴定人员没有丰富的经验，容易出现误判的情况。

《危险房屋鉴定标准》JGJ 125 将模糊数学中的综合评判理论应用到房屋鉴定中，使其在鉴定房屋危险程度方面具有理论上的科学性，操作上的简易性。该标准将房屋系统划分为：房屋、组成部分和构件，三个层次。房屋危险性的鉴定采用三级模糊综合评判模式：第一层次为构件危险性鉴定，其等级评定分为危险构件和非危险构件；第二层次为房屋组成部分（地基基础、上部承重结构和围护结构）危险性鉴定，其等级评定分为，a、b、c、d 四个等级；第三层次为房屋危险性鉴定，其等级评定分为，A、B、C、D 四个等级，最终根据所得的模糊向量采用最大隶属度原则确定房屋的危险性等级。各地的危房鉴定部门采用该标准对房屋进行鉴定，若评定成危房，要求迅速进行处理；若评定不是危房，评定有效期一般为一年，也就是说，一年后还需再评定。

我国农村房屋的现状是量大、面广、分散。由于我国农村居民的生活方式、生活环境等诸多方面与城市居民不同，农村房屋建设具有许多与城市房屋建设所没有的特点。绝大多数农村房屋建设基本没有经过正规设计，施工主要依靠工匠经验和传统做法，很多未进行科学选址，一般就地取材，房屋类型较多且离散性大。2009 年 4 月，住房和城乡建设部颁布了《农村危险房屋鉴定技术导则（试行）》，用以统一和规范各地农村危险房屋鉴定、普查工作，并编制了培训教材。2014 年 12 月《农村住房危险性鉴定标准》JGJ/T 363—2014 正式颁布，并于 2015 年 8 月 1 日实施。该标准主要适用于农村自建的既有一层和二层住房结构的危险性鉴定。通过检查发现危险点，危险部位以及数量，来判定在现有的使用荷载条件下，该住房是否有危险点、局部危险、还是整体危险，以便采取措施。

3. 工程质量及事故鉴定

施工中虽然出现的问题很多，但多数问题在施工过程中就由相关的单位协商解决了。但还是有一些问题必须通过检测鉴定来查清原因、分清责任、找到合理地处理办法，这项工作可以分为如下几种情况。

（1）材料质量鉴定

在施工过程中，因材料不合格引起的工程事故，或因材料不满足要求引起的纠纷经常发生，这时往往需要检测鉴定。若是对供应商的产品有质疑，检测鉴定的依据是，双方签订的合同或产品标准。若怀疑材料不满足设计要求，检测鉴定的依据是，设计要求和相关规范。

产品进行检测，一般是在现场按试验数量和要求随机抽样。检测是按相应产品的试验方法，根据检测的结果进行评定是否合格。如，烧结砖的强度等级鉴定有两种方法：当现场有砖没有使用时，可按《烧结普通砖》GB 5101、《砌墙砖检验规则》JC/T 466 和《砌墙砖试验方法》GB/T 2542 的要求进行抽检和试验；当需要确定砌体中的砖强度等级时，可按《砌体工程现场检测技术标准》GB/T 50315，烧结砖回弹法进行检测和评定；或从砌体中抽取砖样，送到试验室按前面的方法进行测试。但抽取的砖样应保证完整性和砖内部没有因拆卸而出现内伤。

（2）施工质量鉴定

在以下正常施工过程中，需要对施工质量进行测试、鉴定：新结构、新技术、新工艺的推广应用，为了总结经验，收集第一手资料，需要在施工过程中进行监测和检测工作，最后对其可行性进行鉴定；设计为了了解其施工是否满足了设计要求，有时也要求在施工过程中进行监测或检测，以确认是否达到设计目的。如，在预应力张拉过程中，设计要求对张拉应力的监测或控制，以便确定建立的有效预应力值。在进行该项工作中，首先应了解检测或监测意图，制定试验方案，根据试验结果作出鉴定报告。

在施工中，出现质量问题是常有的事。发生的主要原因有：不按施工要求进行操作，工人的技术水平低，计量误差大，材料强度不满足要求，天气的忽然变化，意外的停电、停水因素引起的停工等，都容易造成工程的质量问题。如砌体工程，出现上述原因，可能导致如下事故的发生：砖砌体的砌筑质量是否合格，砂浆强度是否满足设计要求。当砂浆强度或砖强度等级不满足设计强度要求时，砌体的强度是否满足安全要求等问题，这时就需要通过检测鉴定。检测鉴定的依据是：《建筑结构检测技术标准》GB/T 50344、《砌体工程现场检测技术标准》GB/T 50315、《非烧结砖砌体现场检测技术规程》JGJ/T 371、《砌体结构工程施工规范》GB 50924、《砌体结构结构施工验收标准》GB 50203 以及相应的技术标准，根据检测的结果进行评定。

（3）施工裂缝原因鉴定

房屋裂缝是反映建筑存在一定问题的外表现象，由于建筑物上的裂缝容易给人造成不安全感，随着现在人的维权意识的增强，往往从房屋裂缝入手来查找房屋的质量安全问题。而建筑物的裂缝，以施工原因造成的情况最多，也最容易发现。因此，在施工过程中，参建各方对裂缝的出现都非常重视。为了搞清楚裂缝出现的原因，避免施工过程中继续出现类似的裂缝，以及裂缝是否影响结构安全，如何修复，都需要进行检测鉴定来回答这些问题。这一过程甚至延续到房屋交付使用之后。

在检测鉴定中，为了判断裂缝产生的原因，首先应根据出现的部位、时间、裂缝的性态分析可能出现的因素，进行相关的检测。依据设计图纸、施工方案、使用的材料、施工技术和验收标准进行鉴定。有时还要进行结构验算，才能作出结论。裂缝产生的原因是多样的，多数裂缝产生的原因也是综合性因素作用的结果。

（4）重大安全事故鉴定

重大安全事故是在施工过程中造成人员伤亡和巨大财产损失的事故。尤其是有重大人员伤亡的事故，除了建设系统的安检部门人员会及时到达事发现场，地方安全监察局的人员也会赶到，甚至政府部门的官员也会赶到现场来指导处理善后工作。

这类事故发生后，一般会立即成立事故调查组，其中包括专家组或技术调查组。为了便于事故的调查分析，一定不要轻易破坏事故现场，当然为抢救受伤人员的部位例外。技术组人员首先应对事故现场状况和目击者进行调查，及时排除潜在隐患，以免次生事故的发生。在现场施救和排危抢险工作完成后，应立即绘制物件散落图，结构构件的破坏特征通过拍照记录下来，以便分析事故产生的原因。然后，根据现场情况、设计图纸、施工方案、技术资料制定调查、检测方案。在调查、检测、计算结果基础上，依据相关的法律、法规、标准、规范编写出事故原因技术分析鉴定报告。由于事故的复杂性，随着调查分析的深入，很多现场调查、检测工作具有反复性和交叉性。笔者曾担任过重庆市安全生产专家组专家，曾参加和组织过多次重庆市建筑行业的重大安全事故鉴定工作，以上是笔者经验之谈。

随着建设工程的规模越来越大，为了防范和遏制建筑施工安全生产事故的发生，住房和城乡建设部在 2009 年制定了《危险性较大的分部分项工程安全管理办法》建质〔2009〕87 号文。危险性较大的分部分项工程是指建筑工程在施工过程中存在的、可能导致作业人员群死群伤或造成重大不良社会影响的分部分项工程。危险性较大的分部分项工程范围包括：深基坑工程，模板工程及支撑体系，起重吊装及安装拆卸工程，脚手架工程，拆除、爆破工程，以及其他工程项目。这一措施避免或减少了重大施工事故发生的概率，但是不能保证不出重大安全事故。

4. 可靠性鉴定

从使用价值的角度来看，建筑物是一个产品。它与电视机、手机和电饭锅一样，要求有可靠稳定的性能。由此可见，建筑在使用过程中，当遇到不满足使用功能要求的情况时，需要进行可靠性鉴定，以确定是否受到了损伤。

已有建筑物或其结构的可靠性鉴定，按建筑类型和建筑使用功能分为《民用建筑可靠性鉴定标准》GB 50292 和《工业建筑可靠性鉴定标准》GB 50144 两大类，后者还包括烟囱、贮仓、通廊、水池、管道支架、冷却塔、锅炉刚架、除尘器等工业构筑物。

两类可靠性鉴定标准根据以概率理论为基础的极限鉴定方法，将结构或构件的极限状态分为，承载能力极限状态和正常使用极限状态。承载能力极限状态主要考虑安全性功能，是指结构或构件达到最大承载力或不适于继续承载的变形。正常使用极限状态主要考虑适用性和耐久性功能。根据建筑结构使用中可能出现的两种极限状态，结合工程的实际鉴定目的和要求，两个标准将鉴定分为如下几类。

（1）安全性鉴定

安全性鉴定是对已有建筑的结构承载力和结构整体稳定性所进行的调查、检测、分析、验算和评定等一系列活动，需要进行安全性鉴定的范围见表 27-2。

安全性鉴定的适用范围　　　　　　　　　　　　　　　　　表 27-2

民用建筑可靠性鉴定标准	工业建筑可靠性鉴定标准
1. 各种应急鉴定； 2. 国家法规规定的房屋安全性统一检查； 3. 临时性房屋需延长使用期限； 4. 使用性鉴定中发现安全问题	1. 各种应急鉴定； 2. 国家法规规定的建筑安全性统一检查； 3. 临时性建筑需延长使用期限

前面一节所说的"紧急鉴定"与这里说的"应急鉴定"有量上的区别。前者范围更广，发生时的条件可能更复杂，需要考虑的环境因素更多，可能政策性更强。1999 年颁布的《民用建筑可靠性鉴定标准》GB 50292—1999 就已指出本标准适用于各种应急鉴定，但在 2008 年汶川地震发生后，结合当时情况，住房和城乡建设部仍下达了制定《地震灾后建筑鉴定与加固技术指南》。

（2）正常使用性鉴定

正常使用性鉴定是对已有建筑使用功能的适用性和耐久性所进行的调查、检测、验算、分析和评定等一系列活动，需要进行正常使用性鉴定的项目见表27-3。

正常使用性鉴定的适用范围 表27-3

民用建筑可靠性鉴定标准	工业建筑可靠性鉴定标准
1. 建筑物使用维护的常规检查； 2. 建筑物有较高舒适度要求	—

《工业建筑可靠性鉴定标准》GB 50144中没有正常使用性鉴定，是大量工业建筑工程技术鉴定（包括工程技术服务和技术咨询）项目，其中95%以上的鉴定项目是以解决安全性（包括整体稳定性）问题为主并注重适用性和耐久性问题。包括工程事故处理或满足技术改造、增产增容的需要以及抗震加固，还有一部分为维持延长工作寿命，需要解决安全性和耐久性问题等，以确保工业生产的安全正常运行。只有不到5%的工程项目仅为了解决结构的裂缝或变形等适用性问题进行鉴定。民用建筑正常使用鉴定较工业建筑要多许多，但比例相对于安全性鉴定还是要低很多。

（3）可靠性鉴定

可靠性鉴定是对已有建筑的安全性（包括承载能力和整体稳定性）、正常使用性（包括适用性和耐久性）所进行的调查、检测、分析、验算和评定等一系列活动。也就是说，在《民用建筑可靠性鉴定标准》GB 50292—2015中，可靠性鉴定包含安全性鉴定和正常使用性鉴定的两部分内容。需要进行可靠性鉴定的项目见表27-4。

可靠性鉴定的适用范围 表27-4

	民用建筑可靠性鉴定标准	工业建筑可靠性鉴定标准
可靠性鉴定	1. 建筑物大修前； 2. 建筑物改造或增容、改建或扩建前； 3. 建筑物改变用途或使用环境前； 4. 建筑物达到设计使用年限拟继续使用时； 5. 遭受灾害或事故时； 6. 存在较严重的质量缺陷或出现较严重的腐蚀、损伤、变形时	1. 达到设计使用年限拟继续使用时； 2. 使用用途或环境改变时； 3. 进行改造或扩建时； 4. 遭受灾害或事故时； 5. 存在较严重的质量缺陷或者出现较严重的腐蚀、损伤、变形时
宜进行可靠性鉴定		1. 使用维护中需要进行常规检测鉴定时； 2. 需要进行较大规模维修时； 3. 其他需要掌握结构可靠性水平时

（4）专项鉴定

专项鉴定是针对建筑物某特定问题或某特定要求所进行的鉴定。随着建筑物使用年限的增加，对耐久性鉴定的需求越来越多，这两个标准在修编时都进行了大量的研究工作，在标准中增加了不少内容。需要进行专项鉴定的项目见表27-5。

专项鉴定的适用范围 表27-5

民用建筑可靠性鉴定标准	工业建筑可靠性鉴定标准
1. 结构的维修改造有专门要求时； 2. 结构存在耐久性损伤影响其耐久年限时； 3. 结构存在明显的振动影响时； 4. 结构需进行长期监测时	1. 结构进行维修改造有专门要求时； 2. 结构存在耐久性损伤影响其耐久年限时； 3. 结构存在疲劳问题可能影响其疲劳寿命时； 4. 结构存在明显振动影响时； 5. 结构存在其他问题时

5. 抗震鉴定

通常将评估建筑抗震能力的工作称为抗震鉴定，包括对建筑物的检测、抗震验算和抗震构造措施设置情况，按规定的抗震设防要求，对其在地震作用下的安全进行评估。

我国是多地震的国家，早在4000多年前就有地震发生的记载。2008年四川汶川地震给现在的人们留下了难以磨灭的记忆。地震造成大量人员伤亡和财产损失的主要原因是房屋建筑的倒塌和设施、设备的破坏。但是，防止建筑物因地震作用而倒塌，需要人类对地震作用有深刻的认识和了解，有足够的措施保证建筑具有相当的抗震能力，以及国家当时所具有的经济实力。基于这些因素，我国的建筑抗震设计始于1959年，抗震鉴定标准的制定始于1968年，相应的国家抗震标准编制的演变情况见下表27-6。

我国抗震设计、鉴定和加固标准编制情况 表27-6

抗震设计规范	抗震鉴定标准	抗震加固规程	鉴定标准适用范围
地震区建筑设计规范草稿（1964年完成）	—	—	抗震区
京津地区建筑抗震设计暂行规定（1966年邢台地震后）	京津地区工业与民用建筑抗震鉴定标准（1975年试行）	—	京津地区试行7~8度区
工业与民用建筑抗震设计规范 TJ 11—1974（试行）			京津地区试行7~8度区
工业与民用建筑抗震设计规范 TJ 11—1978	工业与民用建筑抗震鉴定标准 TJ 23—1977（试行）	工业与民用建筑抗震加固技术措施（1986年）	全国标准7，8，9度地震区
建筑抗震设计规范 GBJ 11—1989	建筑抗震鉴定标准 GB 50023—1995	建筑抗震加固技术规程 JGJ 116—1998	强制性标准6，7，8，9度地震区
建筑抗震设计规范 GB 50011—2001			强制性标准6，7，8，9度地震区
建筑抗震设计规范 GB 50011—2010	建筑抗震鉴定标准 GB 50023—2009	建筑抗震加固技术规程 JGJ 116—2009	强制性标准6，7，8，9度地震区

从表27-6中可以看到，我国建筑的抗震设计、鉴定、加固经过几十年的努力已逐步形成一套独立的体系。表27-7列出了《建筑抗震设计规范》近3次修订的6度设防区砖混结构抗震设计构造要求的对比表，从中可以看到，对建筑抗震性能要求在不断提高。《砌体结构设计规范》中抗震构造要求与同时期《建筑抗震设计规范》要求相同，就不再作比较。

6度设防区砖混结构抗震设计构造要求对比表 表27-7

名称		《建筑抗震设计规范》2010版	《建筑抗震设计规范》2001版	《建筑抗震设计规范》1989版
层数		≤7	≤8	≤8
总高度		≤21m	≤24m	≤24m
底层高		≤3.6m	≤3.6m	≤4m
高宽比		≤2.5	≤2.5	≤2.5
圈梁	外墙	屋盖及隔层楼盖	屋盖及隔层楼盖	屋盖及隔层楼盖
	内墙	屋盖及隔层楼盖处，屋盖处间距不大于4.5m，楼盖处间距不应大于7.2m，构造柱对应部位	屋盖及隔层楼盖处，屋盖处间距不大于7m，楼盖处间距不应大于15m，构造柱对应部位	屋盖及隔层楼盖处，屋盖处间距不大于7m，楼盖处间距不应大于15m，构造柱对应部位

名称	《建筑抗震设计规范》2010 版		《建筑抗震设计规范》2001 版	《建筑抗震设计规范》1989 版
构造柱	4～5 层隔 12m 或单元横墙与外纵墙交接处；楼梯间对应的另一侧内横墙与外纵墙交接处	楼、电梯四角，楼梯斜梯段上下端对应的墙体处；外墙四角和对应转角；错层部位横墙与外纵墙交接处；大房间内外墙交接处；较大洞口处	4、5 层外墙四角，错层部位横墙与外纵墙交接处，较大洞口两侧，大房间内外墙交接处	4、5 层外墙四角，错层部位横墙与外纵墙交接处，较大洞口两侧，大房间内外墙交接处
	6 层隔开间横墙（轴线）与外墙交接处，山墙与内横墙交接处		6～8 层外墙四角，错层部位横墙与外纵墙交接处，较大洞口两侧，大房间内外墙交接处，隔开间横墙与外墙交接处，山墙与内纵墙交接处	6～8 层外墙四角，错层部位横墙与外纵墙交接处，较大洞口两侧，大房间内外墙交接处，隔开间横墙与外墙交接处，山墙与内纵墙交接处
	7 层内墙（轴线）与外墙交接处；内墙的局部较小墙垛处；内纵墙与横墙（轴线）交接处			
材料	砂浆	≥M5	≥M5	≥M2.5
	砖	≥MU10	≥MU10	≥MU7.5
	构造柱、圈梁	≥C20	≥C20	≥C20

建筑抗震鉴定主要分为两类：一类是未经抗震设防的房屋和构筑物，由于我国第一本正式颁布的抗震设计规范于 1974 年颁布，在这之前建造的建（构）筑物没有可能进行有意识地抗震设计。另一类则是按不同时期建筑抗震设计规范进行抗震设防的建筑，这些建筑中有的由于建筑抗震类别提高了，如中小学校舍建筑由原来的丙类提高为乙类，则需要按照乙类建筑进行鉴定和加固处理。此外，还有的需要进行改变使用功能的局部改造或加层等也需要进行抗震鉴定，以及在使用过程中发现结构出现损伤或怀疑建筑抗震不满足要求等应进行的检测鉴定。

未经抗震设防的建筑物和已经经过抗震设防但需要进行改造或加层的建筑物，这两类抗震鉴定有共同点和不同点。其共同点为都是评价确定建筑物的抗震性能，其抗震鉴定的内容、步骤、程序和采用的方法等基本一致，其目的都是确保被鉴定建筑物的抗震性能。其不同点是：工作对象有差异，未经抗震设防的建筑物的已经使用年限较经过抗震设计的建筑物要长；鉴定的依据和设防标准有差异，未经抗震设防的建筑物的鉴定标准要比经过抗震设防的建筑物要低。这就提出了已经使用了较长时间而今后使用年限又不可能达到 50 年的现有建筑抗震鉴定标准问题。《建筑抗震鉴定标准》GB 50023—2009 给出了按今后不同使用年限地震作用水平的抗震鉴定方法和相应的抗震鉴定要求。

（1）在 20 世纪 70 年代及以前建造经耐久性鉴定可继续使用的现有建筑，其后续使用年限不应少于 30 年；在 20 世纪 80 年代建造的现有建筑，宜使用 40 年或更长，且不得少于 30 年，后续使用年限 30 年的建筑（简称 A 类建筑），应按《建筑抗震鉴定标准》GB 50023—2009 规定的 A 类建筑抗震鉴定方法。

（2）在 20 世纪 90 年代（按当时施行的抗震设计规范系列设计）建造的现有建筑，后续合理使用年限不宜少于 40 年，条件许可使应采用 50 年。后续使用年限 40 年的建筑（简称 B 类建筑），应按《建筑抗震鉴定标准》GB 50023—2009 规定的 B 类建筑抗震鉴定方法。

（3）在 2001 年及以后（按当时施行的抗震设计规范系列设计）建造的现有建筑，后续合理使用年限宜采用 50 年。后续使用年限 50 年的建筑（简称 C 类建筑），应按现行国家标准《建筑抗震设计规范》GB 50011 的要求进行抗震鉴定[12]。

　　6. 司法鉴定

　　随着人们维权意识和法律意识的增强，司法鉴定的案件越来越多。司法鉴定是在诉讼活动中鉴定人运用科学技术或者专门知识对诉讼涉及的专门问题进行鉴别和判断并提供鉴定意见的活动。

　　司法鉴定与普通鉴定不同，以鉴定为代表的"科学证据"，是法官借以查明案件事实，做出正确裁决的依据。它的全部活动包括鉴定的委托与受理、鉴定活动的展开、鉴定人出庭等都发生在诉讼过程之中，因而司法鉴定必须符合诉讼法律的相关规定和原则精神，离开了诉讼活动，司法鉴定就失去了存在的价值和意义[11]。

　　司法鉴定机构是经过司法行政机关审核登记并取得《司法鉴定许可证》，从事司法鉴定业务的法人或其他组织。司法鉴定人是经过司法行政机关审核登记并取得《司法鉴定人执业证》从事司法鉴定业务的人员。建设司法鉴定机构和司法鉴定人应按首次于 2014 年 3 月 17 日发布的司法鉴定技术规范《建设工程司法鉴定程序规范》SF/Z JD0500001—2014 执行。该规范把鉴定分为建设工程质量类鉴定和建设工程造价类鉴定两类。

　　建设工程质量类鉴定包括：既有建设工程质量鉴定，建设工程灾损鉴定，建设工程其他专项质量鉴定。建设工程其他专项质量鉴定包括：建（构）筑物渗漏鉴定、建筑日照间距鉴定、建筑节能施工质量鉴定、建筑材料鉴定，工程设计工作量和质量鉴定、周边环境对建设工程的损伤或影响鉴定、装修工程质量鉴定、绿化工程质量鉴定，市政工程质量鉴定、工业设备安装工程质量鉴定、水利工程质量鉴定、交通工程质量鉴定、铁路工程质量鉴定、信息产业工程质量鉴定、民航工程质量鉴定、石化工程质量鉴定等。

　　建设工程造价类鉴定包括：建设工程造价鉴定，建设工程工期鉴定，建设工程暂停施工、合同的终止、不可抗力相关费用鉴定。

　　鉴定机构在接受委托后，应选择素质好，有相应经验的司法鉴定人员负责鉴定工作。因司法机关采纳了因鉴定人故意或有重大过失而做出的错误司法鉴定意见，并导致冤假错案造成严重后果的，司法鉴定人应承担民事赔偿责任或刑事责任。因此，鉴定人一定要有较高的业务素质，公正、客观、严肃、谨慎地从事鉴定活动。

　　鉴定人在接手鉴定工作后，应按《建设工程司法鉴定程序规范》SF/Z JD0500001 的要求开展各项工作。在对案件的背景情况进行认真深入了解时，应比一般检测鉴定的调查做得要更细致。若是司法机关委托，应向办案人索要档案查阅。一定要到现场进行实地调查，有条件应听取当事双方对情况的申诉，以便制定出切实可行的检测鉴定方案。

　　司法鉴定的技术依据，工作流程，检测试验方法，与前面各类鉴定是相一致的，也就是说，根据司法鉴定的委托要求可对应前面介绍的方法进行检测鉴定工作。司法鉴定文书是司法鉴定机构和司法鉴定人依照法定条件和程序，运用科学技术或专门知识对诉讼中涉及的专门性问题进行分析、鉴别和判断后出具的记录和反映司法鉴定过程及司法鉴定意见的书面载体。司法鉴定意见应当围绕法院或当事人委托鉴定的请求，进行分析论证，并按司法鉴定的书写要求进行书写。鉴定的请求，就是委托人的鉴定目的，只有了解和熟悉委托人的目的，才能出具一份有证明力的鉴定意见。对建设工程施工质量进行鉴定，不应做出合格或不合格的鉴定意见，而应做出工程质量是否符合施工图设计文件、相关标准、技术文件要求的鉴定意见。

案例：原告××市××政府与被告××市××建设工程有限公司、××市××设计院有限公司江山分公司建设工程施工合同纠纷一案。原告在起诉后申请对挡土墙原因及原因力大小进行鉴定，法院委托××建设工程检测有限公司进行了鉴定，并出具了鉴定报告。法院在接到鉴定意见书后提出如下问题：鉴定意见为挡土墙倒塌事故是施工质量不合格和设计构造缺陷共同造成的，但该挡墙倒塌原因是否还存在其他因素，如自然原因、原告方责任、居民生活用水直接渗入地面等。同时未区分当事人的原因力大小或比例，未能进一步明确当事人责任。可见该份鉴定意见并没有围绕鉴定请求来体现证明力[13]。

这一案例来自"司法鉴定理论与实践"一书，虽然鉴定报告的结论显得责任大小不明确，给执法人员判案造成了困难。案例的叙述表明，办案人员多数缺乏专业的技术知识，因此，从司法鉴定委托开始，接受鉴定的单位和鉴定人就要注意与办案人员沟通，说明能做什么、不能做什么，通过相互协调理解，使检测鉴定工作更加顺利，鉴定结论更准确、更利于司法判案。

经技术鉴定分析责任原因来说，若只是一个单位、一个责任人，或是不可抗拒的自然灾害造成的原因好判断。若是多个原因，多个单位或是多人有责任，有时主次原因可以分清楚，但分摊损失比例要技术鉴定机构裁定，确有困难。因此，技术鉴定机构在接手司法鉴定案件时对委托的内容要慎重考虑，是否有能力承接。

7. 专门鉴定

一个地区或部门因为特殊的历史情况，或某种要求，对一批建筑专门制定的鉴定标准。这种鉴定标准由专业技术单位或人员，根据国家的法律、法规、标准、规范，结合建筑的具体情况编制，由地方政府或部门批准实施。这种鉴定标准使用时间短，随着适用于该标准的建筑鉴定工作的完成而终止。

案例：2004 年，由丁海成、钱稼茹、遇平静、张天申、方鄂华编著的《历史遗留建筑物结构安全性检测与鉴定指南》，姚兵在序言中指出的："我国正处于快速发展时期，建筑工程的监管制度还没有完全跟上，一些地方的建筑工程未办理报建、未办理质量监督、未竣工验收即开始使用，在程序上成为非法建筑，现在我们来解决这些遗留下来的问题，对结构的安全、质量进行检测和鉴定，是较为明智的做法。清华大学的专家与深圳地方机构共同对深圳市龙岗区历史遗留建筑进行检测和鉴定，形成了具有指导性的技术文件，应当说这为我们建筑工程管理部门提供了重要的手段，使得我们面对现实，实事求是解决问题，以科学的观点来对待，具有一定的导向性。"

《历史遗留建筑物结构安全性检测与鉴定指南》是按图 27-2 的规定程序对历史遗留建筑物进行检测鉴定的。

第一级结构安全性检测包括：调查建筑物使用历史和现状，检查结构体系，目测和检测结构倾斜、不均匀沉降和构件挠度，量测结构及构件几何尺寸，检查构件外观，检测裂缝，检测材料强度，必要时进行地质勘查等。根据检测结果对结构进行第一级鉴定。鉴定结果把建筑分为：A、B、C 三级，见图 27-2。其中 B 级的在用建筑物应进行第二级结构安全性检测与鉴定。第二级检测是对第一级检测中不能查清的安全隐患作进一步检测，并根据检测结果进行地基、基础、结构的安全性进行第二级鉴定分级。鉴定结果把建筑分为：一级、二级、三级，处理方法见图 27-2。

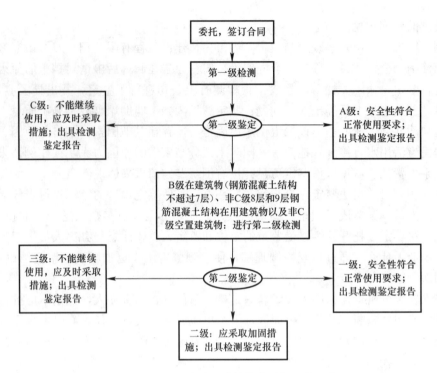

图 27-2 深圳历史遗留建筑物检测与鉴定程序

　　从以上鉴定分类的目的、背景、程序、方法来看，各自相差还是比较大。因此，在做鉴定时，我们一定首先要明确目的。

第二十八章　可靠性鉴定的方法

第一节　可靠性模型

1. 可靠性概念

早在 20 世纪 30、40 年代，德国人在研制 V-2 火箭的过程中，就提出了"可靠性"这一名词。正式从理论上系统开展这方面的研究，还是在朝鲜战争期间。当时，美国运到战场的装备故障频发，为弄清问题所在，美国国防部组织了专门小组（美国国防部电子设备可靠性咨询小组，简称 AGREE）研究武器装备的故障问题，试图搞清故障发生的原因、机理以及故障与环境条件的相关性。研究工作进行了多年，应用了故障分类技术、统计学、物理学、环境学和失效分析技术，终于获得了突破性进展，取得了重要的成果。首先，电子元件具有可靠率、故障率与制造元件的材料、工艺有关，也与其工作环境有关。其次，武器装备的故障规律与元件的故障率相似，可以在装备的设计制造过程中探求。这就是后来电子设备寿命分布定量模型的起点和可靠性理论的基础。

产品的可靠性是产品在规定的使用条件下，在规定的时间内，完成规定功能的能力。建筑物从使用功能的角度看，也是一种产品，因此它应具有产品的属性，包括前面叙述的理念。

产品的可靠性与规定的时间密切相关，因为随着时间的增长，产品的可靠性是下降的。因此在不同规定的时间内，产品的可靠性是不同的。对建筑物而言，也就存在耐久性问题和适修性问题。

产品的可靠性还与规定的功能有密切关系。对建筑而言，在建造前就应明确它使用功能，对规定的功能有了清晰的概念，才能对使用的可靠性有确切的判断。因此，建筑在改变使用功能前，必须要进行可靠性鉴定。

2. 可靠性框图

一个结构体系是由若干个单一构件组成。结构的可靠性可以用结构体系出现破坏（失效）的概率来表示，这需要分析结构的各种倒塌机制。体系失效与组成构件的失效既有联系又有区别，体系失效模式与单个构件失效之间存在复杂的逻辑关系。体系失效呈现出明显的层次性，即上一层次的失效模式与下一层次的失效模式有关。为了便于分析，对于任何一种结构体系常将其简化为可靠性框图，以此表达结构体系可靠度与构件可靠度之间的关系。

可靠性框图[14]是从可靠性角度出发研究系统与部件之间的逻辑图。这种图依靠方框和连线的布置，绘制出系统的各个部分发生故障时对系统功能特性的影响。这里要注意的是，可靠性框图与系统功能图是不同的。以电学最简单的振荡电路为例，它是由一个电感 L 和一个电容 C 并联连接的，见图 28-1 (a)。根据振荡电路的工作原理，电感 L 和电容 C

中，任何一个故障都会引起振荡电路故障，因此，可靠电路的可靠性框图为串联连接，见图 28-1 (b)。

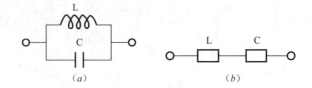

图 28-1　串联电路示意图
(a) 电路功能图；(b) 电路可靠性框图

三个并联连接的电阻组成系统的原理图，见图 28-2 (a)。随着功能要求的不同，对应的可靠性框图也不同。当电路功能要求三个电阻全部完好，电流值才能满足要求，这时是三个电阻串联连接，见图 28-2 (b)。当电路功能要求三个电阻中至少两个完好才满足要求，得到图 28-2 (c) 所示的三中取二的可靠性原理图。若电路功能要求至少一个电阻完好就能满足要求，可靠框图和系统原理图一样，见图 28-2 (a)。

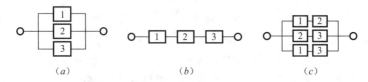

图 28-2　串并联电路示意图
(a) 系统原理图；(b) 系统可靠性框图；(c) 系统可靠性框图

3. 系统的模型

串联系统就是，系统中任何一个分量不正常，整个系统就出现故障或破坏，或者说只有全部分量都正常系统才正常，其可靠性框图见图 28-3。这里所说的"分量"，可以是破坏模式、部件、构件等。

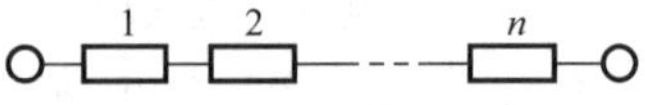

图 28-3　串联系统可靠性框图

简支梁具有多个破坏模式，受弯破坏、受剪破坏和变形过大，其中一种破坏情况发生梁就破坏，是一个串联系统。静定桁架其中的任何一根杆件破坏将导致整个结构的失效，因此也是一个串联系统。通常串联系统的可靠度总是小于或等于最不可靠部件的可靠度。

并联系统就是，系统中至少一个部件正常，或必须所有部件都发生故障时系统才出现故障，这样的系统，其可靠性框图见图 28-4。

由 3 根钢丝索组成的结构系统承受拉荷载 P，见图 28-5。若某根索达到破坏便不再承受任何荷载，由其余钢丝索分担荷载，该结构系统存在 6 种可能的系统失效途径（称子系统失效）：①→②→③；①→③→②；②→①→③；②→③→①；③→①→②；③→②→①。其中圆圈内的数字代表钢丝索号，箭头代表相继破坏的次序。只要其中一种系统失效途径发生结构便失效，故这 6 种系统失效途径可以用一个串联系统代表（6 个子系统）。每一个系统失效途径只有在 3 根钢丝索全部失效时才发生，因而每一种系统失效途径可以用一个并联系统表示（3 个分量）。可见并联系统的可靠度高于任何一个部件的可靠度。

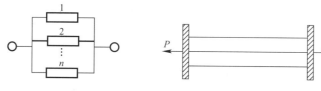

图 28-4　并联系统可靠性框图　　　图 28-5　钢丝索结构受力图

同时具有串联和并联分量的系统称为混联系统，或串、并联系统。结构系统的可靠性框图是由串联系统、并联系统和混联系统组成。尽管并不是所有的系统都可以分解为串联分量和并联分量，但大多数系统的失效事件都可以用失效事件的串联与并联相结合来表现。砖砌体墙面块材之间就是一种串、并联系统形式（图 28-6）。

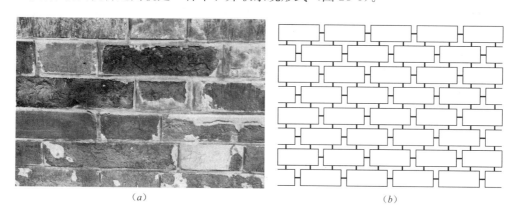

（a）　　　　　　　　　　　　　　（b）

图 28-6　砖砌体块材的串、并联形式

虽然，直接采用结构体系失效概率来分析计算结构可靠性的方法还无法办到。但这些概念对结构分析和鉴定工作的理解还是很有帮助，只是平时没有留意罢了。

第二节　可靠性评定原则

1. 建筑结构的可靠性

《建筑结构可靠度设计统一标准》GB 50068—2001 中定义的可靠性是指结构在规定的时间内，在规定的条件下，完成预定功能的能力。这与前面产品的可靠性定义是一致的。

结构的设计使用年限分为四个类别，见表 28-1。在这一规定时期内，只需进行正常的维护而不需进行大修就能按预期目的使用，完成预定的功能。如达不到这个年限则意味着在设计、施工、使用与维护的某个环节上出现了非正常情况。

设计使用年限分类　　　　　　　　　　表 28-1

类别	设计使用年限（年）	示例
1	5	临时性结构
2	25	易于替换的结构构件
3	50	普通房屋和构筑物
4	100	纪念性建筑和特别重要的建筑结构

为保证建筑的正常使用，结构在规定的设计使用年限内应满足下列功能要求：

（1）在正常施工和正常使用时，能承受可能出现的各种作用；

（2）在正常使用时具有良好的工作性能；

（3）在正常维护下具有足够的耐久性能；

（4）在设计规定的偶然事件发生时及发生后，仍能保持必需的整体稳定性。

（1）、（4）通常是指结构的承载力、稳定性，即结构安全性要求，（2）是指结构的适用性要求，（3）是指结构的耐久性要求，三者概括为结构可靠性要求。

任何结构不可能绝对可靠，也没有这个必要，概率论客观地反映了结构的可靠性。可靠度 P_s 是结构在规定的时间内，在规定的条件下，完成预定功能的概率。失效概率 P_f 是结构不能完成预定功能的概率。可靠度和失效概率是互补的，即

$$P_s + P_f = 1 \qquad (28-1)$$

该式表明，当结构的可靠度降低，失效的概率就增加。因此，为了保证使用安全，应将结构构件的失效概率控制在一定范围内。为了便于使用，由 $\beta = -\Phi^{-1}(P_f)$ 定义的代替失效概率 P_f 的指标，其中 $\Phi^{-1}(.)$ 为标准正态分布函数的反函数。可靠指标 β，基准的 β 值是根据对 20 世纪 70 年代各类材料结构设计规范校准所得的结果，经综合平衡后确定的。可靠指标 β 与失效概率运算值 P_f 的关系，见表 28-2。

可靠指标 β 与失效概率运算值 P_f 的关系　　　　　　　　　表 28-2

β	2.7	3.2	3.7	4.2
P_f	3.5×10^{-3}	6.9×10^{-4}	1.1×10^{-4}	1.3×10^{-5}

《建筑结构可靠度设计统一标准》GB 50068—2001 对不同破坏类型的结构构件承载能力极限状态的可靠性指标 β 作了规定，见表 28-3。表中是以建筑结构安全等级为二级时延性破坏的 β 值 3.2 作为基准，其他情况下相应增减 0.5。

结构构件承载能力极限状态的可靠性指标 β　　　　　　　　表 28-3

破坏类型	安全等级		
	一级	二级	三级
延性破坏	3.7	3.2	2.7
脆性破坏	4.2	3.7	3.2

2. 鉴定的极限状态

以概率理论为基础的极限状态设计法则用与结构失效概率相对应的可靠指标 β 来度量结构的可靠度，从而能较好地反映结构可靠度的实质，因此也可以作为已有结构可靠性鉴定的校核基础。现行设计规范所规定的目标可靠指标，仅适用于构件某一验算点处发生失效的可靠性计算，也就是仅用一个极限状态方程描述的可靠性问题。对于由诸多元件组成的结构体系，不仅其失效与元件内在联系的方式（如串联、并联或串并联等）有关，而且其可靠度要由诸元件以及体系的各种失效模式所确定的极限状态方程才能求得，这是一个十分复杂的问题，要实现这一目标还有很慢长的一段路要走。

为了解决《民用建筑可靠性鉴定标准》GB 50292 的编制问题，四川省建筑科学研究院会同有关单位开展了"已有建筑物可靠性鉴定模式"的课题研究。提出了一种以概率理

论为基础考虑结构各种功能要求极限状态的可靠性鉴定方法，也称为以概率理论为基础的极限状态鉴定法。

根据可靠性的概念，将已有建筑物的可靠性鉴定划分为安全性鉴定与正常使用性鉴定两部分，分别从承载能力极限状态和正常使用极限状态的定义出发，通过对结构构件进行的可靠性分析与工程验证，具体确定其各自功能要求的极限状态标志，以作为建立实用的鉴定模式的基础。

（1）承载能力极限状态

承载能力极限状态是指结构或构件达到最大承载力或不适于继续承载的变形，当结构或构件出现下列状态之一时，即认为超过了承载能力极限状态：

1）整个结构或构件的一部分作为刚体失去平衡（如倾覆等）；

2）结构构件或连接因材料强度被超过而破坏，或因过度的塑性变形而不适于继续承载；

3）结构转变为机动体系；

4）结构或构件丧失稳定（如压屈等）。

（2）正常使用极限状态

正常使用极限状态是指结构或构件达到正常使用或耐久性能的某项规定限值。当结构或构件出现下列状态之一时，即认为超过了正常使用极限状态：

1）影响正常使用或外观的变形；

2）影响正常使用或耐久性能的局部破除（包括裂缝）；

3）影响正常使用的振动；

4）影响正常使用的其他特定状态。

正常使用极限状态就是为保证人使用时的心理和生理健康状态，规定结构或构件使用功能的允许的限值以及耐久性的要求。如：一些类型的振动对建筑结构的安全并不造成影响，但对室内人的身心健康有影响，因此相关规范根据不同结构规定了振动的最小限值。又如，某些建筑构件必须控制变形、裂缝才能满足使用要求，因过大的变形会造成房屋内粉刷层剥落、填充墙和隔断墙开裂；过大的裂缝会影响结构的耐久性；过大的变形、裂缝也会引起用户心理上的不安全感。

第三节　评定的层次

根据承重体系中各组成分及构件之间的有序组合关系与共同工作方式，在分析其传力与失效过程的逻辑关系基础上，将构造复杂的建筑物分解为相对简单的若干层次，每一层次则按其内涵的纵横关系决定其构成，并从最低层次开始，按逐个检测项目、逐件、逐个部分及逐层的步骤，建立适合于《民用建筑可靠性鉴定标准》GB 50292—2015模式的鉴定程序。

根据建筑结体系破坏时失效的逻辑关系，检测鉴定将结构体系划分为三个层次，即构件、子单元和鉴定单元。

1. 构件层

构件层为承重体系的最低层次，由符合单个构件定义的所有构件构成，其所以被划为一个层次，是因为单个构件的可靠性可由若干检查项目的检测结果按一定的准则作出评定，而这些项目之间又存在着一定的内在关系，因此符合作为系统一个层次的条件。

构件可以是单件，如：墙下条形基础，一个自然间的一轴线为一构件；柱一层一根为一构件；梁一根为一构件；砖拱一拱跨为一构件。也可以是一个片段，如：墙体一层高、一自然间的一轴线为一构件；楼地面一开间为一构件。也可以是一个组合件，如：一榀桁架为一构件。

2. 子单元层

子单元层次为承重体系的中间层次，由符合分系统定义的所有子单元构成。在《标准》的鉴定模式中，一般取地基基础、上部承重结构和围护系统为三个子单元。

该层次的特点是每一子单元既与下一层次有包含的传递关系，又有直接进入该层次的检测项目。这样也就妥善地解决了无法细分为构件的鉴定对象的评估问题，例如：地基、结构整体性、围护系统的使用功能等等均属这类检查项目，为了与构件检查项目相区别，将之定名为子单元检查项目。由以上所述可知，该层的内涵完全具有系统的特性，因而作为一个中间层次。若楼层很高，建筑平面或结构很复杂，可根据这一原则划分子单元。

3. 鉴定单元层

鉴定单元层为承重体系的最高层次，是根据总体评估与决策的需要而设置的。在《民用建筑可靠性鉴定标准》GB 50292—2015 鉴定模式中，其目标是评估承重体系的整体安全性、使用性和可靠性，以作为对整个体系实施总体技术管理的决策依据。

根据被鉴定建筑物的结构特点、复杂性、结构体系的种类和施工的时间，将建筑物或建筑群划分成一个或若干个可以独立进行鉴定的区段，每一区段为一鉴定单元。应注意的是，层次和单元的划分应遵守本节所说的原则。

第四节　等级的划分

按理论分析，对构件和承重结构的可靠性评估，可直接以可靠度表达。但这在已有建筑物的鉴定中难以实现。因为有部分检测项目，其评定结果或是不能用同量级的数字表达，或本身仍属于定性决策问题，在这种情况下，考虑到可靠性评估所解决的均属质量范畴的问题，因而可以根据质量分档管理概念所构造的平台，以及由此建立的质量等级及划分原则，来设计可靠性评估所需要划分的各种等级。

为了统一各类材料结构各层次评级标准的分级原则，制定了用文字表述的分级标准。安全性鉴定分为四级；正常使用性鉴定分为三级；可靠性鉴定分为四级，文字表述的尺度，见表28-4。表中还给出了各层次等级的符号表示，以便在后面的讨论中有更深的理解。

鉴定的等级、尺度、层次与符号表示，及处理要求对照表　　　　　表 28-4

鉴定目标		鉴定等级的含义			
		一	二	三	四
安全性鉴定	安全程度	安全	尚安全	影响安全	危及安全
	构件	a_u	b_u	c_u	d_u
	子单元	A_u	B_u	C_u	D_u
	鉴定单元	A_{su}	B_{su}	C_{su}	D_{su}

鉴定目标		鉴定等级的含义			
		一	二	三	四
正常使用性鉴定	使用功能状态	正常	尚正常	不正常	—
	构件	a_s	b_s	c_s	—
	子单元	A_s	B_s	C_s	—
	鉴定单元	A_{ss}	B_{ss}	C_{ss}	—
可靠性鉴定	符合《标准》程度	符合要求	略低于要求	不符合要求	严重不符合要求
	构件	a	b	c	d
	子单元	A	B	C	D
	鉴定单元	I	II	III	IV
处理要求		不必采取措施	可不采取措施	应采取措施	须立即采取措施

第二十九章 构件和结构计算

第一节 结 构 分 析

1. 结构试验

既有建筑结构分析的目的主要是研究结构及构件是否由于超应力、过大变形、不稳定或其他原因而可能危害结构正常使用。结构分析采用的方法有：结构计算、模型试验、现场荷载试验或计算机仿真。结构分析结果是建筑物可靠性能评估的理论依据，计算分析花的时间少，人力成本投入少，速度快，因此是检测鉴定中常采用的方法。模型试验、现场荷载试验或计算机仿真，花费的时间长，费用高，现场荷载试验有时还有安全风险，因此，这些方法一般在重要建筑、古建筑、结构复杂建筑、重大事故分析、结构计算验证时才采用。

案例 1：某大学教学大楼建筑平面呈"凹"字型，为五层砖承重的混合结构，楼盖为现浇钢筋混凝土结构。当主体结构已全部完工，在施工进入装修阶段时，大楼正立面靠中部分突然倒塌（图 29-1（a）打"×"部分）。垮塌区域有地下室，首层有展览室等大空间房间，一层垮塌部分平面，见图 29-1（b）。

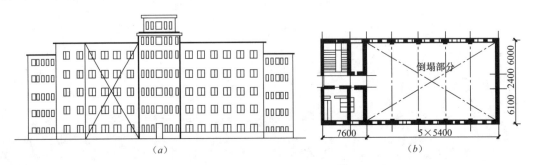

图 29-1 教学大楼与垮塌部分示意图
(a) 教学大楼的正立面；(b) 一层垮塌部分平面

事故发生后，建设部主管部门曾邀请多方专家，包括从设计院、科研所、高校、施工单位等单位来的专家进行分析，提出发生事故的可能原因有：

（1）由于地基不均匀沉降引起的；

（2）由于房间跨度大、隔墙少，墙体失稳引起的；

（3）砌体砌筑质量差，强度不足；

（4）由于大跨度主梁支承在墙上，计算上按简支，而实际上有约束弯矩，从而引起墙体倒塌。

为了弄清倒塌的真正原因，清华大学土木系进行了缩尺模型试验。模型制作取 1∶2

340

缩尺模型，即模型中各尺寸取实际尺寸的 1/2，模型尺寸见图 29-2。模型墙厚 370mm，以便砌筑。大梁配筋率与实际结构相等，梁端支承部分构造也与实际结构相同。因实际结构为五层，为模拟上层传来的荷载，在墙顶加轴力 N，同时顶层两个砖墙用两根 22 号槽钢相连，大梁上按次梁传力位置加荷载 4 个，用千斤顶逐步施加荷载。

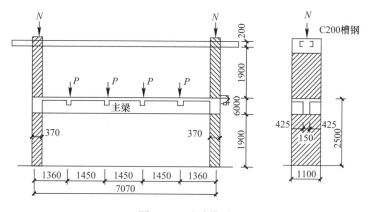

图 29-2　试验模型

梁端上下的砖墙体截面应变示意图见图 29-3 （a）。根据这一应变可以计算 1—1、2—2 截面的弯矩 M_1 和 M_2，试验计算结果与理论计算比较见表 29-1。

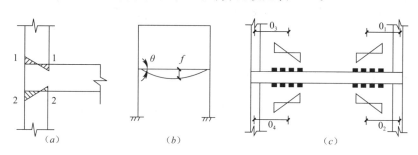

图 29-3　试验结果示意图

（a）墙体的应变分布；（b）墙位移与梁挠度与转角；（c）梁的测点布置及反弯点

墙体的水平位移曲线和梁的挠度及转角情况见图 29-3 （b）。墙体的横向水平位移在上、下两层的方向相反，这与框架的变形是基本一致的。

如按简支梁理论，则梁中应无反弯点。但实测结果显示出反弯点，如图 29-3 （c）中的 O_1、O_2、O_3、O_4 点，其距柱中心线均在 1000mm 左右，这与框架梁的计算结果非常接近。

试验结果与理论计算比较　　　　　　　　　　　表 29-1

	试验值	按组合框架计算（相差%）	按简支梁计算（相差%）
墙体 1—1 截面弯矩 M_1(kN·m)	10	9.5(+5%)	0
墙体 2—2 截面弯矩 M_2(kN·m)	11.6	13.5(-16%)	23(+98%)
梁跨中弯矩 $M_中$(kN·m)	24	28(-16%)	51(-113%)
梁跨中挠度 f(mm)	1.3	1.5(-15%)	3.4(-240%)
梁支座截面转角 $\theta('')$	72	94(-29%)	320(-340%)
梁反弯点位置 d(mm)	100	96(+4%)	0

从表 29-1 中比较的结果可知，这样的构造结点非常接近于刚接；而与铰接的假定相差甚远。将原设计（按简支梁计算）的内力与按框架进行分析的内力相比，相差很大。从试验结果判断，在下层窗间墙上端截面处，其弯矩值很大，而轴力则大致相当。可见，按简支梁所得内力来验算窗间墙的承载力是严重不安全的。这一分析与倒塌过程所得的结论是比较一致的。

该案例摘自江见鲸、王元清、龚晓南、崔京浩编著的《建筑工程事故分析与处理》（第二版）。从试验数据可以看出，墙体对楼面的混凝土板是有约束的，约束大小与梁、板厚度、放置于墙体上的长度有关。因此，把楼面板的承载力计算简化为简支板计算是有出入的，也就是说，虽然边界条件的简化给计算带来了方便，但与实际的结果存在了差异。

案例 2：2015 年笔者就遇到了一个经过加层形成类似这种结构的建筑，垮塌时当场砸死 6 人。该建筑原为砖砌平房，低层空间较大。上加一层半，为混凝土梁板结构，低层砖墙和砖柱未作任何加固处理。据幸存者回忆，房屋加层后不久发现墙体有掉灰现象，有无裂缝未曾注意，但已准备进行加固。傍晚在吃年饭时，几乎整幢建筑突然发生坍塌。

分析原因，除了墙体受压荷载增加较多外，原有平房低层砂浆强度低，无法抵抗弯矩的作用而发生垮塌。垮塌现场情况见图 29-4。

（a）　　　　　　　　　　　　　　　（b）

图 29-4　垮塌房屋现场情况

（a）夜间抢救人员现场；（b）墙体破碎、散落情况

2. 结构验算的作用

既有建筑的结构计算也称为结构验算，是因为既有结构已经存在，实际承载和变形能力是已经确定的。结构的安全性鉴定很多时候需要进行承载力验算。结构的变形控制有时也需要进行变形计算校核。在既有建筑的检测鉴定中，结构验算是一个重要手段，出现以下情况都需要进行计算：

（1）在我们国家，21 世纪以前的建筑都缺少设计资料，甚至没有设计资料，通过现场检测得到的结构构件的数据，对结构的既有承载力可以进行核实。

（2）因材料强度不满足设计要求，利用检测数据对结构的承载能力进行复核，分析是否需要采取措施。

（3）施工质量缺陷或事故，造成结构构件孔洞、裂缝、截面削弱、严重变形等情况，需要对结构构件的实际承载力或变形进行分析。

（4）既有建筑因为材料老化、混凝土强度降低、钢筋锈蚀，造成结构构件承载力降低，以及整体工作性能下降，有时需要进行计算剩余承载力。

（5）因地震、火灾、爆炸、风灾、撞击、水淹等天灾人祸给建筑及结构造成了损伤，需要对结构安全性进行评估。

（6）既有建筑的维护、改造，以及加固进行设计需要确定结构的承载力，或适宜采用的加固方法。

案例3：一受弯构件承载力满足使用要求，但安全系数低了点，按照现行国家标准《民用建筑可靠性性鉴定标准》GB 50292 承载力等级当评为 b_u 级或 c_u 级时，可考虑用碳纤维加固构件，提高其安全水平。若构件的承载力不满足使用要求，承载力等级当评为 d_u 级时，采用碳纤维加固就不合适。若遇火灾或粘贴失效，结构的安全储备就不够，可能产生破坏，造成不必要的损失，这时宜采用其他的加固方法。但在实际工程中，一些设计人员并没有注意这个问题，不经意间又留下了隐患。

（7）当建筑结构构件的安全性或可靠性按承载力等级评定时，需要进行计算。前面（1）～（6）中的计算内容，有时也包含其中。

从前一节的案例已经看到，为了方便计算，通常对结构的边界条件进行了简化，因此计算结果与实际状况并不完全吻合。为了保证结构使用安全，结构构件验算使用的计算模型，应符合其实际受力与构造状况。

第二节　计　算　取　值

1. 构件尺寸

结构构件验算一般采用现场实测的尺寸数据，这样更能尽量反映结构构件的实际承载能力。当有设计图纸时，可分以下情况：

（1）检测数据能满足施工验收规范的要求，验算可以直接采用设计图纸上的几何尺寸。

（2）检测得到的结构构件尺寸大于设计要求，如果超过不多，一般认为属有利偏差，仍按设计图纸上的几何尺寸验算。

（3）当实际尺寸增大太多，应注意恒载增加太多对结构承载力是否造成不利影响，以及已成为少筋构件，有时需要通过计算来判断。

（4）当实际尺寸减小太多，显然降低了结构承载力，属于不利偏差。

既有建筑由于修建时间较长，因风化、腐蚀、腐朽、虫蛀、空洞、锈蚀，造成构件截面减小。在这种情况下，不论建筑有无设计图纸，都应以实际测量结果作为计算依据。结构构件尺寸的准确性对计算结果很重要。为了便于说明问题，下面以材料力学中计算圆形梁的应力为例。

算例：梁受弯时跨中应力计算公式如下：

$$\sigma_{\max} = \frac{M}{W_z} \tag{29-1}$$

式中：σ——正应力；

　M——弯矩；

　W_z——截抗弯截面模量。

$$W_Z = \frac{\pi d^3}{32} \qquad (29\text{-}2)$$

式中：d——直径。

假设圆形梁的直径为1，若梁直径计算多加5%，即为1.05，则应力减少15.8%；若梁直径计算增加10%，即为1.1，则应力减少33.1%。反之，若梁计算直径减少5%，即为0.95，则应力增加14.3%；若梁直径减少10%，即为0.9，则应力增加27.1%。

从上面的例子可见，尺寸的偏差对结构计算结果的影响是很大的。这些影响因素包括：测量的方法，使用仪器的精度，测量人员的认真态度。因此，在现场检测中一定要注意这些环节。

计算构件承载力的截面选择：应力可能最大部位；截面面积最小部位；构件材料强度最低部位。有时为了确定一根构件的最小承载力，需要做多个截面的计算，比较确定。一般取最小值作为构件的承载力。

2. 材料标准强度

基于构件实际强度与设计值的差异；环境因素的影响；建筑建造年代久远材料的老化等因素，结构构件的承载力验算，材料强度取值一般是按现场检测结果。但不是强度的平均值，而是材料强度标准值，这样材料强度的保证率才能满足95%的要求。当检测构件材料强度的方法中没有规定计算标准值的方法时，可根据以下情况确定。

(1) 当受检构件仅2~4个，且检测结果仅用于鉴定这些构件时，可取受检构件强度推定值中的最低值作为材料强度标准值。

(2) 当受检构件数量（n）不少于5个，且检测结果用于鉴定一种构件集时，应按下式确定其强度标准值：

$$f_k = m_f - k \cdot s \qquad (29\text{-}3)$$

式中：f_k——构件材料强度的标准值；

$\quad\;\; m_f$——按 n 个构件算得的材料强度均值；

$\quad\;\; s$——按 n 个构件算得的材料强度标准差；

$\quad\;\; k$——与 a、γ 和 n 有关的材料标准强度计算系数，可由表29-2查得；

$\quad\;\; \alpha$——确定材料强度标准值所取的概率分布下分位数，可取 $\alpha = 0.05$；

$\quad\;\; \gamma$——检测所取的置信水平，对钢材，可取 $\gamma = 0.90$；对混凝土和木材，可取 $\gamma = 0.75$；对砌体，可取 $\gamma = 0.60$。

计算系数 k 值 　　　　　　　　　　　　　　表 29-2

n	k 值			n	k 值		
	$\gamma=0.90$	$\gamma=0.75$	$\gamma=0.60$		$\gamma=0.90$	$\gamma=0.75$	$\gamma=0.60$
5	3.400	2.463	2.005	18	2.249	1.951	1.773
6	3.092	2.336	1.947	20	2.208	1.933	1.764
7	2.894	2.250	1.908	25	2.132	1.895	1.748
8	2.754	2.190	1.880	30	2.080	1.869	1.736
9	2.650	2.141	1.858	35	2.041	1.849	1.728
10	2.568	2.103	1.841	40	2.010	1.834	1.721
12	2.448	2.048	1.816	45	1.986	1.821	1.716
15	2.329	1.991	1.790	50	1.965	1.811	1.712

当按 n 个受检构件材料强度标准差算得的变差系数（变异系数）；砌体和木材大于 0.20，混凝土大于 0.15，钢材大于 0.10 时，不宜直接按式 29-3 计算构件材料的强度标准值，而应先检查导致离散性增大的原因。当查明系混入不同总体的样本所致时，宜分别进行统计，然后分别按式（29-1）确定其强度标准值。

关于材料的弹性模量、剪变模量和泊松比等物理性能指标，在现场测试的方法很少，测试数据的离散性较大。一般情况下，根据检测确认的材料品种、规格和强度，可按现行设计规范规定的数值取值采用。

3. 荷载标准值

结构或构件的可靠性鉴定，以及建筑物改变用途或改造有关的加固、改造设计，都需要确定结构上作用的荷载，以便进行承载力验算。建筑结构上的荷载一般按时间分为三类：

永久荷载，常称恒载：在结构使用期间，其值不随时间变化，或其变化与平均值相比可以忽略不计，或其变化是单调的并能趋于限值的荷载。如：结构自重、回填土压力、预应力等。

可变荷载，常称活荷载：在结构使用期间，其值随时间变化，且其变化与平均值相比不可以忽略不计的荷载。如：屋面活荷载、楼面活荷载、屋面积灰荷载、吊车荷载、风荷载、雪荷载等。

偶然荷载：在结构使用期间不一定出现，一旦出现，其值很大且持续时间很短的荷载。如爆炸力、撞击力、地震作用等。

在进行结构构件承载力验算时，作用的荷载应采用标准值。

（1）恒荷载

既有建筑结构已经客观存在，对材料、构件自重的标准值，可以根据构件和连接的实际尺寸，按材料单位体积、面积或长度的重量经计算直接确定。对不便实测的某些连接构造尺寸，可按结构详图估算。常用材料和构件的单位自重标准值，可按现行国家标准《建筑结构荷载规范》GB 50009 的规定采用。当规定值有上、下限时按下列原则采用：当其效应对结构不利时，取上限值；当其效应对结构有利时，取下限值。

当出现下列情况之一时，材料和构件的自重标准值可按现场抽样称量确定：现行国家标准《建筑结构荷载规范》GB 50009 尚无规定；自重变异较大的材料或构件；有理由怀疑规定值与实际情况有显著出入。现场抽样检测材料或构件自重的试样，不应少于 5 个。当按检测的结果确定材料或构件自重的标准值时，应按下列规定进行计算：

1）当其效应对结构不利时，应按下式计算：

$$g_{k,sup} = m_g + \frac{t}{\sqrt{n}} S_g \qquad (29\text{-}4)$$

2）当其效应对结构有利时，应按下式计算：

$$g_{k,sup} = m_g - \frac{t}{\sqrt{n}} S_g \qquad (29\text{-}5)$$

式中：$g_{k,sup}$——材料或构件自重的标准值；

m_g——试样称量结果的平均值；

S_g——试样称量结果的标准差；

n——试样数量（样本容量）；

t——考虑抽样数量影响的计算系数，按表 29-3 采用。

n	t 值	n	t 值	n	t 值	n	t 值
5	2.13	8	1.89	15	1.76	30	1.70
6	2.02	9	1.86	20	1.73	40	1.68
7	1.94	10	1.80	25	1.72	$\geqslant 60$	1.67

（2）活荷载

既有建筑计算活荷载取值是根据委托要求确定。若是荷载原因引起的垮塌事故，应按现场实际荷载进行验算；若是可靠性鉴定应按现行国家标准《建筑结构荷载规范》GB 50009 规定取值进行验算；若是建筑需要改造增加使用荷载，应按增加后荷载进行加固设计验算；若是评估既有建筑的使用荷载，根据既有建筑结构抗力进行反算。

在进行加固设计验算时，对不上人的屋面，应考虑加固施工荷载，其取值应符合下列规定：

1）当估计的荷载低于现行国家标准《建筑结构荷载规范》GB 50009 规定的屋面均布活荷载或集中荷载时，应按国家现行荷载规范的规定值采用。

2）当估计的荷载高于现行国家标准《建筑结构荷载规范》GB 50009 规定值时，应按实际情况采用。

各种情况进行加固设计验算时，其基本雪压值、基本风压值和楼面活荷载的标准值，除应按现行国家标准《建筑结构荷载规范》GB 50009 的规定采用外，尚应按下一目标使用期，乘以表 29-4 的修正系数 k_a 予以修正。

基本雪压、基本风压及楼面活荷载的修正系数 k_a 表 29-4

下一目标使用期 a（年）	10	20	30~50
雪荷载或风荷载	0.85	0.95	1.0
楼面活荷载	0.85	0.90	1.0

注：对表中未列出的中间值，可按线性内插法确定，当 $a<10$ 时，按 $a=10$ 确定 k_a 值。

（3）偶然荷载

计算地震作用时，是把结构全部自重及部分可变荷载合并为重力荷载，验算时以结构和构件自重标准值和部分可变荷载组合值之和为重力荷载的计算标准值，地震力是在重力荷载标准值的基础上确定。

爆炸力、撞击力、巨风等偶然荷载的特点是，其值很大且持续时间很短，不可预判性的概率很高，因此容易造成垮塌事故和人员伤亡。这种荷载在结构使用期间不一定出现，除在这方面有特殊要求的建筑外，结构设计时一般不会考虑。很多时候是当事情发生后，根据破坏的程度来分析这些力作用的大小。

第三节　计 算 方 法

1. 可靠度指标

关于既有建筑结构的目标可靠指标，国内和国际上还没有比较统一的确定方法。美国学者对既有结构构件的目标可靠指标，曾引入生命安全准则考虑了检测情况、结构破坏性质和风险种类三个因素，对原设计阶段的目标可靠指标进行调整。ISO 3822 Annex F 建议既有结构的目标可靠指标应该基于现行规范、总费用最小原则和、或者与社会的其他风险相比较而综合确定，应能反映结构的类型和重要性，可能的失效后果和社会经济条件，其所建议的既有结构承载能力极限状态的目标可靠指标为 2.3～4.3。在我国的设计规范中，是采用"校准法"来确定目标可靠指标的。根据建筑结构的破坏后果，即危及人的生命、造成的经济损失、产生的社会影响等严重程度，把建筑结构划分为了三个等级，相邻等级之间的目标可靠指标相差 0.5，目标可靠指标一共有四个等级，即 2.7、3.2、3.7 和 4.2。和 ISO 3822 比较可以看出，对于承载能力极限状态，ISO 3822 所建议的对于结构构件的目标可靠指标与我国设计规范所规定的目标可靠指标基本上处于同一水平上。

目前，国内的标准对既有建筑承载能力极限状态在目标使用期内的目标可靠指标仍按《建筑结构可靠度设计统一标准》GB 50068—2001 的规定取值。也就是说，与 50 年内的目标可靠指标相同。这表明，在总体目标可靠指标不变的情况下，结构构件的年失效概率会随着其目标使用期的增加而逐渐减小。

2. 承载力验算

《民用建筑可靠性鉴定标准》GB 50292—2015 和《工业建筑可靠性鉴定标准》GB 50144—2008 中，对结构构件承载能力等级评定采用的是结构构件的抗力与荷载对构件的作用效应的比值。这一比值为抗力系数，其数学表达式如下：

$$\gamma = R/\gamma_0 S \tag{29-6}$$

式中：γ——抗力系数；

γ_0——结构重要性系数；

S——结构构件的作用效应；

R——结构构件的抗力。

结构重要性系数 γ_0 按现行国家标准《建筑结构可靠度设计统一标准》GB 50068 的规定取值。

关于结构荷载的取值在前一节已经做了介绍。荷载在结构构件上作用的组合、作用的分项系数及组合系数，一般按现行国家标准《建筑结构荷载标准》GB 50009 的规定采用。

关于结构构件抗力的验算，应按各有关建筑结构设计规范关于抗力标准值的计算方法进行计算，计算所需的几何尺寸实测值以及现场实测材料强度标准强度，在前面已经讨论过。特殊情况下，如果原设计文件有效，且不怀疑结构有严重的性能退化及设计、施工偏差，可采用原设计的标准值。

同济大学根据适用于既有结构的荷载和抗力概率模型，考虑 14 种代表性的结构构件（混凝土结构：轴心受拉、小偏心受压、大偏心受压、受弯、受剪；砖砌体结构：轴心受压、偏心受压、受剪；木结构：受剪、轴心受压；钢结构：轴心受压、偏心受压；薄壁型钢结构：轴心受压和偏心受压。），不同的可变荷载效应与永久荷载效应比值，3 种可变荷载效应与永久荷载效应的简单组合，对不同目标使用期内的荷载分项系数进行优化分析。结果为：永久荷载分项系数 $\gamma_G = 1.0$（当永久荷载对结构有利时，$\gamma_G = 0.6$），可变荷载分项系数 $\gamma_Q = 1.3$。由荷载分项系数进一步优化分析得出不同构件的承载力分项系数 $\gamma_R = 1.11～1.82$。该项成果纳入由同济大学和上海市房屋检测中心主编的上海市工程建设规范《既有建筑物结构检测与评定标准》DG/TJ 08—804—2005 中，具有很好的参考价值，主要的条文内容如下。

对于承载力能力极限状态，采用下式进行验算：

$$\gamma_0 S \leqslant R/\gamma_R \tag{29-7}$$

式中：γ_0——结构重要性系数；

S——荷载效应组合的验算值；

R——结构构件抗力的验算值；

γ_R——结构构件抗力分项系数。

荷载效应组合的验算值，应符合现行国家标准《建筑结构荷载标准》GB 50009 的有关规定，其中基本组合的荷载分项系数按下采用：

（1）永久荷载分项系数：

1）当其效应对结构不利时

对由可变荷载效应控制的组合，应取 1.0；

对由永久荷载效应控制的组合，应取 1.2；

2）当其效应对结构有利时，应取 0.6。

（2）可变荷载的分项系数：

一般情况下应取 1.3；

对标准值大于 $4kN/m^2$ 的房屋楼面结构的活荷载应取 1.2。

结构构件抗力的验算值，与式（29-6）的相同。结构构件抗力分项系数，按表 29-5 的规定取值，其中薄壁型钢结构构件的抗力分项系数没有列出。

抗力分项系数 γ_R 表 29-5

构件类型	受力状态	分项系数
木结构构件	受弯	1.14
	轴心受压	1.14
	轴心受拉	1.14
砖砌体结构构件	轴心受压	1.50
	偏心受压	1.82
	受弯	1.41
	受剪	1.44
混凝土结构构件	轴心受拉	1.13
	轴心受压	1.23
	小偏心受压	1.23
	大偏心受压	1.14
	受弯	1.13
	受剪	1.57
	受扭	1.47
钢结构构件	轴心受压	1.15
	轴心受拉	1.15
	偏心受压	1.11
	偏心受拉	1.11
	受弯	1.11

3. 正常使用极限状态

对于结构构件正常使用极限状态进行计算分析，应根据不同的检测要求，采用荷载的标准组合、频遇组合或准永久组合，并按式（29-8）进行验算。

$$S_k \leqslant C \tag{29-8}$$

式中：S_k——通过计算或实测获得的结构或结构构件的变形、裂缝宽度、振幅、加速度等；

C——结构或结构构件达到正常使用要求的规定限值，应按各有关建筑结构设计规范的规定采用。

对于荷载的标准组合、频遇组合或准永久组合，荷载效应组合的验算值 S_k 应符合《建筑结构荷载规范》GB 50009—2012 的有关规定。

结构分析时宜考虑环境对材料、构件和结构性能的影响，以及结构的累积损伤。如湿度对木材性能的影响，水对砌体结构的影响，裂缝对钢筋混凝土构件刚度的影响等。

第三十章 民用建筑安全性

民用建筑比工业建筑多很多，因此本章讨论民用建筑的安全性，主要是依据《民用建筑可靠性鉴定标准》GB 50292—2015 的内容进行分析讨论，为叙述方便简称《标准》。

《民用建筑可靠性鉴定标准》GB 50292—2015 不包含生土结构的安全性鉴定，但以前在既有建筑的检测鉴定中偶尔还是会遇到。现在的情况有所变化，各地都在打造名街、名镇，这类建筑显然是保护的对象。因此把如何检测鉴定的问题提了出来，写在这里供参考，希望读者提意见。

因本书是以砌体结构为背景写的，关于预应力混凝土构件和钢结构构件安全性鉴定评级，在砌体结构建筑中应用不多。并且这两类构件在砌体结构建筑中应用时都比较简单，需要评定时可看《民用建筑可靠性鉴定标准》GB 50292—2015。

第一节 安全等级划分

1. 等级的层次及内容

安全性鉴定按构件（含节点、连接）、子单元和鉴定单元各分三个层次。每一层次分为四个等级进行鉴定。构件的四个等级用 a_u、b_u、c_u、d_u 表示，子单元的四个等级用 A_u、B_u、C_u、D_u 表示，鉴定单元元的四个等级用 A_{su}、B_{su}、C_{su}、D_{su} 表示。安全性鉴定评级的层次、等级划分及工作内容见表 30-1。

安全性鉴定评级的层次、等级划分及工作内容 表 30-1

层次	一	二		三
单元	构件	子单元		鉴定单元
等级	a_u、b_u、c_u、d_u	A_u、B_u、C_u、D_u		A_{su}、B_{su}、C_{su}、D_{su}
地基基础	—	地基变形评级	地基基础评级	
	按承载能力、使用状况评定单个基础等级	地基稳定性评级（斜坡）		
		承载力评级		
上部承重结构	按承载能力、构造、不适于继续承载的位移或残损等检查项目评定单个构件等级	每种构件评级	上部承重结构评级	鉴定单元安全性评级
		结构侧向位移评级		
	—	按结构布置、支撑、圈梁、结构构件间联系等检查项目评定结构整体性等级		
围护系统承重部分	按上部承重结构检查项目及步骤评定围护系统承重部分各层次安全性等级			

2. 分级标准

安全性鉴定评级的各层次鉴定对象、分级标准和处理要求，按表 30-2 的规定采用。

安全性鉴定分级标准

表 30-2

层次	鉴定对象	等级	分级标准	处理要求
一	单个构件或其检查项目	a_u	安全性符合《标准》对 a 级的要求，具有足够的承载能力	不必采取措施
		b_u	安全性略低于《标准》对 a 级的要求，尚不显著影响承载能力	可不采取措施
		c_u	安全性不符合《标准》对 a 级的要求，显著影响承载能力	应采取措施
		d_u	安全性不符合《标准》对 a 级的要求，已严格影响或完全丧失承载能力	必须及时或立即采取措施
二	子单元或子单元中的某种构件	A_u	安全性符合《标准》对 A 级的要求，不影响整体承载	可能有个别一般构件应采取措施
		B_u	安全性略低于《标准》对 A 级的要求，尚不显著影响整体承载	可能有极少数构件应采取措施
		C_u	安全性不符合《标准》对 A 级的要求，显著影响整体承载	应采取措施，且可能有极少数构件必须立即采取措施
		D_u	安全性极不符合《标准》对 A 级的要求，严重影响整体承载	必须立即采取措施
三	鉴定单元	A_{su}	安全性符合《标准》对 A 级的要求，不影响整体承载	可能有极少数一般构件应采取措施
		B_{su}	安全性略低于《标准》对 A 级的要求，尚不显著影响整体承载	可能有极少数构件应采取措施
		C_{su}	安全性不符合《标准》对 A 级的要求，显著影响整体承载	应采取措施，且可能有极少数构件必须立即采取措施
		D_{su}	安全性严重不符合《标准》对 A 级的要求，严重影响整体承载	必须立即采取措施

3. 鉴定方法分类

安全性鉴定方法分两类：一类是承载能力验算项目；另一类是承载力状态调查实测项目。两类项目从统一的安全性等级含义出发，分别采用了下列分级原则：

（1）按承载力验算结果评级的分级原则

《建筑结构设计统一标准》GB 50068—2001 以结构的目标可靠指标来表征设计对结构可靠度的要求，并根据可靠度与材料和构件质量之间的近似函数关系，提出了设计要求的质量水平。当荷载效应的统计参数为已知时，可靠指标是材料或构件强度统计参数的函数。因此，设计要求的材料和构件质量水平，可以近似地根据结构构件的目标可靠指标来确定。

《建筑结构设计统一标准》GB 50068—2001 规定了两种质量界限，即设计要求的质量和下限质量。前者为材料和构件的质量应达到或高于目标可靠指标要求的期望值，它所代表的质量水平相当于全国平均水平，实际的材料和构件性能可能在此质量水平上下波动。

为使结构构件达到设计所期望的可靠度，其波动的下限应予规定。工程质量不得低于规定的质量下限。《建筑结构设计统一标准》GB 50068—2001 的质量下限是按目标可靠指标减 0.25 确定的，这相当于失效概率的运算值上升半个数量级。

对此类检查项目采用下列分级原则：

a_u 级：符合现行规范对目标可靠指标 β_0 的要求，实物完好，验算表达式为 $R/\gamma_0 S \geqslant 1$；

b_u 级：略低于现行规范对目标可靠指标 β_0 的要求，但尚可达到或超过相当于工程质量下限的可靠水平，即可靠指标 $\beta \geqslant \beta_0 - 0.25$，此时，实物状况可能比 a_u 级稍差，但仍能继续使用，验算表达式为 $R/\gamma_0 S \geqslant 0.95$；

c_u 级：不符合现行规范对目标可靠指标 β_0 的要求，其可靠指标下降已超过工程质量下限，使构件的失效概率增大一个数量级，但未达到随时有破坏可能的程度，可靠指标 $\beta_0 - 0.25 > \beta \geqslant \beta_0 - 0.5$，验算表达式 $0.95 > R/\gamma_0 S \geqslant 0.9$；

d_u 级：严重不符合现行规范对目标可靠指标 β_0 的要求，其可靠指标下降已超过 0.5，实物可能处于濒临危险的状态，验算表达式 $R/\gamma_0 S < 0.9$。

这里需说明的是，R 和 S 分别为结构构件的抗力和作用效应，应按第二十八章第二节可靠性评定原则确定；γ_0 为结构重要性系数，应按验算所依据的国家现行设计规范选择安全等级，并确定系数的取值。

(2) 按承载状态调查实测结果的分级原则

安全性检查中的构造与连接方式、不适于继续承载的位移和裂缝等项目需通过调查、实测评估其承载状态的安全性，必要时还可以通过荷载试验评估构件的安全性。对于此类检测项目采用下列分级原则：

1) 当鉴定结果符合本标准规范规定和已有建筑物必须考虑的问题（如性能退化、环境条件改变等）所提出的安全要求时，可评为 a_u 级。

2) 当鉴定结果遇到下列情况之一时，可降为 b_u 级：尚符合本标准的安全性要求，但实物外观稍差，经鉴定人认定，不能评为 a_u 级，虽略不符合本标准对 a_u 级的安全性要求，但符合原标准规范的安全要求，且外观状态正常者。

3) 当鉴定结果不符合本标准对 a_u 级的安全性要求，且不能引用降为 b_u 级的条款时，应评为 c_u 级。

4) 当鉴定结果极不符合本标准对 a_u 级的安全性要求时，应评为 d_u 级。

部分检测项目仅给出定级范围，具体取 c_u 级还是 d_u 级，由鉴定人员根据现场分析、判断所确定的实际严重程度决定。

安全性检测中的各个项目对应的都是承载力极限状态，它们的重要性是相同的，应该具有相同的目标可靠指标。从结构可靠性理论的观点，每一个检测项目对应了结构的一种可能破坏模式，如某一个破坏模型的失效概率比其他的大得多（该破坏模式对应的等级较低），结构或构件的失效概率与最大失效概率接近。根据这一理论，按最低等级项目确定单个构件安全等级。

(3) 两类的相互印证

安全性鉴定方法虽然可以分为两类，以便在工程鉴定中分析。但这两类方法在鉴定中并不能截然分开。在前面我们已经谈到，结构计算有假设条件，也就是说，与实际情况存在一定差异。若用计算程序进行计算分析，为了保证安全性，计算结果往往更利于安全使用。

承载力状态调查实测项目，是从结构使用的现状判断其危险程度。这些分类出的实测项目，最能表现结构构件的危险情况。在工程施工建设或既有建筑的使用过程中，很多时候都是首先通过结构变形、连接、裂缝等现象发现问题，再通过检测鉴定确认结构是否存在安全问题，而不一定是首先计算就能完全确定。通过下面的案例分析，说明鉴定时容易犯的错误。

案例：一商住楼建筑，地下 1 层地上 9 层，分四个单元，建筑面积 $13715m^2$。1～3 层为框剪结构，楼面采用混凝土现浇板；4～10 层为砖混结构，楼面采用预制混凝土板；墙体厚 200mm，采用单排孔混凝土砌块，混合砂浆砌筑，墙体中设置有混凝土芯柱。该房屋于 1998 年竣工后使用至今，近 20 年时间。为了便于地下室的使用，将剪力墙上原有门洞扩大，拆除地下一层约一开间墙体作为下行通道。住户反映局部墙体出现裂缝，局部楼板出现开裂或地面瓷砖翘曲等现象，因此引发住户闹事，委托对房屋安全性进行鉴定。

鉴定单位的鉴定结论如下：

（1）房屋结构安全等级评定为 C_{su}，应采取处理措施。

（2）地下室剪力墙开洞后，导致轴压比增大，增大后的轴压比仍满足规范要求。

（3）地下室顶板拆除部分为预制混凝土板，此预制板采用装配式搁置于地下室挡墙及纵向梁上，此种板在受力上只传递板上竖向荷载，对结构整体性能及传递水平荷载作用影响较小。

（以上是综合鉴定报告中的部分内容）

以上 3 条结论都是鉴定单位根据 PKPM 砌体计算模块进行复核验算，然后分析得出的。结论（1）是根据计算的 213 个砌块墙体构件，a_u 级 198 个，b_u 级 6 个，d_u 级 9 个；结合上部楼层墙体裂缝较多，砂浆强度低，根据《民用建筑可靠性鉴定标准》GB 50292—2015 的规定；以及《建筑抗震设计规范》GB 50011—2010（2016 版）要求作出的结论。我看了这份鉴定报告认为，该条结论不一定不正确，因事关重大，还需要进一步完善所做的工作。检测数据的可靠性还有待采用其他方法进行验证；裂缝的成因没有认真分析，只说了现象；9 根 d_u 级的构件及周边应认真检查，分析原因，必要时采用手工计算复核；有些结论需要根据使用的情况，结合当时的标准规范进行分析，必要时对结构体系还应进行分析，使得出的结论更客观更可信。在既有建筑的承重结构上，随意开墙打洞是违法行为，结论的（2）、（3）则认为满足规范要求、影响很小，这显然是一个不恰当的结论。这份报告拿出去，一定会使住户的情绪更激动，问题变得更复杂。

第二节　构件的安全性鉴定

1. 生土结构

生土结构构件的安全性分别按承载力、构造、不适于继续承载的位移和裂缝等四个项目进行评定，取其中最低一级作为构件的安全性等级。

（1）承载力评定

1）承载力计算

当生土结构构件安全性按承载能力评定时，应按表 30-3 的规定，分别评定每一验算项目的等级，然后取其中最低一级作为该构件承载能力的安全性等级。

生土结构墙体承载能力等级的评定 表 30-3

构件类别	$R/\gamma_0 S$			
	a 级	b 级	c 级	d 级
承重墙体	≥1.0	≥0.95	≥0.90	<0.90
自承重墙体	≥1.0	≥0.93	≥0.87	<0.87

生土墙的承载力计算，其强度取值：土坯砖砌体按第二十一章第一节的方法抽样试验确定；土筑墙和三合土筑墙按第二十一章第三节的方法确定。

2）剩余截面积

既有生土构件，不论是承重墙还是自承重主要受压，因此可以以截面面积剩余率来评估墙体的承载力，即墙体原有截面积减去现存截面积后与原有截面积的比值。当生土结构构件的安全性按有效截面评定时，按表 30-4 的规定，分别评定等级，然后取其中最低一级作为该构件承载力的安全性等级。

生土结构构件有效截面积的承载力等级评定 表 30-4

构件级别	a 级	b 级	c 级	d 级
墙体构件有效截面积损失（%）	≤5	≤10	≤15	>15

表 30-4 生土结构构件有效截面积承载力等级评定与表 30-3 中承重墙体的标准是相同的，主要是生土墙体损伤多数情况下是单侧面，墙体出现了偏心受压。

（2）构造评定

当生土结构构造出现下列情况时，应视为墙体的稳定性存在严重问题，并应根据其严重程度评为 c 级或 d 级：

1）墙体高厚比大于 12；

2）墙体开间大于 6m 无拉结；

3）相邻墙体没有可靠连接，或相邻墙体连接处断裂成通缝；

4）墙体开水平槽长度超过 1/4 墙长。

（3）位移或变形评定

当生土结构构件出现下列情况时，应视为不适于继续承载的水平位移（或倾斜），并应根据其严重程度评为 c 级或 d 级：

1）当其实测水平位移（或倾斜）大于 0.5%；

2）墙出现明显的挠曲、鼓闪。

（4）裂缝评定

当生土结构构件出现下列裂缝情况时，应视为墙体存在安全隐患，并应根据其严重程度评为 c 级或 d 级：

1）受压墙沿受力方向产生缝宽大于 30mm、缝长超过层高 1/2 的竖向裂缝，或产生缝长超过层高 1/3 的多条竖向裂缝；

2）支承梁或屋架端部的墙体因局部受压产生多条竖向裂缝，或最大裂缝宽度已超过 20mm；

3）墙体偏心受压产生水平裂缝。

2. 木结构

木结构构件的安全性应分别按承载能力、构造、不适于继续承载的位移（或变形）、裂缝以及危险性的腐朽和虫蛀等六个检查项目，分别评定每一受检构件等级，取其中最低一级作为该构件的安全性等级。

（1）承载力评定

当木结构构件及其连接的安全性按承载能力评定时，应按表 30-5 的规定，分别评定每一验算项目的等级，然后取其中最低一级作为该构件承载能力的安全性等级。

木结构构件及其连接承载能力等级的评定　　　　　　　　　　　表 30-5

构件类别	$R/\gamma_0 S$			
	a 级	b 级	c 级	d 级
主要构件及连接	≥1.0	≥0.95	≥0.90	<0.90
一般构件	≥1.0	≥0.90	≥0.85	<0.85

木构件承载力计算按照《木结构设计规范》GB 50005—2003 的要求进行。无检测条件时，木材强度设计值按《木结构设计规范》GB 50005—2003 规定取值，调整系数按设计使用年限为 100 年及以上的规定取值；有检测条件，木材强度按实测取值。而且，重要性系数 γ_0 不应低于 1.1。

（2）构造评定

在木结构的安全事故中，由于构件构造或节点连接构造不当所引起的各种破坏（如构件失稳、缺口应力集中、连接劈裂、桁架端节点剪坏、封闭部位腐朽等）占有很大的比例。因此，结构构造的正确性与可靠性是木结构构件正常承载能力的重要保证，一旦构造出了严重问题，便会直接危及结构整体安全。当木结构构件的安全性按构造评定时，应按表 30-6 中的规定，分别评定两个检查项目的等级。根据木结构构件实际完好程度确定评定结果取 a 级或 b 级；根据其实际严重程度确定 c 级或 d 级，并取其中较低一级作为该构件构造的安全性等级。构件支承长度检查结果不参加评定，但若有问题，应在鉴定报告中说明，并提出处理建议。

木结构构件构造安全性评定标准　　　　　　　　　　　表 30-6

检查项目	a 级或 b 级	c 级或 d 级
构件构造	构件长细比或高跨比、截面高宽比等符合或基本符合国家现行设计规范的要求；无缺陷、损伤，或仅有局部表面缺陷；工作无异常	构件长细比或高跨式、截面高宽比等不符合国家现行设计规范的要求；或符合要求，但存在明显缺陷；已影响或显著影响正常工作；柱子有接头
节点、连接构造	节点、连接方式正确，构造符合国家现行设计规范要求；无缺陷，或仅有局部的表面缺陷；通风良好；工作无异常	节点、连接方式不当，构造有明显缺陷（包括通风不良），已导致连接松弛变形、滑移、沿剪面开裂或其他损坏

（3）位移或变形评定

木结构构件不适于承载的位移评定标准，是《民用建筑可靠性鉴定标准》GB 50292 以现行《木结构设计规范》GB 50005 和《古建筑木结构维护与加固技术规范》GB 50165 两个管理组所作的调查与试验资料为背景，并参照德、日等国有关文献制定的。其中需要指出的是，对木梁挠度的界限值是以公式给出的。其所以这样处理，是因为受弯木构件的挠度发展程度与高跨比密切相关。当高跨比很大时，木梁在挠度不大的情况下即已劈裂。故采用考虑高跨比的挠度公式确定不适于承载的位移较为合理。

当木结构构件的安全性按不适于继续承载的变形评定时，应按表 30-7 的规定评级。

木结构构件不适于继续承载的变形的评定   表 30-7

检查项目		c 级或 d 级
挠度	桁架（屋架、托架）	$>l_0/200$
	主梁	$>l_0^2/3000h$ 或 $>l_0/150$
	搁栅、檩条	$>l_0^2/2400h$ 或 $>l_0/120$
	椽条	$>l_0/100$，或已劈裂
侧向弯曲的矢高	柱或其他受压构件	$>l_c/200$
	梁	$>l_0/150$

注：1. 表中 l_0 为计算跨度；l_c 为柱的无支长度；h 为截面高度；
    2. 表中的侧向弯曲，主要是由木材生长原因或干燥、施工不当所引起的；
    3. 评定结果取 c 级或 d 级，可根据其实际严重程度确定。

（4）裂缝评定

木材随着木纹倾斜角度的增大，强度将很快下降，如果伴有裂缝，则强度将更低。因此，在木结构构件安全性鉴定中应考虑斜纹及斜裂缝对其承载能力的影响。当木结构构件具有下列斜率（ρ）的斜纹理或斜裂缝时，应根据其严重程度定为 c 级或 d 级。

对受拉构件及拉弯构件 $\rho>10\%$

对受弯构件及偏压构件 $\rho>15\%$

对受压构件 $\rho>20\%$

（5）腐朽与虫蛀评定

当木结构构件的安全性按危险性腐朽或虫蛀评定时，按表 30-8 的规定评级；当封入墙、保护层内的木构件或其连接已受潮时，即使木材尚未腐朽，也应直接定为 c_u 级。

木结构构件的安全性按危险性腐朽或虫蛀评定   表 30-8

检查项目		c_u 级或 d_u 级
表层腐朽	上部承重结构构件	截面上的腐朽面积大于原截面面积的 5%，或按剩余截面验算不合格
	木桩	截面上的腐朽面积大于原截面面积的 10%
芯腐	任何构件	有芯腐
虫蛀		有新蛀孔；或未见蛀孔，但敲击有空鼓声，或用仪器探测，内有蛀洞

在极端潮湿的环境下，木材的腐朽速度比生土建筑都要来得快，并且没有一个可以量化腐蚀速度（即耐久性）的指标，因此评定经验很重要。在评定时也可提出改善木结构环境的建议，以提升评定等级。

3. 砌体结构

砌体结构包括砖砌体、石砌体、砌块砌体。在前面把石砌体结构单独出来进行介绍，是因考虑到建筑工程中现在很多人员对石结构已经很生疏，同时它也有自身的特点，有必要进行说明。在砌体结构鉴定时，整个要求是一样的，因此就不再分开。

砌体结构构件的安全性应分别按承载能力、构造、不适于继续承载的位移和裂缝（包括外观缺陷）等四个项目进行评定，取其中最低一级作为构件的安全性等级。

（1）承载力评定

当砌体结构构件的安全性按承载能力评定时，按表 30-9 的规定，分别评定每一验算项目的等级，然后取其中最低一级作为该构件承载能力的安全性等级。

砌体构件承载能力等级的评定 表 30-9

构件类别	$R/\gamma_0 S$			
	a 级	b 级	c 级	d 级
主要构件及连接	≥1.0	≥0.95	≥0.90	<0.90
一般构件	≥1.0	≥0.90	≥0.85	<0.85

砌体结构倾覆、滑移、漂浮的验算，应按国家现行有关规范的规定进行。

当材料的最低强度等级不符合现行国家标准《砌体结构设计规范》GB 50003 的要求时，应直接定为 c 级。

（2）构造评定

把高厚比作为砌体结构构造的检查项目之一，是因为在实际结构中，砌体由于其本身构造和施工的原因，多数存在隐性缺陷。在这种条件下工作的砌体墙、柱，倘若刚度不足，便很容易由于意外的偏心、弯曲、裂缝等缺陷的共同作用，而导致承载能力的降低。为此，设计规范用规定的高厚比来保证受压构件正常承载所必需的最低刚度。针对这一特点进行安全性鉴定，除了应进行强度和稳定性验算外，尚需检查其高厚比是否满足承载的要求。也就是说，只有了解构造的实际情况，构件的验算才是有意义的。

当砌体结构构件的安全性按连接及构造评定时，应按表 30-10 的规定，分别评定两个检查项目的等级。根据其实际完好程度确定评定结果取 a 级或 b 级；根据其实际严重程度确定评定结果取 c 级或 d 级，然后取其中较低一级作为该构件的安全性等级。构件支承长度的检查与评定应包含在"连接及构造"的项目中。

砌体结构构件构造安全性评定标准 表 30-10

检查项目	a 级或 b 级	c 级或 d 级
墙、柱的高厚比	符合国家现行相关规范的规定	不符合国家现行相关规范的规定，且已超过现行国家标准《砌体结构设计规范》GB 50003 规定限值的 10%
连接及构造	连接及砌筑方式正确，构造符合国家现行设计规范要求，无缺陷或仅有局部的表面缺陷，工作无异常	连接及砌筑方式不当，构造有严重缺陷（包括施工遗留缺陷），已导致构件或连接部位开裂、变形、位移或松动，或已造成其他损坏

在表 30-11 中，砂浆强度等级为 M0.4 和 M1 的允许高厚比值，在现行《砌体结构设计规范》GB 50003 中由于这两个强度等级已经取消，因此允许高厚比值也就没有列出。但是，在实际工程中还是有砂浆强度等级低于 M2.5 的情况，为便于计算分析列出。

墙、柱的允许高厚比值 表 30-11

砂浆强度等级	墙	柱	备注
M0.4	16	12	现行规范已取消
M1	20	14	
M2.5	22	15	
M5	24	16	
≥M7.5	26	17	

注：毛石墙、柱的允许高厚比应按表中数值降低 20%。

（3）位移或变形评定

砌体结构构件出现的过大水平位移或倾斜，多属于地基基础不均匀沉降，水平地震作用或其他水平荷载及基础转动留下的残余变形，不过在一次检测中，往往是很难分清的。因此，以总位移为依据来评估其承载状态。

砖柱弯曲（通过主受力平面或侧向弯曲）为自由长度的 1/300 时，以常见的 4.5m 高的砖柱为例，其弯曲矢高已为 15mm，超过施工允许偏差近一倍。显然有必要在承载能力的验算中考虑其影响。

砖拱、砖壳这类构件出现的位移或变形，国内外标准（或检验手册、指南）多采用一经发现便应根据其实际严重程度判为 c_u 级或 d_u 级的直观鉴定法。因为，这类砌体构件不仅对位移和变形的作用十分敏感，而且承载能力低，甚至影响正常使用和美观。

当砌体结构构件安全性按不适于继续承载的位移或变形评定时，应遵守下列规定：

1）对墙、柱的水平位移（或倾斜），当其实测值大于第三节表 30-20 所列的限值时，应按下列规定评级：

① 若该位移与整个结构有关，应根据第三节 3、的（5）的评定结果，取与上部承重结构相同的级别作为该墙、柱的水平位移等级；

② 若该位移只是孤立事件，则应在其承载能力验算中考虑此附加位移的影响。若验算结果低于 b 级，可根据其实际严重程度定为 c 级或 d 级；

③ 若该位移尚在发展，应直接定为 d 级。

2）对偏差或其他使用原因造成的柱（不包括带壁柱）的弯曲，当其矢高实测值大于柱的自由长度的 1/300 时，应在其承载能力验算中计入附加弯矩的影响，并根据验算结果按 1）条的①的原则评级。

3）对拱或壳体结构构件出现的下列位移或变形，可根据其实际严重程度定为 c 级或 d 级。

① 拱脚或壳的边梁出现水平位移；

② 拱轴线或筒拱、扁壳的曲面发生变形。

（4）裂缝评定

砌体结构承载力不足引起的破坏是脆性破坏，往往发生地很突然。当砌体承载力不足产生裂缝时，是一个安全储备差的先兆，砌体间的连接一般较弱，因此，凡是检查出受力性裂缝，便应根据其严重程度评为 c_u 级或 d_u 级。

当砌体结构的承重构件出现下列受力裂缝时，应视为不适于继续承载的裂缝，并应根据其严重程度评为 c 级或 d 级：

1）主梁支座下的墙、柱的端部或中部、出现沿块材断裂（贯通）的竖向裂缝或斜裂缝；

2）空旷房屋承重外墙的变截面处，出现水平裂缝或沿块材断裂的斜向裂缝；

3）砌体过梁的跨中或支座出现裂缝；或虽未出现肉眼可见的裂缝，但发现其跨度范围内有集中荷载；

4）筒拱、双曲筒拱、扁壳等的拱面、壳面，出现沿拱顶母线或对角线的裂缝；

5）拱、壳支座附近或支承的墙体上出现沿块材断裂的斜裂缝；

6）其他明显的受压、受弯或受剪裂缝。

砌体构件过大的非受力性裂缝，主要是由于温度、收缩、变形以及地基不均匀沉降等因素引起的，但这类裂缝过宽、过长有可能破坏了砌体结构整体性，恶化了砌体构件的承载条件，且终将由于裂缝宽度过大而危及构件承载的安全。因此，也有必要列为安全性鉴定的检查项目。

当砌体结构、构件出现下列非受力裂缝时，也应视为不适于继续承载的裂缝，并根据其实际严重程度评为 c 级或 d 级。

　　1) 纵横墙连接处出现通长的竖向裂缝；

　　2) 承重墙体墙身裂缝严重，且最大裂缝宽度已大于 5mm；

　　3) 独立柱出现裂缝，或有断裂、错位迹象；

　　4) 其他显著影响结构整体性的裂缝。

　　4. 混凝土结构

混凝土结构构件的安全性应分别按承载能力、构造、不适于继续承载的位移（或变形）和裂缝等四个项目进行评定，取其中最低一级作为构件的安全性等级。

（1）承载力评定

当混凝土结构构件的安全性按承载能力评定时，应按表 30-12 的规定，分别评定每一验算项目的等级，然后取其中最低一级作为该构件承载能力的安全性等级。

混凝土结构构件承载能力等级的评定　　　　　　　　　　　　　表 30-12

构件类别	$R/\gamma_0 S$			
	a 级	b 级	c 级	d 级
主要构件的及节点、连接	≥1.0	≥0.95	≥0.90	<0.90
一般构件	≥1.0	≥0.90	≥0.85	<0.85

混凝土结构倾覆、滑移、疲劳的验算，应符合国家现行有关规范进行。

（2）构造评定

当混凝土结构构件的安全性按构造评定时，应按表 30-13 的规定，分别评定两个检查项目的等级。根据其实际完好程度确定评定结果取 a 级或 b 级；根据其实际严重程度确定评定结果取 c 级或 d 级。然后取其中较低一级作为该构件构造的安全性等级。

混凝土结构构件构造等级的评定　　　　　　　　　　　　　表 30-13

检查项目	a 级或 b 级	c 级或 d 级
结构构造	结构、构件的构造合理，符合或基本符合现行设计规范要求	结构、构件的构造不当，或有明显缺陷，不符合国家现行相关规范要求
连接（或节点）构造	连接方式正确，构造符合国家现行设计规范要求，无缺陷，或仅有局部的表面缺陷，工作无异常	连接方式不当，构造有明显缺陷，已导致焊缝或螺栓等发生变形、滑移、局部拉脱、剪坏或裂缝
受力预埋件	构造合理，受力可靠，无变形、滑移、松动或其他损坏	构造有明显缺陷，已导致预埋件发生变形、滑移、松动或其他损坏

（3）位移或变形评定

当混凝土结构构件的安全性按不适于继续承载的位移或变形评定时，应遵守下列规定：

1) 对其他受弯构件的挠度或施工偏差超限造成的侧向弯曲，应按表 30-14 的规定评级。

混凝土受弯构件不适于继续承载的变形的评定　　　　　　　表 30-14

检查项目	构件类别		c 级或 d 级
挠度	主要受弯构件——主梁、托梁等		$>l_0/250$
	一般受弯构件	$l_0 \leqslant 9\text{m}$	$>l_0/150$ 或 $>45\text{mm}$
		$l_0 > 9\text{m}$	$>l_0/200$
侧向弯曲的矢高	预制屋面梁、桁架		$>l_0/500$

注：1. 表中 l_0 为计算跨度；
　　2. 评定结果取 c 级或 d 级，可根据其实际严重程度确定。

2) 对柱顶的水平位移或倾斜，当其实测值大于第三节表 30-20 所列的限值时，应按下列规定评级：

① 若该位移与整个结构有关，应根据第三节 3. 的（5）的评定结果，取与上部承重结构相同的级别作为该柱的水平位移等级；

② 若该位移只是孤立事件，则应在其承载能力验算中考虑此附加位移的影响，若验算结果低于 b 级，可根据其实际严重程度定为 c 级或 d 级；

③ 若该位移尚在发展，应直接定为 d 级。

（4）裂缝评定

当混凝土结构构件出现表 30-15 所列的受力裂缝时，应视为不适于继续承载的裂缝，并应根据其实际严重程度定为 c 级或 d 级。

混凝土构件不适于继续承载的裂缝宽度的评定　　　　　　　表 30-15

检查项目	环境	构件类别	c 级或 d 级
受力主筋处的弯曲（含一般弯剪）裂缝和受拉裂缝宽度（mm）	室内正常环境	主要构件	>0.50
		一般构件	>0.70
	高湿度环境	任何构件	>0.40
剪切裂缝和受压裂缝（mm）	任何环境	任何构件	出现裂缝

注：1. 表中的剪切裂缝系指斜拉裂缝，以及集中荷载靠近支座处出现的或深梁中出现的斜压裂缝；
　　2. 高湿度环境系指露天环境、开敞式房屋易遭飘雨部位、经常受蒸汽或冷凝水作用的场所（如厨房、浴室等）以及与土壤直接接触的部件等；
　　3. 裂缝宽度以表面量测值为准。

当混凝土结构构件出现下列情况的非受力裂缝时，也应视为不适于继续承载的裂缝，并应根据其实际严重程度定为 c 级或 d 级：

1) 因主筋锈蚀产生的沿主筋方向的裂缝，其裂缝宽度已大于 1.5mm；

2) 因温度、收缩等作用产生的裂缝，其宽度已比表 30-14 规定的弯曲裂缝宽度值超过 50%，且分析表明已显著影响结构的受力。

当混凝土结构构件同时存在受力和非受力裂缝时分别评定其等级，并取其中较低一级作为该构件的裂缝等级。

当混凝土结构构件出现下列情况之一时，不论其裂缝宽度大小，应直接定为 d 级：

1) 受压区混凝土有压坏迹象；

2) 因主筋锈蚀导致构件混凝土保护层严重脱落；

3) 关键构件出现裂缝。

第三节　子单元安全性鉴定评级

1. 子单元的划分

第二层次鉴定评级，子系统或分系统的划分，可以有不同的方案。一般采用的是三个子单元的划分方案，即：分为上部承重结构（含保证结构整体性的构造）、地基基础和围护系统承重部分等三个子单元。

地基基础的专业性很强，只要处理好它与上部结构间相关、衔接部位的问题，便可完全作为一个子单元进行鉴定。

以上部承重结构作为一个子单元，较为符合长期以来结构设计所形成的概念，也与目前常见的各种结构分析程序相一致，较便于鉴定时的操作。

围护系统的可靠性鉴定，必然要涉及其承重部分的安全性问题，因此，还需单独对该部分进行鉴定，此时，尽管其中有些构件，既是上部承重结构的组成部分，又是该承重部分的主要构件，但这并不影响它作为一个独立的子单元进行安全性鉴定。

当仅要求对某个子单元的安全性进行鉴定时，该子单元与其他相邻子单元之间的交叉部位，也应进行检查，并应在鉴定报告中提出处理意见。

2. 地基基础

地基基础子单元的安全性鉴定，按地基变形或地基承载力和地基稳定性（斜坡）等检查项目的检测结果确定。

在一般情况下，地基基础变形更能在上部结构得到反映，引起地面沉降、墙体或梁柱裂缝。因此其地基基础安全性鉴定，一般以变形鉴定为主，承载力鉴定为辅。当地基变形观测资料不足，或检测、分析表明上部结构存在的问题是因地基承载力不足引起的反应所致时，其安全性等级应按地基承载力项目进行评定。对斜坡场地稳定性问题的评定，除应执行本标准的评级规定外，尚可参照现行国家标准《建筑边坡工程技术规范》GB 50330的有关规定进行鉴定，以期得到更全面的考虑。

（1）评级要求

一般情况下，宜根据地基、桩基沉降观测资料，以及其不均匀沉降在上部结构中反应的检查结果进行鉴定评级。

当需对地基、桩基的承载力进行鉴定评级时，应以岩土工程勘察档案和有关检测资料为依据进行评定。当档案、资料不全时，还应补充近位勘探点，进一步查明土岩土水文情况，并应结合当地工程经验进行核算和评价。当在施工或使用过程中，发现地基情况有所变化，应查明原因，以便采取处理措施。

案例：一住宅楼地勘时没有地下水，因此设计没有考虑有地下水的问题，施工开挖基坑也没有发现地下水。居民入住三年后，距离楼房不远处的小溪，因建设需要改道提高水位，造成地下室地坪开裂，地下水渗入，个别部位楼梯间墙体开裂。

对建造在斜坡场地上的建筑物，应根据历史资料和实地勘察结果，对边坡场地的稳定性进行评级。也就是说，通过既有建筑周边环境情况的变化对比和地勘资料，确认场地的稳定状态。

当需验算地基变形、地基稳定性（斜坡）或地基承载力时，其地基的岩土性能和地基承载力标准值，应根据地质勘察报告取值或补充勘察提供所需数据。

地基基础子单元的安全性等级，根据地基承载力、地基稳定性的评定结果，按其中最低一级确定。

（2）变形评级

当地基基础的安全性按地基变形观测资料或其上部结构反应的检查结果评定时，应按下列规定评级：

1）A$_u$级，不均匀沉降小于现行国家标准《建筑地基基础设计规范》GB 50007 规定的允许沉降差；建筑物无沉降裂缝、变形或位移。

2）B$_u$级，不均匀沉降不大于现行国家标准《建筑地基基础设计规范》GB 50007 规定的允许沉降差；且连续两个月地基沉降量小于每月 2mm；建筑物的上部结构虽有轻微裂缝，但无发展迹象。

3）C$_u$级，不均匀沉降大于现行国家标准《建筑地基基础设计规范》GB 50007 规定的允许沉降差；或连续两个月地基沉降量大于每个月 2mm；或建筑物上部结构砌体部分出现宽度大于 5mm 的沉降裂缝，预制构件连接部位可能出现宽度大于 1mm 的沉降裂缝，且沉降裂缝短期内无终止趋势。

4）D$_u$级，不均匀沉降远大于现行国家标准《建筑地基基础设计规范》GB 50007 规定的允许沉降差；连续两个月地基沉降量大于每月 2mm，且尚有变快趋势；或建筑物上部结构的沉降裂缝发展显著；砌体的裂缝宽度大于 10mm；预制构件连接部位的裂缝宽度大于 3mm；现浇结构个别部分也已开始出现沉降裂缝。

已建成建筑物的地基变形与其建成后所经历的时间长短有着密切关系，1）～4）的沉降标准，仅适用于建成已 2 年以上、且建于一般地基土上的建筑物。若为新建房屋或建在高压缩性黏性土或其他特殊性土地基上的建筑物，此年限宜根据当地经验适当加长。

当地基发生较大的沉降和差异沉降时，其上部结构必然会有明显的反应，如建筑物下陷、开裂和侧倾等。通过对这些宏观现象的检查、实测和分析，可以判断地基的承载状态，并据以作出安全性评估。在一般情况下，当检查上部结构未发现沉降裂缝，或沉降观测表明，沉降差小于现行设计规范允许值，且已停止发展时，显然可以认为该地基处于安全状态，并可据以划分 A$_u$ 级的界线。若检查上部结构发现砌体有轻微沉降裂缝，但未发现有发展的迹象，或沉降观测表明，沉降差已在现行规范允许范围内，且沉降速度已趋向终止时，则仍可认为该地基是安全的。并可据以划分 B$_u$ 级的界线，在明确了 A$_u$ 级与 B$_u$ 级的评定标准后，对划分 C$_u$ 级与 D$_u$ 级的界线就比较容易了，因为就两者均属于需采取加固措施而言，C$_u$ 级与 D$_u$ 级并无实质性的差别，只是在采取加固措施的时间和紧迫性上有所不同。因此，可根据差异沉降发展速度或上部结构反应的严重程度来作出是否必须立即采取措施的判断，从而也就划分了 C$_u$ 级与 D$_u$ 级的界线。

（3）承载力评级

当地基基础的安全性按其承载力评定时，可根据本节前面规定的检测和计算分析结果，并采用下列规定评级：

1）当地基基础承载力符合现行国家标准《建筑地基基础设计规范》GB 50007 的规定时，可根据建筑物的完好程度评为 A$_u$ 级或 B$_u$ 级。这里要注意的是，有些检测鉴定人员在没有发现建筑有沉降变形后，不通过计算和其他背景资料的分析直接评为 A$_u$ 级是不妥当的。

2）当地基基础承载力不符合现行国家标准《建筑地基基础设计规范》GB 50007 的规定时，可根据建筑物开裂损伤的严重程度评为 C_u 级或 D_u 级。

工程地质资料和基础设计资料缺失现象普遍，当按承载力进行地基基础安全性鉴定时，需补充相关资料。

（4）稳定性评级

当地基基础的安全性按边坡场地稳定性项目评级时，应按下列规定评级：

1）A_u 级，建筑场地地基稳定，无滑动迹象及滑动史。

2）B_u 级，建筑场地地基在历史上曾有过局部滑动，经治理后已停止滑动，且近期评估表明，在一般情况下，不会再滑动。

3）C_u 级，建筑场地地基在历史上发生过滑动，目前虽已停止滑动，但当触动诱发因素时，今后仍有可能再滑动。

4）D_u 级，建筑场地地基在历史上发生过滑动，目前又有滑动或滑动迹象。

建造于山区或坡地上的房屋，除需鉴定其地基承载是否安全外，尚需对其斜坡场地稳定性进行评价。此时，调查的对象应为整个场区；一方面要取得工程地质勘察报告，另一方面还要注意场区的环境状况，如近期山洪排泄有无变化，坡地树林有无形成"醉林"的态势（即向坡地一面倾斜），附近有无新增的工程设施等等。为了保证安全，有时还需设置变形观测点，判断稳定状况。必要时，还要邀请工程地质专家参与评定，以期作出准确可靠的鉴定结论。

3. 上部承重结构

上部承重结构子单元的安全性鉴定评级，根据其所含的各种构件的安全性等级、结构的整体性等级以及结构侧向位移等级等评定结果进行确定。这一部分表格较多，叙述规范、枯燥，不能反映层次感。为了便于理解，将其相互关系梳理见表30-16。

各层次的关系划分

表30-16

层次	项目			评定
1	组成子结构的构件集划分			构件集分类
	各集的安全性			集评定
2	结构承载力功能	结构牢固性	结构侧向位移	组合形成空间效果
3	子结构的安全性			子结构整体评定

为了给上部承重结构子单元的评级，共分了6个部分进行论述。这6个部分共分为3个层次。在前一节已经对各类构件进行了评级，这些构件需要组成结构。第1层次就是根据构件的类型分集，并进行安全性评定。构件组合成空间结构即子结构，为第2层次。子结构的安全性能怎么样，根据结构的组成要点，分为三部分进行评定：结构承载力功能、结构整体牢固性、结构侧向位移进行评定。第3层次是在第2层次的基础上对子结构的安全性作一个综合性的评定。下面就分别进行讨论。

（1）构件集的划分

上部结构构件形成的子集往往已是一个复杂系统，为了便于评定，以"构件集"概念为基础，并以下列条件和要求为依据，建立每种构件集的分级模式。

1) "结构集"的划分方法

① 在任一个等级的构件集内，若不存在系统性因素影响，其出现低于该等级的构件纯属随机事件，亦即其出现的量应是很小的，其分布应是无规律的，不致引起系统效应。

案例： 一框架剪力墙结构在施工过程中，拆模后发现部分柱和剪力墙的混凝土颜色偏暗，经检测偏暗部分强度等级为 C30，而设计等级为 C50。查找原因是混凝土搅拌站的 2 辆装载 C30 混凝土的罐车送错了工地。检查偏暗构件的体积与两部罐车的混凝土量基本相同，也没有发现其他问题。这一情况"不致引起系统效应"，因此，只需要对不满足设计要求的构件进行处理。

② 在以某等级构件为主成分的构件集内出现的低等级构件，其等级仅允许比主成分的等级低一级。若低等级构件为鉴定时已处于破坏状态的 d_u 级构件或可能发生脆性破坏的 c_u 级构件，尚应单独考虑其对该构件集安全性可能造成的影响。

③ 宜利用系统分解原理，先分别评定每种构件集以及该结构的整体性和结构侧移等的等级而后再进行综合，以使结构体系的计算分析得到简化。

④ 当采用理论分析结果为参照物时，应要求：按允许含有低等级构件的分级方案构成的某个等级结构体系，其失效概率运算值与全由该等级构件（不含低等级构件）组成的"基本体系"相比，应无显著的增大。对于这一项要求，目前尚无蓝本可依。但考虑到理论分析结果仅作为参照物使用，故可暂以二阶区间法（窄区间法）算得的"基本体系"失效概率中值作为该体系失效概率代表值，而以二阶区间的上限作为它的允许偏离值。若上述结构体系算得的失效概率中值不超过该上限，则可近似地认为，其失效概率无显著增大，亦即该结构体系仍隶属于该等级。

从以上条件和要求出发，以若干典型结构的理论分析结果为参照物，并利用来自工程鉴定实践的数据作为修正、补充的依据，初步拟定了每个等级结构体系允许出现的低一级构件百分比含量的界限值。但这一工作结果还只能在单层结构范围内使用。因为在多层和高层建筑中，随着层数的增加，检测与评定的工作量越来越大，需要考虑的影响因素也越来越多，以致影响了其实用性。为了解决这个问题，还需要引入下列概念和措施。

2) 复杂结构的"代表层"

① 为了合理地评定多层与高层建筑上部承重结构中的每种构件集的安全性等级，还应在前述的"随机事件"的假设的基础上，进一步提出：在多层和高层建筑的任一楼层中，若无系统性因素的影响，出现低等级构件亦属随机事件的假设。

② 从上述假设出发，便可随机抽取若干层作为"代表层"进行检测和评定，并以其结果来描述该多、高层结构的安全性。至于如何确定"代表层"的数量，则可借鉴偶然偏离正常情况的随机偏差总会服从正态分布假设的概念，而应用概率统计学中的 χ^2 分布来估计可能出现低等级构件的楼层数。即：

$$\chi^2 = \sum \frac{(m'-m)^2}{m} \tag{30-1}$$

式中：m——为期望观察到的无低等级构件出现的楼层数；

　　　m'——为实际观察到的无低等级构件出现的楼层数。

如果上述假设为真，则 χ^2 的大小与自由度具有同一数量级，而且从概率统计的意义来衡量，每一组 $(m'-m)^2/m$ 均将是 1 的数量级的大小。因而有

$$\frac{(m'-m)^2}{m} \approx 1 \tag{30-2}$$

由于 $m'-m$ 便是可能出现低等级构件的楼层数 Δm，故

$$\Delta m = \sqrt{m} \tag{30-3}$$

根据以上推导结果，当以该结构的楼层数 m 为期望数时，即可近似地确定需参与鉴定的"代表层"的数量宜取为 $\sqrt{m}$ 层，这样便可大大节省鉴定的工作量。

③ 在实际工程中应用"代表层"的概念时，还不宜完全采用随机抽取的楼层，作为代表层，还应从稳健取值的原则出发，要求所抽取的代表层应包括底层和顶层；对高层建筑还应包括转换层和避难层。以这样抽取的"代表层"来进行可靠性评定，显然较为稳妥、可靠。

3）正常复杂结构

当上部承重结构可视为由平面结构组成的体系，且其构件工作不存在系统性因素的影响时，其承载功能的安全性等级应按下列规定评定：

① 可在多、高层房屋的标准层中随机抽取 $\sqrt{m}$ 层为代表层作为评定对象；m 为该鉴定单元房屋的层数；当 $\sqrt{m}$ 为非整数时，应多取一层；对一般单层房屋，宜以原设计的每一计算单元为一区，并应随机抽取 $\sqrt{m}$ 区为代表区作为评定对象。

② 除随机抽取的标准层外，尚应增加底层和顶层，以及高层建筑的转换层和避难层为代表层。代表层构件应包括该层楼板及其下的梁、柱、墙等。

③ 宜按结构分析或构件校核所采用的计算模型，以及本标准关于构件集的规定，将代表层（或区）中的承重构件划分为若干主要构件集和一般构件集，并应按表 30-17 和表 30-18 的规定评定每种构件集的安全性等级。

④ 可根据代表层（或区）中每种构件集的评级结果，按下面（2）的 3）条规定确定代表层（或区）的安全性等级。

⑤ 可根据以上①～④的评定结果，按下面（3）的规定确定上部承重结构承载功能的安全性等级。

4）受损复杂结构

当上部承重结构虽可视为由平面结构组成的体系，但其构件工作受到灾害或其他系统性因素的影响时，其承载功能的安全性等级应按下列规定评定：

① 宜区分为受影响和未受影响的楼层（或区）。

② 对受影响的楼层（或区），宜全数作为代表层（或区）；对未受影响的楼层（或区），可按下面（2）的 1）条规定，抽取代表层。

③ 可分别评定构件集、代表层（或区）和上部结构承载功能的安全性等级。

这里需要说明的是，在确定一个鉴定单元中与每种构件集安全性有关的参数时，仅按构件的受力性质及其重要性划分种类，而未按其几何尺寸作进一步细分，因此，应用时也不宜分得太细，例如：以楼盖主梁作为一种构件集即可，无须按跨度和截面大小再分，以免使问题复杂化。

在解决了每种构件集安全性等级的评定方法和标准后，只要再对结构整体性和结构侧移的鉴定评级作出规定，便可根据以上的三者的相互关系及其对系统承载功能的影响，制

定上部承重结构安全性鉴定的评级原则。

（2）构件集安全性评定

1）主要构件评定

在代表层（或区）中，主要构件集安全性等级的评定，可根据该种构件集内每一受检构件的评定结果，按表30-17的分级标准评级：

主要构件集安全性等级的评定   表30-17

等级	多层及高层房屋	单层房屋
A_u	该构件集内，不含 c_u 级和 d_u 级，可含 b_u 级，但含量不多于25%	该构件集内，不含 c_u 级和 d_u 级，可含 b_u 级，但含量不多于30%
B_u	该构件集内，不含 d_u 级；可含 c_u 级，但含量不应多于15%	该构件集内，不含 d_u 级，可含 c_u 级，但含量不应多于20%
C_u	该构件集内，可含 c_u 级和 d_u 级；当仅含 c_u 级时，其含量不应多于40%；当仅含 d_u 级时，其含量不应多于10%；当同时含有 c_u 级和 d_u 级时，c_u 级含量不应多于25%；d_u 含量不应多于3%	该构件集内，可含 c_u 级和 d_u 级；当仅含 c_u 级时，其含量不应多于50%；当仅含 d_u 级时，其含量不应多于15%；当同时含有 c_u 级和 d_u 级时，c_u 级含量不应多于30%；d_u 级含量不应多于5%
D_u	该构件集内，c_u 级或 d_u 级含量多于 C_u 级的规定数	该构件集内，c_u 级和 d_u 级含量多于 C_u 级的规定数

注：当计算的构件数为非整数时，应多取一根。

2）一般构件评定

在代表层（或区）中，一般构件集安全性等级的评定，应按表30-18的分级标准评级：

一般构件集安全性等级的评定   表30-18

等级	多层及高层房屋	单层房屋
A_u	该构件集内，不含 c_u 级和 d_u 级，可含 b_u 级，但含量不应多于30%	该构件集内，不含 c_u 级和 d_u 级，可含 b_u 级，但含量不应多于35%
B_u	该构件集内，不含 d_u 级；可含 c_u 级，但含量不应多于20%	该构件集内，不含 d_u 级；可含 c_u 级，但含量不应多于25%
C_u	该构件集内，可含 c_u 级和 d_u 级，但 c_u 级含量不应多于40%；d_u 级含量不应多于10%	该构件集内，可含 c_u 级和 d_u 级，但 c_u 级含量不应多于50%；d_u 级含量不应多于15%
D_u	该构件集内，c_u 级或 d_u 级含量多于 C_u 级的规定数	该构件集内，c_u 级和 d_u 级含量多于 C_u 级的规定数

3）综合评定

各代表层（或区）的安全性等级，应按该代表层（或区）中各主要构件集间的最低等级确定。当代表层（或区）中一般构件集的最低等级比主要构件集最低等级低二级或三级时，该代表层（或区）所评的安全性等级应降一级或降二级。

（3）上部结构承载功能评定

上部结构承载功能的安全性评级，当有条件采用较精确的方法评定时，应在详细调查的基础上，根据结构体系的类型及其空间作用程度，按国家现行标准规定的结构分析方法和结构实际的构造确定合理的计算模型，通过对结构作用效应分析和抗力分析，并结合工程鉴定经验进行评定。上部结构承载功能的安全性等级，可按下列规定确定：

1）A_u 级，不含 C_u 级和 D_u 级代表层（或区）；可含 B_u 级，但含量不多于30%；

2）B_u 级，不含 D_u 级代表层（或区）；可含 C_u 级，但含量不多于15%；

3）C_u 级，可含 C_u 级和 D_u 级代表层（或区）；当仅含 C_u 级时，其含量不多于 50%；当仅含 D_u 级时，其含量不多于 10%；当同时含有 C_u 级和 D_u 级时，其 C_u 级含量不应多于 25%，D_u 级含量不多于 5%；

4）D_u 级，其 C_u 级或 D_u 级代表层（或区）的含量多于 C_u 级的规定数。

（4）结构整体性评定

结构的整体性，是由构件之间的锚固拉结系统、抗侧力系统、圈梁系统等共同工作形成的。它不仅是实现设计者关于结构工作状态和边界条件假设的重要保证，而且是保持结构空间刚度和整体稳定性的首要条件。但国内外对建筑物损坏和倒塌情况所作的调查与统计表明，由于在结构整体性构造方面设计考虑欠妥，或施工、使用不当所造成的安全问题，在各种安全性问题中占有不小的比重。因此，在建筑物的安全性鉴定中应给予足够重视。这里需要强调的是，结构整体性的检查与评定，不仅现场工作量很大，而且每一部分功能的正常与否，均对保持结构体系的整体承载与传力起到举足轻重的作用。因此，应逐项进行彻底的检查，才能对这个涉及建筑物整体安全性的问题作出确切的鉴定结论。结构整体牢固性等级的评定，可按表 30-19 的规定，先评定其每一检查项目的等级，并应按下列原则确定该结构整体性等级：

1）当四个检查项目均不低于 B_u 级时，可按占多数的等级确定；

2）当仅一个检查项目低于 B_u 级时，可根据实际情况定为 B_u 级或 C_u 级；

3）每个项目评定结果取 A_u 级或 B_u 级，应根据其实际完好程度确定；取 C_u 级或 D_u 级，应根据其实际严重程度确定。

结构整体牢固性等级的评定　　　　　　　　表 30-19

检查项目	A_u 级或 B_u 级	C_u 级或 D_u 级
结构布置及构造	布置合理，形成完整的体系，且结构选型及传力路线设计正确，符合国家现行设计规范规定	布置不合理，存在薄弱环节，未形成完整的体系；或结构选型、传力路线设计不当，不符合国家现行设计规范规定，或结构产生明显振动
支撑系统或其他抗侧力系统的构造	构件长细比及连接构造符合国家现行设计规范规定，形成完整的支撑系统，无明显残损或施工缺陷，能传递各种侧向作用	构件长细比或连接构造不符合国家现行设计规范规定，未形成完整的支撑系统，或构件连接已失效或有严重缺陷，不能传递各种侧向作用
结构、构件间的联系	设计合理、无疏漏；锚固、拉结、连接方式正确、可靠，无松动变形或其他残损	设计不合理，多处疏漏；或锚固、拉结、连接不当，或已松动变形，或已残损
砌体结构中圈梁及构造柱的布置与构造	布置正确，截面尺寸、配筋及材料强度等符合国家现行设计规范规定，无裂缝或其他残损，能起封闭系统作用	布置不当，截面尺寸、配筋及材料强度不符合国家现行设计规范规定，已开裂，或有其他残损，或不能起封闭系统作用

（5）结构侧向位移等级评定

对上部承重结构不适于承载的侧向位移，应根据其检测结果，按下列规定评级：

1）当检测值已超出表 30-20 界限，且有部分构件出现裂缝、变形或其他局部损坏迹象时，应根据实际严重程度定为 C_u 级或 D_u 级。

2）当检测值虽已超出表 30-20 界限，但尚未发现上款所述情况时，应进一步进行计入该位移影响的结构内力计算分析，并应按构件安全性鉴定的规定，验算各构件的承载能力，当验算结果均不低于 b_u 级时，仍可将该结构定为 B_u 级，但宜附加观察使用一段时间的限制。当构件承载能力的验算结果有低于 b_u 级时，应定为 C_u 级。

3）对某些构造复杂的砌体结构，当按 2）规定进行计算分析有困难时，各类结构不适于承载的侧向位移等级的评定可直接按表 30-20 规定的界限值评级。

各类结构不适于承载的侧向位移等级的评定　　　　　　表 30-20

检查项目	结构类别			顶点位移 C_u 级或 D_u 级	层间位移 C_u 级或 D_u 级
结构平面内的侧向位移	混凝土结构或钢结构	单层建筑		$>H/150$	—
		多层建筑		$>H/200$	$>H_i/150$
		高层建筑	框架	$>H/250$ 或 >300mm	$>H_i/150$
			框架剪力墙框架筒体	$>H/300$ 或 >400mm	$>H_i/250$
结构平面内的侧向位移	砌体结构	单层建筑	墙 $H \leqslant 7$m	$>H/250$	—
			墙 $H > 7$m	$>H/300$	
			柱 $H \leqslant 7$m	$>H/300$	
			柱 $H > 7$m	$>H/330$	
		多层建筑	墙 $H \leqslant 10$m	$>H/300$	$>H_i/300$
			墙 $H > 10$m	$>H/330$	
			柱 $H \leqslant 10$m	$>H/330$	$>H_i/330$
单层排架平面外侧倾				$>H/350$	—

注：1. 表中 H 为结构顶点高度；H_i 为第 i 层层间高度；
　　2. 墙包括带壁柱墙。

当已建成建筑物出现的侧向位移（或倾斜，以下同）过大时，将对上部承重结构的安全性产生显著的影响。所以将它列为上部结构子单元的检查项目之一。但应考虑的是，如何制订它的评定标准的问题。因为在已建成的建筑物中，除了风荷载等水平作用会使上部承重结构产生附加内力外，其地基不均匀沉降和结构垂直度偏差所造成的倾斜，也会由于它们加剧了结构受力的偏心而引起附加内力。因此不能像设计房屋那样仅考虑风荷载引起的侧向位移，而有必要考虑上述各因素共同引起的侧向位移，亦即需以检测得到的总位移值作为鉴定的基本依据。在这种情况下，考虑到已将影响安全的地基不均匀沉降划归地基基础一节评定，因而，从现场测得的侧向总位移值可能由下列各成分组成：

1）检测期间风荷载引起的静力侧移和对静态位置的脉动；

2）过去某时段风荷载及其他水平作用共同遗留的侧向残余变形；

3）结构过大偏差造成的倾斜；

4）数值不大的、但很难从总位移中分离的不均匀沉降造成的倾斜。

此时，若能在总结工程鉴定经验的基础上，给出一个为考虑结构承载能力可能受影响而需进行全面检查或验算的"起点"标准，则能够按下列两种情况进行鉴定：

1）在侧向总位移的检测值已超出上述"起点"标准（界限值）的同时，还检查出结构相应受力部位已出现裂缝或变形迹象，则可直接判为显著影响承载的侧向位移。

2）同上，但未检查出结构相应受力部位有裂缝或变形，则表明需进一步进行计算分析和验算，才能作出判断。计算时，除应按现行规范的规定确定其水平荷载和竖向荷载外，尚需计入上述侧向位移作为附加位移产生的影响。在这种情况下，若验算合格，仍可评为 B_u 级；若验算不合格，则应评为 C_u 级。

（6）上部承重结构的安全性等级

上部承重结构的安全性等级，应根据前面的评定结果，按下列原则确定：

1）一般情况下，应按上部结构承载功能和结构侧向位移或倾斜的评级结果，取其中较低一级作为上部承重结构（子单元）的安全性等级。

2）当上部承重结构按上款评为 B_u 级，但当发现各主要构件集所含的 c_u 级构件处于下列情况之一时，宜将所评等级降为 C_u 级：

① 出现 c_u 级构件交汇的节点连接；

② 不止一个 c_u 级存在于人群密集场所或其他破坏后果严重的部位。

3）当上部承重结构按 1）评为 C_u 级，但当发现其主要构件集有下列情况之一时，宜将所评等级降为 D_u 级。

① 多层或高层房屋中，其底层柱集为 C_u 级；

② 多层或高层房屋的底层，或任一空旷层，或框支剪力墙结构的框架层的柱集为 D_u 级；

③ 在人群密集场所或其他破坏后果严重部位，出现不止一个 d_u 级构件；

④ 任何种类房屋中，有 50% 以上的构件为 c_u 级。

4）当上部承重结构按 1）评为 A_u 级或 B_u 级，而结构整体性等级为 C_u 级或 D_u 级时，应将所评的上部承重结构安全性等级降为 C_u 级。

5）当上部承重结构在按本条规定作了调整后仍为 A_u 级或 B_u 级，但当发现被评为 C_u 级或 D_u 级的一般构件集，已被设计成参与支撑系统或其他抗侧力系统工作，或已在抗震加固中，加强了其与主要构件集的锚固时，应将上部承重结构所评的安全性等级降为 C_u 级。

当检测、评估认为可能存在整体稳定性问题的大跨度结构，应根据实际检测结果建立计算模型，采用可行的结构分析方法进行整体稳定性验算；当验算结果尚能满足设计要求时，仍可评为 B_u 级；当验算结果不满足设计要求时，应根据其严重程度评为 C_u 级或 D_u 级，并应参与上部承重结构安全性等级评定。

当建筑物受到振动作用引起使用者对结构安全表示担心，或振动引起的结构构件损伤，也可通过目测判定时，应按《民用建筑可靠性鉴定标准》GB 50292—2015 附录 M 振动对上部结构影响的鉴定的规定进行检测与评定。当评定结果对结构安全性有影响时，应将上部承重结构安全性鉴定所评等级降低一级，且不应高于 C_u 级。

4. 围护系统的承重部分

围护系统承重部分的评级原则，是以上部承重结构的评定结果为依据制订的，因而可以在较大程度上得到简化。但需注意的是，围护系统承重部分本属上部承重结构的一个组成部分，只是为了某些需要，才单列作为一个子单元进行评定。因此，其所评等级不能高于上部承重结构的等级。

围护系统承重部分的安全性，应在该系统专设的和参与该系统工作的各种承重构件的安全性评级的基础上，根据该部分结构承载功能等级和结构整体性等级的评定结果进行确定。

当评定一种构件集的安全性等级时，根据每一受检构件的评定结果及其构件类别，按 3. 的（1）条构件集安全性评定的 1）、2）的规定评级。

当评定围护系统的计算单元或代表层的安全性等级时，按 3. 的（2）构件集安全性评定的 3）的规定评级。

围护系统的结构承载功能的安全性等级，按 3. 的（3）上部结构承载功能的评定规定评级。

当评定围护系统承重部分的结构整体性时，按 3. 的（5）结构整体性评定的规定评级。

围护系统承重部分的安全性等级，应根据围护系统的结构承载功能的安全性等级和围护系统承重部分的结构整体性等级评定结果，按下列规定确定：

（1）当仅有 A_u 级和 B_u 级时，可按占多数级别确定。

（2）当含有 C_u 级或 D_u 级时，可按下列规定评级：

1）当 C_u 级或 D_u 级属于结构承载功能问题时，可按最低等级确定；

2）当 C_u 级或 D_u 级属于结构整体性问题时，可定为 C_u 级。

（3）围护系统承重部分评定的安全性等级，不应高于上部承重结构的等级。

第四节　鉴定单元的安全性评级

民用建筑第三层次鉴定单元的安全性鉴定评级，应根据其地基基础、上部承重结构和围护系统承重部分等的安全性等级，以及与整幢建筑有关的其他安全问题进行评定。这是因为建筑物所遭遇的险情，不完全都是由于自身问题引起的，在这种情况下，对它们的安全性同样需要进行评估，并同样需要采取措施进行处理。如直接受到毗邻危房的威胁，便是这类问题的一个例子。

1. 鉴定单元的评级

由于地基基础和上部承重结构均为鉴定单元的主要组成部分，任一发生问题，都将影响整个鉴定单元的安全性。因此，一般情况下，应根据地基基础和上部承重结构的评定结果按其中较低等级确定。

当鉴定单元的安全性等级评为 A_u 级或 B_u 级，但围护系统承重部分的等级为 C_u 级或 D_u 级时，可根据实际情况将鉴定单元所评等级降低一级或二级，但最后所定的等级不得低于 C_{su} 级。

2. 直接评为 D_{su} 级的条件

对下列任一情况，可直接评为 D_{su} 级：

（1）建筑物处于有危房的建筑群中，且直接受到其威胁。

（2）建筑物朝一方向倾斜，且速度开始变快。

所列两款内容，均属紧急情况，宜直接通过现场宏观勘查作出判断和决策，故规定不必按常规程序鉴定，以便及时采取应急措施进行处理。另外，需指出的是，对危房危害的判断，除应考虑其坍塌可能波及的范围和由之造成的次生破坏外，还应考虑拆除危房，对毗邻建筑物可能产生的损坏作用。

3. 关于建筑物的振动

当新测定的建筑物动力特性，与原先记录或理论分析的计算值相比，有下列变化时，可判其承重结构可能有异常，但应经进一步检查、鉴定后再评定该建筑物的安全性等级。

（1）建筑物基本周期显著变长或基本频率显著下降。

（2）建筑物振型有明显改变或振幅分布无规律。

这是参照国外有关标准作出的规定，其目的是帮助鉴定人员对多层和高层建筑进行初步检查，以探测其内部是否有潜在的异常情况的可能性。但应指出的是这一方法必须在有原始的记录或有可靠的理论分析结果作对比的情况下，或是有类似建筑的振动特性资料可供引用的情况下，才能作出有实用价值的分析。因此，不要求普遍测量被鉴定建筑物的动力特性。

第三十一章 正常使用性鉴定

在《民用建筑可靠性鉴定标准》GB 50292—2015 中，关于需要进行"正常使用性鉴定"的情况为：（1）建筑物使用维护的常规检查；（2）建筑物有较高舒适度要求。正常使用性检查或鉴定的思路，是从对结构构件安全影响不大的损伤变形出发进行分级评定。这虽然很重要，但建筑与装饰是分不开的。很多时候结构与装饰就是整体相连，前面的一些建筑案例已表现出这一特点。因此，对建筑物的维护改造不涉及装饰，在实际工程中只能算是一个修补。为了便于在检查鉴定时能从整体角度思考，出具的鉴定报告更有整体性和说服力，书中列出了相关参考内容，当然是一个探索，也想引导大家在具体鉴定工程中发挥自身的创造力。此外，本章增加了生土结构构件正常使用的检查鉴定内容，以供参考。取消了预应力混凝土结构构件和钢结构构件正常使用的检查鉴定内容，若遇工程需要可直接查阅《民用建筑可靠性鉴定标准》GB 50292—2015。

第一节 正常使用等级划分

1. 等级的层次及内容

正常使用的鉴定按构件、子单元和鉴定单元各分三个层次。由于使用性鉴定中不存在类似安全性严重不足，必须立即采取措施的情况，所以使用性鉴定的分级的挡数比可靠性鉴定少一档，每一层次分为三个等级进行鉴定。构件的三个等级用 a_s、b_s、c_s 表示，子单元的三个等级用 A_s、B_s、C_s 表示，鉴定单元的三个等级用 A_{ss}、B_{ss}、C_{ss} 表示。正常使用性鉴定评级的层次、等级划分及工作内容见表31-1。

正常使用性鉴定评级的各层次、分级标准及工作内容 表 31-1

层次	一	二		三
等级	a_s、b_s、c_s	A_s、B_s、C_s		A_{ss}、B_{ss}、C_{ss}
地基基础	—	按上部承重结构和围护系统工作状态评估地基基础等级		鉴定单元正常使用性评级
上部承重结构	按位移、裂缝、风化、锈蚀等检查项目评定单个构件等级	每种构件评级	上部承重结构评级	鉴定单元正常使用性评级
		结构侧向位移评级		
围护系统功能	—	按屋面防水、吊顶、墙、门窗、地下防水及其他防护设施等检查项目评定围护系统功能等级	围护系统评级	鉴定单元正常使用性评级
	按上部承重结构检查项目及步骤评定围护系统承重部分各层次使用性等级			
装饰部位效果	按破损、变形、腐朽、色泽等检查项目评定单个构件等级	按涂装、雕塑、彩绘、五金件等检查项目评定装饰功能等级	装饰部位评级	

2. 分级标准

正常使用性鉴定评级的各层次分级标准，按表31-2的规定采用。

使用性鉴定分级标准   表 31-2

层次	鉴定对象	等级	分级标准	处理要求
一	单个构件或其检查项目	a_s	使用性符合本标准对 a 级的要求，具有正常的使用功能和装饰效果	不必采取措施
		b_s	使用性略低于本标准对 a 级的要求，尚不显著影响使用功能和装饰效果	可不采取措施
		c_s	使用性不符合本标准对 a 级的要求，显著影响或完全丧失使用功能和装饰效果	应采取措施
二	子单元或其中某种构件	A_s	使用性符合本标准对 A 级的要求，不影响整体使用功能和装饰效果	可能有极少数一般构件应采取措施
		B_s	使用性略低于本标准对 A 级的要求，尚不显著影响整体使用功能和装饰效果	可能有极少数构件应采取措施
		C_s	使用性不符合本标准对 A 级的要求，显著影响整体使用功能和装饰效果	应采取措施
三	鉴定单元	A_{ss}	使用性符合本标准对 A 级的要求，不影响整体使用功能和装饰效果	可能有极少数一般构件应采取措施
		B_{ss}	使用性略低于本标准对 A 级的要求，尚不显著影响整体使用功能和装饰效果	可能有极少数构件应采取措施
		C_{ss}	使用性不符合本标准对 A 级的要求，显著影响整体使用功能和装饰效果	应采取措施

正常使用性的鉴定，应以现场调查、检测结果为基础依据。当遇到下列情况之一时，尚应按正常正常使用极限状态的要求进行计算分析和验算：验算结果需与计算值进行比较；检测只能取得部分数据，需通过计算分析进行鉴定；为改变建筑物的用途、使用条件或使用要求而进行的鉴定。验算时，对构件材料的弹性模量和泊松比等物理性能指标，可以根据鉴定确认的材料品种和强度等级，按现行设计规范规定的数值采用。验算结果应按现行标准、规范规定的限值进行评级：若验算合格，可根据实际完好程度评为 a_s 级或 b_s 级，若验算不合格，应定为 c_s 级。若验算结果与观察不符，应进一步检查设计和施工方面可能存在的差错。

3. 检测项目的分类

使用性分为三个等级，其检测项目分为两类：验算和调查实测。其中验算项目的分级原则是：验算合格，可根据其实际完好程度评为 a_s 级或 b_s 级，验算不合格，可定为 c_s 级。

对于调查实测项目，以现行设计规范规定的限值或允许值作为划分 b_s 级与 c_s 级的界限；以计算值或偏差允许值或议定值作为划分 a_s 级与 b_s 级的界限。

正常使用性中的各检测项目对应了正常使用极限状态，也是以检测项目中的最低等级作为该构件使用性等级。

每种构件的使用性鉴定，都包含 2～4 个检测项目的评级，各个检测项目是影响该构件使用的控制因素，如：生土结构构件有裂缝和侵蚀两项；木结构构件有位移、干缩裂缝和初期腐蚀三项；砌体结构构件有位移、非受力裂缝和风化三项；混凝土构件使用鉴定的检测项目是位移、裂缝、缺陷和损伤四项。对构件的使用性鉴定，首先评定该构件各检测项目的使用性等级，然后取其较低一级作为该构件的使用等级。

由于国内外对建筑结构正常使用极限状态的研究不够深入，对正常使用性准则与建筑物各功能之间关系的认识不充分，目前，鉴定分级的原则是在广泛进行调查实测与分析的基础上，参考国外的观点，对构件使用等级中 a_s 级与 b_s 级的评定，按下列量值之一作为划分的界限：

（1）偏差允许值或计算值或其同量值的议定值；

（2）构件性能检验合格值或其同量值的议定值；

（3）当无上述量值可依时，选用经过验证的经验值。

构件使用性等级中 b_s 级与 c_s 级的划分，是以现行设计规范对正常使用极限状态规定的限值为界限的。如混凝土设计规范对受弯构件正常使用极限状态下的最大挠度和最大裂缝宽度，宽均有明确具体的限值规定。若某个检测项目的现场实测值超过规范限值，则只能评定为 c_s 级。因为在一次现场检测中，恰好遇到荷载与抗力均处于规定的极限状态的可能性极小，通常的情况是荷载较小、材料应力较低，此时若检测结果已达到现行设计规范规定的限值，则说明该项功能已下降。

第二节　构件的使用性鉴定

1. 生土结构

生土结构构件的使用性鉴定，应按非受力裂缝、侵蚀（风化和剥落）等二个检查项目，分别评定每一受检构件等级，并取其中最低一级作为该构件的安全性等级。

（1）裂缝

当生土结构构件的正常使用性按其非受力裂缝检测结果评定时，应按表 31-3 的规定评级。

墙体非受力裂缝等级的评定　　　　　　　　　　　表 31-3

检查项目	a_s 级	b_s 级	c_s 级
非受力裂缝宽度（mm）	≤1.0	≤5.0	>5.0

（2）侵蚀

当生土结构构件的正常使用性按其风化检测结果评定时，应按表 31-4 的规定评级。

生土结构构件侵蚀等级的评定　　　　　　　　　　表 31-4

检查部位	a_s 级	b_s 级	c_s 级
墙体	无风化现象	小范围出现侵袭现象，最大腐蚀深度不大于 30mm，侵蚀面积小于墙面面积 30%，且无明显的发展趋势	较大范围出现侵蚀现象或最大侵蚀深度大于 30mm，侵蚀面积大于墙面面积 30%，或有明显发展趋势

生土建筑墙体表面的泥浆草筋层或石灰抹面层对墙体抗风化起到非常重要的保护作用，因此，当检查到大面积起层或脱落时应评为 b_s 级或 c_s 级。

2. 木结构

木结构构件的使用性鉴定，应按位移和变形、干缩裂缝、腐朽和虫蛀等三个检查项目的检测结果，分别评定每一受检构件等级，并取其中最低一级作为该构件的安全性等级。

（1）位移和变形

当木结构构件的使用性按其挠度检测结果评定时，应按表 31-5 的规定评级。

木结构构件挠度等级的评定 表 31-5

构件类别		a_s 级	b_s 级	c_s 级
桁架（屋架、托架）		$\leqslant l_0/500$	$\leqslant l_0/400$	$>l_0/400$
檩条	$l_0\leqslant3.3\text{m}$	$\leqslant l_0/250$	$\leqslant l_0/200$	$>l_0/200$
	$l_0>3.3\text{m}$	$\leqslant l_0/300$	$\leqslant l_0/250$	$>l_0/250$
椽条		$\leqslant l_0/200$	$\leqslant l_0/150$	$>l_0/150$
吊顶中的受弯构件	抹灰吊顶	$\leqslant l_0/360$	$\leqslant l_0/300$	$>l_0/300$
	其他吊顶	$\leqslant l_0/250$	$\leqslant l_0/200$	$>l_0/200$
楼盖梁、搁栅		$\leqslant l_0/300$	$\leqslant l_0/250$	$>l_0/250$

注：表中 l_0 为构件计算跨度实测值。

采用按检测值直接评定的方法，其原因是木桁架的挠度计算，要考虑木材径、弦向干缩和连接松弛变形的影响，而这些数据在老建筑的旧木材中很难确定。有时候现场对挠度的检测难度较大，甚至不能完成，因此可以结合检查构件周边的实际情况进行评定。屋架变形可以通过观察瓦屋面的平顺、塌陷、漏水等情况综合评定。柱的变形，可结合房屋四大角的垂直度变形综合评定；排柱（廊）可以通过垂直度的相对变化来判断；对梁、楼盖等水平构件的变形，可以结合目测、行走时感受振动与变形等方式进行综合评定。

（2）裂缝

当木结构构件的使用性按干缩裂缝检测结果评定时，应按表 31-6 的规定评级。

木结构构件干缩裂缝等级的评定 表 31-6

检查项目	构件类别		a_s 级	b_s 级	c_s 级
干缩裂缝深度（t）	受拉构件	板材	无裂缝	$t\leqslant b/6$	$t>b/6$
		方材	可有微裂	$t\leqslant b/4$	$t>b/4$
	受弯或受压构件	板材	无裂缝	$t\leqslant b/5$	$t>b/5$
		方材	可有微裂	$t\leqslant b/3$	$t>b/3$

注：表中 b 为沿裂缝深度方向的构件截面尺寸。

干缩裂缝属于木构件常见缺陷，但只要不发生在节点、连接的受剪面上，一般不会影响构件的受力性能，若无特殊要求，干缩裂缝可不参与评级，不过由于它容易成为昆虫和微生物侵入木材的通道，还容易因积水而造成种种问题，因此，不论评为 b_s 级或 c_s 级，均宜在木材达到平衡含水率后进行嵌缝处理，以杜绝隐患。

（3）腐朽和虫蛀

在湿度正常、通风良好的室内环境中，对无腐朽迹象的木结构构件，可根据其外观质量状况评为 a_s 级或 b_s 级；对有腐朽迹象的木结构构件，应评为 c_s 级；但当能判定其腐朽已停止发展时，仍可评为 b_s 级。

当木结构构件以及木质材料的正常使用按腐朽或虫蛀评定时，应按下列规定评级：

1）一般情况下，应按表 31-7 的规定评级。

2）当封入墙、保护层内的木构件或其连接已受潮时，即使木材尚未腐朽，也应直接

定为 c_s 级。

　　3）任何木构件心腐时，应直接定为 c_s 级。

木结构构件腐朽、虫蛀的评定　　　　　　　　表 31-7

检查项目		b_s 级或 c_s 级
表层腐朽	上部承重结构构件	截面上的腐朽面积大于原截面面积的 5%
	木桩	截面上的腐朽面积大于原截面面积的 10%
虫蛀		有新蛀孔；或未见蛀孔，但敲击有空鼓音，或用仪器探测，内有蛀洞

　　这里所说的木质材料是指，木结构建筑中夹壁墙、木板条吊顶、木栏杆等使用的木、竹材料。2）的内容是根据《木结构设计规范》GB 50005—2003 编制组多年积累的观测资料确定，在封入墙、保护层内的木构件受潮，发生严重的腐朽或虫蛀，是不易避免的。所以检查时，若遇到这两种使用环境，则不论是否已发生腐朽和虫蛀，均应评为 c_s 级。并且在鉴定报告中务必要作出"需进行灭菌处理"的提示。

　　检测出腐朽、虫蛀或腐心的木构件，应根据剩余的实际面积进行承载力验算，评定承载能力等级，也就是说，构件转入安全性评级。

　　3. 砌体结构

　　砌体结构构件的使用性鉴定，应按位移、非受力裂缝、腐蚀（风化或粉化）和霉变等三个检查项目，分别评定每一受检构件等级，并取其中最低一级作为该构件的使用性等级。

　　对使用性鉴定之所以只考虑非受力引起的裂缝（亦称变形裂缝），是因为在脆性的砌体结构中，一旦出现受力裂缝，不论其宽度大小均可能影响安全，故需进行安全性检查评定。

　　砌体结构的风化或粉化往往发生在外墙上，主要是影响观瞻。霉变主要发生在室内的墙面上，尤其是潮湿的部位，如底屋墙群角、厨房、卫生间等，影响观瞻和使用。

　　（1）位移和变形

　　当砌体墙、柱的正常使用性按其顶点水平位移（或倾斜）的检测结果评定时，可按下列原则评级：

　　1）若该位移与整个结构有关，应根据本章第三节（3）的评定结果，取与上部承重结构相同的级别作为该构件的水平位移等级；

　　2）若该位移只是孤立事件，则可根据其检测结果直接评级。评级所需的位移限值，可按本章第三节表 31-13 所列的层间限值乘以 1.1 的系数确定。

　　3）构造合理的组合砌体墙、柱可按混凝土墙、柱评定。

　　影响砌体墙、柱使用功能的水平位移（或倾斜），主要是由基基础不均匀沉降，施工、安装偏差，使用不当引起的。因年久失修变形较大，给人以不安全感。

　　对于配筋砌体柱和组合砌体柱，主要出现在修缮、改造后的抗战遗址中，就抵抗水平位移能力而言，配筋砌体较为接近普通砌体，宜按本节的规定取值；至于组合砌体，若其型式（如钢筋混凝土围套型）及构造合理，则具有钢筋混凝土结构的特点，可按混凝土柱的限值采用。

　　（2）裂缝

　　当砌体结构构件的正常使用性按其非受力裂缝检测结果评定时，应按表 31-8 的规定评级。

砌体结构构件非受力裂缝等级的评定　　　　　　　表 31-8

检查项目	构件类别	a_s 级	b_s 级	c_s 级
非受力裂缝宽度（mm）	墙及带壁柱墙	无肉眼可见裂缝	$\leqslant 1.5$	>1.5
	柱	无肉眼可见裂缝	无肉眼可见裂缝	出现肉眼可见裂缝

注：对无可见裂缝的柱，取 a_s 级或 b_s 级，可根据其实际完好程度确定。

砌体结构构件非受力的作用引起的裂缝，是指由温度、收缩、变形和地基不均匀沉降等引起的裂缝，简称为非受力裂缝，其评定标准是参照福州大学、陕西省建科院和四川省建科院的调查实测资料制定的。在执行时需要注意的是，轻度的非受力裂缝是砌体结构中多发性的常见现象。通常它们只对有较高使用要求的房屋造成需要修缮的问题。因此，在使用性鉴定中，有必要征求业主或用户的意见，以作出恰当的结论。例如：钢筋混凝土圈梁与砌体之间的温度裂缝，一般并不影响正常使用，且一旦出现，也很难消除。在这种情况下，若业主和用户也认为无碍其使用，即使已略为超出 b_s 级界限，也可考虑评为 b_s 级，或是仍评为 c_s 级，但说明可以暂不采取措施。

（3）腐蚀和霉变

当砌体结构构件的正常使用性按其腐蚀，包括风化或粉化的检测结果评定时，应按表 31-9 的规定评级。

砌体结构构件腐蚀等级的评定　　　　　　　表 31-9

检查部位		a_s 级	b_s 级	c_s 级
砌筑块材	实心砖	无腐蚀现象	小范围出现腐蚀现象，最大腐蚀深度不大于 6mm，且无发展趋势	较大范围出现腐蚀现象或最大腐蚀深度大于 6mm，或腐蚀有发展趋势
	多孔砖空心砖小砌块		小范围出现腐蚀现象，最大腐蚀深度不大于 3mm，且无发展趋势	较大范围出现腐蚀现象或最大腐蚀深度大于 3mm，或腐蚀有发展趋势
砂浆		无腐蚀现象	小范围出现腐蚀现象，最大腐蚀深度不大于 10mm，且无发展趋势	较大范围出现腐蚀现象或最大腐蚀深度大于 10mm，或腐蚀有发展趋势
砌体内部钢筋		无锈蚀现象	有锈蚀可能或有轻微锈蚀现象	明显锈蚀或锈蚀有有发展趋势

墙体抹灰层不但是起到美观的作用，也对墙体起到保护的作用。因此，当墙体有抹灰层时，风化或粉化首先从抹灰层开始。当抹灰层脱落后，风化的规律就跟清水墙一样。清水墙使用一段时间后，砌体风化便不可避免，但它的速度往往是很缓慢的。初期仅见于角部块体棱角变钝，随后才出现表面风化迹象。故仍可视为尚未出现明显的腐蚀现象，也不会立即影响结构的使用功能，因此将之作为划分 a_s 级与 b_s 级的界限。至于进一步发生的局部腐蚀，尽管其深度只有 6mm，但已开始影响耐久性并严重影响观感，已到了需要修缮的程度。因此，以其作为划分 b_s 级与 c_s 级的界限，是比较适宜的。多孔砖、空心砖和混凝土小砌块它们的壁都较薄，因此深度控制在 3mm。

但值得注意的是，上述解释系针对正常的使用环境而言，若使用环境恶劣或正在变坏，则风化将会迅速发展。在这种情况下，即使块材料尚未开始风化，也只能评为 b_s 级。以引起有关方面对其使用环境的注意。

4. 混凝土结构

混凝土结构构件的使用性鉴定，按位移或变形、裂缝、缺陷和损伤等四个检查项目，分别评定每一受检构件的等级，并取其中最低一级作为该构件使用性等级。

（1）挠度

当混凝土受弯构件的正常使用性按其挠度检测结果评定时，应按下列规定评级：

1）若检测值小于计算值及现行设计规范限值时，可评为 a 级；

2）若检测值大于或等于计算值，但不大于现行设计规范限值时，可评为 b 级；

3）若检测值大于现行设计规范限值时，可评为 c 级。

为了减少挠度评级中的计算量，允许有实践经验者对一般构件的鉴定，仍可采用直接评级的方法。对检测值小于现行设计规范限值的情况，直接根据其完好程度定为 a 级或 b 级。

（2）位移

当混凝土柱的使用性需要按其柱顶水平位移或倾斜检测结果评定时，应按下列规定评级：

1）当该位移的出现与整个结构有关时，应根据本章第三节（3）的评定结果，取与上部承重结构相同的级别作为该柱的水平位移等级；

2）当该位移的出现只是孤立事件时，可根据其检测结果直接评级。评级所需的位移限值，可按本章第三节表 31-13 所列的层间限值乘以 1.1 的系数确定。

在使用性鉴定中，混凝土柱出现的水平位移或倾斜，可根据其特征划分为两类。一类是它的出现与整个结构及毗邻构件有关，亦即属于一种系统性效应的非独立事件。例如，主要由各种作用荷载引起的水平位移；或主要由尚未完全终止，但已趋收敛的地基不均匀沉降引起的倾斜等，均属此类情况。另一类是它的出现与整个结构及毗邻构件无关，亦即属于一种孤立事件。例如，主要由施工或安装偏差引起的个别墙、柱或局部楼层的倾斜即属此类情况。一般说来，前者由于其数值在建筑物使用期间尚有变化，故易造成毗邻的非承重构件和建筑装修的开裂或局部破损；而后者由于其数值稳定，故较多的是影响外观，只有在倾斜过大引起附加内力的情况下，才会给构件的使用性能造成损害。基于以上观点，本条将柱的水平位移（或倾斜）分为两类，并按其后果的不同，分别作出评级的规定。

但应指出，该规定之所以采取与本章第三节（3）相联系的方式共用一个标准，而不另定其限值，是因为在本标准中已按体系的概念，给出了上部承重结构顶点及层间的位移限值，而这显然适用于柱的第一类位移的评级。至于对柱的另一类位移限值，系出自简便的考虑，而采用了按该标准的数值乘以一个放大系数来确定的做法。另外，还应指出，在已评定上部承重结构侧向（水平）位移的情况下，并不一定需要再逐个评定柱的等级。这就依靠鉴定人员根据实际情况作出判断。

（3）裂缝

当混凝土结构构件的使用性按其裂缝宽度检测结果评定时，应符合下列规定：

1）当有计算值时：

① 当检测值小于计算值及国家现行设计规范限值时，可评为 a_s 级；

② 当检测值大于或等于计算值，但不大于国家现行设计规范限值时，可评为 b_s 级；

③ 当检测值大于国家现行设计规范限值时，应评为 c_s 级；

2）当无计算值时，构件裂缝宽度等级的评定应按表 31-10 的规定评级；

3）对沿主筋方向出现的锈迹或细裂缝，应直接评为 c_s 级；

4）当一根构件同时出现两种或以上的裂缝，应分别评级，并应取其中最低一级作为该构件的裂缝等级。

钢筋混凝土构件裂缝宽度等级的评定 表 31-10

检查项目	环境类别和作用等级	构件种类		裂缝评定标准		
				a 级	b 级	c 级
受力主筋处的弯曲裂缝或弯剪裂缝宽度（mm）	Ⅰ-A	主要构件	屋架、托架	≤0.15	≤0.20	>0.20
			主梁、托梁	≤0.20	≤0.30	>0.30
		一般构件		≤0.25	≤0.40	>0.40
	Ⅰ-B、Ⅰ-C	任何构件		≤0.15	≤0.20	>0.20
	Ⅱ	任何构件		≤0.10	≤0.15	>0.15
	Ⅲ、Ⅳ	任何构件		无肉眼可见的裂缝	≤0.10	>0.10

注：1. 对拱架和屋面梁，应分别按屋架和主梁评定；
2. 裂缝宽度应以表面量测的数值为准。

这里规定的裂缝界限值与不适于继续承载的裂缝宽度界限值不可混淆，两者的区别在于：前者所涉及的是构件承载的安全性问题，因而是采取加固措施的界限；后者所涉及的是构件功能的适用性与耐久性问题，因而是采取修补（包括封护）措施的界限。

（4）缺陷和损伤

混凝土构件的缺陷和损伤项目按表 31-11 的规定评级。

混凝土构件的缺陷和损伤等级的评定 表 31-11

检查项目	a_s 级	b_s 级	c_s 级
缺陷	无明显缺陷	局部有缺陷，但缺陷深度小于钢筋保护层厚度	有较大范围的缺陷，或局部的严重缺陷，且缺陷深度大于钢筋保护层厚度
钢筋锈蚀损伤	无锈蚀现象	探测表明有可能锈蚀	已出现沿主筋方向的锈蚀裂缝，或明显的锈迹
混凝土腐蚀损伤	无腐蚀损伤	表面有轻度腐蚀损伤	有明显腐蚀损伤

5. 装饰构件评级

装饰构件的材质包括：木、砖、石、金属、混凝土等。在建筑中出现的部位从屋面、墙面、门窗、楼顶、楼面、楼梯间、地面到基础。装饰构件可能本身就是承重构件的一部分，如木梁上的雕刻。装饰构件直接附着在建筑的围护结构构件上，如墙体上的砖雕。装饰构件本身是一个独立的花饰或图案，如屋脊上的灰雕脊饰、嵌瓷脊饰等。现代建筑的装饰构件评定为 c 级后，处理的方法主要是加固、更换。历史建筑的装饰构件评定为 c 级后，处理的方法主要是保护性修复。装饰与承重一体的构件受到损伤、风化，被评为 c 级时，构件应考虑按安全性评级。

建筑装饰使用性评定，应从建筑装饰构件的破损、变形、腐朽、色泽四个项目，分别评定每一受检装饰构件的等级，并取其中最低一级作为该构件使用性等级。

建筑构件装饰破损、变形、腐朽、色泽四个项目按表 31-12 的要求评级。

建筑装饰构件破损、变形、腐朽、色泽等级的评定　　　　　　表 31-12

检查项目	a 级	b 级	c 级
破损	无明显开裂或宽度<0.1mm、无明显破损，或破损面积<5%	明显出现开裂，有三条宽度在0.1～0.3mm 的裂缝，5%≤破损面积<15%	大面积开裂，三条以上宽度在≥0.3mm 的裂缝；破损面积≥15%，破损长度大于构件 1/5
变形	肉眼不可见	肉眼可见变形	变形已影响正常观瞻、使用
风化腐朽	无明显风化、腐朽、虫蛀	表面有轻度风化、腐蚀、虫蛀	有明显风化、腐蚀、虫蛀
色泽	色泽基本均匀、一致；无明显起皮、褪色现象或褪色区域面积<5%	色泽不均匀、有明显起皮、褪色和脱落现象，5%≤褪色区域面积<15%	色泽不均匀、有严重褪色和脱落现象，褪色区域面积≥15%

第三节　子单元使用性鉴定

1. 一般规定

使用性的第二层次鉴定评级，应按地基基础、上部承重结构、围护系统和装饰部分划分为四个子单元，并分别按本章规定的方法和标准进行评定。

为了便于比较安全性与正常使用性的检查评定结果，并便于综合评定子单元的可靠性，第二层次的正常使用鉴定评级，采取了与安全性鉴定评级相对应的原则。虽然装饰部分不需要做安全性评定，但在正常使用性方面却是不可缺少的内容，所以增加了装饰部分的正常使用性鉴定评级，因此划分为四个子单元。其中，地基基础、上部承重结构和围护系统前三个子单元则与安全性检查评定结果相对应。

当仅要求某个子单元的使用性进行鉴定时，该子单元与其他相邻子单元之间的交叉部位，也应进行检查，并应在鉴定报告中提出处理意见。

2. 地基基础

地基基础的使用性，可根据其上部承重结构或围护系统和装饰部分的工作状态进行评估。

地基基础属隐蔽工程，检查比较困难，在工程鉴定实践中，一般通过观测上部承重结构和围护系统和装饰部分的工作状态及其所产生的影响正常使用的问题，来间接判断地基基础的使用性是否满足要求。确需开挖基础进行检查，才能作出符合实际的判断时，由鉴定人员确定位置、探坑数和开挖顺序。

当评定地基基础的使用等级时，应按下列规定评级：

(1) 当上部承重结构和围护系统的使用性检查未发现问题，或所发现问题与地基基础无关时，可根据实际情况定为 A_s 级或 B_s 级。

(2) 当上部承重结构和围护系统所发现的问题与地基基础有关时，可根据上部承重结构和围护系统所评的等级，取其中较低一级作为地基基础使用性等级。

地基基础的使用性等级，取与上部承重结构和围护系统相同的级别是合理的，因为地基基础使用性不良所造成的问题，主要是导致上部承重结构和围护系统不能正常使用，因此，根据它们是否受到损害以及损坏程度所评的等级，显然也可以用来描述地基基础的使用功能及其存在问题的轻重程度。在这种情况下，两者同取某个使用性等级，不仅容易为人们所接受，也便于对有关问题进行处理。应该说明的是，上述原则系以上部承重结构和围护系统所发生的问题与地基基础有关为前提，若鉴定结果表明与地基基础无关时，则应另作别论。

3. 上部承重结构

上部承重结构子单元的使用性鉴定评级，应根据其所含各种构件集的使用性等级和结构的侧向位移等级进行评定。当建筑物的使用要求对振动有限制时，还应评估振动的影响。

通过对工程鉴定经验和结构体系可靠性研究成果所作的分析比较与总结，对上部承重结构作为一个体系，其使用性的鉴定评级应考虑的主要问题，概括为以下三个方面：

1）是该结构体系中每种构件集的使用功能；

2）是该结构体系的侧向位移；

3）是该结构体系的振动特性（必要时）。

由于这三方面内容具有相对的独立性，可以先分别进行各自的评级，然后再按照一定规则加以综合与定级。这样不仅可使系统分析工作得到一定的简化，而且可以很方便地与安全性鉴定方法取得协调和统一。

（1）构件集评定

当评定一种构件集的使用性等级时，应按下列规定评级：

1）对单层房屋，应以计算单元中每种构件集为评定对象；

2）对多层和高层房屋，应随机抽取若干层为代表层进行评定，代表层的选择应符合下列规定：

① 代表层的层数，应按 $\sqrt{m}$ 确定；m 为该鉴定单元的层数，当 $\sqrt{m}$ 为非整数时，应多取一层；

② 抽取的 $\sqrt{m}$ 层中，应抽取外观质量较差或使用空间较大的层；

③ 当抽取层中未包括底层、顶层和转换层时，应另增这些层为代表层。

3）代表层构件包括该层楼板及其下的梁、柱、墙等。

由于上部承重结构的使用性鉴定评级，采用了与安全性鉴定相同的评估模式，因而在确定每种构件的使用性等级的评定标准时，也基本上是与安全性评级的方法、条件和要求相同，只是在确定有关参数时，更注重对工程鉴定数据的搜集，统计、检验与应用。

在计算单元或代表层中，评定一种构件集的使用性等级时，应根据该层该种构件中每一受检构件的评定结果，按下列规定评级：

A_s 级，该构件集内，不含 c_s 级构件，可含 b_s 级构件，但含量不多于 35%；

B_s 级，该构件集内，可含 c_s 级构件，但含量不多于 25%；

C_s 级，该构件集内，c_s 级含量多于 B_s 级的规定数；

每种构件集的评级，在确定各级百分比含量的限值时，应对主要构件集取下限，对一般构件集取偏上限或上限，但应在检测前确定所采用的限值。

（2）使用性评定

上部结构使用功能的等级，应根据计算单元或代表层所评的等级，按下列规定进行确定：

A_s 级，不含 C_s 级的计算单元或代表层；可含 B_s 级，但含量不多于 30%；

B_s 级，可含 C_s 级的计算单元或代表层，但含量不多于 20％；

C_s 级，在该计算单元或代表层中，C_s 级含量多于 B_s 级的规定值。

（3）侧向位移评定

当上部承重结构的使用性需考虑侧向位移的影响时，可采用检测或计算分析的方法进行鉴定，应按下列规定进行评级：

1）对检测取得的主要由综合因素引起的侧向位移值，应按表 31-13 结构侧向位移限制等级的规定评定每一测点的等级，并应按下列原则分别确定结构顶点和层间的位移等级：

① 对结构顶点，应按各测点中占多数的等级确定；

② 对层间，应按各测点最低的等级确定。

③ 根据以上两项评定结果，应取其中较低等级作为上部承重结构侧向位移使用性等级。

2）当检测有困难时，应在现场取得与结构有关参数的基础上，采用计算分析方法进行鉴定。当计算的侧向位移不超过表 31-13 中 B_s 级界限时，可根据该上部承重结构的完好程度评为 A_s 级或 B_s 级。当计算的侧向位移值已超出表 31-13 中 B_s 级的界限时，应定为 C_s 级。

结构计算的侧向位移限值   表 31-13

检查项目	结构类别		位移限值		
			A_s 级	B_s 级	C_s 级
钢筋混凝土结构的侧向位移	多层框架	层间	$\leqslant H_i/500$	$\leqslant H_i/400$	$> H_i/400$
		结构顶点	$\leqslant H/600$	$\leqslant H/500$	$> H/500$
	高层框架	层间	$\leqslant H_i/600$	$\leqslant H_i/500$	$> H_i/500$
		结构顶点	$\leqslant H/700$	$\leqslant H/600$	$> H/600$
	框架-剪力墙 框架-筒体	层间	$\leqslant H_i/800$	$\leqslant H_i/700$	$> H_i/700$
		结构顶点	$\leqslant H/900$	$\leqslant H/800$	$> H/800$
	筒中筒 剪力墙	层间	$\leqslant H_i/950$	$\leqslant H_i/850$	$> H_i/850$
		结构顶点	$\leqslant H/1100$	$\leqslant H/900$	$> H/900$
砌体结构侧向位移	以墙承重的多层房屋	层间	$\leqslant H_i/550$	$\leqslant H_i/450$	$> H_i/450$
		结构顶点	$\leqslant H/650$	$\leqslant H/550$	$> H/550$
	以柱承重的多层房屋	层间	$\leqslant H_i/600$	$\leqslant H_i/500$	$> H_i/500$
		结构顶点	$\leqslant H/700$	$\leqslant H/600$	$> H/600$

注：表中 H 为结构顶点高度；H_i 为第 i 层的层间高度。

上部承重结构的侧向位移过大，即使尚未达到影响建筑物安全的程度，也会对建筑物的使用功能造成令人关注的后果，因而，需将侧向位移列为上部承重结构使用性鉴定的检查项目之一进行检测、验算和评定。

采用的评定标准，以相当于施工允许偏差或同量级的经验值，作为确定 A_s 级与 B_s 级的界限；以相当于现行设计规范规定的位移限值，作为确定 B_s 级与 C_s 级的界限。

（4）使用性等级评定

使用性等级评定采用的结构体系可靠性鉴定模式，根据本节上部结构使用功能和结构侧移的评定结果，按下列原则进行：

1）以上部结构使用功能和结构侧向位移所评的等级作为依据，取两者中较低一个等级作为上部承重结构的使用性等级。这与前述的安全性鉴定评级方法是一致的。

2）对大跨度或高层建筑以及其他对振动敏感的柔性低阻尼的房屋，还应按下面振动作用评定的规定，考虑振动对上部承重结构使用功能的影响。

4. 振动作用评定

（1）振动的危害

地震是一种振动。大家都知道有时它的危害是相当大，遭遇到这种情况，震后往往需要对房屋进行安全性鉴定，以及渐次倒塌的评估。爆破是一种振动。在城区的放炮有严格的安全规程，要有资质的单位施工，爆破方案要经当地公安机关批准。即使这样，当地居民因爆破时的空气波造成的不安全感，也要求索赔和对房屋进行安全鉴定。撞击也可说是一种振动。它往往给建筑造成损伤，甚至破坏，如美国的"911"，飞机的撞击就使纽约世贸中心的双子塔楼倒塌。这种振动的特点是时间短，能量大，破坏性强，显然不是正常使用所要评定的问题。

本节所讨论的振动问题，振源特点是，能量较小，作用时间较长，造成的影响相对较局部，较轻微。这种振动造成的影响正是使用性需要回答的问题，建筑物所受的振动作用是否会对人的生理，或对仪器设备的正常工作，或对结构的正常使用产生不利影响。通过鉴定结果提出采取处理措施的方法。

振动作用评定往往是属于专项鉴定。如，因设计不当，住宅楼电梯井旁的住户因电梯运行时的振动和声响影响正常生活和睡眠，要求检测鉴定。

（2）振动速度安全限值

结构振动的大小通过振动速度来判断。结构的振动速度可以通过计算来确定，或者通过仪器在振动环境下进行检测。当测得的振动速度大于表 31-14 中结构振动速度安全限值时，应根据实际严重程度将振动影响涉及的结构或其中某种构件集的安全等级评为 C_u 级或 D_u 级。

结构振动速度安全限值 表 31-14

序号	建筑类别	振动速度的安全限值（mm/s）		
		<10Hz	10Hz～50Hz	>50Hz
1	土坯房、毛石房屋	2～5	5～10	10～15
2	砌体结构	15～20	20～25	25～30
3	钢筋混凝土结构房屋	25～35	35～45	45～50

注：1. 表列频率为主振频率，振动速度为质点振动相互垂直的三个分量的最大值；
  2. 振速的上、下限宜根据结构安全性等级的高低选用，安全等级高可取上限值，反之取下值。

当建筑结构的振动作用虽小于表 31-14 中的限值，但已引起使用者对结构安全的担心，或振动引起结构构件损伤，已可通过目测判定时，应对建筑结构产生的裂缝和其他损伤进行检查；对振动作用明显的梁、板构件，应根据振动的作用进行验算分析。按《民用建筑可靠性鉴定标准》GB 50292—2015 附录 M 的规定进行振动对上部结构影响的使用安全性鉴定。

放炮振动引起住户反映强烈的事件经常发生。多数情况下，受振动影响的房内本身就存在有裂缝，有时很难判断是否是与放炮有关。因此，在居民密集区最好不要采用放炮作业。当需要在居民区或其他有振动限制的区域放炮时，最好在放炮前先对房屋进行检查，对裂缝有记录，设置观测点。在放炮时有振动仪器监测，通过事实和数据说话。

（3）振动控制标准

建筑物受到振动作用对人体舒适性、设备仪器正常工作、结构正常使用等产生影响，为控制此类影响国内外已陆续发布了不少的这类标准。国家标准《机械振动与冲击　建筑物的振动　振动测量及其对建筑物影响的评价指南》GB/T 14124—2009 规定了评价振动对建筑物影响所需要进行的测量和数据处理的基本原则。对设备仪器的正常工作要求，可参照《多层厂房楼盖抗微振动设计规范》GB 50190—1993 的规定进行评定。对人体舒适性影响，可参照《城市区域环境振动标准》GB 10070—1988、《高层建筑混凝土结构技术规程》JGJ 3—2010 等的规定进行评定。

若鉴定人员认为上述参照标准不适用时，也可通过合同的规定或主管部门的批准，而采用合适的国外先进标准。

（4）使用性评级

当进行振动对上部承重结构的使用性影响的评级时，可按表 31-15 进行检查和评定，并取其中最低等级作为结构振动的使用性等级。

振动对上部承重结构的使用性影响的评级　　　　　　　　　　　　表 31-15

检查项目	评定标准		
	A_s 级	B_s 级	C_s 级
对设备仪器的影响	振动对设备仪器的正常运行无影响，振动响应应不超过设备仪器的容许振动值	振动对设备仪器的正常运行有影响，振动响应超过设备仪器的容许振动值，但采取适当措施后可正常运行	振动使设备仪器无法正常工作或直接损害设备仪器
对结构和装饰层的影响	结构和装饰层无振动导致的表面损伤、裂缝等	粉刷层或结构层中产生细小裂缝，裂缝宽度未超出标准规定的 b_s 限值	粉刷层或结构层中产生较大裂缝、松散和剥落，裂缝宽度已超出标准规定的 b_s 限值

当评定结果不合格时，应按下列规定对按本节 3.上部承重结构中的（1）构件集评定或（3）使用性评定所评等级进行修正：

1）当振动的影响仅涉及一种构件集时，可仅将该构件集所评等级降为 C_s 级。

2）当振动的影响涉及两种及以上构件集或结构整体时，应将上部承重结构以及所涉及的各种构件集均降为 C_s 级。

当遇到下列情况之一时，可直接将该上部结构使用性等级定为 C_s 级。

1）在楼层中，其楼面振动已使室内精密仪器不能正常工作，或已明显引起人体不适感。

2）在高层建筑的顶部几层，其风振效应已使用户感到不安。

3）振动引起的非结构构件或装饰层的开裂或其他损坏，已可通过目测判定。

5. 围护系统

围护系统（子单元）的使用性鉴定评级，应根据该系统的使用功能及其承重部分的使用性等级进行评定。

围护系统的使用性鉴定，虽然应着重检查其各方面使用功能，但也不应忽视对其承重部分工作状态的检查。因为承重部分的刚度不足或构造不当，往往会影响以它为依托的围护构件或附属设施的使用功能,因此其鉴定应同时考虑整个系统的使用功能及其承重部分的使用性。

（1）使用功能评定

当对围护系统使用功能等级评定时,应按表31-16规定的检查项目及其评定标准逐项评级,并应按下列原则确定围护系统的使用功能等级:

1）一般情况下,可取其中最低等级作为围护系统的使用功能等级。

2）当鉴定的房屋对表中各检查项目的要求有主次之分时,也可取主要项目中的最低等级作为围护系统使用功能等级。

3）当按上款主要项目所评的等级为 A_s 级或 B_s 级,但有多于一个次要项目为 C_s 级时,应将围护系统所评等级降为 C_s 级。

围护系统使用功能等级的评定   表 31-16

项目	检查项目	A_s 级	B_s 级	C_s 级
1	屋面防水	防水构造及排水设施完好,无老化、渗漏及排水不畅的迹象	构造、设施基本完好,或略有老化迹象,但尚不渗漏及积水	构造、设施不当或已损坏,或有渗漏,或积水
2	吊顶	构造合理,外观完好,建筑功能符合设计要求	构造稍有缺陷,或有轻微变形或裂纹,或建筑功能略低于设计要求	构造不当或已损坏,或建筑功能不符合设计要求,或出现有碍外观的下垂
3	自承重内墙	构造合理,与主体结构有可靠联系,无可见变形,面层完好,建筑功能符合设计要求	略低于 A_s 级要求,但尚不显著影响其使用功能	已开裂、变形,或已破损,或使用功能不符合设计要求
4	外墙	墙体及其面层外观完好,无开裂、变形;墙脚无潮湿迹象;墙厚符合节能要求	略低于 A_s 级要求,但尚不显著影响其使用功能	不符合 A_s 级要求,且已显著影响其使用功能
5	门窗	外观完好,密封性符合设计要求,无剪切变形迹象,开闭或推动自如	略低于 A_s 级要求,但尚不显著影响其使用功能	门窗构件或其连接已损坏,或密封性差,或有剪切变形,已显著影响其使用功能
6	地下防水	完好,且防水功能符合设计要求	基本完好,局部可能有潮湿迹象,但尚不渗漏	有不同程度损坏或有渗漏
7	其他防护设施	完好,且防护功能符合设计要求	有轻微缺陷,但尚不显著影响其防护功能	有损坏,或防护功能不符合设计要求

按使用功能的要求,将检查项目分为7项,鉴定时,既可根据委托方的要求,只评其中一项,也可逐项评定,经综合后确定该围护系统的使用功能等级。

这里需要指出的是,有些防护设施并不完全属于围护系统,其所以也归入围护系统进行鉴定,是因为它们的设置、安装、修理和更新往往要对相关的围护构件造成损害,在围护系统使用功能的鉴定中不可避免地要涉及这类问题。因此,应作为边缘问题加以妥善处理。也就是说,在对建筑的维修或装修方案进行可行性评价时,要考虑在施工中,或改造后,可能影响围护功能及使用的因素,提出相应的意见或建议。

木结构建筑采用柱承重时,其隔墙采用砌体结构或条板、竹夹壁墙体。条板墙、竹夹壁墙因较其他类型的墙体轻，在 20 世纪 70 年代前的建筑中，也广泛用作其他结构体系中的隔墙。这类墙体目前主要存在于历史建筑中，因此很多已属于保护对象。条板、竹夹壁墙的骨架属于木质架构范畴，同时是木结构建筑不可缺少的部分，它的破损直接影响观瞻和使用，因此在这一节作评定。

木结构隔断墙体、吊顶的正常使用按粉刷或抹灰层脱落、变形、破损评定时，应按表 31-17 规定评级。

木结构隔断墙体和吊顶的评定　　　　　　　　　　　　　　　　表 31-17

检查项目	A_s 级	B_s 级	C_s 级
条板墙、夹壁墙	粉刷层有轻微脱落	抹灰层轻微剥落	抹灰层局部剥落、表面凸鼓
条板吊顶	表面完好	粉刷层轻微剥落	抹灰层轻微剥落、下挠

（2）构件等级评定

当评定围护系统承重部分的使用性时，应按上一节上部承重结构中的使用性评定标准评级其每种构件的等级，并应取其中最低等级，作为该系统承重部分使用性等级。

（3）围护系统等级评定

围护系统的使用性等级，应按以下情况进行：

1）根据其使用功能和承重部分使用性的评定结果，按较低的等级确定。

2）对围护系统使用功能有特殊要求的建筑物，除应按该方法鉴定评级外，尚应按国家现行标准进行评定。当评定结果合格时，可维持该方法所评等级不变；当不合格时，应将按该方法所评的等级降为 C_s 级。

6. 装饰部位

装饰部位（子单元）的正常使用性鉴定评级，应根据该系统的装饰效果和影响整体风貌的情况进行评级。

对装饰部位的使用性鉴定评级主要是从装饰效果评定；同时由于建筑装饰特征的重要性，因此还需考虑装饰对历史整体风貌的影响。

当评定装饰部位的效果时，应按表 31-18 规定的检查项目及其评定标准逐项评级，并按下列原则确定装饰部位的使用等级：

1）一般情况下，可取其中最低等级作为装饰部位的使用等级。

2）当鉴定的房屋对表中各检查项目的要求有主次之分时，也可取主要项目中的最低等级作为装饰部位使用等级。

3）当按上款主要项目所评的等级为 A_s 级或 B_s 级，但有多于一个次要项目为 C_s 级时，应将所评等级降为 C_s 级。

装饰部位效果等级的评定　　　　　　　　　　　　　　　　表 31-18

检查项目	A_s 级	B_s 级	C_s 级
涂料	表面基本完整、无明显破损、表面无开裂脱落现象、色泽均匀、无腐蚀。不影响遗址风貌	表面局部破损、有少许开裂、具备脱落现象、色泽部分不均匀、有轻微腐蚀。轻微影响遗址风貌	表面大部分破损、开裂、脱落现象、色泽大部分不均匀、有较严重腐蚀。严重影响遗址风貌

检查项目	A_s 级	B_s 级	C_s 级
建筑雕塑	建筑雕塑基本完整、无破损、开裂、变形和腐蚀、外观色泽均匀、无褪色；与主体结构连接可靠；不影响遗址风貌	建筑雕塑局部破损、轻微变形、有开裂和腐蚀现象、外观色泽部分不均匀、局部褪色；与主体结构连接有轻微松动；轻微影响遗址风貌	建筑雕塑大部分有破损、变形、开裂和腐蚀现象、外观色泽大部分不均匀、大面积褪色；与主体结构连接有松动；严重影响遗址风貌
彩绘	基本完整、无褪色、开裂、起皮、脱落；色泽均匀；无腐蚀。不影响遗址风貌	表面局部褪色、局部有开裂、起皮、脱落现象；色泽局部不均匀；有轻微腐蚀。轻微影响遗址风貌	表面大面积褪色、开裂、起皮、脱落；色泽大部分不均匀；有严重腐蚀。严重影响遗址风貌
五金件	无松动、磨损、翘曲、变形、锈蚀	有轻微松动、磨损、翘曲、变形、锈蚀	有严重松动、磨损、翘曲、变形、锈蚀；影响正常使用

按装饰部位的效果要求，将检查项目分为四项，鉴定时，既可根据委托方的要求，只评定其中一项，也可逐项评定，经综合后确定该装饰部位的使用性功能等级。

装饰部位的使用性等级，应根据其使用功能和承重部分使用性的评定结果，按较低的等级确定。

装饰部位有时是承重结构或围护系统的一个组成部分，或直接附着其上，在这时应按较低的等级确定。

第四节　鉴定单元的使用性评级

民用建筑鉴定单元的使用性鉴定评级，应根据地基基础、上部承重结构和围护系统的使用性等级，以及与整幢建筑有关的其他使用功能问题进行评定。

民用建筑鉴定单元的使用性鉴定，虽要求系统地考虑其所含的三个子单元的使用性问题，但由于地基基础的使用性，除了基础本身的耐久性问题外，几乎均反应在上部承重结构和围护系统的有关部位上，并取与它们相同的等级，因此，在实际工程中，只要能确认基础的耐久性不存在问题，则鉴定工作将得到简化。

在鉴定中之所以还需考虑与整幢建筑有关的其他使用功能问题，是因为有些损害建筑物使用性的情况，并非由于鉴定单元本身的问题，而是由于其他原因所造成的后果，例如：全面更换房屋内部的管道并重新进行布置，而给围护系统造成的各种损伤和污染，便属于这类问题。

鉴定单元的使用性等级，根据本章前面的评定结果，按三个子单元中最低的等级确定。

当鉴定单元的使用性等级评为 A_{ss} 级或 B_{ss} 级，但当遇到下列情况之一时，宜将所评等级降为 C_{ss} 级。

（1）房屋内外装修已大部分老化或残损。

（2）房屋管道、设备已需全部更新。

以上两款是《民用建筑可靠性鉴定标准》GB 50292—2015 参照国外标准制订的。这两款比较直观，符合我们的理解习惯，便于掌握使用，在工程中遇到这种情况也最多。但应注意的是，有时仅按结构构件功能和生理功能来考虑建筑物的正常使用性是不够的，有必要联系其他相关问题和使用要求来定级，才能使鉴定作出恰当的结论。

第三十二章　可靠性鉴定

在民用建筑进行了安全性评级和使用性评级后，对建筑的整体状况基本就有了一个普，可靠性的鉴定工作就显得相对简单，主要是度的进一步把握。

第一节　等级划分

1. 等级的层次及内容

可靠性鉴定按构件、子单元和鉴定单元各分三个层次。每一层次分为四个等级进行鉴定。构件的四个等级用 a、b、c、d 表示，子单元的四个等级用 A、B、C、D 表示，鉴定单元的四个等级用Ⅰ、Ⅱ、Ⅲ、Ⅳ表示。可靠性鉴定评级的层次、等级划分及工作内容见表 32-1。

安全性鉴定评级的层次、等级划分及工作内容　　　　　　　　表 32-1

层次	一	二	三
等级	a、b、c、d	A、B、C、D	Ⅰ、Ⅱ、Ⅲ、Ⅳ
地基基础 上部承重结构 围护系统	以同层次安全性和正常使用性评定结果并列表达，或按本标准规定的原则确定其可靠性等级		鉴定单元可靠性评级

2. 分级标准

民用建筑可靠性鉴定评级的各层次分级标准，应按表 32-2 的规定采用。

民用建筑可靠性鉴定评级的各层次分级标准　　　　　　　　表 32-2

层次	鉴定对象	等级	分级标准	处理要求
一	单个构件	a	可靠性符合本标准对 a 级的要求，具有正常的承载功能、使用功能和装饰效果	不必采取措施
		b	可靠性略低于本标准对 a 级的要求，尚不显著影响承载功能、使用功能和装饰效果	可不采取措施
		c	可靠性不符合本标准对 a 级的要求，显著影响承载功能、使用功能和装饰效果	应采取措施
		d	可靠性极不符合本标准对 a 级的要求，已严格影响安全	必须及时或立即采取措施
二	子单元或其中的某种构件	A	可靠性符合本标准对 A 级的要求，不影响整体承载功能、使用功能和装饰效果	可能有个别一般构件应采取措施
		B	可靠性略低于本标准对 A 级的要求，但尚不显著影响整体承载功能、使用功能和装饰效果	可能有极少数构件应采取措施

层次	鉴定对象	等级	分级标准	处理要求
二	子单元或其中的某种构件	C	可靠性不符合本标准对 A 级的要求，显著影响整体承载功能、使用功能和装饰效果	应采取措施，且可能有极少数构件必须立即采取措施
		D	可靠性极不符合本标准对 A 级的要求，已严重影响安全	必须立即采取措施
三	鉴定单元	I	可靠性符合本标准对 I 级的要求，不影响整体承载功能、使用功能和装饰效果	可能有极少数一般构件应在使用性或安全性方面采取措施
		II	可靠性略低于本标准对 I 级的要求，尚不显著影响整体承载功能、使用功能和装饰效果	可能有极少数构件应在安全性或使用性方面采取措施
		III	可靠性不符合本标准对 I 级的要求，显著影响整体承载功能、使用功能和装饰效果	应采取措施，且可能有极少数构件必须立即采取措施
		IV	可靠性极不符合本标准对 I 级的要求，已严重影响安全	必须立即采取措施

第二节　可靠性评级

1. 可靠性评级

民用建筑的可靠性鉴定，以其安全性和使用性的鉴定结果为依据逐层进行。当不要求给出可靠性等级时，民用建筑各层次的可靠性，宜采取直接列出其安全性等级和使用性等级的形式予以表示。

民用建筑的可靠性鉴定区分了两类不同性质的极限状态，并解决了两类问题的评定方法，从而使每一层次的鉴定，均分别取得了关于被鉴定对象的安全性与正常使用性的结论。它们既相辅相成，而又全面确切地描述了被鉴定构件和结构体系可靠性的实际状况。因此，当委托方不要求给出可靠性等级时，民用建筑各层次、各部分的可靠性，完全可以直接用安全性和使用性的鉴定评级结果共同来表达。

2. 安全性评级的三种情况

（1）评级符合要求

当鉴定对象的安全性符合本标准要求时，由于可靠性涵义，不仅仅是安全性，而是关于安全性与正常使用性的概括。在安全性不存在问题的情况下，对民用建筑最重要的是要考虑其使用性是否能符合本标准的要求。因此，宜以使用性的评定结果来评定可靠性，亦即宜取使用性等级作为可靠性等级。

（2）评级略低于要求

当鉴定对象的安全性略低于要求，但尚不至于造成问题时，其可靠性又如何刻画。分析表明，尽管此时仍可由使用性的评定结果来评定，但倾向性意见认为，较为可行的做法是取安全性和使用性等级中较低的一个等级，作为可靠性等级。

（3）评级不服合要求

当该层次安全性等级低于 b_u 级、B_u 级或 B_{su} 级时，鉴定对象的安全性不符合要求，不论其所评等级为哪个级别，均需通过采取措施才能得以修复。在这种情况下，其使用性一般是不可能满足要求的，即使有些功能还能维持，但也是要受到加固的影响的。因此，作出的应以安全性等级作为可靠性等级的规定是合适的，即应按安全性等级确定。

第三节　工程案例

虽然全国各地都在按照《民用建筑可靠性鉴定标准》GB 50292—2015 的方法进行房屋建筑的安全性、可靠性鉴定，但是要找到工程检测鉴定全过程，适合做写书的案例并不多。黄兴棣先生身前送给笔者一本，由他主编，黄兴棣、王永维、田炜、娄宇等编著的《建筑物鉴定加固与增层改造》中的案例较浅显易懂，适宜于帮助正文的理解，在此介绍给大家。

1. 工程概况

该建筑为四层砖混结构，纵向最大尺寸为 16＋55.6＋16m，设两道变形缝，横向最大尺寸为 17.6m，层高分别为 4.3m、4.5m、4.35m、3.95m。外墙为 370mm，内墙大部分为 240mm，少量为 120mm 墙，底层为 M7.5（75 号）水泥砂浆，其余层均为 M2.5（25 号）混合砂浆。混凝土设计强度等级 C13（150 号），钢筋为 G3（曲服强度不小于 2100kg/cm²）。混凝土柱截面底层为 400mm×400mm，二层为 350mm×350mm，三～四层为 300mm×300mm。楼（屋）盖采用现浇钢筋混凝土楼（屋）面板，大开间房屋基本采用主次梁结构，主梁截面一般为 250mm×750mm，次梁截面一般为 200mm×400mm。主梁支座置于纵向（带附壁柱）砖墙上。原结构未设置构造柱，设四道环向圈梁（每层楼面下），在变形缝处各自封闭。设计资料反映原结构在门庭处（12）～（15）轴主、次梁曾经在建成后进行过加大截面的结构加固。

原设计楼面活荷载一般按照 5.0kN/m²，部分按照 10.0kN/m² 设计。该建筑竣工时间为 1963 年。现作为办公楼使用。

2. 检测、检查情况

（1）结构一般调查

1）地基基础：从室外地面情况看，该房屋外围地基无明显不均匀沉降迹象，但上部结构在东部、西部楼梯部位附近（东部楼梯处更为明显）出现多处沉降裂缝。

2）上部结构：根据现场检查发现，在甲楼梯以西近走廊墙体明显裂缝，裂缝宽度上大下小，呈八字形状，裂缝已与走廊板连通。其余可以进入的房间没有发现明显的裂缝、变形等异常情况，少部分房间轻质墙体的位置有改造的痕迹。

（2）现场检测结果

1）混凝土强度：对各层梁、柱采用取芯法对混凝土强度进行了抽检，混凝土强度的离散性较大。一～四层混凝土强度推定值分别为：19.3MPa、15.8MPa、13.0MPa、20.9MPa，均不低于原设计 C13（150 号）的要求。

2）水泥砂浆强度：采用筒压法测定各楼层砂浆强度，一～三层分别为：11.3MPa、10.4MPa、6.7MPa，均高于原设计强度。

3. 结构复核

（1）复核依据

结构布置、构件截面尺寸、配筋等按原设计图纸。混凝土强度等级按检测推定结果取值。

屋面和楼面活荷载标准值：二～四层楼面 5.0kN/m² （局部 10.0kN/m²）；上人屋面 2.0kN/m²，7 度抗震设防。

采用现行国家设计规范，包括：

1）《混凝土结构设计规范》GB 50010—2002；

2）《建筑地基基础设计规范》GB 50007—2002；

3）《建筑结构荷载规范》GB 50009—2001；

4）《砌体结构设计规范》GB 50003—2001；

5）《建筑抗震设计规范》GB 50011—2001。

（2）计算结果

1）混凝土柱：底层混凝土柱的强度等级略低于国家现行规范构造要求；二～三层混凝土柱的强度等级，低于国家现行设计规范构造要求；四层混凝土柱的强度等级满足国家现行设计规范要求。轴压比不满足规范要求，纵筋基本满足规范要求，但抗剪略显不足。

2）混凝土梁：一层顶层楼面，屋顶面次梁的承载力基本满足国家现行设计规范要求；二层顶、三层顶次梁则低于规范要求，配筋缺口在 20％～25％左右。一层顶楼面、屋顶面主梁的受弯承载力略低于国家现行设计规范要求，受剪承载能力不足；二层顶、三层定主梁受弯、受剪承载能力均不能满足规范要求，配筋缺口在 25％～30％左右。

3）混凝土板：楼面板除边跨支座略低于规范要求，其余各跨基本满足承载力要求；混凝土强度等级较低的二层顶、三层顶楼面承载能力均低于规范要求，配筋缺口在 25％左右。

4）砖砌体：砖砌体墙（纵墙的窗间墙）的受压承载力略低于规范要求，其于部位砖砌体受压承载能力满足规范要求。

5）抗震验算表明，在水平地震力作用下，砖砌体和砂浆强度能够满足抗震要求，但对照现行规范对混合结构的抗震构造要求，其圈梁和构造柱布置均不能满足规范要求。

4. 结构安全性鉴定

要求鉴定的房屋包含一个鉴定单元。每个鉴定单元划分为地基基础、上部承重结构和围护系统的承重部分等三个子单元。根据本次鉴定的目的，围护系统的可靠性不单独评定，而将围护系统的承重部分并入上部承重结构。

（1）地基基础

地基基础子单元的安全性鉴定包括地基、桩基和斜坡三个检查项目，以及基础和桩两种主要构件。该建筑只需评定地基和基础。

该结构砖墙下均采用大放脚基础，下设 1：1 砂石垫层，钢筋混凝土柱下则为独立基础，基础的安全性等级可评为 B_u 级。

因本工程没有详细地质报告，也没有地基沉降的观测资料，无法判定不均匀沉降是否满足规范要求，但根据目前现场检查情况，裂缝均有较长历史，可判定地基变形已稳定，地基的安全性等级可评为 B_u 级。

地基基础子单元的安全性等级按地基、基础其中的最低一级确定，评定为 B_u 级。

（2）上部承重结构

上部承重结构的安全性鉴定等级根据各种构件的安全等级、结构的整体性等级以及结构侧向位移等级进行评定。其中各种构件的安全性等级根据单个构件的安全性等级及所占比例，分主要构件和一般构件进行评定。

1）各种构件的安全性等级

本工程的结构构件包括砖墙和钢筋混凝土构件。其中砖墙、混凝土梁、柱为主要构件；楼板为一般构件。

① 墙体：墙体的安全性鉴定，按承载力、构造以及不适用于继续承载的位移和裂缝等四个检查项目，分别评定每一受检构件等级，并取其中最低一级作为该构件的安全性等级。

墙体的受压承载力不满足要求，评为 c_u 级。墙体的高厚比符合要求，连接及砌筑方式正确，墙体构造项目的安全性等级可评定为 a_u 级。不适于继续承载力的位移和变形等级项目安全性等级可以定为 b_u 级。部分墙体有有沉降裂缝，但宽度小于 5mm，且没有发展迹象，该部分墙体裂缝项目的安全等级定为 b_u 级；其余墙体裂缝安全等级可定为 a_u 级。

根据四个检查项目的等级，安全等级评为 c_u 级的砌体构件数量约占同类构件的 15%；其余砌体结构构件评为 a_u 级。因不含 d_u 级，含有 c_u 级的楼层只有一层，且 c_u 级含量不超过 20%，砌体的安全等级评为 B_u 级。

② 混凝土构件：混凝土结构构件的安全性等级，按承载能力、构造、不适用于继续承载的位移和裂缝等四个检查项目，分别评定每一受检构件的等级，并取其中最低一级作为该构件的安全性等级。

部分楼板的承载力不满足规范要求，承载能力项目等级可评为 b_u 级；变形满足要求，不适于继续承载的位移项目评为 a_u 级；部分板出现非受力裂缝，但宽小于 0.7mm，这些区格板不适于继续承载的位移和裂缝项目评为 b_u 级，其余板不适于继续承载的裂缝项目可评为 a_u 级；板凳构造项目等级评为 a_u 级。根据四个检查项目的等级，混凝土板安全性等级评为 b_u 级。子单元内楼板不含 d_u 级，故楼板的安全性等级评定为 B_u 级。

一层顶和屋面梁承载力略低于规范要求，承载能力项目等级评为 b_u 级，二层顶、三层顶梁的承载力略低于规范要求，承载能力项目等级评为 c_u 级；根据现行规范，梁高超过 450mm，应设置腰筋，原设计梁高 750mm 的梁（包括屋面梁）未设置腰筋，构造项目等级评为 b_u 级。挠度计算值满足规范要求，不适于继续承载的位移项目等级可评为 a_u 级。少部分梁存在不同程度的裂缝，但裂缝宽度小于 0.5mm，该部分梁不适于继续承载的裂缝项目评为 b_u 级，其余梁不适于继续承载的裂缝项目评为 a_u 级。混凝土梁安全性等级评为 c_u 级的数量约占同类构件数量的 30%；安全性等级评为 b_u 级的数量约占同类构件数量的 50%；其余梁的安全性等级评为 a_u 级。子单元内梁含 c_u 级的楼层数为 50%，且每一楼层 c_u 级的含量不低于 15%，故混凝土梁的安全性等级评定为 C_u 级。

混凝土柱承载力不满足规范要求，承载能力项目等级可评为 c_u 级；未发现裂缝，不适于继续承载的裂缝项目可评为 a_u 级；底层柱的不适于继续承载的位移项目评为 a_u 级；柱的构造项目可评为 b_u 级。故混凝土柱的安全性等级评定为 C_u 级。

2）结构的整体性等级

结构的整体性等级根据结构布置、支撑系统、圈梁构造和结构间连接系四个检测项目确定。若四个检查项目均不低于 B_u 级，可按占多数的等级确定；若仅一个项目低于 B_u 级，根据实际情况定为 B_u 级或 C_u 级；若不止一个检查项目低于 B_u 级，根据实际情况定为 C_u 级或 D_u 级。

该房屋的结构布置基本合理，但部分为框架结构与砖混结构，无构造柱，对抗震不利，结构布置及支撑系统项目评定为 B_u 级。砖混部分圈梁的截面尺寸、材料强度等不符合现行设计规范，但能起部分封闭系统作用，圈梁构造项目的等级评为 B_u 级。结构间的连系设计基本合理、无疏漏，连接方式基本正确，结构间的连系项目评为 B_u 级。

根据以上四个检查项目，结构的整体性等级评为 B_u 级。

3) 结构侧向位移等级

结构侧向位移值小于限值，结构不适于继续承载的侧向位移等级评为 A_u 级。

4) 上部承重结构的安全性等级

一般情况下，上部承重结构的安全性等级按各种主要构件和结构侧向位移中较低一级作为评定等级，根据上述分项评定结果，上部承重结构的安全性等级为 C_u 级。

（3）鉴定单元安全性评级

根据地基基础和上部承重结构的评定结果，鉴定单元的安全性等级为 C_{su} 级。

5. 结论与建议

该建筑属于 20 世纪 60 年代的建筑，相对于当时的工程技术水平、建筑设计和施工质量标准，该结构设计质量、施工质量均较好；但根据现行规范，技改后如按原设计活荷载（$5.0kN/m^2$，局部 $10.0kN/m^2$）使用，则该结构的主要受力构件（梁、板、柱、墙）均不能满足现行规范要求，其安全性等级为 C_{su} 级。

1) 如果工艺要求使用荷载必须达到原设计荷载（$5.0kN/m^2$，局部 $10.0kN/m^2$），则应对上述安全等级评价中指出的 c_u 级构件（主要为原结构梁、板、柱、墙）采取相应加固措施。

2) 由于现行规范提供的办公楼荷载标准为 $2.0kN/m^2$，因此如果按照一般办公楼使用，则该结构主体承载能力基本能够满足现行规范要求。仅有极少部分构件和结构抗震构造需采取一定的处理措施。

第三十三章　历史建筑的评估与修复

第一节　历史建筑

1. 建筑的留存

设计使用年限是设计规定的一个时期，在这一规定时期内，只需进行正常的维护而不需进行大修就能按预期目的使用，完成预定的功能，即房屋建筑在正常设计、正常施工，正常使用和维护下所应达到的年限，使用基准期定为 50 年。但很多人却误认为建筑的寿命是 50 年。这种理解显然是不正确的，按这种理解，今年是 2017 年，那么 1967 年前的房屋应该寿终正寝。其实并不完全是这样，房屋是可以通过修缮不断地改善它的性能，延长它的使用年限。调查可以发现，1967 年以前的房屋还大量存在。这给我们人类一样，通过提高空气质量，环境的舒适度，加强身体锻炼，吃药治疗可以延长我们的寿命。

建筑是根据使用价值决定它的留存，给使用年限的关系不是很大。当一幢建筑使用价值不大或无法改造提高其使用功能时，一般采取拆除或遗弃方案。当一幢建筑有一定的使用价值，拆除的费用又相当高，能通过加固改造来满足使用功能的要求时，一般采取保留方案。当一幢建筑或遗址见证着人类文明、历史事件、乡土特色时，它们都属于保存的对象，不论它建造的时间多么长远，房屋多么简陋。

2. 年代分类

我国的建筑史学家从历史角度将建筑分为：古建筑、近代建筑和当代建筑。这些建筑按时间年限划分：古建筑，是现存清代（含清代）以前，民国初年部分的建筑；近代建筑，为 1840 年到 1949 年为止；当代建筑，自 1949 年到 2000 年这一时间段。

另一种分法是：1840 年前的称为古建筑；1840 年~1949 年的称为历史建筑；1949 年~1966 年称为近代建筑；1966 年至今称为现代建筑。

由国家文物局提出、上海房地产科学院主编的《近现代历史建筑结构安全性评估导则》WW/T 0048—2014 定义的近现代建筑是 1840 年~1978 年建造。

上面三种建筑年代划分基本是大同小异，各有考量。若把 50 年基准期的概念加入，近代建筑和当代建筑的年限就是动态的。如，今年的 2017 年，当代建筑就是 2017 年－50 年＝1967 年，那么，近代建筑就是 1840 年~1967 年。这也反映出建筑结构使用材料的演进和消亡的客观情况（表 33-1）。

建筑年代划分与结构材料的大致关系　　　　　　　　　　　　　　　　表 33-1

名称	年代划分	主要材料及结构
古建筑	1840 年以前	木结构、砌体结构
近代建筑	1840 年~至今差 50 年	生土结构、木结构、砌体结构、混凝土结构
当代建筑	近 50 年	砌体结构、混凝土结构、钢结构、玻璃、金属、索、膜

关于表33-1中的主要材料及结构形式：虽然古建筑中还留存有生土建筑，如福建土楼中的著名建筑承启楼等，但在全国范围内有近200年历史的生土建筑总的数量已很少；近代建筑中也有一些钢结构，但在我国现存的有价值的也不是很多，有些建筑已经拆除；在当代建筑中，砌体结构虽然还在大量使用，已从主角位置退下，主要用于围护结构。玻璃、金属、索、膜结构的大量使用，体现了当代建筑的特点及新材料的使用。

3. 文物等级

并不是所有的近现代建筑都值得我们去研究，我们感兴趣的是有价值的建筑。按其历史价值重要性排序如下：

（1）世界文化遗产保护单位，如：故宫、布达拉宫、平遥古城、皖南古村落、澳门历史城区、福建土楼等。不难看出，这些建筑都是属于生土建筑、木结构和砌体结构。

（2）全国重点文物保护建筑，如：上海中共一大会址、山西应县木塔、宁夏同心清真大寺。

（3）省重点文物保护建筑，市、县文物保护建筑。

（4）地方政府核定的建筑群，如：历史文化街区、名镇、名村、文物点。

（5）筹划保护的工业建筑、公共建筑、民宅、寺庙等。

随着我国经济实力的增长，以及国民文化素质的提高，对文物保护的意识增强。以国家层面为例，截至2016年，我国共计公布了七批全国重点建筑文物保护单位，共计931处，具体数据见表33-2。

全国重点文物建筑保护单位　　　　　　　　　　　　　　表33-2

批次/公布时间	第一批/1961	第二批/1982	第三批/1988	第四批/1996	第五批/2001	第六批/2006	第七批/2013	合计
革命遗址及革命纪念建筑物	33	10	45					88
古建筑及历史纪念建筑物	77	28	107					212
近现代重要史迹及代表性建筑				56	40	206	329	631

表33-2中可以看出，从第四批到第七批颁布的均为近现代重要史迹及代表性建筑，其数量为前面三批的2倍多。照此推理，近年来，在全国受到地方各级政府保护的建筑也是越来越多。

我们关心的就是1840年以后，具有保护价值的近代建筑，统称历史建筑。其中包括各地重点保护的文物建筑。

4. 保护利用

当我们去旅游时，看到的是不同于我们的砌体建筑和乡村风貌，不由自主动都说美时，回过头来看我们的家园，随着城市建设的迅猛发展，我们周边的环境已变得如此千篇一律，失去了原有的特色，失去了思乡之愁。现在各地政府已意识到历史街区、名村、名镇的旅游价值，正在努力恢复打造，客观上起到了保护历史建筑的作用。

之所以称为恢复打造，是因为社会的发展，原来家族式聚居的封闭独居模式已逐渐被单家独户、更开放的混居模式所取代。此外，旧有公共建筑的功能变换是必须考虑到问题，否则建筑将失去活力，保护会变成为一句空话。打造的涵义就在于此，在于保护，在于提升，在于实现新的价值。表33-3是村镇建筑功能变换的一种思路。

		建筑功能的转换	表 33-3
建筑类型	原有功能	属性	功能转变情况
会馆	商业活动、聚会	公共	景点、展览馆、旅店
祠堂	宗族礼仪、法制活动	公共	延续、景点、改变用途
寺庙、教堂	宗教活动中心	公共	延续、改变用途
民宅	居住	私有	延续、客栈、故居
书院	教育活动	公共	景点、改变用途
戏台	娱乐、宣传活动	公共/私有	延续、景点
亭、阁、塔	景观、休闲	公共/私有	延续

笔者是成都人，曾住在文庙前街，离宽窄巷子不远，但从来没有听说是一个旅游景点，偶尔经过，也就是一条冷清的巷子。通过十几年来的打造，成了旅游热点，人头攒动（图33-1a），经济效益可想而知。旅游区景点的民居改为客栈，不但为游客提供了游玩的方便，也增加了店家的收入。我们一家到徽州旅游，住进西递"茗居驿店"，体验了一次封建社会的礼教家庭生活，增添了旅途的乐趣。

（a）　　　　　　　　　　　　　　　　　（b）

图 33-1　旅游闹市区的街景及店堂

（a）成都宽窄巷子；（b）西递"茗居驿店"客堂

第二节　环境与沿革调查

1. 调查方法

历史建筑的调查工作相当于中医看病时的"望闻问切"中的"望、闻、问，是必不可少的环节。调查首先是调查的人要身体力行。利用自己的眼睛观察周边的事物，熟悉周边环境，思考与需要解决问题间的联系；用脚四处走动，扩大调查的范围，建立空间的位置关系；用口提问，了解看不到的情况，提出需要了解的问题。

调查时可配合以简单的检测，获取的数据不一定要求特别准确，主要是为作出科学的判定，制定合理可行的检测方案提供参考。现在的手机是第一个随身携带的检测工具，它具有以前，照相机、摄像机、录音机、手电筒、步话机的功能，甚至通过微信可以及时传递图片，进行视频讨论，提高了效率。再带上测试的简单工具，如激光测距仪、激光垂直仪、卷尺、裂缝卡等就可进行一般的常规检查。现在还可以配上无人机，从空中观察地形地貌，建筑物的相对位置关系，以及建筑顶部的情况。

调查期间要根据委托要求，尽量收集相关的设计文件、设计图纸、竣工资料、以及相关记录资料。这些资料可以是纸质的，也可以是电子文档、照片录像、录音记录等。对有纠纷的事件和司法鉴定一定要注意采用资料的可靠性。以上是对于一般建筑的检测鉴定调查，对于重要的历史建筑，如名人故居，有时还需要查阅他的历史档案，家谱，走访与他有关的人员，亲戚、朋友、帮工，甚至他们的后人，寻找故事。一些重要的历史建筑可以到档案馆查阅档案资料，搞清建筑的历史沿革和相关的历史事件等。

目前，网络是一种查阅资料最简便和快捷的手段，可利用网络查询建筑周边环境、气候，以及与建筑有关的情况。一般的网络检索途径可分为如下几类：

（1）搜索引擎：常用的有，Google、百度、搜狗。这三种搜索引擎所占内容相对较多，Google 内容资源较多，世界范围内均有不同出处，但有时会有内容冲突，真实性需要进一步考证。百度及搜狗等国内网站资源相对单一，可信度相对较高。

（2）门户搜索和免费资源链接：百科类资源简介，网络搜索的内容详尽程度与保护级别有关，国家级介绍相对详细，内容全面，包括建筑概括，历史沿革等多方面内容，而省市级和区级，一般仅有建筑概括简介，内容相对较少。

（3）有偿性资源查找：文库类资源信息类资料需要付费，现常用有百度文库，豆丁文库，新浪文库，中国知网等。

（4）分散类资源收集：通常为一些网络文章，游记等散落性资源，在人文历史，历史沿革和维修情况有一定参考价值，但真实性和准确性需要甄别和考究。

2. 地理气候环境

气候环境调查包括，建筑所在位置的海拔高度、经纬度坐标，所处气候带、年最高温度、最低温度，平均温度和湿度。根据地区和工程情况，必要时还需了解，降雨量、降雪量、霜冻期、风作用、土壤冻结深度。这些基本数据对评估建筑的耐久性和制定维修、加固方案有重要的参考价值。

建筑物的方位因建筑各部分所处的方位与其使用情况和损坏情况有一定的联系，是需要考虑的问题。如：受太阳西晒，平屋面房屋顶上一、二层容易出现温度裂缝；而主风向的墙面和门窗容易损坏。这对鉴定分析和维护修缮方案的制定提供参考。

3. 地质及周边环境

（1）地质情况。建筑物所处的地质及周边环境对建筑的使用安全和妥善保护有很大关系。使用环境调查首先是对委托区域或建筑物的周边进行观察，了解地形、地貌、公路交通、人居情况等静态环境状况，以及周边建设、开挖、施工等变迁的动态情况。

虽然，历史建筑修建时间较长地基稳定，但周边进行修建改造时为了保证建筑的安全，需要采取措施时，首先也需要考虑进行地勘。

（2）与周边建、构筑物的位置关系。测量或标注出历史建筑与周边建筑、构筑物的相对位置关系，对于检测、维修方案的制定，以及历史建筑的保护是必须了解的基本情况，如：检测的建筑与周边的建筑距离太近，外墙面的结构构件就无法布置测点进行检测；在改造开窗等问题上也受到限制。

历史建筑，因修建时间久远，周边环境变化可能很大，因此周边环境调查是一项重要的工作。调查需要了解或评估各种变化造成的不利或有利影响，如：排水系统改变造成雨季被淹；基础沉降引起建筑墙体开裂；绿化改变环境等问题。

（3）对地灾的防范分析。对于历史建筑一般已修建几十年时间，甚至上百年时间，当时多数选址并没有进行地勘，也没有这一意识，为适应当时的环境、民俗，甚至躲避战争，房屋修建于边坡、河道和沟壑附近，因此不经意间已坐落在滑坡、地陷、泥石流、崩塌等潜在的地质灾害区域。作为受委托对建筑进行检测鉴定，有必要注意分析是否有因地质灾害造成的潜在影响，这类建筑多数是当地的财富，若发现问题，应在报告中给出地质灾害隐患的提示，便于业主单位请地勘部门进一步勘查落实，制定采取治理措施的方案。这犹如到医院看病，一位好的医师，不仅仅只听病人的叙述，还根据自己的经验作出合理的诊断和建议。

4. 历史沿革及人文资料

历史沿革和人文资料是历史建筑的重要组成部分。历史建筑与现在一般建筑相比，修建的时间更长，使用的材料老化更严重，承载的人文、历史更厚重，传承的艺术价值有时很高，为了得到更好的保护，是不可缺失的内容。建筑的历史沿革包含其修建沿革，使用沿革等。具体主要阐述其修建年代，由何人修建，产权人的历史变更；历史进程中的各种用途的变化，以及相应的使用时间；是否被列为区/县、市/国家重点维护保护单位、批准时间等作为纪念遗址对外开放情况。

建筑的人文历史记叙了修建至今的过程中，围绕建筑本身经历过的历史事件或和其有相关关系的事迹，包括历史资料、故事、图片、实物、传说。其内容涉及信仰、艺术、道德、法律、风俗，以及创造人类社会的事件和习惯等情况描述。图片资料包括，相关的复印件、照片以及书刊、报纸的报道等。实物包括，名人用品、用具、用房、建筑、种植的植物等。

案例 1：重庆《新华日报》民生路营业部旧址历史情况调查（缩写）

一、环境情况

《新华日报》民生路营业部旧址位于重庆市渝中区民生路 240 号（原 208 号），长江、嘉陵江交汇的渝中半岛上，距解放碑西 600 米，相关位置见图 33-2。

图 33-2　新华日报社发行部旧址所处位置

该建筑地理位置为，北纬 29°33′38.1″，东经 106°34′01.5″，海拔 275m。全年平均气温 18℃，7～8 月最热，35℃ 以上高温天气多达 30～40 天，最多达 68 天，绝对高温温值 44℃，极端低温为零下 2℃，无霜期 310 天以上。

　　图 33-3 是《新华日报》民生路营业部，20 世纪 40 年代、70 年代和现在的环境情况。现在周边已是大楼林立，四周居民居住密度极高，处于人流量大的交通主干道旁，门前又是车站，虽然交通便利，但来往车辆造成极大的废气和噪声污染，不利于文物旧址的保护。有时车辆将旧址门庭堵塞，影响游客参观。繁华嘈杂的环境，更无法让人身临其境。

(a)　　　　　　　　(b)　　　　　　　　(c)

图 33-3　《新华日报》民生路营业部周边环境比照
(a) 20 世纪 40 年代；(b) 20 世纪 70 年代；(c) 2017 年的情况

二、历史沿革

　　《新华日报》民生路营业部这幢楼房建于 20 世纪 30 年代，产权原属聚兴诚银行，后银行将此楼转租给二房东赵子贞老中医。

　　1940 年 8 月 20 日，设在重庆西三街 12 号的新华日报营业部被日机炸毁后，移至劝工局若瑟堂巷一号暂时营业。这年 10 月 26 日该处又被炸毁，营业部在移至劝工局若瑟堂的同时，报馆通过关系，经住重庆警察局第四分局局长赵子梁介绍，悉知二房东赵子贞及"华时代"百货店均想迁移乡下。此时报馆以个人名义，在赵子贞处租赁了这幢当街临市的楼房。经过一番整修，于是年 10 月 28 日迁入民生路 208 号营业，直至 1946 年 2 月被国民党指使特务捣毁为止。

　　1946 年 2 月 22 日，国民党煽动学生进行反苏游行，指使特务捣毁营业部，打伤工作人员并抢走钱物。1947 年 2 月被国民党查封，全体人员撤返延安。

　　该房产由川盐银行取得，后又作价卖与重庆分行。

　　新中国成立后，这里先后由西南财政部行政财务处及四川省人民政府驻重庆办事处单位接管。

　　1964 年由重庆市中区房地产公司接管，平街层作为新华书店使用，其余房间市民居住。

　　1974 年由红岩革命纪念馆收回，并复原开放。

　　1974 年该旧址被定为市级文物保护单位。

　　1980 年 7 月被四川省人民政府定为省级文物保护单位。

　　1982 年对旧址进行全面维修，内部结构改为钢筋建筑结构，底楼阁楼和二楼楼门尚未复原。关闭了数年后，于 1986 年 10 月重新对外开放至今。

2001年6月25日被国务院颁布为全国第五批重点文物保护单位,并入"八路军重庆办事处旧址"。

三、人文历史

《新华日报》营业部旧址是抗日战争时期和解放战争初期,负责《新华日报》及《群众》周刊的全部发行和销售机构。在此战斗近六年,共发行各类进步书刊数千种。

1940年8月,原设在重庆西三街12号的《新华日报》营业部被日机炸毁。通过各种关系,《新华日报》租下了这栋位于当时重庆"文化街"上的三层楼房(不含地下室,当时系居民住房)作为营业部门市和办公用房,于同年10月27日迁此对外营业和办公。抗战时,为防敌机空袭,外部墙面涂为深灰色。

图33-4 《新华日报》创刊及周恩来题字

门额横书"新华日报"四字见图33-4。临街底楼即一楼为《新华日报》报刊书籍门市部。二楼二间,为图书、广告、发行、邮购等办公室和会客室。三楼共四间,除上楼直对着那间为报社社长潘梓年在城内的办公室兼卧室,其余为工作人员、报丁、报童住房,晒坝为日常生活区,一直到1946年2月22日被国民党特务捣毁为止。

"皖南事变"后,为了方便与各界进步人士的会见和晤谈,周恩来、董必武等南方局领导人常常在营业部二楼会客室与有关各界人士、各民主党派负责人秘密会晤和交谈。

1945年8月28日,毛泽东在重庆谈判期间,曾高度评价《新华日报》:我们不仅有一支八路军、新四军,还有一支"新华军"!

1945年9月,重庆谈判期间,在周恩来陪同下,毛泽东曾来此视察工作和看望同志们。

第三节 建筑调查与测绘

1. 建筑情况调查

一般建筑情况调查根据不同的委托要求有所不同的择重,但首先应了解修建的时间,何人或何单位修建,设计单位、施工单位和监理单位名称;建筑结构的形式,建筑的层数和面积,构造之间的连接关系,使用的材料和年限等建筑结构的基本情况;修建时的相关文件,设计图纸,竣工资料等相关材料。

历史建筑调查包含:

(1)建筑风格的流派及地域风格特征。对建筑风格的描述,凡反映风格的主要特色部位如柱式、山花、线脚、屋顶以及室内外主要装饰,查找建筑历史照片、不同历史时期的设计图纸或方案图纸等;

(2)建筑立面、平面原状的资料,建筑用材原状的资料及历次改扩建、维修等情况;

(3)文物建筑价值;

(4)基础形式、原始基础设计图纸、设计变更、岩土工程勘察报告、竣工图等;

（5）原始结构体系、结构构件、结构结点、结构材料，原始结构设计图纸及历次自然灾害与加固、维修、扩建等情况。

建筑的使用情况调查，包括修建时的用途，现在的使用状况，以及整个使用期间的用途变化情况。用途变化可能是整个建筑，也可能是其中一部分用途的改变。用途的改变不仅是指荷载的变化，如：办公用房改为档案室，设计使用荷载从 $2kN/m^2$ 增加到 $12kN/m^2$；也包含使用功能的改变，如：住宅改为宾馆等。

建筑受到的损害情况调查，包括使用造成的损坏，人为的破坏和自然的灾害。使用造成的损伤主要是指随着时间的消长，房屋建筑的屋面、楼面、地面、墙面、地下室等部位的装饰、装修出现的渗漏、泛潮、变色、脱落等现象，属于材料耐久性不足的表现。出现这种现象最常见的部位是，屋面、卫生间、厨房地下室。人为因素对建筑的损坏包括：因生产产生的对建筑造成损坏的有害介质如气体、液体和固体废弃物；周边环境的改造；建筑受到汽车、机械的振动受到损坏；因爆炸、火灾、爆破对建筑产生的破坏。振动对建筑造成破坏大小与其产生的能量和间隔的距离有很大关系。对建筑造成影响的自然灾害，包括地震、泥石流、滑坡、塌陷、风灾、海啸等。自然灾害破坏的特点是对建筑造成的破坏范围和社会影响都是很大的，尤其是地震。经历过自然或人为灾害的时间，损伤情况。

建筑的维修及改造调查，是指房屋交付使用开始到现在调查的全过程中，每次进行维修改造的目的、时间；检测鉴定单位、设计单位、施工单位、监理单位；具体维修的部位，修缮措施，修缮结果和现今保存情况等说明；以及修缮经费的来源及数额。

2. 图纸的复核与测绘

（1）图纸的复核

设计图是建筑实体的表现形式，是对建筑风格、形式、建筑结构和使用材料的整体了解，是进行检测、维修、改造的依据。因此，在对建筑进行检测、鉴定或评估时，设计图是首先应具备的基本资料。目前，建筑的设计图情况是：20 世纪 90 年代前，有完整设计图的建筑很少，其他相关的资料更是凤毛麟角。近年来有少量建筑进行过检测鉴定，补充了部分图纸。根据设计图及委托要求不同的情况，可采取不同的处理方法。

有设计图的建筑，不论是原设计图还是使用过程中维修改造时的设计图，在作为检测依据前，首先应将设计图与建筑现状进行比对，确认其准确性。若误差较大，应分析其原因，并按委托需求补充完善，再作为检测鉴定的依据。

没有设计图纸的建筑应补充测绘。建筑测绘根据委托需要分为：局部测绘、结构测绘和全面测绘。局部测绘主要是针对建筑的某一部位需要进行的测量，包括：建筑局部使用功能改变需要的改造，房屋渗漏、破损的修缮，局部质量不满足要求等。这类测绘可能是构造测量也可能是结构测量，遇到这种情况，往往测绘与检测同时进行，可以节省时间和人力。

（2）结构测绘

结构测绘是以建筑的结构部分为主进行的测绘工作，主要适用于一般工业与民用建筑的可靠性鉴定。这种测绘方式，既满足了检测鉴定的需要，又不使测绘的时间过长，工作量过大。结构测绘图应包括：结构说明、结构平面布置图、构件尺寸、截面形式和连接构造等。图纸的具体要求如下：

1）结构说明应标明结构类型、材料性质、使用功能等。

2）结构平面布置图上应标明标高，各构件的形式及相关关系。

3）详图应标明构件的材料、形式和截面尺寸等；节点连接详图应包含构件间的详细连接构造。

4）检测单元内构件的截面尺寸宜全数量测。对任一等截面构件宜取3个部位进行量测，以测量结果的平均值作为构件截面尺寸的代表值。

（3）建筑测绘

建筑的全面测绘包括建筑、结构和有价值的细部大样图，适用于重点保护文物、历史建筑。建筑测绘图包括：建筑平、立、剖面图，以及典型和有历史意义或文物保护价值的细部大样图。图纸的具体要求如下：

1）建筑平面测绘图上应标明轴线的位置、建筑平面尺寸及细部尺寸、楼地面标高、建筑的平面功能等。

2）建筑立面测绘图上应标明建筑物门窗洞口的位置、立面装饰线条、每层层高、±0.000标高及建筑物的总高度等。

3）建筑剖面测绘图上应标明建筑物门窗洞口的位置、建筑物各层竖向间的相关关系、楼（屋）面标高、室内外标高、建筑物各层的层高和总高度等。建筑物的层高应全数量测，且应用建筑物的总高度复核各层的层高。建筑物的轴线尺寸和细部的平面尺寸应全数量测，且应用总尺寸复核各分段尺寸。

4）细部大样测绘图应包括楼、地面以及墙面等的细部构造及有特色的、有历史意义的、受保护部位的细部大样。对于具有历史意义或重要文物价值的保护部位的细部大样，宜采用三维激光扫描技术、近景摄影技术等现代方法进行测绘。

3. 建筑改造的识别

历史建筑经历的时间长，因此维修改造的情况在所难免，在各方都重视文化遗产保护的今天，利用维修前的检测评估的需要，完善图纸和确认使用情况，是一次很好的机会。因此，这种全面测绘也是对建筑历史的追述。确定建筑平面布置的改动可以从以下几方面如手：

（1）使用的建筑材料。重点文物建筑和历史建筑与现代建筑相比，体量不大、层数不多，一般都使用一、两种材料修建。如：木结构，墙体、楼面、屋面都是采用木料修建；土木结构，墙体采用夯土结构，楼屋面采用木材；砖木结构，墙体采用烧结砖，楼屋面采用木材。当使用的材料种类较多时，就应考虑有些材料是后用上去的，进行调查确认。

一般建筑同种材料的规格种类也不会太多，可用这种方法来判断维修情况。如：当发现一幢建筑中，烧结砖的尺寸不同时，应考虑有些砖是后来砌筑的。木构件使用的材质不同，成色不同，也应考虑是否被替换。

在一幢建筑中虽然有时使用的同种材料，但不同品种，这也可用于判断是否是维修改造时使用的。如：烧结红砖是20世纪50年代才逐步开始使用，加气混凝土、蒸压灰砂砖、蒸压粉煤灰砖、混凝土砌块都是20世纪70年代后才出现的，这些墙体材料的具体情况在前面章节已有介绍。若在墙体中有，应是后砌筑的。如墙体中的砌筑砂浆，60年前多采用石灰砂浆，或黏土砂浆，而石灰水泥砂浆和水泥砂浆是近20年才广泛使用，可结合砌筑的砖的品种，综合判断墙体砌的时间。

（2）构造和施工的方法。不同的地区，不同时期，不同的人，施工和构造方法是有差异的，可以从中发现建筑改造的痕迹。如：墙体砌筑砂浆不同部位的厚度和施工质量区别，多数情况下是原修建时的质量好于后面维修的质量。可以通过凿打墙体抹灰面层，观察抹灰层数、厚度、色泽，粉刷材料，维修次数或大至年代。在 20 世纪 50 年代前，木结构的连接，多采用榫卯结构，少用铁钉、铁拉杆、螺栓锚板连接或固定，当出现这种情况时应分析是否进行过改造加固。

案例 2： 在对历史建筑维修情况进行调查时，通过凿打抹灰层，观察抹灰层的层数、颜色、厚度，可以看到维修的过程。有时可以通过使用的材料，推测维修的年代。图 33-5 为一幢 70 多年建筑墙体的抹灰层数和颜色的变化情况。

由内到外依次：
20厚石灰抹面
25厚砂浆层
200厚砖墙
6厚砂浆层（黄色）

图 33-5　墙体的抹灰层数

案例 3： 天津庆王府主楼原有木制门窗、地板，多为后期添配，按照油漆检测分析结果，确定了以一楼门厅和多功能厅原有木作为主调的基础做法和色彩，对其余木作整体脱漆打磨修补，由混油面层调整为清油面层[15]。

（3）建筑特点与装饰。历史建筑从建筑风格区分，包含有，我国的古典式建筑、近代建筑、民族建筑、新古典主义建筑，以及其他国家的建筑形式；从使用功能划分，有民居建筑、乡土建筑、公用建筑、工业建筑等。它们都有各自的建筑特点和装修风格，因此容易辨认。有时经过维修过后，因形式的差异，工艺的差异，新旧的差异，可以区分判断出来。

（4）历史沿革与现状比较；从调查到的建筑的历史背景，即修建情况，历史沿革和人文资料与现状的比较可以发现改造的痕迹，为合理的恢复原样提供依据。之所以说"合理恢复"，是有时中间的改造还更具有历史价值。

第四节　检测的特点

随着国家对文物保护的重视，各地政府也意识到历史建筑的留存是发展地方旅游业的重要支撑点，因此，这类建筑一般不会拆除重建，而是采取"四原则"进行修复。作为修复的前期工作之一，就是对历史建筑进行检测，文物部门常把这种检测称为勘查。我根据自己掌握的情况，把各类历史建筑现在使用及研究现状，以及检测方法和历史建筑数量列于表 33-4。

各类建筑使用、检测相关情况比较 表 33-4

结构项目	生土建筑	石结构	木结构	砖砌体结构	混凝土结构	钢结构
使用情况	很少	少	少	多	多	增多
研究项目	不多	很少	不多	不多	多	较多
现场检测方法	很少	很少	不多	较多	最多	较多
历史建筑数量	不少	多	多	最多	少	很少

从建筑的使用情况看，居住在生土建筑的人已经很少，虽然按现在的理念来看，它是最绿色环保的建筑。石结构、木结构和砖砌体结构也很环保。但是，近年来频发的地震灾害造成了重大的人员伤亡和财产损失，使人们不能不增加防患意识，前四种结构的抗震性能较后两种差，因此是减少使用的原因之一。此外，混凝土结构和钢结构能够修得很高，同样的占地面积能够容纳更多的人，节省用地，提高经济效益也是其中的原因。由于混凝土结构、钢结构建得越来越高，体量越来越大、形式越来越复杂，因此需要解决的问题也越多，自然研究项目也越多。由于钢筋混凝土结构较其他的结构更复杂，出现问题类型相对更多，为了检测验收的需要，相应的检测方法也就最多。

历史建筑使用的材料主要是，生土、石料、木材和烧结砖等地方材料，符合当时的生产条件和文化理念。建筑的形式更适合民族、地方、环境的特色，如民居建筑，北京的四合院、福建的土楼、重庆贵州的吊脚楼等。由于历史建筑时间悠长，能留存下来的多数都是精华，也许它还承载着不少的奇闻趣事，历史事件，这怎么不能引起故人的乡愁！

现在，保护历史建筑已成了大家的共同意愿。要保护它，就要熟悉它。要熟悉它，其中就是要对它进行检测，了解它的"身体"情况。根据历史建筑的特点，检测时应注意的是：

（1）由于建筑要做永久的保护，建筑本身应进行全面的测绘，包括建筑、结构和装饰图纸。这些图要满足制图标准的要求，当不能完全用图表示时，还应用影像资料予以记录。为了减少对建筑的损伤，测绘和检测有时最好一起进行。

（2）结构构件的检测除了要全数用肉眼观察外，还应根据情况分类逐个检测，而不是完全采用抽样的方法，以便有针对性的修复方案，减少了对原建筑的干扰。

案例 4：一寺庙大雄宝殿发现部分梁柱出现裂缝，随后对裂缝内填塞进行防腐处理，一年多后该结构裂缝呈进一步开展趋势。经过逐根梁柱构件检查得出结论：裂缝主要为干缩裂缝；其中一根柱局部区域腐朽严重，呈碎渣状破裂，采用节段置换。

（3）结构及构件检测应注意对建筑的保护，尽量采用非破损方法，少采用微破损检测方法。采用微破损检测方法时，应在不易看到的地方，破损不宜过大，并事先应有修复的方法。

（4）现在的检测技术标准主要是针对施工的质量控制和 50 年设计基准使用期内的建筑进行检测，因此是否适用于历史建筑的检测要注意标准中提出的使用条件。

随着大家对历史建筑的重视，要求检测的工程项目也就越来越多。不少检测人员不认真分析历史建筑的特点，完全按现代建筑的检测鉴定方法是不妥当的。如：用砂浆回弹仪检测糯米砂浆强度；用混凝土回弹仪检测岩石强度等。

案例 5：我用混凝土回弹仪对岩石强度进行了探索试验。在砂岩岩体上回弹后取样进行抗压试验；5 组不同颜色砂岩切割成 150mm 立方体，按纹理水平和竖直两个方向分别进行抗压试验。先进行回弹法检测，再进行抗压强度试验，得出的结果并不理想，还需进一步探索。

对于历史建筑的检测还有很多方面的工作需要做，需要现有的一些方法延伸，也还需要根据现在的技术创造一些新的方法。

第五节 安全性评估方法

1. 评估依据

关于历史建筑的安全性问题，采用"评估"比采用"鉴定"更适合于建筑历史长，以修复为目的的理念。

由国家文物局主编的文物保护行业标准《近现代历史建筑结构安全性评估导则》WW/T 0048—2014 中，规范性引用文件为：《建筑地基基础设计规范》GB 50007；《建筑结构荷载规范》GB 50009；《建筑抗震鉴定标准》GB 50023；《工程结构可靠性设计统一标准》GB 50153；《民用建筑可靠性鉴定标准》GB 50292；《建筑结构检测技术标准》GB 50344。从该导则只引用了这 6 本规范来看，使用的依据与建设系统是一致的。

2. 结构安全性评估

（1）层次划分

历史建筑的结构安全性评估按构件、组成部分、整体三个层次进行，相关关系见表 33-5。构件的安全性只分了安全和不安全两个等级。

历史建筑结构层次划分、评级和处理要求

表 33-5

层次	鉴定对象		等级	分级标准	处理要求
一	构件	单个构件	安全	构件可安全使用	不需处理
			不安全	构件不能安全使用	需要维护加固
二	组成部分	地基基础	a	安全性满足要求	不必处理
			b	安全性基本满足要求	极少数地基基础需要采取措施
			c	安全性显著不满足要求	少数地基基础需要采取措施
			d	安全性严重不满足要求	大部分地基基础需要采取措施
		上部结构	a	安全性满足要求	不必处理
			b	安全性基本满足要求	极少数构件需要采取措施
			c	安全性显著不满足要求	少数构件需要采取措施
			d	安全性严重不满足要求	大部分构件需要采取措施
三	整体		A	整体安全性满足要求	不必处理
			B	整体安全性基本满足要求	极少数构件需要采取措施
			C	整体安全性显著不满足要求	少数构件需要采取措施
			D	整体安全性严重不满足要求	大部分构件或整体需要采取措施

（2）评估原则

历史建筑结构安全性评估分为一级评估和二级评估。一级评估包括结构损伤状况、材料强度、构件变形、节点及连接构造等；二级评估为结构安全性验算。

一级评估符合要求，可不再进行二级评估，评估安全性满足要求。一级评估不符合要求，评定构件安全性不满足要求，且应进行二级评估。

二级评估应依据一级评估结果，建立整体力学模型，进行整体结构力学分析，并在此基础上进行结构承载力验算。

（3）安全性评级

构件安全性评级包括：地基基础，其中又分为地基和基础两部分评估；上部结构构件分为：混凝土结构构件、钢结构构件、砌体结构构件和木结构构件。一、二级评定的方法可直接看评估导则，有前面的知识应该很容易。

组成部分安全性等级评估，通过安全性不满足要求的构件权重比计算评判。结构安全性综合评估应考虑下列因素：不安全构件在整幢建筑中的地位；不安全构件的保护价值；不安全构件在整幢建筑所占数量和比例。

建筑整体安全性等级评估是在组成部分安全性等级评估的基础上，对安全性评估需要降级的情况和直接安全性评为 D 级作了规定。

3. 重点保护部位完损等级评估

重点保护部位完损等级分为完好、一般损坏、严重损坏三个等级。

（1）外立面重点保护部位

外立面根据外墙材质分为抹灰类、面砖石材类、清水墙类等。抹灰类外立面受损主要是表面疏松、空鼓、裂缝、脱落、破损等；面砖石材类外立面受损主要为表面风化、空鼓、脱落、破损等；清水墙类外立面受损主要为砖面风化、砂浆粉化、裂缝破损等。

外立面重点保护部位完损等级评估标准见表 33-6。

外立面重点保护部位完损等级评估   表 33-6

检查项目	受损范围	完损等级
墙面	0%	完好
	≤15%	一般损坏
	>15%	严重损坏
花饰、线脚和雕塑	0%	完好
	≤10%	一般损坏
	>10%	严重损坏

注：表中受损范围为损坏面积与总面积的比值。

（2）屋面重点保护部位

各类屋面类的受损主要是瓦片风化破损、脱落、松动、局部下滑；屋脊屋檐花饰、雕塑受损主要为表面风化、裂缝、破损等。

屋面重点保护部位完损等级评估标准见表 33-7。

屋面重点保护部位完损等级评估   表 33-7

检查项目	受损范围	完损等级
屋面瓦	0%	完好
	≤15%	一般损坏
	>15%	严重损坏
花饰	0%	完好
	≤10%	一般损坏
	>10%	严重损坏

注：表中受损范围为损坏面积与总面积的比值。

（3）室内重点保护部位

室内重点保护部位中内墙受损主要为老化、起壳、裂缝等；天花吊顶受损主要为脱落、起壳、腐烂等；木装修受损主要为腐烂、蛀蚀、破损等；花饰线脚受损主要为脱落、开裂、破损等；雕塑受损主要为开裂、破损等；附属物受损主要为老化、破损等。

室内重点保护部位完损等级评估标准见表33-8。

室内重点保护部位完损等级评估　　　　　　　　　　　　表33-8

检查项目	受损范围	完损等级
内墙面	0%	完好
	≤20%	一般损坏
	>20%	严重损坏
楼地面	0%	完好
	≤20%	一般损坏
	>20%	严重损坏
天花吊顶	0%	完好
	≤15%	一般损坏
	>15%	严重损坏
木装修	0%	完好
	≤15%	一般损坏
	>15%	严重损坏
花饰线脚	0%	完好
	≤10%	一般损坏
	>10%	严重损坏
雕塑	0%	完好
	≤10%	一般损坏
	>10%	严重损坏
附属物	0%	完好
	≤10%	一般损坏
	>10%	严重损坏

注：表中受损范围为损坏面积与总面积的比值。

（4）其他重点保护单位

建筑平面布局受损主要为建筑平面改动，原建筑平面布局收到损坏等；结构体系受损主要为原结构体系改变，新增不同类型的结构等；重要事件和重点人物遗留的痕迹受损主要为此类痕迹破坏或缺失等。

当出现建筑平面改动、结构体系改变、重要事件和重要人物遗留的痕迹破坏或缺失等情况，根据严重程度评为一般损坏或严重损坏。

在各级主管部门批准下进行的有利于历史建筑保护的建筑平面改动、结构体系改动及重要事件和重要文物遗留的痕迹变动等，评为完好。

第六节　文物建筑的修复

1. 修复的期盼

2017年6月笔者因事路过北京沙滩后街，这里是北京中心的老城区，有很浓厚的胡同文化，20世纪初著名的"五四运动"就发生在这里，但其街貌仍然保持着20世纪七八十年代的状况（图33-6）。笔者看见两个小伙正在玩手机，便上前询问他们是否可以为他们拍照，得到了他们认可。他们似乎并不在意，仍然玩着手机，又好像是在等待着什么。这样的街区在全国的大城市还留有不少，与城市现代化面貌很不相匹配。其实，这些地方才沉淀着过去的历史文化，是我们不能抛弃的。他们是在坚守，等待着街区全面更新改造，恢复其功能和活力的到来。

(a)　　　　　　　　　　　　　　　(b)

图 33-6　北京沙滩后街胡同
(a) 胡同街道一角；(b) 休闲中玩耍手机

重庆荣昌安富镇自古就是连接重庆和成都的交通要道。从图33-7中可以看到，现在的道面已高出原有路面很多。说明往日的车水马龙使道路不堪重负，不断翻修一再抬高，才成了今天的模样。随着高速公路的修建，城际高铁的开通，已变成唐代诗人白居易笔下，"门前冷落车马稀"的景象。为记住这段历史，保住有特色的建筑，当地的居民正在等待整治的到来。

(a)　　　　　　　　　　　　　　　(b)

图 33-7　重庆荣昌安富街景
(a) 街道冷落的景象；(b) 旧式的砖木建筑

图33-8是福建南靖县田中村的部分土楼，从通往土楼的乡间小道长满杂草，就知道已很久没有人居住。我看见其中一幢楼门外的公告上写着，"田中顺兴楼：2013年1月11日被确认为县文物保护点，受到法律保护。任何单位、个人不得破坏。南靖县人民政府

2015 年 10 月"。显然当地政府已负起楼群的保护责任。生土墙体的局部坍塌，楼内的木构建筑严重腐朽变形都在等待修缮。

(a)　　　　　　　　　　　　　　　(b)

图 33-8　等待整修的土楼

(a) 乡间小道长满杂草；(b) 房屋已无人居住

2. 修复的原则

文物建筑的安全性评估并不是目的，而只是为保护文物建筑提供结构是否安全的依据。文物建筑的修复具有更广泛的涵意，为了便于理解，表 33-9 列出了它与普通建筑加固的比较。文物建筑的修复是全方位的，因此，在保护工程方案设计中很多时候项目负责人是建筑师。当结构存在安全隐患需要处理时，结构工程师提出方案。

文物建筑修复与普通建筑加固比较　　　　　　　　表 33-9

项目	文物建筑	普通建筑
目的	修复	加固
设计	建筑师	结构工程师
对象	建筑部分	主要是结构部分
	结构部分	
	装饰部分	
材料、工艺	尽量采用原有材料及工艺	可采用新材料及新工艺
效果	尽量还原到原始状态	提高原有结构安全度
	局部加强	提高原有结构承载力

文物建筑保护是基本遵循建筑遗产保护的最基本原则，历史建筑也可参照着个原则。建筑遗产保护的最基本原则是，完整性原则和真实性原则。

"完整性"主要包含两大方面内容：一是形式上的完整，大体包括文化遗产自身结构和组成部分的完整，及其所处背景环境的完整。二是意义上的完整，也有人称为文化概念上的完整。

"原真性"主要包括其设计、材料、工艺和所处环境，但又不局限于原初的形状和结构，还应包括后期的所有改动和增补。在《关于原真性的奈良文件》指出，原真性的信息来源方面包括形式与设计、材料与物质、用途与功能、传统与技术、位置与环境、精神与感受以及其他内在与外在因素。

在最基本原则的基础上衍生出：合理利用原则、最小干预原则、日常维护保养原则、档案记录原则、慎重选择保护技术原则、可识别性原则、可逆原则、原址保护原则、不提倡重建原则。这些原则都是必须遵循的，并且还在不断地深化和发展。建筑遗产保护原则如图 33-9 所示。

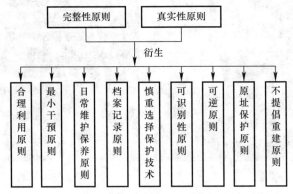

图 33-9　建筑遗产保护原则的关系

在这些衍生出的原则中，最小干预性主要强调的是以最小的人为技术干预求得文化遗产最大的稳定，以确保文化遗产的原真性。尽量采用原有材料及工艺就是这一目的。

可识别性强调任何不可避免的添加都必须与该建筑的构成有所区别，并且必须要有现代"标记"。其目的在于使后世不至于误解文化遗产的"原状"。例如，在故宫的维护和修缮中，在新修复材料背后注上修复年代，既维护了木结构建筑的原有风貌和特色，同时也不至于给后世带来误解。

可逆性是出于文化遗产保护的可持续性考虑，文化遗产的保护并非一劳永逸的，任何保护技术的运用都不具有太久的时效性，而随着科技的发展，很多当时解决不了的技术难题，在将来可能会得到突破。因此，强调修复的可逆性，是为了让后人在进行修复时，还能面对一份真实的遗产。

3. 修复的尴尬

文物建筑的修复有时是一项非常复杂的工作。主要会遇到以下方面的问题：

(1) 资金。现在很多时候修复文物建筑都要等待资金，有时时间很漫长。此外，虽然多数文物建筑是通过检测评估后进行的设计，由于检测时不能打开全部部位，待到修缮时打开才发现新的问题需要处理。这时又需要追加资金投入，又需要一系列相关的工作，又需要等待。

(2) 建筑的定位。文物建筑修好后不使用，不但不能发挥它的价值，还容易会损坏。因此，一般在修复前就有一个规划，如何使用。看似简单，有时也是一个难以决断的问题。搞不好，钱也就白花了，效果没有达到。

(3) 修复后的还原。一个是建筑周边环境的还原，一个是建筑原貌的还原。文物建筑按当时环境还原，多数时候是难以办到的。因为人口的增长，城市的发展，交通工具的改变是不可改变的因素。建筑原貌的还原有时也是很棘手的事情。文物建筑一般修建时间比较长，修缮时的不断改变，由于没有文字记录，往往不能作出准确的判断。

(4) 修复材料、技术的选取。文物建筑的修复最好采用原工艺、原材料。现在有些传统的材料已经没有生产，或在生产已不是原来的品质，甚至价格很贵。传统工匠的手艺，现在的年轻人不愿意去学，有些正在失传的过程中。在有些工程中，传统的手工做法按现在的标准计价，没有人愿意来做。

案例 5："戴笠公馆"主楼曾为重庆某盐商住所，大约建造于二十世纪 20 年代左右。在 1938～1945 年作为国民政府军统负责人戴笠的私人住所，现属重庆市渝中区文物保护单位（图 33-10）。两年半以前的管理人员，希望改成展览馆，让我们做了一个检测评估方案。现在换了管理人员，考虑到这些建筑不能自己养活自己，背的包袱会越来越重，希望能有住宿的功能，再让我们出一个检测评估方案。

(*a*)　　　　　　　　　　　　　　(*b*)

图 33-10　戴笠公馆室内外情况

(*a*) 公馆主楼入口正面；(*b*) 现在的室内会议室

的确，以前我们对历史建筑的保护工作做得很差，随意拆除、改动的情况经常发生。当认识到它的重要性时，恢复也成了一个棘手的问题。

案例 6：图 33-11 是民国时期的一处官邸，属国家级文物保护单位。在房屋维修前进行检测时，测绘的一层平面图，见图 33-11（*a*）。该住宅为两层砖木结构建筑，楼下 8 个卫生间，楼上 7 个卫生间，几乎每间配一个。对于一个私人住宅，每个房间都配一个卫生间没有这个必要，显然是进行过改造。通过对建筑的历史沿革分析，改造的目的是做招待所。图 33-11（*b*）是推测以前平面布置及使用功能。

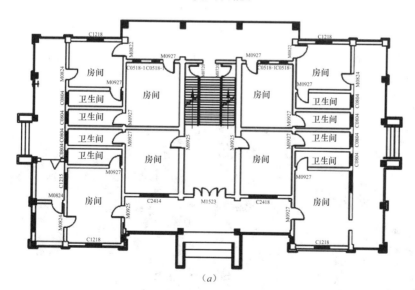

(*a*)

图 33-11　建筑的一层平面图（一）

(*a*) 现在检测平面图

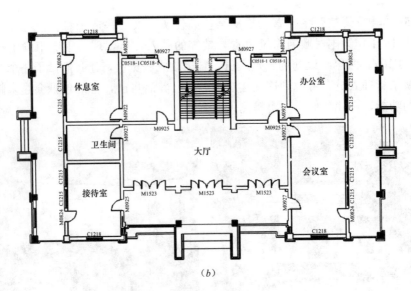

（b）

图 33-11 　建筑的一层平面图（二）

（b）推测以前平面图

4. 修复的活力

现在全国已有不少名街、名镇、名村的文物建筑得到了修复，对外开放，供游人参观。笔者也去过不少的景点，看见了不同地域山水特色的美丽。体验了因气候、环境的差异，生活习俗的不同，造就的各式特色建筑。这些地方因游人较多，各种地方特色小吃、游乐、购物、展览、戏曲、看风水等活动，让人目不暇接，充满了乐趣，情不自禁地掏腰包。笔者在这里选了几处我去过的地方，说点感受。

周庄开了我国对历史建筑系统保护的先河，处处充满诗情画意，从喧嚣的城市来到这里，有陶渊明说的世外桃源之感（图 33-12）。北京后海修复四合院，展现胡同风貌，坐着三轮车逛京城独具特色（图 33-13），不但中国人喜欢，外国人也喜欢。秀丽的田园风光，让年轻人为它写生，既陶冶了年轻人的情操，又给宏村增添了一道风景线（图 33-14）。重庆磁器口变成了名镇后，市场已不满足人流的需求，不断地向周边小巷延伸，依然人头攒动（图 33-15）。这都表明，中国人热爱自己的土地，热爱自己的文化，热爱自己的建筑。

图 33-12 　周庄的小桥流水人家

图 33-13 　北京后海胡同的三轮车

图 33-14　宏村池塘边写生人

图 33-15　重庆磁器口小巷人头攒动

参 考 文 献

[1] 张驭寰. 中国古代建筑技术史. 北京：中国科学出版社，1985.

[2] 王晓华. 生土建筑的生命机制. 北京：中国建筑工业出版社，2010.

[3] 湛轩业，傅善忠，梁嘉琪. 中华砖瓦史话. 北京：中国建材工业出版社，2006.

[4] 孙继颖. 空心砖与建筑. 北京：中国建材工业出版社，1988.

[5] The evolution of masonry mortars. 11th NAMC，Minneapolis，MN，USA. A. M. Amde. (2011).

[6] 张雄，张永娟. 建筑功能砂浆. 北京：化学工业出版社，2006.

[7] 刘敦桢. 中国古代建筑史. 北京：中国建筑工业出版社，1984.

[8] 张道一，唐家路. 中国古代建筑砖雕. 江苏美术出版社，2009.

[9] 徐有邻，周氏. 混凝土结构设计规范理解与应用. 北京：中国建筑工业出版社，2002.

[10] 邸小坛，陶里. 既有建筑评定改造技术指南 [M]. 北京：中国建筑工业出版社，2011.

[11] [日] 小泉淳. 地下空间开发及利用. 北京：中国建筑工业出版社，2012.

[12] 沈聚敏，周锡元，高小旺，刘晶波. 抗震工程学. 北京：中国建筑工业出版社，2015.

[13] 胡祖平. 司法鉴定理论与实践. 杭州：浙江大学出版社，2013.

[14] 王少萍. 工程可靠性. 北京：北京航空航天大学出版社，2000.

[15] 庆王府. 一楼一世界系列丛书. 天津大学出版社，2013.

后记——很多事等待我们

历史建筑的评估与修复并不是现代建筑检测、鉴定、改造加固的简单照搬。它还需要我们具备广泛的历史知识，熟悉当地的风土人情，懂得建筑材料的属性，理解建筑结构的状况和保护修复文物建筑的理念，以及更认真的工作态度。此外，目前的检测方法还不能满足工程的需要，评估体系的建立还需进一步编制适合文物建筑特点的标准，修复方案充满了挑战，需正确理解和把控文物建筑的保护原则与现实工程的冲突，很多认识还需完善统一。为了民族文化的传承，为了历史建筑的保护，还有很多事情等待着我们去做。